Vue.js 3 + TypeScript

完全指南

王红元 刘军 著

电子工业出版社

Publishing House of Electronics Industry

北京·BEIJING

内 容 简 介

本书是一本全面、深入介绍 Vue.js 3 和 TypeScript 前端开发技术的图书。本书详细介绍了 Vue.js 3 的新特性与优势，包括模板语法、内置指令、Options API、组件化、过渡动画、Composition API、Vue Router、Vuex 等核心知识点；TypeScript 的基础和进阶知识，包括数据类型、类型别名、联合类型、类型断言、函数类型、类、接口、泛型、类型声明等内容。此外，本书还深入探讨了前端工程化、第三方库的集成与使用、企业级管理后台的实现和自动化部署等内容，以及如何从零开始实现一个 Mini-Vue.js 3 框架，以便读者深入理解 Vue.js 3 的核心原理。

本书既适合有一定基础的前端开发工程师、Web 开发者阅读，也适合作为初学者学习 Vue.js 3 和 TypeScript 的入门教材。本书旨在帮助读者全面理解 Vue.js 3 和 TypeScript 的使用方法和原理，掌握实用的知识和技能，提高前端开发水平。

图书在版编目（CIP）数据

Vue.js 3+TypeScript 完全指南 / 王红元，刘军著. —北京：电子工业出版社，2023.9
ISBN 978-7-121-46276-4

Ⅰ. ①V… Ⅱ. ①王… ②刘… Ⅲ. ①网页制作工具－程序设计②JAVA 语言－程序设计
Ⅳ. ①TP393.092.2 ②TP312.8

中国国家版本馆 CIP 数据核字（2023）第 170597 号

责任编辑：张　爽
印　　刷：三河市君旺印务有限公司
装　　订：三河市君旺印务有限公司
出版发行：电子工业出版社
　　　　　北京市海淀区万寿路 173 信箱　　邮编：100036
开　　本：787×1092　　1/16　　印张：36　　字数：945 千字
版　　次：2023 年 9 月第 1 版
印　　次：2025 年 3 月第 4 次印刷
定　　价：159.00 元

凡所购买电子工业出版社图书有缺损问题，请向购买书店调换。若书店售缺，请与本社发行部联系，联系及邮购电话：（010）88254888，88258888。

质量投诉请发邮件至 zlts@phei.com.cn，盗版侵权举报请发邮件至 dbqq@phei.com.cn。

本书咨询联系方式：faq@phei.com.cn。

前言

写作背景

Vue.js 诞生于 2014 年，是由 Evan You 开源的轻量级前端框架。相比于 React 和 Angular 框架，Vue.js 显得更加轻量级、简单，更容易理解和上手。Vue.js 的简单易用和高效性使其成为开发者首选的框架之一。目前，Vue.js 在 GitHub 上已经有超过 20 万个 Star，足以说明其受欢迎程度。

2016 年 10 月，Evan You 发布 Vue.js 2.0 版本。2020 年 9 月，Evan You 对 Vue.js 2 进行重构，并发布 Vue.js 3 版本。Vue.js 3 具有非常多的新特性，其中最重要的变化是使用 TypeScript 进行重构。这使得 Vue.js 3 更加易于开发和维护，也更加符合现代开发规范。此外，Vue.js 3 还引入了 Proxy 进行数据劫持和 Composition API 等，这些新特性可以使开发者更加轻松地编写高质量的代码。

随着企业对 Vue.js 3 + TypeScript 的需求不断增加，越来越多的企业开始使用这种技术开发 Web 应用程序。例如，Element Plus、Ant Design Vue 和 Vant 等都已经全面支持 Vue.js 3 + TypeScript 开发。这说明 Vue.js 3 + TypeScript 已经成为现代 Web 开发的核心技术之一。

然而，目前市场上还没有一本全面、系统介绍 Vue.js 3 + TypeScript 的入门教材，这使很多初学者感到困难重重。因此，本书的写作初衷是为读者提供系统级的学习体验，旨在帮助读者全面掌握 Vue.js 3 和 TypeScript 的使用和原理，提高前端开发水平。

学习建议

本书是一本全面、深入介绍 Vue.js 3 和 TypeScript 前端开发技术的图书，重点介绍 Vue.js 3 和 TypeScript 的核心概念、技术原理和实战应用，以帮助读者成为一名优秀的前端开发工程师。

以下是为读者提供的一些学习建议。

（1）先学习基础知识：对于没有前端开发经验的读者，建议先学习一些基础知识，例如 HTML、CSS 和 JavaScript。这些基础知识对学习 Vue.js 3 和 TypeScript 来说非常重要。

（2）系统性学习：本书是一本系统性学习指南，建议读者按照章节顺序学习，不要跳跃式阅读。在学习的过程中，建议一边阅读，一边动手实践，以便加深理解；建议多写学习笔记，方便后续复习和总结。

（3）动手练习：学习 Vue.js 3 和 TypeScript 最好的方法是动手练习。建议读者在阅读每个章节时，都亲自动手练习，切忌纸上谈兵，这样才能更好地理解概念。

（4）查看示例代码：书中的示例代码是非常有用的，有助于读者更好地理解概念和实现。在阅读每个章节时，请务必查看示例代码。完整的示例代码可以查看本书提供的源代码，下载方式见本书封底的"读者服务"。

（5）项目实战练习：学习 Vue.js 3 和 TypeScript 不仅是学习理论知识，而且需要通过实战项目的练习来加深理解。建议读者跟随书中内容，逐步动手实现本书提供的一个后台管理系统的项目，提升自己的编程能力。

（6）参考官方文档：Vue.js 3 和 TypeScript 都有完整的官方文档，可以帮助我们更深入地了解其特性和用法。在阅读每个章节时，如果想要了解更多的信息，可以参考官方文档。

（7）观看配套视频：本书涉及的知识面非常广，如果阅读时对某些知识点有疑惑或难以理解，可以观看专为本书定制的视频教程。视频教程可以在本书读者群中获取，进群方式见封底的"读者服务"。

总之，学习 Vue.js 3 和 TypeScript 需要耐心、毅力、勤于实践，希望本书能成为各位读者学习 Vue.js 3 和 TypeScript 的有力工具和高效指南！

本书特色

（1）丰富的实战案例：本书涵盖多个实际开发场景，如书籍购物车、计数器、自定义 Hooks 实战、自定义指令、自定义插件、列表动画、柱状图、折线图、饼图、后台管理系统等。这些案例涉及 Vue.js 3 的各个方面，可以帮助读者在实践中掌握 Vue.js 3 的核心概念和技能。

（2）深入剖析原理：本书不仅介绍了 Vue.js 3 的使用方式和技巧，还深入剖析了其原理和实现方式。例如，methods 中 this 的指向、虚拟 DOM、diff 算法、nextTick 的原理，并实现了一个 Mini-Vue.js 3 框架，帮助读者深入理解 Vue.js 3 的内部机制。

（3）各种实用工具：本书介绍了多种实用工具，如 VS Code 常用的插件、snippet 代码片段生成、Vue.js devtools、Vue CLI、create-app、ESLint、Prettier 等。这些工具可以帮助读者提高开发效率和代码质量。

（4）适合不同层次读者：本书内容适合从初学者到高级前端开发工程师等各个层次的读者。无论是前端开发工程师、Web 开发者、学生，还是从 Vue.js 2 转向 Vue.js 3 的读者，都可以从本书中获得实用的知识和技能。

（5）最新的技术栈：本书使用最新的技术栈，如 Vue.js 3、Element Plus、ECharts 5.x、TypeScript、axios、Vue Router、Vuex 等，帮助读者了解最新的前端开发技术和趋势。

（6）知识点覆盖全面：本书囊括了 Vue.js 3 的模板语法、内置指令、Options API、组件化、过渡动画、Composition API、Vue Router、Vuex、TypeScript、前端工程化、常用的第三方库、项目实战、自动化部署，以及从零实现一个 Mini-Vue.js 3 框架等内容，帮助读者全面掌握 Vue.js 3 的相关知识和技能。

（7）封装与架构思想：本书介绍了项目中的各种组件封装技巧、axios 请求库的封装、Vue Router 的封装、Vuex 的封装，以及后台管理系统架构等。这些内容可以帮助读者学习封装和架构思想，提高代码的可维护性和可扩展性。

（8）自动化部署（CI/CD）：本书介绍了 DevOps 开发模式、购买服务器、手动部署、自动化部署等内容。这些内容可以帮助读者了解自动化部署的流程和工具，提高项目的交付效率和质量。

读者反馈

作为资深前端开发工程师，我们深知学习新技术的艰辛和挑战，也深知在实践中遇到的各种问题和困难。因此，我们在写作本书时，尽可能从读者的角度出发，结合自己多年的实践经验，力求让内容通俗易懂、严谨准确，既适合初学者快速入门，又能满足高级开发者的进阶需求。

在本书编写过程中，我们深刻感受到了写作的不易，因此非常希望读者能够提出宝贵的建议和意见，帮助我们改进和完善本书。只有通过不断的反馈和改进，才能让本书更好地服务于读者，为前端开发者的成长和进步贡献力量。非常欢迎读者对本书的错误和不足提出批评和指正，联系方式如下。

◎　作者邮箱：hyliujun2022@163.com。

◎　本书编辑邮箱：zhangshuang@phei.com.cn。

◎　读者交流群：QQ 群为 700309887，微信群的进群方式详见本书封底的"读者服务"。

感谢支持本书的各位读者，希望你能够愉快地享受学习的过程，收获实用的知识和技能，在前端开发的路上越走越好！

致谢

首先，感谢我们的家人，他们一直支持我们追求技术梦想，为我们提供生活和精神上的支持与鼓励。

其次，感谢为本书出版提供帮助的工作人员，他们不仅提供了专业的建议和反馈，还协助我们处理了许多烦琐的事务，才使本书得以顺利出版。

再次，感谢我们的同事，他们在工作中给予我们很多帮助和支持，帮助我们不断学习和进步。

最后，感谢所有阅读本书的读者，你们的支持和反馈让我们不断完善和改进本书，希望本书能帮助你们更好地掌握 Vue.js 3 和 TypeScript 技术，成为更优秀的前端开发者。

王红元，刘军

2023 年 8 月

目录

1

邂逅和初体验Vue.js

　　Vue.js 诞生于 2014 年，是由 Evan You 开源的轻量级前端框架。相比于 React 和 Angular 框架，Vue.js 显得更简单、更容易理解和上手。Vue.js 3 采用 MVVM 架构，支持声明式编程、组件化开发、前端路由、单向数据流和数据双向绑定，同时提供了非常多的内置指令来简化对页面的操作。得益于这些特性，Vue.js 很快就在前端圈火起来了。2016 年 10 月，Evan You 发布了 Vue.js 2.0 版本，并定义为渐进式框架。2020 年 9 月，Evan You 对 Vue.js 2 进行了重构，并发布了 Vue.js 3 版本，新增了 setup 语法、Composition API、TypeScript 等特性。

　　到目前为止，Vue.js、React 和 Angular 是前端最流行的三大框架。到底谁是最好的框架？这很难有一个结论，因为仁者见仁、智者见智，就像很多人喜欢争论谁才是世界上最好的语言一样。另外，争论这个话题是没有意义的。但是我们可以从现实的角度分析，比如：对前端从业者来说，学习了 HTML、CSS、JavaScript 之后，再学习哪一个框架更容易找到工作？基于此，建议如下：

◎　如果在国外找工作，优先推荐 React，其次是 Vue.js 和 Angular，不推荐 jQuery。

◎　如果在国内找工作，优先推荐、必须学习 Vue.js，其次是 React，再次是 Angular，不推荐 jQuery。

　　在国内，绝大多数的前端岗位都对 Vue.js 有要求。这里得出一个有点绝对的结论：学好 Vue.js 一定可以找到一份满意的前端工作，如果没有掌握 Vue.js，那么很难找到一份满意的前端工作。

1.1　认识 Vue.js

　　Vue，读音 /vjuː/，类似于 view，全称是 Vue.js 或 Vuejs。它是一套用于构建用户页面的**渐进式框架**，官网定义如图 1-1 所示。

图 1-1　官网对 Vue.js 的定义

提示：渐进式框架表示可在项目中一点点引入和使用 Vue.js，而不需要用 Vue.js 来开发整个项目。

认识 Vue.js 之后，接下来看看 Vue.js 的特点。

◎ 轻量级框架：相比于 React 和 Angular 框架，Vue.js 更简单、易于理解和上手。

◎ 数据双向绑定：采用声明式编程，可以通过更改数据自动触发视图更新，与 React 类似。

◎ 指令：Vue.js 提供了许多内置指令，方便快速操作页面。

◎ 组件化：支持组件化开发和封装可复用的代码，与 React 和 Angular 类似。

◎ 前端路由：支持前端路由、构建单页面应用（SPA）、服务器端渲染（SSR）应用，与 React 和 Angular 类似。

◎ 单向数据流：组件状态管理采用了单向数据流，与 React 类似。

1.2 Vue.js 与其他框架的对比

1.2.1 Vue.js、React 和 Angular 三大框架对比

Vue.js、React 和 Angular 是当前前端领域中最受欢迎的三大框架，它们都有其独特的优点和缺点。以下是对这三个框架的比较。

◎ Angular：入门门槛相对较高，但也是一个非常强大和优秀的框架。国内使用 Angular 的开发者和公司相对较少。

◎ React：在国内外市场占有率都非常高，尤其在国外，React 是前端开发者必须掌握的框架之一。

◎ Vue.js：在国内市场占有率最高，是国内前端开发者必须学习的框架，几乎所有前端岗位都对 Vue.js 有要求。

三大框架的对比如图 1-2 所示。

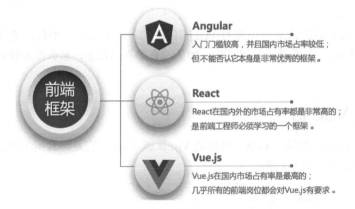

图 1-2 三大框架的对比

1.2.2 三大框架使用数据对比

下面主要从 Google 指数、百度指数和 GitHub Star 三个角度对比三大框架。

1. Google 指数

Google 指数如图 1-3 所示。可以看出，我国使用 Vue.js 的人数是最多的，其次是 React，而 Angular 的使用人数相对较少。

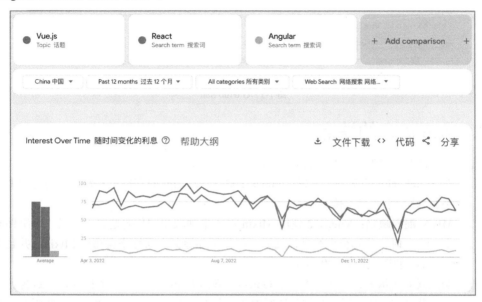

图 1-3　Google 指数

2. 百度指数

百度指数如图 1-4 所示。可以看出，Vue.js 是遥遥领先的，其次是 React，再次是 Angular。虽然这些指数只能反映开发者搜索关键字的频率，但在一定程度上也反映了相应框架的热门程度。

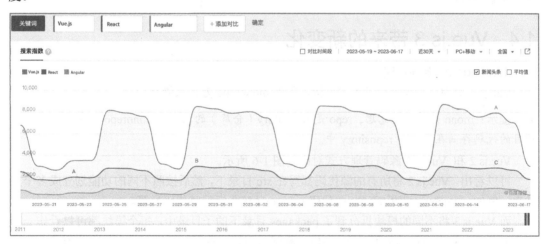

图 1-4　百度指数

3. GitHub Star

GitHub 是一个源代码托管服务平台，截至 2023 年 1 月，已经有超过 1 亿用户。它已成为全球最大的代码存储网站和开源社区之一。因此，我们可以通过 GitHub Star 数来了解对应框架的热度。

Vue.js 在 GitHub 上被关注的数量如图 1-5 所示，已经有超过 20 万个 Star，十分受用户喜爱。

图 1-5 GitHub Star

1.3 Vue.js 2 的缺点

每个框架都有各自的优点和缺点，下面看看 Vue.js 2 有哪些缺点。

◎ **对 TypeScript 的支持不友好**：Vue.js 2 对 TypeScript 的支持不友好，对构建大型项目不利（Vue.js 3 已支持）。

◎ **Mixin 混入缺陷**：Vue.js 2 使用 Mixin 混入来抽取相同代码逻辑，但当一个组件有多个 Mixin 时，代码会变得难以阅读，因为不知道某个属性来自哪个 Mixin，并且多个 Mixin 中的属性容易发生冲突。

◎ **响应式系统缺陷**：Vue.js 2 采用 Object.definedProperty 来进行数据劫持，这种方式存在一些缺陷，比如无法劫持和监听对象添加或删除属性时的变化，无法遍历对象的每个属性，包括对于对象属性的对象需要进行深度遍历，导致性能低下。

◎ **逻辑零散**：Vue.js 2 使用 Options API 编写组件，当实现某个功能时，对应的代码逻辑会被拆分到各个属性中，一旦组件变得复杂，逻辑就会变得零散。

为了克服上述 Vue.js 2 存在的缺点，2020 年 9 月 Evan You 发布了 Vue.js 3，该版本带来了非常多新的变化。

1.4 Vue.js 3 带来的新变化

1. monorepo 源码管理

Vue.js 3 对项目管理进行了重大重构，采用 monorepo 方式来管理。

提示：mono 是单个的意思，repo 是 repository（仓库）的简写。monorepo 的意思是将许多项目的代码存储在同一个 repository 中。

Vue.js 2 和 Vue.js 3 源码管理方式对比如图 1-6 所示。

可以看出，Vue.js 2 将所有的源代码都写在 src 目录下，然后按照不同的功能划分成多个文件夹，例如 compiler（模板编译相关代码）、core（核心运行时代码）等。

而 Vue.js 3 将不同的模块拆分到了 packages 目录下的子目录中，每个模块都可以看作一个独立的项目，具有自己的类型定义、API、测试用例等。将每个模块划分为独立的项目，不仅让整个结构更清晰，也更容易让开发者阅读、理解和修改模块代码，同时提高了代码的可维护性和扩展性。

目前，已经有很多开源项目采用 monorepo 来管理代码，比如 Vue.js 3、React、Babel、Element Plus 等。

图 1-6 Vue.js 2 和 Vue.js 3 源码管理方式对比

2. 采用 TypeScript 进行重构

Vue.js 2 整个项目使用 Flow 进行类型检测，Flow 在很多复杂场景中对类型的支持并不是非常友好。从 Vue.js 3 开始，项目全面采用 TypeScript 进行重构。如今 Vue.js 3 对 TypeScript 的支持也越来越友好，在 TypeScript 的加持下，Vue.js 3 可以编写更加健壮的代码，同时更容易开发大型项目。

3. 采用 Proxy 进行数据劫持

Vue.js 2 采用 Object.definedProperty 进行数据劫持，这种方式会存在一些缺陷，比如当给对象添加或者删除属性时，是无法进行劫持和监听的。为了解决该问题，Vue.js 官网提供了专门的 API，比如 vm.$set 或 vm.$delete。事实上，这些都是一些 hack 方法，会增加开发者学习新 API 的成本。

而 Vue.js 3 采用 Proxy 实现数据劫持。当给对象添加或者删除属性时，Proxy 可以劫持和监听到，因为 Proxy 劫持的是整个对象，并且 Proxy 能劫持的类型比 Object.definedProperty 更丰富，不仅可以劫持 set、get 方法，还支持劫持 in、delete 操作等。

4. 编译阶段的优化

Vue.js 3 在编译阶段进行了多项优化，以提高应用程序的性能和效率，具体如下。

◎ 生成 Block Tree：在编译阶段，Vue.js 3 对静态模板进行分析，生成 Block Tree，以便更好地进行性能优化。Block Tree 是 Vue.js 3 中的新概念，是一个基于模板静态分析的数据结构，用于描述模板和其子模板之间的关系，从而提高渲染效率。

◎ slot 编译优化：Vue.js 3 对 slot 的生成进行优化，对于非动态 slot 中属性的更新，只会触发子组件的更新，从而减少更新次数和计算量。

◎ diff 算法优化：相比于 Vue.js 2，Vue.js 3 在 diff 算法上进行了多项优化，采用更高效的算法和数据结构，以减少更新操作的次数和计算量，提高应用程序的性能。

这些优化措施使 Vue.js 3 在性能和效率方面有较大的提升，可以提供更好的开发体验和用户体验。

5. Composition API

Vue.js 2 使用 Options API 来编写组件，其中包含 data、props、methods、computed 和生命周期等选项。在实现某个功能时，对应的代码逻辑会被拆分到各个属性中，一旦组件变得更大或更复杂，逻辑就会变得非常分散，需要在多个选项之间寻找，这不利于后期的维护和扩展。

相比之下，Vue.js 3 主要采用 Composition API 编写组件，同时兼容 Options API。Composition API 包含 ref、reactive、computed、watchEffect、watch 等函数，Composition API 可以将相关的代码放在同一处进行处理，封装成一个 Hook 函数来支持数据的响应式，并避免 Mixins 混入带来的缺陷。这样可以更加方便地实现在多个组件之间共享逻辑，也能够提高代码的可读性和可维护性。

6. 移除一些非必要 API

Vue.js 3 移除了 Vue 实例中的 $on、$off 和 $once API，还移除了一些特性，比如 filter 和内联模板等。

1.5 搭建开发环境

前端开发可选择的编辑器很多，目前比较常用的两个如下。

◎ WebStorm：JetBrains 公司的产品，用法和 PHPStorm、PyCharm、IDEA 基本一致。
◎ Visual Studio Code（VS Code）：Microsoft 公司的产品，目前已成为最流行的前端开发工具。

为了选择一款合适的编辑器，先看看 VS Code 和 WebStorm 各自的优缺点。

1. VS Code 的优缺点

优点如下。

◎ 轻量级，不会占用大量内存，启动速度非常快。对低配置的计算机来说是一个非常好的选择。
◎ 可以在 VS Code 上安装各种各样的插件来满足开发需求。
◎ VS Code 软件本身使用 TypeScript 开发，对 TypeScript 的支持更友好。

缺点如下。

◎ 需要手动安装插件才能使用，而 WebStorm 默认集成了很多插件。
◎ 开发大型项目时需要自行安装对应插件和完成相关配置。
◎ 在某些情况下，VS Code 代码提示不够灵敏。

VS Code 是非常流行的开发工具，并且非常好用！目前它已经有取代 WebStorm，成为前端首选开发工具的趋势。

2. WebStorm 的优缺点

优点如下。

◎ 集成开发环境（IDE），已具备基本的常用功能。
◎ VS Code 存在的问题，在 WebStorm 中基本不会出现。

缺点如下。

◎ 重量级，无论是 IDE 本身还是使用 WebStorm 启动项目，都会相对慢一些。
◎ WebStorm 占据计算机资源较多。如果电脑配置较低，可能会出现卡顿。

3. 推荐选择 VS Code

本书推荐选择 VS Code 编辑器，因为对初学者来说，VS Code 更加友好，并且 VS Code 对 TypeScript 的支持更友好。无论最终选择哪种开发工具，它们都只是辅助工具。下面开始介绍 VS Code 的环境搭建。

1.5.1　VS Code 的下载和安装

VS Code 的下载地址见链接 1-1[①]，Windows 系统和 macOS 系统的下载方式如图 1-7 所示。

图 1-7　VS Code 软件的下载

在 Windows 系统中的安装步骤如下。

（1）下载适用于 Windows 的 VSCodeUserSetup-{version}.exe 安装程序。

（2）双击运行安装程序 VSCodeUserSetup-{version}.exe，默认单击"下一步"安装即可。

（3）VS Code 默认安装在 C:\users\{username}\AppData\Local\Programs\Microsoft VS Code 路径下。

在 macOS 系统中的安装步骤如下。

（1）下载适用于 macOS 的 Visual Studio Code 程序。

（2）下载 zip 压缩包并解压，得到一个 Visual Studio Code.app。

（3）拖曳 Visual Studio Code.app 到应用程序文件夹，即完成安装。

1.5.2　VS Code 的基本配置

安装好 VS Code 后，下面对 VS Code 进行一些基本的配置。

在 macOS 系统中打开 VS Code 的 Settings 页面，操作如图 1-8 所示。

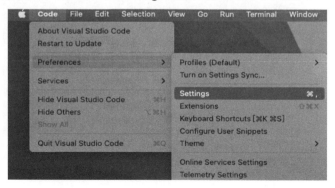

图 1-8　在 macOS 系统中打开 Settings 页面

打开后的 Settings 页面如图 1-9 所示。

---

① 本书中的链接统一整理到随书电子资源中，请读者根据封底中的"读者服务"进行下载。

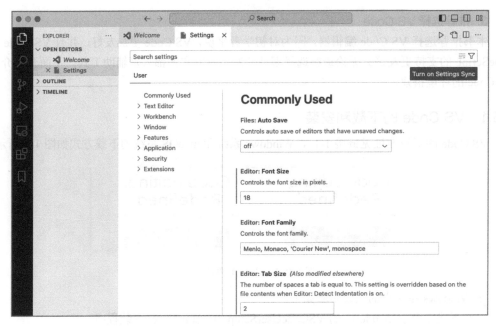

图 1-9 Settings 页面

以下是不同操作系统打开 Settings 页面的步骤。

◎ Windows/Linux 系统：File > Preferences > Settings。

◎ macOS 系统：Code > Preferences > Settings。

将编辑区字体大小（Font Size）改为 18px，如图 1-10 所示。

图 1-10 编辑区字体大小

启用保存代码时，自动格式化代码的步骤如下。

（1）勾选"Fomat On Save"。

（2）在 Format On Save Mode 下拉菜单中选择"file"，如图 1-11 所示。

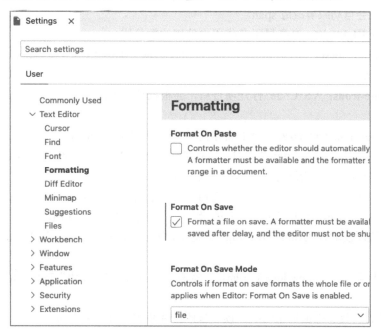

图 1-11　自动格式化代码

将编辑器主题改为暗黑色"Dark+（default dark）"，如图 1-12 所示。

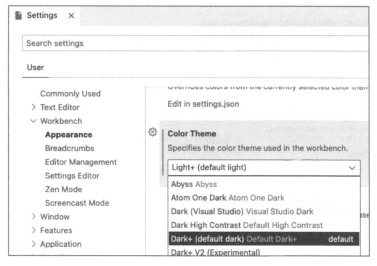

图 1-12　修改编辑器主题

1.5.3　VS Code 安装插件

为了提高开发效率和体验，建议安装以下 VS Code 插件。

◎ **Auto Close Tag**：自动添加 HTML/XML 关闭标签。例如，在输入<div>时，输入完最后一个尖括号>时，会自动添加对应的闭合标签</div>。

◎ **Auto Rename Tag**：自动重命名成对的 HTML/XML 标记。例如，在将<div></div>标签重命名为<span></span>标签时，只需修改第一个 div 标签的名称为 span，后面的 div 也会自动跟着改成 span。

◎ **Color Highlight**：高亮显示在代码中使用的颜色值。

◎ **open in browser**：右击 html 文件时，可在选项中单击"Open In Default Browser"，即用默认浏览器打开。

◎ **vscode-icons**：VS Code 打开项目后，会根据项目中的文件类型显示该文件对应的图标。

◎ **Bracket Pair Colorizer**：用于高亮代码块中相互匹配的括号。

◎ **Live Server**：右击 html 文件时，可在选项中单击"Open width Live Server"启动本地开发服务器，专为静态和动态页面提供实时加载功能。

VS Code 安装任意一个插件的方法都是相同的，下面以安装 Auto Close Tag 插件为例。

（1）打开 VS Code，单击左边菜单栏的最后一个图标，如图 1-13 所示。

（2）在左边面板输入"Auto Close Tag"关键字，如已连接网络，则会自动检索出 Auto Close Tag 插件。

（3）单击检索出的 Auto Close Tag 插件，接着单击右边的"Install"按钮，即可完成该插件的安装。

其他插件的安装过程也是相同的，读者按照上述步骤自行安装即可。

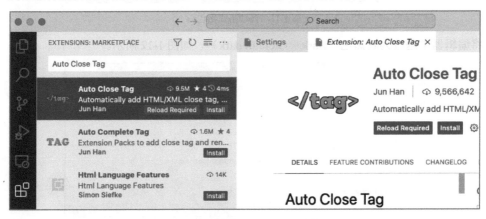

图 1-13　安装 Auto Close Tag 插件

1.6　Vue.js 3 的安装和使用

Vue.js 3 是一个 JavaScript 库，类似于 jQuery 库，可以直接在项目中引入并使用。Vue.js 3 的安装和使用有以下几种方式。

◎ 方式一：在页面中直接通过 CDN 的方式引入。

◎ 方式二：下载 Vue.js 3 的 JavaScript 文件，手动引入。

◎ 方式三：通过 npm 包管理工具安装并使用。

◎ 方式四：直接通过 Vue CLI 等脚手架创建 Vue.js 3 项目。

下面主要讲解前两种方式，其他方式后面再介绍。在开始之前，先介绍本书源代码的管理方式。

（1）新建一个 VueCode 文件夹，用于存放本书所有章节的源代码，举例如下。

◎　在 Windows 中新建位置：D.\VueCode。

◎　在 macOS 中新建位置：/Users/liujun/Documents/VueCode。

（2）在 VueCode 文件夹中新建 chapter01 文件夹，代表存放第 1 章的源码，目录结构如下：

```
VueCode
├── chapter01
│    └── 01_Vue3 的 CDN 方式引入.html
├── chapter02
......
└── chapter18
```

提示：这里的 chapter02 至 chapter18 文件夹代表存放后面对应各章的源码。

1.6.1　使用 CDN 引入 Vue.js 3

内容分发网络（Content Delivery Network 或 Content Distribution Network，CDN）是由一组分布在不同地理位置的服务器相互连接形成的网络系统，它能将网站的资源（如 JS、CSS、音乐、图片、视频等）缓存到遍布全球的站点中。当用户请求获取资源时，CDN 会自动将资源从离用户最近的缓存站点返回，这样可以提高资源访问速度，减轻源站压力，如图 1-14 所示。

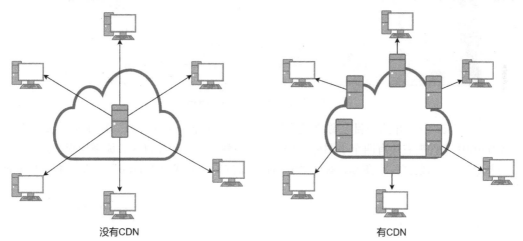

图 1-14　内容分发网络 CDN

常用的 CDN 服务大致可分为两种。

◎　第一种：购买开通 CDN 服务，目前可在阿里云、腾讯云、亚马逊、Google 等平台购买。

◎　第二种：使用开源的 CDN 服务，国际上常用的有 unpkg、JSDelivr、cdnjs、BootCDN 等。

使用 CDN 方式引入 Vue.js 3，首先打开 VS Code 软件，然后打开前面新建的 VueCode→chapter01 文件夹。

◎　在 Windows/Linux 中打开 chapter01 的步骤：File→Open Folder...→选择 VueCode 目录

下的 chapter01 文件夹。

◎ 在 macOS 中打开 chapter01 的步骤：Code→Open...→ 选择 VueCode 目录下的 chapter01 文件夹。

打开 chapter01 文件夹，当出现图 1-15 时，勾选"Trust the authors of all files in the parent folder 'VueCode'"，单击"Yes, I trust the authors"即可打开。

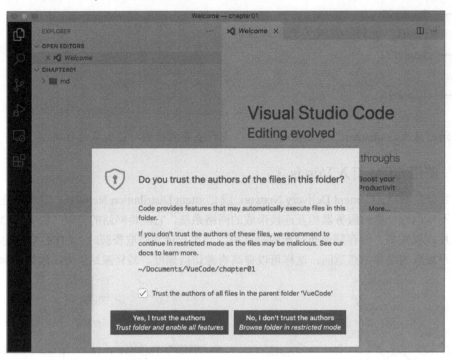

图 1-15　单击"Yes, I trust the authors"

在 VS Code 中打开的项目名称都是大写的，所以打开的 CHAPTER01 也显示成大写。CHAPTER01 文件夹右边有四个小图标，依次为：新建文件、新建目录、刷新面板、折叠文件夹。用鼠标单击新建文件小图标，新建"01_Vue 3 的 CDN 方式引入 html"文件。如图 1-16 所示。

图 1-16　新建一个 html 文件

另外，需要注意的是：

◎　CHAPTER01 文件夹下的 md 文件夹可以忽略，它是写本书的临时笔记。

◎　只有根目录的右边才会有四个小图标，其他子目录的右边是没有的。

◎　在其他目录下新建文件时，可在该目录下右击或选中该目录再单击根目录右边的小图标。

在"01_Vue3 的 CDN 方式引入.html"文件中输入叹号!（英文输入法的叹号），然后按 Tab 键，便会生成一个网页模板代码。最后，在 body 标签中使用 CDN 的方式引入 Vue.js 3 框架。代码如下：

```html
<!DOCTYPE html>
<html lang="en">
<head>
    <meta charset="UTF-8">
    <meta http-equiv="X-UA-Compatible" content="IE=edge">
    <meta name="viewport" content="width=device-width, initial-scale=1.0">
    <title>Document</title>
</head>
<body>
    <!-- 使用 CDN 方式引入 Vue.js 3 框架 -->
    <script src="https://unpkg.com/vue@next"></script>
</body>
</html>
```

提示：HTML 中 body、h2、div、a 等标签也叫元素。如 body 标签，也称 body 元素。

在网页中输出 Hello World，代码如下所示：

```html
<!DOCTYPE html>
<html lang="en">
<head> ... </head>
<body>
  <div id="app"></div>
  <script src="https://unpkg.com/vue@next"></script>
  <script>
  const why = {
    template: '<h2>Hello World</h2>'
  }
  const app = Vue.createApp(why);
  app.mount("#app")
  </script>
</body>
</html>
```

可以看到，这里使用了 CDN 方式导入 Vue.js 3 框架，接着在 why 对象的 template 属性上编写页面模板的内容：用 h2 显示 Hello World。然后，将 why 对象传递给 Vue.createApp 函数创建 Vue 实例（app），最后调用 app 的 mount 函数，将 template 编写的内容渲染到<div id="app"></div>标签中。

将网页运行在浏览器中，有两种方式。

◎　方式一：直接在浏览器中打开"01_Vue3 的 CDN 方式引入.html"文件。

◎　方式二：用 VS Code 的 open in browser 插件打开。在"01_Vue3 的 CDN 方式引入.html"文件上右击，接着单击"Open In Default Browser"选项，就会用默认浏览器打开网页，如图 1-17 所示。

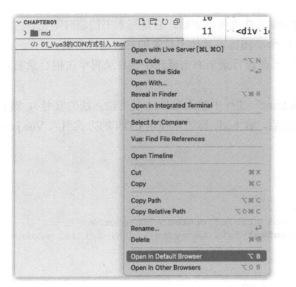 

图 1-17　用 open in browser 插件打开网页

提示：open in browser 插件在 1.5.3 节已安装。

另外，需要注意的是，如果默认的浏览器不是 Chrome，那么当单击 "Open In Default Browser" 时，并不是使用 Chrome 打开网页。如需设置默认使用 Chrome 打开，步骤如下。

（1）先按照 1.5.2 节的步骤打开 Settings 页面。

（2）在输入框中输入 "open in brower" 关键字后按 Enter 键，如图 1-18 所示。

（3）单击 "plugin open-in-browser"，在 Set default browser 中输入 "chrome" 即可。

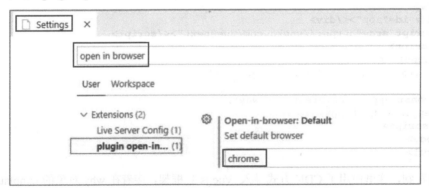

图 1-18　用 open in browser 设置默认浏览器

1.6.2　下载 Vue.js 3 源码并在本地引入

第一步：下载 Vue.js 3 源码，可直接在浏览器中打开 CDN 的链接下载。

使用浏览器打开链接 1-2，页面上显示的代码就是 Vue.js 3 源码，如图 1-19 所示。

提示：浏览器 URL 中显示 Vue.js 3 版本为 vue@3.2.23，本书用的也是这个版本。

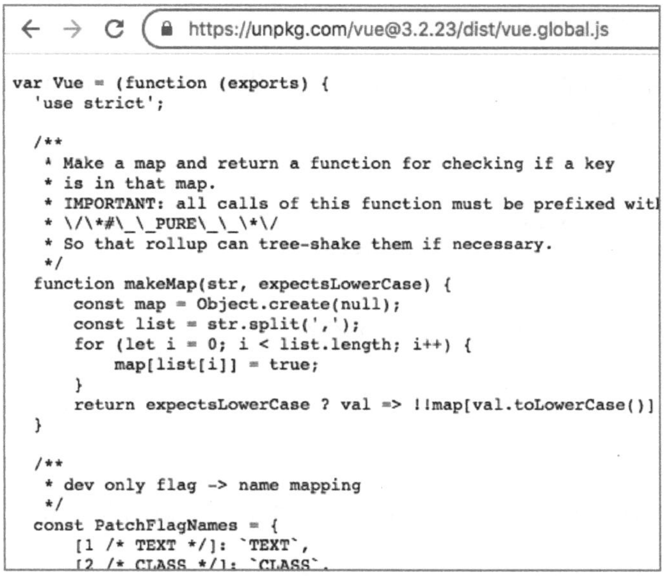

图 1-19　下载 Vue.js 3 源码

在 chapter01 的 js 目录下新建 vue.js 文件，并复制页面上的所有 Vue.js 3 源码到 vue.js 文件中，目录结构如下所示：

```
VueCode
├── chapter01
│   ├── js
│   │   └── vue.js
│   └── 01_Vue3 的 CDN 方式引入.html
├── ......
```

第二步：使用源码方式在本地引入 Vue.js 3。

在 chapter01 下新建 "02_Vue3 的源码方式引入.html" 文件，接着在 body 中通过 script 标签引入./js/vue.js（Vue.js 3 源码文件），如图 1-20 所示。

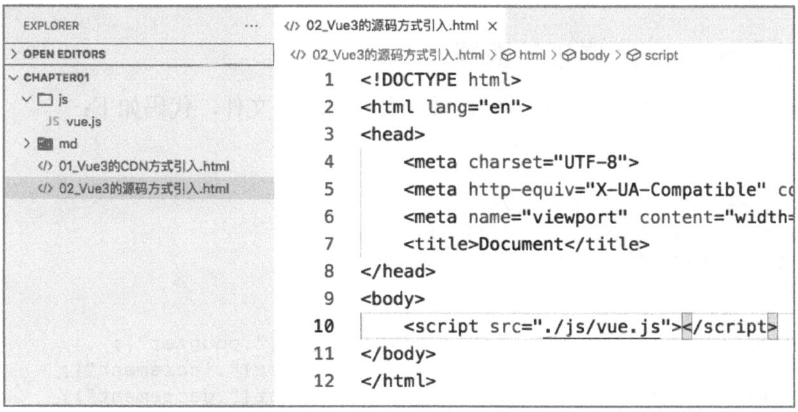

图 1-20　在本地引入 Vue.js 3 源码

第三步：在页面中输出 Hello Vue.js 3。

为了提高代码的可读性，下面仅展示核心代码，省略了 html 和 head 标签。在后面的案例中，使用……表示省略代码，代码如下所示。

```
......
<body>
  <div id="app"></div>
  <script src="./js/vue.js"></script>
  <script>
    const app = Vue.createApp({
      template: `<h2>Hello Vue.js 3</h2>`
    });
    app.mount('#app');
  </script>
</body>
......
```

可以看到，该案例几乎和前面案例一样，不一样的是通过 script 标签引入了本地的 vue.js 源码文件。

第四步：将网页运行在浏览器中。

右击"02_Vue3 的源码方式引入.html"文件，选择"Open In Default Browser"，页面就会显示"Hello Vue.js 3"。

提示：在后面的案例中，都是通过右击 html 文件，选择"Open In Default Browser"的方式将网页运行到浏览器中。

1.7 计数器案例

掌握 Vue.js 3 的基本使用后，我们可以通过实现计数器案例来加强和巩固 Vue.js 3 的使用。该案例会使用两种方式来实现：原生 JavaScript 和 Vue.js 3。下面是案例的功能。

◎ 使用 h2 标签在页面上显示一个数字。

◎ 页面还有一个"+1"和一个"-1"按钮。

◎ 当单击"+1"按钮时，数字会加 1；当单击"-1"按钮时，数字会减 1。

1.7.1 原生 JavaScript 实现计数器

在 chapter01 下新建"03_计数器案例-原生实现.html"文件，代码如下：

```
......
  <body>
    <h2 class="counter">0</h2>
    <button class="increment">+1</button>
    <button class="decrement">-1</button>
    <script>
      // 1.获取所有的元素
      const counterEl = document.querySelector(".counter");
      const incrementEl = document.querySelector(".increment");
      const decrementEl = document.querySelector(".decrement");
      // 2.定义变量
      let counter = 100;
      counterEl.innerHTML = counter;
```

```
    // 3.监听按钮的单击
    incrementEl.addEventListener("click", () => {
      counter += 1;
      counterEl.innerHTML = counter;
    });
    decrementEl.addEventListener("click", () => {
      counter -= 1;
      counterEl.innerHTML = counter;
    });
  </script>
</body>
......
```

注意：如无特殊说明，以后新建 html 文件默认放在对应的章节目录下，如第 1 章放在 chapter01 目录下。

可以看到，上面代码主要分成三步来实现。

（1）获取页面上的所有元素。

（2）定义一个 counter 变量来记录当前的计数。

（3）监听按钮单击事件，当单击 "+1" 或 "-1" 按钮时，修改 counter 变量，并将其赋值给 h2 元素对象的 innerHTML 属性。

在浏览器中运行代码，效果如图 1-21 所示。

图 1-21　原生 JavaScript 实现计数器案例

提示：上述代码实际上是在命令浏览器中执行各种操作，这种编程方式通常被称为命令式编程。早期的 JavaScript 和 jQuery 的编程方式也是命令式编程。

1.7.2　用 Vue.js 3 实现计数器

新建 "04_计数器案例-Vue3 实现.html" 文件，使用 Vue.js 3 的方式实现计数器，代码如下所示：

```
......
<body>
  <div id="app"></div>
  <script src="./js/vue.js"></script>
  <script>
    const app = Vue.createApp({
      template: `
      <div>
        <h2>{{counter}}</h2>
        <button @click='increment'>+1</button>
```

```
      <button @click='decrement'>-1</button>
    </div>
    `,
  data: function() {
    return {
      counter: 100 // 当前的计数
    }
  },
  // 定义各种各样的方法
  methods: {
    increment() {
      this.counter++; // this 是 Vue 实例
    },
    decrement() {
      this.counter--;
    }
  }
})
  app.mount('#app');
</script>
</body>
......
```

可以看到，该案例增加了 data 和 methods 属性，data 属性用于定义变量，methods 属性用于定义方法。

在 data 中定义的 counter 变量用于记录当前计数，在 methods 中定义的 increment 和 decrement 方法用于分别对 counter 进行加 1 和减 1 操作。

在 template 属性中使用 ES6 模板字符串语法来编写模板，可使标签的结构更美观。模板内容为<h2>显示当前计数，并通过插值语法绑定了 counter 变量；两个<button>用于实现减 1 和减 1 操作，并为<button>分别绑定了 increment 和 decrement 方法。

注意：有关插值语法的介绍，详见第 2 章。

在浏览器中运行代码，效果如图 1-22 所示。

图 1-22　Vue.js 3 实现计数器案例

提示：上述代码先通过定义/声明变量和方法等完成相应的功能，然后将其绑定到模板上，这种编程方式通常称为声明式编程。Vue.js、React 和 Angular 三大框架都使用了声明式编程的方式。

1.7.3　MVVM 架构模式

MVVM 是一种软件体系结构，代表 Model、View 和 ViewModel，如图 1-23 所示。

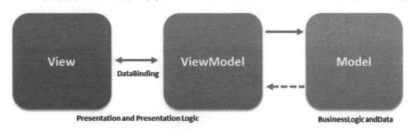

图 1-23　MVVM 架构

◎　View：视图层，用于编写页面布局。

◎　ViewModel：负责把 Model 层的数据绑定到 View 层，将 View 层产生的 DOM 事件绑定到 Model 层。

◎　Model：模型层，用于提供模型和数据。

1. Vue.js 的 MVVM 架构

根据 Vue.js 官方的说明，它虽然没有完全遵守 MVVM 架构，但是整个设计受到 MVVM 架构的启发，如图 1-24 所示。

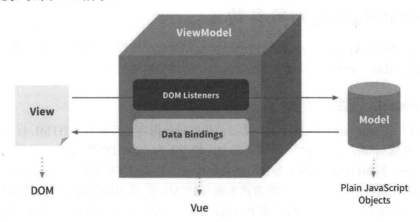

图 1-24　Vue.js 的 MVVM 架构

2. 计数器案例的 MVVM 架构

看了 Vue.js 3 的 MVVM 架构图后，接下来看看 MVVM 架构在 Vue.js 3 计数器案例中的体现，如图 1-25 所示。

◎　View：通过 template 属性定义模板页面，属于视图层。

◎　Model：通过 data 和 methods 属性定义变量和方法，属于模型层，专门提供模型和数据。

◎　ViewModel：Vue.createApp 创建的 Vue 实例属于 ViewModel 层，负责把 Model 层的数据绑定到 View 层，将 View 层产生的 DOM 事件绑定到 Model 层。

```
template: `
  <div>
    <h2>{{counter}}</h2>
    <button @click='increment'>+1</button>
    <button @click='decrement'>-1</button>
  </div>
`,
```

```
data: function() {
  return {
    counter: 100
  }
},
// 定义各种各样的方法
methods: {
  increment() {
    this.counter++;
  },
  decrement() {
    this.counter--;
  }
}
```

```
<script>
  Vue.createApp({
    template: `…
    data: function() {…
    // 定义各种各样的方法
    methods: {…
  }).mount('#app');
</script>
```

图 1-25　Vue.js 3 计数器的 MVVM 架构

1.8　createApp 的对象参数

Vue 实例是通过 Vue.createApp 函数创建的，该函数需要接收一个对象作为参数，该对象可添加 template、data、methods 等属性。下面介绍一下这些属性的含义。

1.8.1　template 属性

Vue.js 3 中的 template 属性用于定义需要渲染的模板内容，其中包括 HTML 标签或组件，并最终将其挂载到<div id="app"></div>元素上，相当于为 innerHTML 赋值。在模板中，也会使用一些语法，例如{{}}和@click 等（有关模板语法的更多细节将在第 2 章中讨论）。

在 template 属性中，使用字符串的方式来编写 HTML 页面，VS Code 并没有提供智能提示，这会降低编码效率和体验。为了解决这个问题，Vue.js 3 提供了两种方式来优化模板的编写。

◎　方式一：使用<script>标签，将其类型标记为 x-template，并为其添加 id 属性。

◎　方式二：使用任意标签（通常使用<template>标签，因为它不会被浏览器渲染），并为其添加 id 属性。

提示：<template>标签或元素是一种用于保存客户端内容的机制。当页面加载时，该内容不会呈现，但可以在运行时使用 JavaScript 进行实例化。

下面详细讲解这两种方式的实现。

方式一：用<script>标签，优化计数器模板的编写。

新建"05_template 抽取到 script 标签的写法"文件，用<script>标签编写计数器案例的模板页面，代码如下所示：

```
<body>
  <div id="app"></div>
```

```
<!-- 用 <script> 标签编写模板内容,需要添加 type 和 id 属性 -->
<script type="x-template" id="why">
  <div>
    <h2>{{message}}</h2>
    <h2>{{counter}}</h2>
    ......
  </div>
</script>

<script src="./js/vue.js"></script>
<script>
  Vue.createApp({
    template: '#why', // 通过选择器选中页面上的模板,底层执行
document.querySelector("#why")查找
    data: function() {
      return {
        message: "用 <script> 标签,优化计数器模板的编写",
        counter: 100
      }
    },
    methods: { ...... }
  }).mount('#app');
</script>
</body>
```

可以看到,这里使用<script>标签来编写模板,并为<script>标签添加了 type="x-template"
和 id="why"两个属性。

接着为 template 属性赋值#why(ID 选择器),Vue.js 3 框架底层会使用 querySelector API
找到<script id="why">标签,并将里面的内容应用到 template 属性中。

经过上面的步骤,模板内容就成功抽取到<script>标签中了。

提示:<script>标签中编写的模板内容就是 MVVM 架构中的 View 层。

方式二:用<template>标签,优化计数器模板的编写。

新建"06_template 抽取到 template 标签的写法"文件,用<template>标签编写计数器案例
的模板页面,代码如下所示:

```
<body>
  <div id="app"></div>
  <!-- 用 <template> 标签编写模板内容,需要添加 id 属性 -->
  <template id="why">
    <div>
      <h2>{{message}}</h2>
      <h2>{{counter}}</h2>
      ......
    </div>
  </template>
  <script src="./js/vue.js"></script>
  <script>
    Vue.createApp({
      template: '#why', // 通过 ID 选择器选中 <template id="why">...</template> 模
板
      data: function() {
        return {
          message: "使用 template 标签,优化计数器模板的编写",
          counter: 100
```

```
      }
    },
    methods: {......}
  }).mount('#app');
</script>
</body>
```

可以看到，上述代码与前一个案例基本一样，不一样的是这里用了<template>标签编写模板内容。

1.8.2　data 属性

data 属性用于为 Vue.js 组件定义响应式数据，该属性需要传入一个函数，该函数需要返回一个对象。该对象会被 Vue.js 响应式系统劫持，之后对该对象的修改或访问都会在劫持中被处理，所以该对象中定义的数据都是响应式的。比如，在 template 中通过使用{{counter}}，可访问到该对象定义的 counter；当修改 counter 时，template 中的{{counter}}也会发生改变。在浏览器中运行代码时，请注意这一点。

另外，需要注意的是：

◎　在 Vue.js 2 中，data 属性可传入一个对象（官方推荐传递函数）。

◎　在 Vue.js 3 中，data 属性必须传入一个函数，否则会直接在浏览器中报错。

1.8.3　methods 属性

methods 属性需要传入一个对象，通常会在这个对象中定义很多方法。这些方法可以被绑定到模板中，例如计数器案例中的 increment 和 decrement 方法。在方法中，可以使用 this 关键字直接访问 data 返回对象的属性。

需要注意的是，methods 中定义的方法不能使用箭头函数。官方文档的解释如图 1-26 所示。

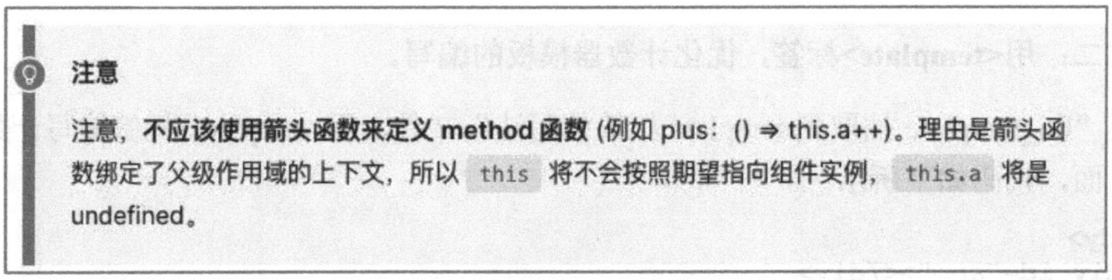

注意

注意，不应该使用箭头函数来定义 method 函数 (例如 plus: () ⇒ this.a++)。理由是箭头函数绑定了父级作用域的上下文，所以 `this` 将不会按照期望指向组件实例，`this.a` 将是 undefined。

图 1-26　不能使用箭头函数

下面详细讲解：methods 属性中定义的方法不能使用箭头函数和 methods 属性中 this 的指向。

1. methods 属性中定义的方法不能使用箭头函数

在 methods 中定义的方法可以通过 this 直接访问 data 中定义的数据，但是如果使用箭头函数定义方法，this 会指向 window 对象，因此无法通过 this 访问 data 中的数据。

新建"07_methods 中的 this.html"文件，代码如下所示：

```
<body>
......
  <script>
    Vue.createApp({
      template: '#why',
      data: function() {
```

```
    return {
      message: "methods 中的 this",
      counter: 100
    }
  },
  methods: {
    // 1.箭头函数
    increment:() => {
      this.counter++;
      console.log('increment=>', this)
    },
    // 2.function 函数的简写语法
    decrement() {
      this.counter--;
      console.log('decrement=>', this)
    },
    // 3.function 函数的完整写法（可简写成上面的写法）
    // decrement:function() {
    //   this.counter--;
    // },
  }
})).mount('#app');
</script>
</body>
```

可以看到，上面将 increment 函数换成了箭头函数，并且 methods 中的两个函数都打印了 this。

在浏览器中运行代码，按 F12 键打开控制台，先单击"-1"按钮，再单击"+1"按钮，控制台输出：decrement 函数 this 指向 Proxy，而 increment 函数 this 指向 Window。如图 1-27 所示。

图 1-27　methods 中的 this

提示：箭头函数中的 this 会指向 Window，这里涉及箭头函数使用 this 的查找规则，它会在自己的上层作用域中查找 this。这里找到的刚好是 script 作用域中的 this，所以就是 Window。

2. methods 属性中 this 的指向

在 Vue.js 3 源码中，所有在 methods 中定义的方法都会被遍历，并通过 bind 函数绑定 this，以确保方法中的 this 指向 Vue 实例的代理对象。如图 1-28 所示，在 Vue.js 3 源码的 packages/runtime-core/src/componentOptions.ts 文件第 637 行代码中，通过 bind 函数为每个方法绑定了 publicThis，即 Vue 实例的代理对象。

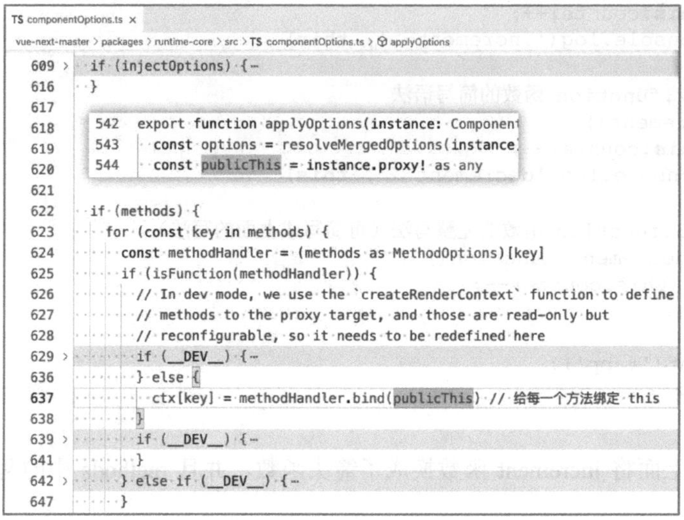

图 1-28　查看 Vue.js 3 源码中 methods 中的 this

提示：除了 methods 中的 this 指向 Vue 实例的代理对象，从源码还可以看到 data、computed、watch 等也都绑定了同一个 this。

1.8.4　其他属性

Vue.createApp 的对象参数除了可以编写 template、data、methods 属性，还可以定义其他的属性，比如 props、computed、watch、emits、setup 和生命周期函数等。在后面的章节中会陆续讲解这些属性。

1.9　VS Code 生成代码片段

对于上述这些常用的代码，我们可以通过 VS Code 生成一个代码片段，方便快速生成代码。VS Code 中的代码片段有固定格式，一般会借助在线工具生成，具体步骤如下。

第一步：编写需要生成代码片段的代码，代码如下所示。

```html
<!DOCTYPE html>
<html lang="en">
<head>
  <meta charset="UTF-8">
  <meta http-equiv="X-UA-Compatible" content="IE=edge">
  <meta name="viewport" content="width=device-width, initial-scale=1.0">
  <title>Document</title>
</head>
<body>

  <div id="app"></div>
```

```
<template id="my-app">
  <div>{{message}}</div>
</template>

<script src="./js/vue.js"></script>
<script>
  const App = {
    template: '#my-app',
    data() {
      return {
        message: "Hello World",
      }
    },
    methods: {

    }
  }
  Vue.createApp(App).mount('#app');
</script>
</body>
</html>
```

第二步：将需要生成代码片段的代码复制到链接 1-3 所示网站的左侧面板。

如图 1-29 所示，create vue3 app 是对代码片段的描述，vue3app 是触发代码片段的名称。左边是需要生成代码片段的源代码，右边是生成的代码片段的格式（需要复制到 VS Code 中使用）。

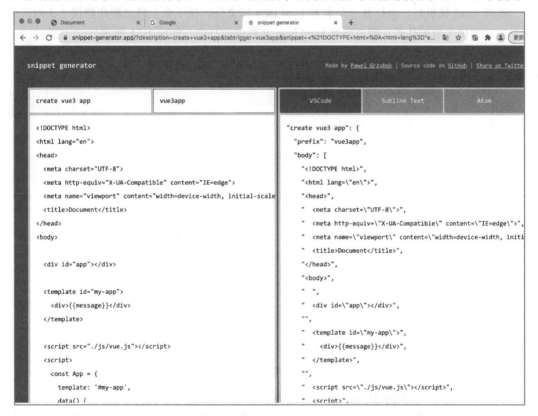

图 1-29　在网站中生成代码片段

第三步：在 **VS Code** 中打开 **User Snippets**，不同系统对应的步骤如下。

◎ Windows/Linux ： File→Preferences→Configure User Snippets。

◎ macOS：Code→Preferences→User Snippets。

第四步：打开 **User Snippets** 面板后，在输入框中输入"**html**"，并选择 **html 模板**，如图 **1-30** 所示。

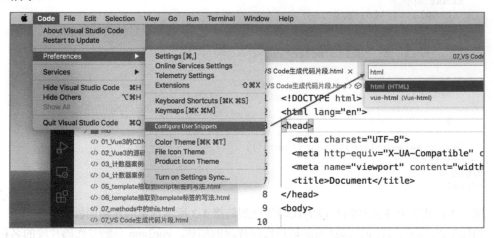

图 1-30 打开 User Snippets 面板

选择 html 模板后，会打开一个名为 html.json 的文件。接下来，将之前在链接 1-3 对应的网站右边面板生成的代码片段复制到 html.json 文件中的{}中，如图 1-31 所示。

```json
{
    "create vue3 app": {
        "prefix": "vue3app",
        "body": [
            "<!DOCTYPE html>",
            "<html lang=\"en\">",
            "<head>",
            "  <meta charset=\"UTF-8\">",
            "  <meta http-equiv=\"X-UA-Compatible\" content=\"IE=edge\">",
            "  <meta name=\"viewport\" content=\"width=device-width, initial-scale=1.0\">",
            "  <title>Document</title>",
            "</head>",
            "<body>",
            "  ",
            "  <div id=\"app\"></div>",
            "",
            "  <template id=\"my-app\">",
            "    <div>{{message}}</div>",
            "  </template>",
            "",
            "  <script src=\"./js/vue.js\"></script>",
            "  <script>",
            "    const App = {",
            "      template: '#my-app',",
```

图 1-31 将代码片段复制到 html.json 文件

第五步：使用 **vue3app** 快速生成模板代码。

在任意 html 文件中输入"**vue3app**"，按 Enter 键就可快速生成刚才定义的代码片段，如图 1-32 所示。

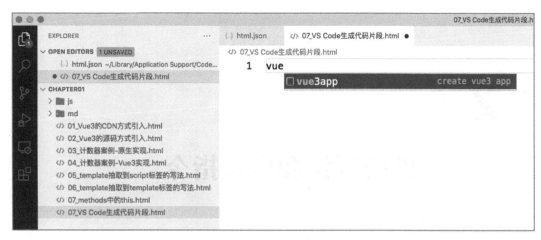

图 1-32　用 vue3app 快速生成模板代码

1.10　本章小结

本章内容如下。

◎　认识 Vue.js 3：介绍了 Vue.js 3 的特点、优势及带来的新特性。

◎　开发环境的搭建：VS Code 的下载、安装、基本配置和安装插件。

◎　探讨了 Vue.js 3 的安装方式：CDN 引入、下载 Vue.js 3 源码本地引入、npm 包安装等。

◎　分别使用原生 JavaScript 和 Vue.js 3 两种方式实现计数器案例。

◎　详细介绍了 createApp 函数的使用，以及该函数对象参数属性的解释。

◎　使用 VS Code 生成代码片段，提高编码效率。

2

模板语法和内置指令

本章我们将开始学习 Vue.js 3 模板语法和内置指令。在学习前，让我们先看看本章的源代码管理方式。遵循第 1 章的规范，目录结构如下：

```
VueCode
├── chapter01
├── chapter02
│   └── js
│   │    └── Vue.js
│   └── 01_Mustache 插值语法.html
│   └── ......
```

2.1 插值语法

在 React 中编写组件时，我们使用 JSX 语法，这是一种类似于 JavaScript 的语法。在使用 Babel 将 JSX 编译成 React.createElement 函数调用后，就能渲染出组件。当然，Vue.js 3 也支持 JSX 语法开发模式（见第 11 章），但大多数情况下，Vue.js 3 使用 HTML 模板（template）语法，通过声明式将组件实例的数据和 DOM 绑定在一起。

模板语法的核心是插值（mustache）语法和指令。对 Vue.js 3 学习者来说，掌握模板语法非常重要。

在 Vue.js 3 中，要将数据显示到模板中，常见的方式是使用插值语法，也称双大括号语法，代码如下所示：

```
<div>{{message}}</div>
```

插值语法还支持其他的写法。新建一个"04_计数器案例-Vue3 实现.html"文件，用于演示插值语法的其他写法，代码如下所示：

```
<body>
 <div id="app"></div>
  <template id="my-app">
    <!-- 1.mustache 语法的基本使用 -->
    <h4>{{message}} - {{isShow}}</h4>
    <!-- 2.mustache 语法包含一个表达式 -->
    <h4>{{counter * 10}}</h4>
```

```html
<h4>{{ message.split(" ").join("-") }}</h4>
<!-- 3.mustache 语法中调用方法 -->
<h4>{{getReverseMessage()}}</h4>
<!-- 4.mustache 语法调用 computed 计算属性(先了解) -->
<!-- 5.mustache 语法支持三元运算符 -->
<h4>{{ isShow ? "三元运算符": "" }}</h4>
<button @click="toggle">切换控制显示</button>
</template>

<script src="./js/vue.js"></script>
<script>
  const App = {
    template: '#my-app',
    data() {
      return {
        message: "Hello World",
        counter: 100,
        isShow: true
      }
    },
    methods: {
      getReverseMessage() {
        return this.message.split(" ").reverse().join(" ");
      },
      toggle() {
        this.isShow = !this.isShow;
      }
    }
  }
  Vue.createApp(App).mount('#app');
</script>
</body>
```

可以看到，在插值语法中不仅支持绑定 data 中的属性，还支持 JavaScript 表达式、调用方法，以及三元运算符。在浏览器中运行代码，效果如图 2-1 所示。

图 2-1　插值语法

另外，以下是插值语法的错误写法，代码如下所示：

```html
<!-- 错误写法一：不支持赋值语句 -->
<h4>{{var name = "Hello"}}</h2>
<!-- 错误写法二：不支持控制流程 if 语句，但是支持三元运算符 -->
<h4>{{ if (true) { return message } }}</h2>
```

2.2 基本指令

在 template 上除插值语法外，还会经常看到以"v-"开头的属性（attribute），它们被称为指令。

通常，指令带有前缀"v-"，是 Vue.js 3 提供的特殊属性。它们会在渲染的 DOM 上应用特殊的响应式行为。例如，下面的 v-once 指令用于指定元素或组件只渲染一次。

2.2.1 v-once

v-once 指令用于指定元素或组件只渲染一次。当数据发生变化时，元素或组件及其所有的子组件将被视为静态内容，跳过更新。通常在需要进行性能优化时使用 v-once 指令。

新建"02_基本指令-v-once.html"文件，在 template 中使用 v-once 指令，代码如下所示：

```html
<body>
  <div id="app"></div>
  <template id="my-app">
    <!-- 会重新渲染 -->
    <h2>h2 : {{counter}}</h2>
    <!-- 以下内容只会渲染一次 -->
    <h3 v-once>h3: {{counter}}</h3>
    <div v-once>
      <h4>h4: {{counter}}</h4>
      <h5>h5: {{message}}</h5>
    </div>
    <!-- 单击按钮触发重新渲染 -->
    <button @click="increment">+1</button>
  </template>

  <script src="./js/vue.js"></script>
  <script>
    const App = {
      template: '#my-app',
      data() {
        return {
          counter: 100,
          message: "Hello Vue.js 3"
        }
      },
      methods: {
        increment() {
          this.counter++;
        }
      }
    }
    Vue.createApp(App).mount('#app');
  </script>
</body>
```

可以看到，上述代码使用 v-once 绑定了\<h3>和\<div>元素。当单击"+1"按钮时，只有\<h2>会重新渲染，而\<h3>、\<div>、\<h4>和\<h5>元素都不会重新渲染。这是因为带有 v-once 绑定的元素及其子元素不会重新渲染。当然，如果 v-once 绑定的是组件，也同样适用。

在浏览器中运行代码，效果如图 2-2 所示。

图 2-2　v-once 指令效果

2.2.2　v-text

v-text 指令用于更新元素的 textContent。新建"03_基本指令-v-text.html"文件，在 template 中使用 v-text 指令，示例代码如下：

```html
<body>
  <div id="app"></div>
  <template id="my-app">
    <h2 v-text="message"></h2>
    <!-- 上面写法等价于下面写法 -->
    <h3>{{message}}</h3>
  </template>

  <script src="./js/vue.js"></script>
  <script>
    const App = {
      template: '#my-app',
      data() {
        return {
          message: "Hello Vue.js 3"
        }
      }
    }

    Vue.createApp(App).mount('#app');
  </script>
</body>
```

可以看到，在<h2>元素上使用 v-text 指令对 message 变量进行绑定，在<h3>元素上使用插值语法对 message 变量进行绑定。它们的效果是一样的，实际上，v-text 指令就相当于插值语法。

在浏览器中运行代码，效果如图 2-3 所示。

图 2-3　v-text 指令效果

2.2.3　v-html

当展示的内容是 HTML 字符串时，Vue.js 3 不会对其进行特殊的解析。如果希望 HTML 字符串的内容可以被 Vue.js 3 解析出来，那么可以使用 v-html 指令。新建"04_基本指令-v-html.html"文件，在 template 中使用 v-html 指令，代码如下所示：

```html
<body>
  <div id="app"></div>
  <template id="my-app">
    <!-- 1.绑定字符串 -->
    <h2>{{message}}</h2>
    <!-- 2.绑定 HTML 字符串 -->
    <div v-html="message"></div>
  </template>

  <script src="./js/vue.js"></script>
  <script>
    const App = {
      template: '#my-app',
      data() {
        return {
          message: '<span style="color:red; background: blue;">你好呀 Vue.js 3</span>'
        }
      }
    }
    Vue.createApp(App).mount('#app');
  </script>
</body>
```

可以看到，首先在 data 中定义 message 变量，并赋值一段 HTML 字符串文本，然后在 template 中使用 v-html 把 message 绑定到<div>元素中，将 message 中的 HTML 字符串文本当成 HTML 网页来显示。

在浏览器中运行代码，效果如图 2-3 所示。

图 2-4　v-html 指令效果

2.2.4　v-pre

v-pre 指令用于跳过元素及其子元素的编译过程，从而加快编译速度。新建"05_基本指令-v-pre.html"文件，在 template 中使用 v-pre 指令将 message 变量绑定到<h2>元素，代码如下所示：

```html
<body>
  <div id="app"></div>
  <template id="my-app">
    <h2 v-pre>{{message}}</h2>
  </template>

  <script src="./js/vue.js"></script>
```

```
<script>
  const App = {
    template: '#my-app',
    data() {
      return {
        message: "Hello World"
      }
    }
  }
  Vue.createApp(App).mount('#app');
</script>
</body>
```

可以看到，在 data 中定义了 message 变量，然后在 template 中使用 v-pre 把 message 绑定到<h2>元素中。浏览器将 mustache 语法当成字符串来显示，并不会显示 message 中的值，因为绑定 v-pre 指令后的<h2>元素和它的子元素将跳过编译过程。

在浏览器中运行代码，效果如图 2-5 所示。

图 2-5　v-pre 指令效果

2.2.5　v-cloak

v-cloak 指令可以隐藏未编译的 mustache 语法的标签，直到组件实例完成编译。它需要和 CSS 规则一起使用，例如 [v-cloak] { display: none }。

在 Vue.js 3 中，v-cloak 指令的使用频率不高，因为在生产阶段的模板已提前编译完成，所以不需要使用 v-cloak 指令。但在开发阶段实时进行模板编译时，v-cloak 指令却非常有用。如果在开发阶段使用插值语法时，发现浏览器先显示 mustache 语法，然后又立马显示正常（该问题仅会出现在性能较差的计算机上），就可以按照下面的方式使用 v-cloak 指令来处理。

新建"06_基本指令-v-cloak.html"文件，在 template 中使用 v-cloak 指令，代码如下所示：

```
<head>
  ......
  <style>
    /* 属性选择器，选中包含 v-cloak 属性的元素，如 h2 */
    [v-cloak] {
      display: none;
    }
  </style>
</head>
<body>
  <div id="app"></div>

  <template id="my-app">
    <!-- v-cloak 指令会一直保留在元素上，等到该组件完成编译就会移除 -->
    <h2 v-cloak>{{message}}</h2>
  </template>

  <script src="./js/vue.js"></script>
  <script>
```

```
  const App = {
    template: '#my-app',
    data() {
      return {
        message: "Hello Vue.js 3"
      }
    }
  }

  Vue.createApp(App).mount('#app');
</script>
</body>
```

可以看到，在<h2>元素中添加 v-cloak 指令，作用是使<h2>先不显示，直到模板编译结束后才显示。接着还需要在<style>标签中添加 CSS 规则 *[v-cloak] { display: none }。

在浏览器中运行代码，效果如图 2-6 所示。

图 2-6　v-cloak 指令效果

2.3　v-bind

前面介绍的指令用于为元素绑定内容，元素除绑定内容外，还要绑定各种各样的属性。此时，可以使用 v-bind 指令。

2.3.1　绑定基本属性

在很多时候，元素的属性是动态的，比如<a>元素的 href 属性、<img>元素的 src 属性等。通常需要动态插入值，这时可以使用 v-bind 指令来绑定这些属性。

新建"07_v-bind 的基本使用.html"文件，使用 v-bind 指令绑定元素的基本属性，代码如下所示：

```html
<body>
  <div id="app"></div>
  <template id="my-app">
    <!-- 1.v-bind 的基本使用 -->
    <img v-bind:src="imgUrl" alt="">
    <a v-bind:href="link">百度一下</a>

    <!-- 2. 冒号语法绑定属性是 v-bind 指令的语法糖(即简写) -->
    <img :src="imgUrl" alt="" sty>

    <!-- 3.直接赋值"imgUrl"字符串给 src 属性 -->
    <img src="imgUrl" alt="">
  </template>

  <script src="./js/vue.js"></script>
  <script>
    const App = {
      template: '#my-app',
      data() {
```

```
      return {
        imgUrl: "https://v2.cn.vuejs.org/images/logo.svg",
        link: "https://www.baidu.com"
      }
    }
  }
  Vue.createApp(App).mount('#app');
</script>
</body>
```

可以看到，在 data 属性中定义了 imgUrl 和 link 变量，imgUrl 存放的是一张图片的路径，link 存放的是一个网址。首先使用 v-bind 指令（:是 v-bind 的简写）把 imgUrl 变量绑定到第一个\<img\>元素的 src 属性上。接着，把 link 变量绑定到\<a\>元素的 href 属性上。最后，为第二个\<img\>元素的 src 属性赋值"imgUrl"字符串。

在浏览器中运行代码，效果如图 2-7 所示。

图 2-7　v-bind 的基本使用效果

2.3.2　绑定 class 属性

v-bind 可以用于绑定元素或组件的 class 属性，支持绑定的类型有字符串、对象和数组类型。

1. 绑定字符串类型

直接为 class 属性绑定一个字符串，代码如下所示：

```
<!-- 1.绑定字符串，这里的冒号语法是 v-bind 的简写 -->
<div :class="'abc'">class 绑定字符串</div>
<div :class="className">class 绑定字符串</div>
```

可以看到，我们既可以直接为 class 绑定一个字符串'abc'，也可以为 class 绑定一个字符串类型的 className 变量。

2. 绑定对象类型

新建"08_v-bind 绑定 class-对象语法.html"文件，使用 v-bind 指令为 class 属性绑定对象，代码如下所示：

```
<body>
  <div id="app"></div>
  <template id="my-app">
    <!-- 1.绑定字符串语法 -->
    <div :class="'abc'">class 绑定字符串 1</div>
    <div :class="className">class 绑定字符串 2</div>
    <!-- 2.绑定对象，支持 {'active': boolean} 或 { active: boolean} 写法 -->
    <div :class="{'active': isActive}">class 绑定对象 1</div>
    <!-- 3.对象可以有多个键值对 -->
    <div :class="{active: isActive, title: true}">class 绑定对象 2</div>
    <!-- 4.默认的 class 和动态的 class 结合使用 -->
    <div class="abc cba" :class="{active: isActive, title: true}">
```

```
        默认的 class 和动态的 class 结合
    </div>
    <!-- 5.将对象放到一个单独的 class 属性中 -->
    <div class="abc cba" :class="classObj">绑定属性中的对象</div>
    <!-- 6.将返回的对象放到一个 methods (或 computed) 中 -->
    <div class="abc cba" :class="getClassObj()">绑定 methods/computed 返回的对
象</div>

      <button @click="toggle">切换 isActive</button>
  </template>

    <script src="./js/vue.js"></script>
    <script>
      const App = {
        template: "#my-app",
        data() {
          return {
            className: "coderwhy",
            isActive: true,
            classObj: {
              active: true,
              title: true
            },
          };
        },
        methods: {
          toggle() {
            this.isActive = !this.isActive;
          },
          getClassObj() {
            return {
              active: false,
              title: true
            }
          }
        },
      };

      Vue.createApp(App).mount("#app");
    </script>
  </body>
```

上述代码稍微多一点，但内容并不复杂，共演示了六种绑定 class 的情况。

（1）为 class 直接绑定 abc 字符串和字符串类型的 className 变量。

（2）为 class 绑定一个对象 {'active': isActive}，如果 isActive 变量为 true，则该对象中的 active 会绑定到 div 的 class 上，否则不会。（注意：'active'单引号可有可无，但是如有短横杠连接字符时，必须有单引号，例如'active-link' 必须有单引号。）

（3）为 class 绑定对象，对象可以有多个键值对。

（4）先为 class 直接赋值字符串，再为 class 绑定对象。这时直接赋值的字符串会和该对象中值为 true 的 key 进行合并，再绑定到 div 的 class 上。

（5）与第 4 种情况基本一样，区别是绑定的对象被抽取到名为 classObj 的变量中。

（6）与第 5 种情况基本一样，区别是为 class 绑定了 methods 中 getClassObj 函数返回的对象。（注意：class 也支持绑定 computed 中函数返回的对象，有关计算属性的内容会在第 3 章介绍。）

在浏览器中运行代码，效果如图 2-8 所示。

图 2-8 使用 v-bind 绑定对象类型的效果 1

3. 绑定数组类型

新建 "09_v-bind 绑定 class-数组语法.html" 文件,用 v-bind 指令为 class 属性绑定数组,代码如下所示:

```
<body>
  <div id="app"></div>
  <template id="my-app">
    <div :class="['abc', title]">v-bind 绑定 class-数组语法</div>
    <div :class="['abc', title, isActive ? 'active': '']">v-bind 绑定 class-数
组语法</div>
    <div :class="['abc', title, {active: isActive}]">v-bind 绑定 class-数组语法
</div>
  </template>

  <script src="./js/vue.js"></script>
  <script>
    const App = {
      template: '#my-app',
      data() {
        return {
          message: "Hello World",
          title: "cba",
          isActive: true
        }
      }
    }
    Vue.createApp(App).mount('#app');
  </script>
</body>
```

可以看到,这里分别为三个<div>的 class 属性绑定了数组。

(1)为第一个<div>元素的 class 属性绑定了一个字符串类型的数组。

(2)为第二个<div>元素的 class 属性绑定的数组包含三元运算符。

(3)为第三个<div>元素的 class 属性绑定的数组包含对象。

在浏览器中运行代码,效果如图 2-9 所示。

图 2-9　使用 v-bind 绑定数组类型的效果 1

2.3.3　绑定 style 属性

v-bind 可以用于绑定元素或组件的 style 属性，支持绑定对象和数组类型。

1. 绑定对象类型

绑定对象的语法十分直观，例如:style="{color: 'red'}"。对象中 CSS 属性的命名可采用 Vue.js 3 的约定，即小驼峰（camelCase）或短横线（kebab-case）分隔。其中，短横线分隔需要用单引号引起来。

新建"10-v-bind 绑定 style-对象语法.html"文件，使用 v-bind 指令为 style 属性绑定对象，代码如下所示：

```html
<body>
  <div id="app"></div>
  <template id="my-app">
    <!-- 1.v-bind 绑定 style 的基本用法 -->
    <div :style="{color: finalColor, 'font-size': '16px'}">v-bind 绑定 style-对象语法</div>
    <div :style="{color: finalColor, fontSize: '16px'}">v-bind 绑定 style-对象语法</div>
    <div :style="{color: finalColor, fontSize: finalFontSize + 'px'}">v-bind 绑定 style-对象语法</div>
    <!-- 2.绑定 data 中定义的对象类型变量 -->
    <div :style="finalStyleObj">绑定一个 data 中的属性</div>
    <!-- 3.绑定调用 methods 方法返回的对象 -->
    <div :style="getFinalStyleObj()">methods 方法返回的对象</div>
  </template>

  <script src="./js/vue.js"></script>
  <script>
  const App = {
    template: '#my-app',
    data() {
      return {
        message: "Hello World",
        finalColor: 'red',
        finalFontSize: 16,
        finalStyleObj: {
          'font-size': '16px',
          fontWeight: 700,
          backgroundColor: '#ddd'
        }
      }
    },
    methods: {
      getFinalStyleObj() {
        return {
          'font-size': '16px',
```

```
          fontWeight: 700,
          backgroundColor: '#ddd'
        }
      }
    }
  }

  Vue.createApp(App).mount('#app');
</script>
</body>
```

可以看到，上述代码共演示了三种绑定 style 的情况。

（1）为<div>元素的 style 属性绑定一个对象。当对象中的 key 有多个单词时，可用小驼峰
或短横线分隔。

◎ key 的值如果是一个字符串，如 '16px'，则需要单引号；如果是变量，如 finalColor，
则不需要。

◎ key 的值支持表达式语法，如上面为<div>元素绑定字体大小用到了 finalFontSize + 'px'
表达式。

（2）为<div>元素的 style 属性绑定一个对象类型的变量。

（3）为<div>元素的 style 属性绑定一个返回对象类型的方法，也支持绑定 computed。

在浏览器中运行代码，效果如图 2-10 所示。

图 2-10 使用 v-bind 绑定对象类型的效果 2

2. 绑定数组

绑定数组的语法也十分直观，例如:style="[{}, {}]"，可将多个样式对象应用到同一个元素
上。

新建"11_v-bind 绑定 style-数组语法.html"文件，使用 v-bind 指令为 style 属性绑定数组，
代码如下所示：

```html
<body>
  <div id="app"></div>
  <template id="my-app">
    <div :style="[{color:'red', fontSize:'15px'}]">v-bind 绑定 style-数组语法
</div>
    <div :style="[style1Obj, style2Obj]">v-bind 绑定 style-数组语法</div>
  </template>

  <script src="./js/vue.js"></script>
  <script>
    const App = {
      template: '#my-app',
      data() {
        return {
```

```
      message: "Hello World",
      style1Obj: {
        color: 'red',
        fontSize: '16px'
      },
      style2Obj: {
        textDecoration: "underline"
      }
    }
   }
  }
  Vue.createApp(App).mount('#app');
 </script>
</body>
```

可以看到，上面分别为两个<div>的 style 属性绑定了数组。

（1）为第一个<div>元素的 style 属性绑定一个数组，数组中每一项都是一个对象。

（2）为第二个<div>元素的 style 属性绑定一个数组，数组中每一项都是一个对象类型的变量。

在浏览器中运行代码，效果如图 2-11 所示。

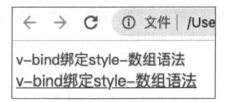

图 2-11　使用 v-bind 绑定数组类型的效果 2

2.3.4　动态绑定属性

前面介绍了如何为元素绑定内容和动态绑定属性，下面继续讲解如何动态绑定属性的名称和值，也就是属性的名称和值都是通过 JavaScript 表达式动态插入的。

新建"12_v-bind 动态绑定属性名称和值.html"文件，使用 v-bind 绑定动态属性的名称和值，代码如下所示：

```
<body>
 <div id="app"></div>

 <template id="my-app">
  <!-- : 是 v-bind 的简写 -->
  <div :[name]="value">v-bind 动态绑定属性名称和值</div>
  <!-- 上面等价于下面的写法 -->
  <div v-bind:[name]="value">v-bind 动态绑定属性名称和值</div>
 </template>

 <script src="./js/vue.js"></script>
 <script>
  const App = {
   template: '#my-app',
   data() {
    return {
     name: "username",
     value: "kobe"
    }
```

```
      }
    }
    Vue.createApp(App).mount('#app');
  </script>
</body>
```

可以看到，上述代码为<div>元素绑定的属性名称和值都是动态的。首先在 data 中定义 name 和 value 两个变量，name 存放属性的名称，值为 username 字符串；value 存放属性名称对应的值，值为 kobe 字符串。然后用:key="value"的语法，就可以实现动态绑定属性名称和值。

在浏览器中运行代码，效果如图 2-12 所示。

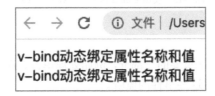

图 2-12　使用 v-bind 动态绑定属性的效果

2.3.5　绑定一个对象

v-bind 指令不仅可以用于绑定单个属性，还可以用于直接绑定一个对象，从而实现一次批量绑定多个属性。

新建"13_v-bind 动态绑定一个对象.html"文件，使用 v-bind 直接绑定一个对象，代码如下所示：

```
<body>
  <div id="app"></div>

  <template id="my-app">
    <div v-bind="info">v-bind 动态绑定一个对象</div>
    <!-- 下面是上面的简写，可读性不好，不推荐 -->
    <div :="info">v-bind 动态绑定一个对象</div>
  </template>

  <script src="./js/vue.js"></script>
  <script>
    const App = {
      template: '#my-app',
      data() {
        return {
          info: {
            name: "why",
            age: 18,
            height: 1.88
          }
        }
      }
    }
    Vue.createApp(App).mount('#app');
  </script>
</body>
```

可以看到，在 data 中定义一个对象类型的 info 变量，接着在 template 中使用 v-bind 指令将 info 绑定到 div 元素中，info 对象中的键值对会被拆解成 div 元素的各个属性，并绑定到 div

元素上。

在浏览器中运行代码，效果如图 2-13 所示。

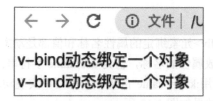

图 2-13　使用 v-bind 绑定一个对象的效果

2.4　v-on

在前端开发中，交互是非常重要的一部分，例如处理单击、拖曳、键盘事件等。在 Vue.js 3 中，使用 v-on 指令可以实现对这些事件的监听。

v-on 指令的语法如下。

（1）指令的简写：@。

（2）指令值类型：Function | Inline Statement | Object。

（3）参数：event。

（4）指令修饰符如下。

◎　.stop：调用 event.stopPropagation()。

◎　.prevent：调用 event.preventDefault()。

◎　.capture：添加事件监听器时使用 capture 模式。

◎　.self：只有事件从监听器绑定的元素本身触发时才触发回调。

◎　.{keyAlias}：仅当事件从特定键触发时才触发回调。

◎　.once：只触发一次回调。

- .left：只有在单击鼠标左键时才触发回调。
- .right：只有在单击鼠标右键时才触发回调。
- .middle：只有在单击鼠标中键时才触发回调。

◎　.passive：使用 { passive: true } 模式添加监听器。

下面来看看使用 v-on 指令如何绑定事件监听器。

2.4.1　绑定事件

在开发中，经常需要处理单击、拖曳等操作。在 Vue.js 3 中，可以用 v-on 指令绑定所需的事件并进行监听。

新建"14_v-on 的基本使用-绑定事件.html"文件，使用 v-on 指令绑定事件，代码如下所示：

```
<head>
  ......
  <style>
    .area {
      width: 100px;
      height: 100px;
      background: #ddd;
      margin-bottom: 4px;
```

```
      }
    </style>
  </head>
<body>
  <div id="app"></div>
  <template id="my-app">
    <!-- 1.绑定事件完整写法，v-on:监听的事件="methods 中方法" -->
    <button v-on:click="btn1Click">监听按钮单击(完整写法)</button>
    <div class="area" v-on:mousemove="mouseMove">监听鼠标移动事件</div>
    <!-- 2. @ 是 v-on 的语法糖 -->
    <button @click="btn1Click">监听按钮单击(简写)</button>
    <!-- 3.绑定一个表达式: inline statement -->
    <button @click="counter++">单击+1: {{counter}}</button>
    <!-- 4.绑定一个对象 -->
    <div class="area" v-on="{click: btn1Click, mousemove: mouseMove}">监听鼠标
移动事件</div>
    <!-- 5.是上面 v-on 的简写，可读性不好，不推荐 -->
    <div class="area" @="{click: btn1Click, mousemove: mouseMove}">监听鼠标移动
事件（简写）</div>
  </template>

  <script src="./js/vue.js"></script>
  <script>
    const App = {
      template: '#my-app',
      data() {
        return {
          message: "Hello World",
          counter: 100
        }
      },
      methods: {
        btn1Click() {
          console.log("按钮 1 发生了单击");
        },
        mouseMove() {
          console.log("鼠标移动");
        }
      }
    }
    Vue.createApp(App).mount('#app');
  </script>
</body>
```

可以看到，上面代码共演示了 v-on 的五种使用情况。

（1）用 v-on 监听<button>元素的单击事件，当单击<button>元素时，会触发 btn1Click 函数的回调；同时用 v-on 监听<div>元素上鼠标移动事件，当鼠标在该<div>元素上移动时，会触发 mouseMove 函数的回调。

（2）用 v-on 的语法糖冒号@监听<button>元素的单击事件。

（3）用 v-on 监听<button>元素的单击事件，但是这次绑定的是一个表达式，不是回调函数，当单击<button>元素时，会触发 counter 变量自增。

（4）用 v-on 绑定一个对象，对象中的 key 是监听事件的名称，key 对应的值是事件的回调函数。该对象中包含单击（click）事件和鼠标移动（mousemove）事件。

（5）用 v-on 的简写@语法绑定一个对象，可读性不好，不推荐该写法。

注意：为了方便演示，上述所有回调函数都使用了 btn1Click 和 mouseMove 这两个函数。

在浏览器中运行代码，效果如图 2-14 所示。

图 2-14 v-on 的基本使用效果

2.4.2 事件对象和传递参数

事件在发生时会产生事件对象，我们可以在事件回调函数中获取事件对象。新建"15_v-on
事件对象和参数传递.html"文件，使用 v-on 指令获取事件对象和传递参数，代码如下所示：

```html
<body>
  <div id="app"></div>

  <template id="my-app">
    <!-- 1.Vue.js 内部会自动传入 event 对象，可在方法中接收 -->
    <button @click="btn1Click">自动传入 event 对象</button>
    <!-- 2.手动传入事件对象：$event。$event 是固定写法 -->
    <button @click="btn2Click($event, 'coderwhy', 18)">手动传入 event 对象
</button>
  </template>

  <script src="./js/vue.js"></script>
  <script>
    const App = {
      template: '#my-app',
      data() {
        return {
          message: "Hello World"
        }
      },
      methods: {
        btn1Click(event) {
          console.log(event); // 打印自动传入的事件对象
        },
        btn2Click(event, name, age) {
          console.log(event, name, age); // 打印事件对象和其他传入的参数
        }
```

```
      }
    }
    Vue.createApp(App).mount('#app');
  </script>
</body>
```

可以看到，这里编写了两个<button>元素，并设置了单击事件。

（1）第一个<button>元素用于监听单击事件，单击时会触发 btn1Click 函数调用。如果没有手动传递参数，Vue.js 3 会自动将 event 对象传递给 btn1Click 函数，所以该函数可以接收 event 事件对象参数。

（2）第二个<button>标签也用于监听单击事件，单击时会触发 btn2Click 函数调用。这次手动传递了三个参数：$event、'coderwhy'和 18，所以在该函数中可以接收这三个参数。

需要注意的是：$event 是固定写法，专门用于获取事件对象。另外，该参数的位置不是固定的。

在浏览器中运行代码，两个按钮的效果如图 2-15 所示。

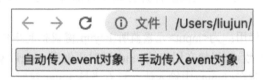

图 2-15　使用 v-on 获取事件对象的效果

2.4.3　修饰符

在 JavaScript 中，可通过 event.stopPropagation 阻止事件冒泡；在 Vue.js 3 中，可使用 v-on 指令的.stop 修饰符阻止事件冒泡。

新建 "16_v-on 绑定事件时添加修饰符.html" 文件，使用 v-on 指令的.stop 和.enter 修饰符，代码如下所示：

```
<body>
  <div id="app"></div>
  <template id="my-app">
    <div
      @click="divClick"
      :style="{width: '100px', 'height': '65px',backgroundColor:'#ddd'}"
    >
      div
      <button @click.stop="btnClick">button 按钮</button>
    </div>
    <input type="text" @keyup.enter="enterKeyup">
  </template>

  <script src="./js/vue.js"></script>
  <script>
    const App = {
      template: '#my-app',
      data() {
        return {
          message: "Hello World"
        }
      },
      methods: {
        divClick() {
```

```
        console.log("divClick");
      },
      btnClick() {
        console.log('btnClick');
      },
      enterKeyup(event) {
        console.log("keyup", event.target.value);
      }
    }
  }
  Vue.createApp(App).mount('#app');
</script>
</body>
```

可以看到，上述代码使用了 v-on 的.stop 和.enter 两个修饰符。

（1）.stop 修饰符的使用：为<div>和<button>两个元素都绑定单击事件，单击<button>时，因为事件会冒泡，所以 btnClick 和 divClick 函数都会被触发。如果想在单击<button>时只触发 btnClick 函数，需要在<button>的@click 后加上.stop 修饰符。这时再单击<button>，事件就不会继续冒泡到<div>上。

（2）.enter 修饰符的使用：为<input>元素监听 keyup 键盘抬起事件，每输入一个字符，就会触发一次 enterKeyup 函数。如果想在用户按Enter键时再触发 enterKeyup 函数，需要在@keyup 后加上.enter 修饰符。这时在<input>中输入值，只有当按 Enter 键时才会触发 enterKeyup 函数回调。

在浏览器中运行代码，单击<button>只会触发 btnClick 函数回调，在<input>中输入 "coderwhy"，按 Enter 键后才会触发 enterKeyup 函数回调，效果如图 2-16 所示。

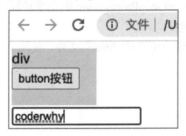

图 2-16　v-on 指令的修饰符的效果

2.5　条件渲染

在前端开发中，有时需要根据当前条件决定是否渲染特定的元素或组件。Vue.js 3 提供了 v-if、v-else、v-else-if 和 v-show 指令，用于实现条件判断。

2.5.1　v-if 和 v-else

1. v-if 指令的使用

v-if 指令用于根据条件渲染某一块内容。该指令是惰性的，当条件为 false 时，判断的内容完全不会被渲染或被销毁；当条件为 true 时，才会真正渲染条件块中的内容。

新建 "17_v-if 条件渲染的基本使用.html" 文件，使用 v-if 渲染某一块内容，代码如下所示：

```
<body>
  <div id="app"></div>
```

```
<template id="my-app">
  <h2 v-if="isShow">v-if 条件渲染的基本使用</h2>
  <button @click="toggle">单击切换显示和隐藏内容</button>
</template>

<script src="./js/vue.js"></script>
<script>
  const App = {
    template: '#my-app',
    data() {
      return {
        isShow: true
      }
    },
    methods: {
      toggle() {
        this.isShow = !this.isShow;
      }
    }
  }
  Vue.createApp(App).mount('#app');
</script>
</body>
```

可以看到，<h2>元素使用 v-if 指令绑定 isShow 变量，当 isShow 为 true 时显示<h2>元素，为 false 时则隐藏该元素。接着通过单击<button>改变 isShow 的值，从而控制<h2>元素的显示和隐藏。

在浏览器中运行代码，单击<button>时，<h2>元素会被隐藏，再次单击便会显示，效果如图 2-17 所示。

图 2-17 v-if 的基本使用效果

2. v-if、v-else 和 v-else-if 一起使用

v-if、v-else 和 v-else-if 指令都用于根据条件渲染某一块的内容。只有在条件为 true 时，对应的内容才会被渲染出来。需要注意的是，这三个指令类似于 JavaScript 的条件语句 if、else 和 else if。

新建"18_v-if 多个条件的渲染.html"文件，用于演示这三个指令的使用，代码如下所示：

```
<body>
  <div id="app"></div>
  <template id="my-app">
    <input type="text" v-model="score">
    <h2 v-if="score >= 90">优秀</h2>
    <h2 v-else-if="score >= 60">良好</h2>
    <h2 v-else>不及格</h2>
  </template>

  <script src="./js/vue.js"></script>
```

```
<script>
  const App = {
    template: '#my-app',
    data() {
      return {
        score: 95
      }
    }
  }
  Vue.createApp(App).mount('#app');
</script>
</body>
```

可以看到，首先在 data 属性中定义了 score 变量，并将其默认值设为 95 分。随后，在<input>元素上使用 v-model 指令双向绑定 score 变量，把<input>输入的数据绑定到 score 变量中。（v-model 是 Vue.js 3 中用于实现表单输入和应用程序状态之间双向绑定的重要指令，该指令会在第 4 章单独讲解。）

接着，在<h2>元素上使用 v-if 指令绑定表达式 score >= 90，如果分数大于或等于 90 分，则显示"优秀"。然后使用 v-else-if 指令绑定表达式 score >= 60，如果分数大于或等于 60 分，则显示"良好"。最后，使用 v-else 指令处理分数小于 60 的情况，显示"不及格"。

在浏览器中运行代码，当在<input>元素中依次输入 95、80、50 分时，分别显示优秀、良好、不及格，效果如图 2-18 所示。

图 2-18　使用 v-if 实现多个条件渲染的效果

2.5.2　v-if 和 template 结合使用

使用 v-if 指令时，必须将其添加到某一个元素上，例如<div>元素。但如果希望显示和隐藏多个元素，有两种常见的实现方式。

（1）用<div>元素包裹多个元素，然后使用 v-if 指令控制该<div>元素的显示和隐藏即可。缺点是<div>元素也会被渲染。

（2）用 HTML5 的<template>元素包裹多个元素，然后使用 v-if 指令控制<template>元素的显示和隐藏即可。优点是<template>元素不会被渲染出来（推荐使用此方式）。

以下是 v-if 和<template>元素的结合使用。新建"19_v-if 和 template 结合使用.html"文件，代码如下所示：

```
<body>
  <div id="app"></div>
  <template id="my-app">
    <template v-if="isShow">
      <h3>v-if 控制多个 h3 标签显示隐藏</h3>
      <h3>v-if 控制多个 h3 标签显示隐藏</h3>
      <h3>v-if 控制多个 h3 标签显示隐藏</h3>
    </template>

    <template v-else>
```

```
    <h4>v-if 控制多个 h4 标签显示隐藏</h4>
    <h4>v-if 控制多个 h4 标签显示隐藏</h4>
    <h4>v-if 控制多个 h4 标签显示隐藏</h4>
  </template>
</template>

<script src="./js/vue.js"></script>
<script>
  const App = {
    template: '#my-app',
    data() {
      return {
        isShow: true
      }
    }
  }
  Vue.createApp(App).mount('#app');
</script>
</body>
```

可以看到，上述代码分别使用<template>元素包裹了 3 个<h3>元素和 3 个<h4>元素，接着在<template>元素上分别绑定 v-if 和 v-else 指令。如果 isShow 为 true，则显示 3 个<h3>元素，否则显示 3 个<h4>元素。

在浏览器中运行代码，先将 isShow 设置为 true，然后设置为 false，效果如图 2-19 所示。

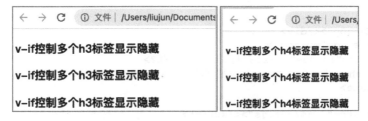

图 2-19 v-if 和 template 结合使用的效果

2.5.3 v-show

v-show 指令也可以用于控制显示和隐藏某一块内容，用法和 v-if 指令一致。

新建"20_v-show 条件渲染.html"文件，使用 v-show 指令显示和隐藏某一块内容，代码如下所示：

```
<body>
  <div id="app"></div>
  <template id="my-app">
    <h4 v-show="isShow">isShow 条件渲染基本使用</h4>
  </template>

  <script src="./js/vue.js"></script>
  <script>
    const App = {
      template: '#my-app',
      data() {
        return {
          isShow: true
        }
      }
    }
```

```
    Vue.createApp(App).mount('#app');
  </script>
</body>
```

可以看到，上述代码直接在<h4>元素上使用 v-show 指令来控制该元素的显示和隐藏。当 isShow 为 true 时，显示该元素，否则隐藏该元素。

2.5.4　v-show 和 v-if 的区别

v-if 和 v-show 都可用于控制显示和隐藏某一块内容，它们的区别如下。

◎　v-show 不支持在<template>标签上使用。

◎　v-show 不可与 v-else 一起使用。

◎　v-show 控制的元素无论是否需要显示到浏览器上，它的 DOM 都会被渲染。本质上是通过 CSS 的 display 属性来控制显示和隐藏。

◎　当 v-if 的条件为 false 时，对应的元素不会被渲染到 DOM 中。

在开发过程中的选择建议如下。

◎　如元素需要在显示和隐藏之间频繁切换，则使用 v-show。

◎　如不需要频繁切换显示和隐藏，则使用 v-if。

新建"21_v-show 和 v-if 的区别.html"文件，用于演示 v-show 和 v-if 的区别，代码如下所示：

```
<body>
  <div id="app"></div>
  <template id="my-app">
    <h2 v-if="isShow">v-if 控制显示和隐藏</h2>
    <h2 v-show="isShow">v-show 控制显示和隐藏</h2>
  </template>

  <script src="./js/vue.js"></script>
  <script>
    const App = {
      template: '#my-app',
      data() {
        return {
          isShow: false
        }
      }
    }
    Vue.createApp(App).mount('#app');
  </script>
</body>
```

可以看到，两个<h2>元素分别使用 v-if 和 v-show 来控制显示和隐藏。当 isShow 为 false 时，第一个<h2>不会被渲染到 DOM 中，而第二个<h2>通过 CSS 的 display 属性来控制显示和隐藏。

在浏览器中运行代码，效果如图 2-20 所示。

图 2-20　v-show 和 v-if 的区别效果图

2.6　列表渲染

在真实的开发过程中，通常需要从服务器获取一组数据并渲染到页面上。这时可以使用 Vue.js 3 中的 v-for 指令来实现。v-for 指令类似于 JavaScript 中的 for 循环，可以用于遍历一组数据，并将每个元素渲染到页面上。（注意：在 React 中，渲染一组数据通常使用 map 函数。）

2.6.1　v-for 的基本使用

在 Vue.js 3 中，使用 v-for 指令语法的方式为 v-for="item in 数组" 或 v-for="(item, index) in 数组"。

◎　数组：通常来自 data 或 prop，也可以来自 methods 和 computed。

◎　item：可以给数组中的每项元素起一个别名，这个别名可以自行命名。item 在循环过程中代表当前遍历到的数组元素。

◎　index：表示当前元素在数组中的索引位置。

新建 "22_v-for 的基本使用.html" 文件，演示 v-for 指令的使用，代码如下所示：

```html
<body>
  <div id="app"></div>
  <template id="my-app">
    <h4>1.电影列表（遍历数组[]）</h4>
    <ul>
      <li v-for="movie in movies">{{movie}}</li>
    </ul>
    <h4>2.电影列表（遍历数组[]）</h4>
    <ul>
      <li v-for="(movie, index) in movies">{{index+1}}.{{movie}}</li>
    </ul>
  </template>

  <script src="./js/vue.js"></script>
  <script>
    const App = {
      template: '#my-app',
      data() {
        return {
          movies: [
            "星际穿越",
```

```
                "盗梦空间",
                "少年派"
            ]
        }
    }
}
Vue.createApp(App).mount('#app');
</script>
</body>
```

可以看到，首先在 data 中定义一个 movies 数组变量，用于存放三部电影名称。接着，在两个<li>元素中使用 v-for 指令遍历 movies 数组。

（1）在第一个<li>元素中，使用 v-for 指令遍历 movies 数组，在 in 操作符前面的 movie 便可获取数组中的每项内容。最后，用插值语法将 movie 绑定在<li>元素中。（注意：v-for 遍历数组时除了可用 in 操作符，也支持使用 of 操作符。）

（2）在第二个<li>元素中，在遍历 movies 数组时，我们在 in 操作符前获取数组中的每项内容 movie 和索引 index，但是必须用括号将它们括起来。最后，使用插值语法将 movie 和 index 绑定在<li>元素中。

在浏览器中运行代码，效果如图 2-21 所示。

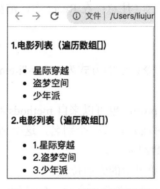

图 2-21　v-for 的基本使用效果

需要注意的是：in 操作符前面的参数顺序不能互换，但参数名称可自行命名。例如，上面的 movie 和 index 可自行命名。

2.6.2　v-for 支持的类型

v-for 指令不仅支持数组的遍历，还支持对象类型和数字类型的遍历，具体使用方式如下。
（1）对象类型遍历
◎　遍历值：v-for="value in object"
◎　遍历键值对：v-for="(value, key) in object"
◎　遍历键值对及索引：v-for="(value, key, index) in object"
（2）数字类型遍历
◎　遍历值：v-for="value in number"
◎　遍历值及索引：v-for="(value,index) in number"

新建"23_v-for 支持的类型.html"文件，使用 v-for 指令遍历对象和数字类型，代码如下所示：

2 模板语法和内置指令 | 53

```
<body>
  <div id="app"></div>
  <template id="my-app">
    <h4>1.个人信息（遍历对象{}）</h4>
    <ul>
      <li v-for="(value, key, index) in info">{{value}}-{{key}}-{{index}}</li>
    </ul>
    <h4>2.遍历数字 number</h4>
    <ul>
      <li v-for="(num, index) in 3">{{num}}-{{index}}</li>
    </ul>
  </template>

  <script src="./js/vue.js"></script>
  <script>
    const App = {
      template: '#my-app',
      data() {
        return {
          info: {
            name: "why",
            age: 18,
            height: 1.88
          }
        }
      }
    }
    Vue.createApp(App).mount('#app');
  </script>
</body>
```

可以看到，首先在 data 中定义一个 info 对象变量，该对象有 name、age 和 height 三个属性。

接着，在第一个<li>元素中使用 v-for 指令遍历 info 对象。在 in 操作符前面获取对象中的每个键值对 value、key 和索引 index，并使用插值语法将 value、key 和 index 绑定在<li>元素中。

然后，在第二个<li>元素中使用 v-for 指令遍历数字 3。在 in 操作符前面获取从 1 到 3 的每个数字 num 和索引 index，并使用插值语法将 num 和 index 绑定在<li>元素中。

同样，这里 in 操作符前面的参数顺序也不能互换，但参数名称可自行命名。

在浏览器中运行代码，效果如图 2-22 所示。

图 2-22 使用 v-for 遍历对象和数字的效果

2.6.3　v-for 和 template 结合使用

类似于 v-if，v-for 同样可以使用<template>元素循环渲染一段包含多个元素的内容。（注意：
这里的<template>元素也不会被渲染出来。）

新建"24_v-for 和 template 结合使用.html"文件，使用 template 元素对多个元素进行包裹，
代码如下所示：

```
<body>
  <div id="app"></div>
  <template id="my-app">
    <ul>
      <template v-for="(value, key) in info">
        <li>{{key}}</li>
        <li>{{value}}</li>
        <!-- 下面是实现一条分割线 -->
        <li :style="{height:'2px', backgroundColor:'#ddd'}"></li>
      </template>
    </ul>
  </template>

  <script src="./js/vue.js"></script>
  <script>
    const App = {
      template: '#my-app',
      data() {
        return {
          info: {
            name: "why",
            age: 18,
            height: 1.88
          }
        }
      }
    }
    Vue.createApp(App).mount('#app');
  </script>
</body>
```

可以看到，在<template>元素上使用 v-for 指令遍历 info 对象，然后使用插值语法将遍历对
象的 value 和 key 绑定到<li>元素上。

在浏览器中运行代码，效果如图 2-23 所示。

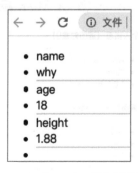

图 2-23　v-for 和 template 结合使用的效果

2.6.4 数组的更新检测

在 data 中定义的变量属于响应式变量，修改这些变量时会自动触发视图的更新。对于定义为数组类型的响应式变量，在调用 filter()、concat()和 slice()方法时不会触发视图更新，而调用 push()、pop()等方法会触发。

1. 调用数组的变更方法

在 Vue.js 3 中，系统会对被监听的数组的变更方法进行封装，因此，当执行数组变更方法时，系统会自动触发视图更新。这些被封装的方法包括 push()、pop()、shift()、unshift()、splice()、sort()和 reverse()。

新建"25-数组更新的检测.html"文件，用于演示数组更新检测，代码如下所示：

```
<body>
  <div id="app"></div>
  <template id="my-app">
    <h4>电影列表</h4>
    <ul>
      <li v-for="(movie, index) in movies">{{index+1}}.{{movie}}</li>
    </ul>
    <input type="text" v-model="newMovie">
    <button @click="addMovie">添加电影</button>
  </template>

  <script src="./js/vue.js"></script>
  <script>
    const App = {
      template: '#my-app',
      data() {
        return {
          newMovie: "",
          movies: [
            "星际穿越",
            "盗梦空间"
          ]
        }
      },
      methods: {
        addMovie() {
          this.movies.push(this.newMovie);
          this.newMovie = "";
        }
      }
    }
    Vue.createApp(App).mount('#app');
  </script>
</body>
```

可以看到，首先在 data 中定义了一个 movies 数组。在<li>元素中使用 v-for 指令遍历该数组，并用插值语法将数组中的每项内容和索引绑定到<li>元素中。

接着，在<input>元素中使用 v-model 指令绑定 newMovie 变量，将<input>元素输入的值绑定到 newMovie 变量中。当单击<button>按钮时，会触发 addMovie 函数回调。该函数调用 movies 数组的 push()方法，将<input>元素输入的值 this.newMovie 添加到 movies 数组中（调用 push()方法修改数组会触发视图更新）。最后，清空<input>的输入。

另外，需要注意的是：这里只演示了 push()方法，调用上面提到的 pop()和 shift()等方法也会触发视图更新。

在浏览器中运行代码，在输入框中输入"流浪地球"后，单击"添加电影"按钮，电影列表就会自动刷新，效果如图 2-23 所示。

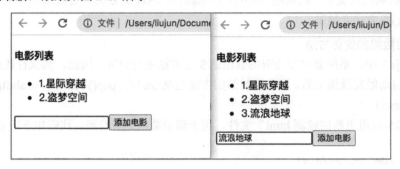

图 2-24　数据更新检测的效果（添加）

2. 用新数组替换旧数组

除了以上提到的方法，数组常用的还有 filter()、concat()和 slice()方法。调用这些方法时默认不会触发视图更新，因为它们返回的是一个新数组。只有将这个新数组用于替换原来的数组时，才可以触发视图更新。

新建"26-数组更新的检测-替换旧数组.html"文件，用新数组替换旧数组来触发视图更新，代码如下所示：

```html
<body>
  <div id="app"></div>
  <template id="my-app">
    <h4>电影列表</h4>
    <ul>
      <li v-for="(movie, index) in movies">{{movie}}</li>
    </ul>
    <button @click="showTopThreeMovie">显示前三名电影</button>
  </template>

  <script src="./js/vue.js"></script>
  <script>
    const App = {
      template: '#my-app',
      data() {
        return {
          movies: [
            "1.星际穿越",
            "2.盗梦空间",
            "3.大话西游",
            "4.教父",
            "5.少年派"
          ]
        }
      },
      methods: {
        showTopThreeMovie() {
          this.movies = this.movies.filter((movie, index) => index < 3 )
        }
      }
    }
```

```
        Vue.createApp(App).mount('#app');
    </script>
</body>
```

可以看到，当单击<button>按钮时会触发 showTopThreeMovie 函数回调，该函数调用了 movies 数组的 filter()方法，并将该方法返回的新数组赋给 movies 变量。当 movies 变量的值被替换之后，便会触发视图更新。

在浏览器中运行代码，当单击"显示前三名电影"按钮时，电影列表会自动刷新，效果如图 2-25 所示。

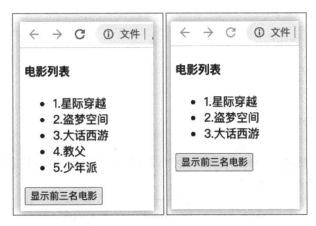

图 2-25 数组更新检测的效果（替换）

2.7 key 和 diff 算法

在 Vue.js 3 中，在使用 v-for 进行列表渲染时，官方建议为元素或组件绑定一个 key 属性。这样做主要是为了更好地执行 diff 算法，并确定需要删除、新增、移动位置的元素。由于 Vue.js 3 会根据每个元素的 key 值判断此类操作，因此 key 的作用非常重要。合适的 key 可以提高 DOM 更新速度，同时减少不必要的 DOM 操作。

需要注意的是，key 的值可以是 number 或 string 类型，但必须保证其唯一性。

2.7.1 认识 VNode 和 VDOM

初学者对 key 的解析可能会存在以下问题。

◎ 新旧 nodes 是什么？VNode 又是什么？

◎ 如果没有 key，怎样才能尝试修改和复用节点？

◎ 如果有 key，如何按照 key 重新排列节点？

Vue.js 3 官网对 key 属性作用的具体解释如下。

◎ key 属性主要用在 Vue.js 3 虚拟 DOM 算法中。在新旧节点（node）对比时，用于辨识 VNodes。

◎ 如果不用 key 属性，Vue.js 3 会尝试使用一种算法，最大限度减少动态元素，并尽可能就地修改或复用相同类型的元素。

◎ 如果用了 key 属性，Vue.js 3 将根据 key 属性的值重新排列元素的顺序，并移除或销毁那些不存在 key 属性的元素。

为了更好地理解 key 的作用，下面先介绍一下 VNode 的概念。

◎ VNode 的全称是 Virtual Node，也就是虚拟节点。

◎ 事实上，无论是组件还是元素，它们最终在 Vue.js 3 中表示出来的都是一个个 VNode。

◎ VNode 本质上是一个 JavaScript 的对象，代码如下所示。

```
<div class="title" style="font-size: 30px; color: red;">哈哈哈</div>
```

上面的<div>元素在 Vue.js 3 中会被转化，并创建出一个 VNode 对象：

```
const vnode = {
  type: 'div',
  props: {
    'class': 'title',
    style: {
      'font-size': '30px',
      color: 'red'
    }
  },
  children: '哈哈哈'
}
```

在 Vue.js 3 内部获取 VNode 对象后，会对该对象进行处理，并将其渲染成真实的 DOM。具体的渲染过程如图 2-26 所示。

图 2-26　Vue.js 3 DOM 的渲染过程

如果页面不仅是一个简单的<div>，而且包含大量元素，代码如下所示：

```
<div>
  <p>
    <i>哈哈哈哈</i>
    <i>哈哈哈哈</i>
  </p>
  <span>嘻嘻嘻嘻</span>
  <strong>呵呵呵呵</strong>
</div>
```

那么上面的代码会形成一个 VNode Tree（也称 Virtual DOM），如图 2-27 所示。

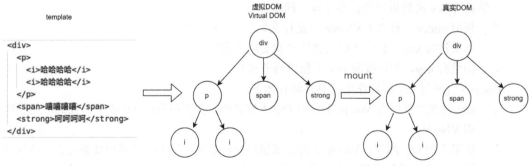

图 2-27　Virtual DOM

2.7.2 key 的作用和 diff 算法

在介绍了 Vue.js 3 中的 VNode（虚拟节点）和 Virtual DOM（虚拟 DOM）后，接下来需要具体分析它们与 key 之间的关系。

先看一个例子：单击"button"按钮，会在列表中间插入一个"f"字符串。新建"27_v-for 中 key 的案例-插入 f 元素.html"文件，代码如下所示：

```html
<body>
  <div id="app"></div>
  <template id="my-app">
    <ul>
      <li v-for="item in letters" :key="item">{{item}}</li>
    </ul>
    <button @click="insertF">插入 f 元素</button>
  </template>

  <script src="./js/vue.js"></script>
  <script>
    const App = {
      template: '#my-app',
      data() {
        return {
          letters: ['a', 'b', 'c', 'd']
        }
      },
      methods: {
        insertF() {
          this.letters.splice(2, 0, 'f')
        }
      }
    }
    Vue.createApp(App).mount('#app');
  </script>
</body>
```

可以看到，在\<li\>元素中使用 v-for 指令遍历 letters 数组来展示 a、b、c、d 字符，并为\<li\>元素绑定了 key 属性，key 对应的值是数组的每一项数值（key 的值要保证唯一）。

接着，当单击\<button\>时，会回调 insertF 函数。然后在该函数中调用 letters 数组的 splice 方法，在索引为 2 处插入"f"，会触发视图更新。

下面来分析一下 Vue.js 3 列表更新的原理。Vue.js 3 会根据列表项有没有 key 而调用不同的方法来更新列表。

◎ 如果有 key，则调用 patchKeyedChildren 方法更新列表。如图 2-28 所示，见第 1621 行代码。

◎ 如果没有 key，则调用 patchUnkeyedChildren 方法更新列表。如图 2-28 所示，见第 1635 行代码。

上面介绍的 patchKeyedChildren 和 patchUnkeyedChildren 方法，其实就是 Vue.js 3 中的差异算法（也称为 diff 算法）的内容。下面来探讨一下这两个方法是怎样操作的。

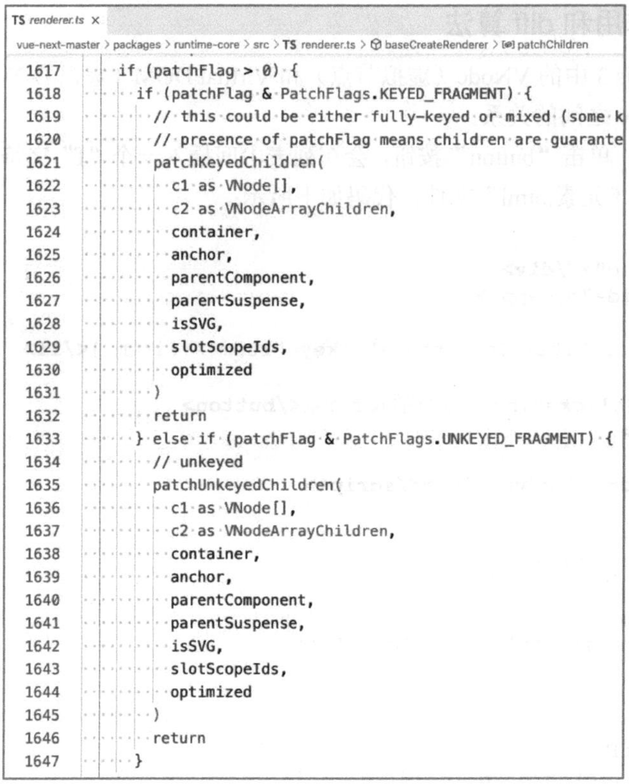

```
TS renderer.ts ×
vue-next-master > packages > runtime-core > src > TS renderer.ts > baseCreateRenderer > patchChildren
    if (patchFlag > 0) {
      if (patchFlag & PatchFlags.KEYED_FRAGMENT) {
        // this could be either fully-keyed or mixed (some k
        // presence of patchFlag means children are guarante
        patchKeyedChildren(
          c1 as VNode[],
          c2 as VNodeArrayChildren,
          container,
          anchor,
          parentComponent,
          parentSuspense,
          isSVG,
          slotScopeIds,
          optimized
        )
        return
      } else if (patchFlag & PatchFlags.UNKEYED_FRAGMENT) {
        // unkeyed
        patchUnkeyedChildren(
          c1 as VNode[],
          c2 as VNodeArrayChildren,
          container,
          anchor,
          parentComponent,
          parentSuspense,
          isSVG,
          slotScopeIds,
          optimized
        )
        return
      }
```

图 2-28 v-for 有 key 和没有 key 对应的操作

2.7.3 没有 key 时的 diff 算法操作

没有 key 时，patchUnkeyedChildren 方法对应的源代码如下（省略了大部分代码）：

```
const patchUnkeyedChildren = (
    c1: VNode[], // 旧 VNodes [a, b, c, d]
    c2: VNodeArrayChildren, // 新 VNodes [a, b, f, c, d]
    container: RendererElement,
    ......
  ) => {
    c1 = c1 || EMPTY_ARR
    c2 = c2 || EMPTY_ARR
    // 1.获取旧节点的长度
    const oldLength = c1.length
    // 2.获取新节点的长度
    const newLength = c2.length
    // 3.获取最小那个节点的长度
    const commonLength = Math.min(oldLength, newLength)
    let i
    // 4.从 0 位置开始依次 patch 比较
    for (i = 0; i < commonLength; i++) {
      const nextChild = (c2[i] = optimized
        ? cloneIfMounted(c2[i] as VNode)
        : normalizeVNode(c2[i]))
      // 依次 patch 比较
      patch(
        c1[i], // 旧 VNode 节点
        nextChild, // 新 VNode 节点
```

```
    container,
    ......
  )
}
// 5.如果旧的节点数大于新的节点数
if (oldLength > newLength) {
  // remove old
  // 5.1移除剩余的节点
  unmountChildren(
    c1,
    parentComponent,
    ......
  )
} else {
  // mount new
  // 5.2创建新的节点
  mountChildren(
    c2,
    container,
    ......
  )
}
}
```

patchUnkeyedChildren 方法对应的 diff 算法操作稍微有点难。为了更好地理解上述的 diff 算法操作过程，下面提供了一张 diff 算法操作过程图，如图 2-29 所示。

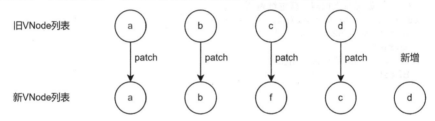

图 2-29 没有 key 时的 diff 算法操作过程图

首先，旧 VNode 列表是[a,b,c,d]，新 VNode 列表是[a,b,f,c,d]。

接着，旧的 a 和新的 a 进行 patch 对比，发现一样，不需要任何改动；再将旧的 b 和新的 b 进行 patch 对比，也一样，不需要任何改动。

然后，轮到旧的 c 和新的 f 进行 patch 对比，发现不一样，需要进行 DOM 操作，把旧的 c 更新为 f；再将旧的 d 和新的 c 进行 patch 对比，发现不一样，需要进行 DOM 操作，把旧的 d 更新为 c。

最后，新 VNode 列表中还新增了一个 d 节点，直接新增 d 节点即可，无须比较。

上面的 diff 算法效率并不高，因为对于 c 和 d 来说，它们事实上并不需要任何的改动。但是这里的 c 被 f 用了，后续所有的内容都要跟着进行改动。

2.7.4 有 key 时的 diff 算法操作

有 key 时，patchKeyedChildren 方法对应的源代码如下（省略了大部分代码）：

```
const patchKeyedChildren = (
  c1: VNode[],  // 旧 VNodes [a, b, c, d]
  c2: VNodeArrayChildren, // 新 VNodes [a, b, f, c, d]
  ......
```

```
) => {
  ......
  // 1. sync from start
  // 从头部开始遍历，遇到相同的节点就继续，遇到不同的节点就跳出
  // (a b) c
  // (a b) d e
  while (i <= e1 && i <= e2) {
    const n1 = c1[i] // 旧节点
    const n2 = c2[i] // 新节点
    // 1.1 如果节点相同(isSameVNodeType：判断节点的类型和 key 都相同，就继续遍历
    if (isSameVNodeType(n1, n2)) {
      patch(n1, n2, ......)
    } else {
      // 1.2 节点不同就直接跳出循环
      break
    }
    i++
  }

  // 2. sync from end
  // 从尾部开始遍历，遇到相同的节点就继续，遇到不同的节点就跳出
  // a (b c)
  // d e (b c)
  while (i <= e1 && i <= e2) {
    const n1 = c1[e1]
    const n2 = c2[e2]
    // 2.1 如果节点相同，就继续遍历
    if (isSameVNodeType(n1, n2)) {
      patch(n1, n2, ......)
    } else {
      // 2.2 不同就直接跳出循环
      break
    }
    e1--
    e2--
  }

  // 3. common sequence + mount
  // 如果旧节点遍历完了，依然有新的节点，那么就添加(mount) 新的节点
  // (a b)
  // (a b) c
  if (i > e1) {
    if (i <= e2) {
      while (i <= e2) {
        patch(null, c2[i], ......)
        i++
      }
    }
  }
  // 4. common sequence + unmount
  // 如果新的节点遍历完了，还有旧的节点，那么就移除旧的节点
  // (a b) c
  // (a b)
  else if (i > e2) {
    while (i <= e1) {
      unmount(c1[i], ......)
      i++
    }
  }
  // 5. unknown sequence
```

```
   // 如果中间存在不知道如何排列的位置序列，就使用 key 建立索引图，最大限度地使用旧节点
   // a b [c d e] f g
   // a b [e d c h] f g
   else {
     ......
   }
 }
```

看完上面的代码后，下面具体的分析一下有 key 时对应的 diff 算法操作。

第一步：从头开始进行遍历、比较，如图 2-30 所示。

（1）旧的 a 和新的 a 是相同节点（它们类型和 key 都相同），会进行 patch 比较，发现一样，无须修改。

（2）旧的 b 和新的 b 是相同节点，会进行 patch 比较，发现一样，也无须任何修改。

（3）旧的 c 和新的 f，它们的 key 不一样，不是相同节点，会跳出循环（break）。

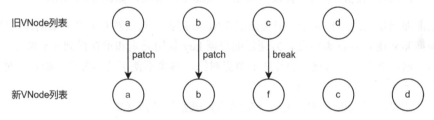

图 2-30　从头开始进行遍历、比较

第二步：从尾部开始进行遍历、比较，如图 2-31 所示。

（1）旧的 d 和新的 d 是相同节点，会进行 patch 比较，发现一样，无须任何修改。

（2）旧的 c 和新的 c 是相同节点，会进行 patch 比较，发现一样，无须任何修改。

（3）旧的 b 和新的 f，它们的 key 不一样，不是相同节点，会跳出（break）循环。

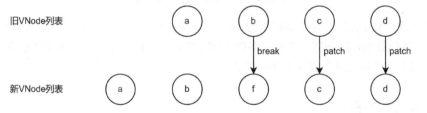

图 2-31　从尾部开始进行遍历、比较

第三步：如果旧节点遍历完毕，但是依然有新的节点，那就新增节点，如图 2-32 所示。

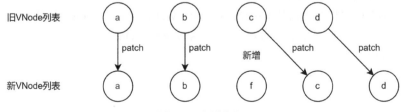

图 2-32　新增节点

如果前面两步已经把旧 VNode 列表遍历完毕，但是新 VNode 列表依然有一个 f 节点，就新增 f 节点。

第四步：如果新的节点遍历完毕，但是依然有旧的节点，那就移除旧节点，如图 2-33 所示。

如果最前面的两步已经把新 VNode 列表遍历完毕，但是旧 VNode 列表依然有一个 c 节点，就移除 c 节点。

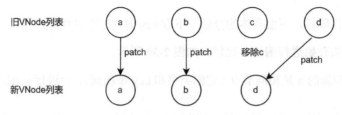

图 2-33　移除旧节点

第五步：特殊情况，中间还有很多未知的或乱序的节点，如图 2-34 所示。

如果前面四步已经执行完毕，但是新旧 VNode 列表中间依然有很多未知的或乱序的节点，那么就根据 key 建立 map 索引图，方便后面根据 key 复用元素和重新排列元素顺序。

接着，遍历剩下的旧节点，进行新旧节点对比，移除不使用的旧节点（如 i），对于相同的节点就直接复用。

最后，如果新 VNode 列表还有剩下的节点，就新增节点（如 f）。

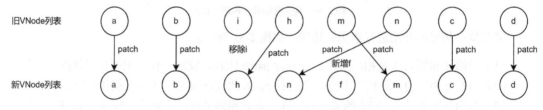

图 2-34　处理未知的或乱序的节点

可以发现，Vue.js 3 在执行 diff 算法时，会尽量利用 key 进行优化操作。在没有 key 时，diff 算法非常低效的，因为需要执行很多的 DOM 操作。因此，在进行插入操作或重置顺序时，保持相同的 key 可以让 diff 算法更加高效。

2.8　本章小结

本章内容如下。

◎　Vue.js 3 模板语法：插值语法。

◎　Vue.js 3 内置指令包括基本指令、v-bind、v-on、v-if、v-show 和 v-for。

◎　在 for 循环中使用 key，可以帮助 Vue.js 3 虚拟 DOM 算法识别 VNodes，从而提高对节点的复用。

3

Vue.js 3的Options API

掌握了 Vue.js 3 模板语法后，本章继续学习 Vue.js 3 的 Options API。Options API 是一种通过对象定义属性、方法等框架 API 的方式。实际上，我们之前已经接触过 Options API 了，比如 createApp 函数中对象参数的 data 属性和 methods 属性。当然，Vue.js 3 还提供了许多其他的 Options API，如 props 属性、computed 属性、watch 属性和生命周期函数等。让我们一起开始学习吧！

在学习前，我们先看看本章的源代码管理方式。本章的目录结构如下：

```
VueCode
├── chapter01
├── chapter02
├── chapter03
│   └── js
│       └── Vue.js
│   └── 01_计算属性基本使用案例-模板语法的实现.html
│   └── ......
```

3.1 计算属性

3.1.1 认识计算属性

我们知道，在模板中可以直接通过插值语法显示一些 data 属性中的数据。但是在某些情况下，可能需要对数据进行一些转化操作后再显示，或者需要将多个数据结合起来进行显示。

例如，需要对多个 data 数据进行运算或由三元运算符来决定结果，或对数据进行某种转化，然后显示结果。在模板中直接使用表达式，可以非常方便地实现这些功能。然而，如果在模板中放入太多逻辑，会让模板过重和难以维护；如果多个地方都使用相同的逻辑，会有大量重复的代码，不利于代码的复用。因此，应该尽可能将模板中的逻辑抽离出去。

可以尝试用以下方法将模板中的逻辑抽离出去。

（1）将逻辑抽取到一个方法中，即放到 methods 的选项中。但这样有一个明显的弊端——所有 data 中的数据的使用过程都变成了一个方法的调用。

（2）使用计算属性（computed）。

对于计算属性，Vue.js 官方并没有给出直接的概念解释，而是说"对于任何包含响应式数据的复杂逻辑，都应该使用计算属性"。在 Vue.js 3 中，计算属性被混入组件实例中，同时 getter 和 setter 的 this 上下文将自动绑定为组件实例。这种设计可以更方便地操作组件内的响应式数据，并提高代码的可读性和可维护性。

3.1.2　计算属性的基本使用

计算属性的语法如下。

◎　选项：computed。

◎　类型：{ [key: string]: Function | { get: Function, set: Function } }。

下面通过一个案例来讲解计算属性的基本使用，该案例的功能如下。

（1）有两个变量 firstName 和 lastName，希望将它们拼接之后在页面上显示。

（2）有一个分数变量 score。

当 score 大于等于 60 时，在页面上显示"及格"。

当 score 小于 60 时，在页面上显示"不及格"。

（3）有一个 message 变量，用于记录一段文字，比如"Hello World"。

◎　在某些情况下，直接显示这段文字。

◎　在某些情况下，需要对这段文字进行反转。

该案例有以下三种实现思路。

（1）在模板语法中直接使用表达式。

（2）使用 methods 对逻辑进行抽取。

（3）使用计算属性。

下面分别详细讲解这三种实现思路。

思路一：模板语法的实现。

新建"01_计算属性基本使用案例-模板语法的实现.html"文件，使用模板语法实现上面的案例，代码如下所示：

```html
<body>
  <div id="app"></div>
  <template id="my-app">
    <h4>{{firstName + " " + lastName}}</h4>
    <h4>{{score >= 60 ? '及格': '不及格'}}</h4>
    <h4>{{message.split(" ").reverse().join(" ")}}</h4>
  </template>

  <script src="./js/vue.js"></script>
  <script>
    const App = {
      template: '#my-app',
      data() {
        return {
          firstName: "Kobe",
          lastName: "Bryant",
          score: 80,
          message: "Hello World"
        }
      }
    }
```

```
      Vue.createApp(App).mount('#app');
   </script>
</body>
```

可以看到，在模板中使用加号（+）拼接字符串，使用三元运算符和字符串链式操作对数据进行转换，然后将转换后的结果通过插值表达式显示在页面上。

在浏览器中运行代码，效果如图 3-1 所示。

图 3-1　模板语法的实现效果

虽然上述模板语法已实现该案例，但存在以下缺点。

（1）模板中有大量复杂逻辑，难以维护（表达式的初衷是为了简化计算）。

（2）模板存在多次重复的代码，逻辑不统一。

（3）在重复使用某个表达式时，需要多次执行运算，没有缓存，导致性能低下。

为了解决以上问题，我们可以将逻辑抽离至 methods 选项中，以避免过度依赖模板语法。

思路二：methods 的实现。

新建"02_计算属性基本使用案例-methods 的实现.html"文件，使用 methods 实现上面的案例，代码如下所示：

```html
<body>
  <div id="app"></div>
  <template id="my-app">
   <h4>{{getFullName()}}</h4>
   <h4>{{getResult()}}</h4>
   <h4>{{getReverseMessage()}}</h4>
  </template>

  <script src="./js/vue.js"></script>
  <script>
   const App = {
     template: '#my-app',
     data() {
       return {
         firstName: "Kobe",
         lastName: "Bryant",
         score: 80,
         message: "Hello World"
       }
     },
     methods: {
       getFullName() {
         return this.firstName + " " + this.lastName;
       },
```

```
      getResult() {
        return this.score >= 60 ? "及格": "不及格";
      },
      getReverseMessage() {
        return this.message.split(" ").reverse().join(" ");
      }
    }
  }
  Vue.createApp(App).mount('#app');
  </script>
</body>
```

可以看到，模板中表达式的逻辑被抽取到了对应的方法中，然后在模板中直接调用 methods 中定义好的 getFullName、getResult 和 getReverseMessage 方法。在浏览器中运行代码，效果和模板语法实现是一样的。

将模板中逻辑的抽取到方法中后，上述代码看起来已经很完美了，但仍然存在以下缺点。

（1）原本想显示一个结果，但是都变成了一种方法的调用。

（2）多次使用同一个方法时，结果没有被缓存，需要多次计算结果。

既然使用 methods 实现也有缺陷，那么下面来看看更好的实现方案，即计算属性的实现。

思路三：计算属性的实现。

新建 "03_计算属性基本使用案例-computed 的实现.html" 文件，使用计算属性实现上面的案例，代码如下所示：

```
<body>
  <div id="app"></div>
  <template id="my-app">
    <h4>{{fullName}}</h4>
    <h4>{{result}}</h4>
    <h4>{{reverseMessage}}</h4>
  </template>

  <script src="./js/vue.js"></script>
  <script>
    const App = {
      template: '#my-app',
      data() {
        return {
          firstName: "Kobe",
          lastName: "Bryant",
          score: 80,
          message: "Hello World"
        }
      },
      // computed 属性
      computed: {
        // 定义一个 fullname 计算属性
        fullName() {
          return this.firstName + " " + this.lastName;
        },
        result() {
          return this.score >= 60 ? "及格": "不及格";
        },
        reverseMessage() {
          return this.message.split(" ").reverse().join(" ");
        }
```

```
      }
    }
    Vue.createApp(App).mount('#app');
  </script>
</body>
```

可以看到，使用计算属性 computed 实现和使用 methods 实现的代码非常相似。

◎ 首先，在 computed 属性中定义 fullName、result、reverseMessage 三个计算属性，每个计算属性内部的实现和 methods 实现是一样的。

◎ 接着，在<template>模板中使用插值语法，分别把这三个计算属性绑定到<h4>元素中。

◎ 最后在浏览器中运行代码，效果和前面一样。

另外，需要注意的是：

◎ 计算属性看起来像一个函数，但是在使用时不需要加括号（见 3.1.4 节）。

◎ 计算属性是有缓存的（见 3.1.3 节），性能更好。

提示：计算属性和 methods 属性一样，不能使用箭头函数来定义函数。

3.1.3 计算属性和 methods 的区别

从上面的案例中可以发现，计算属性和 methods 的实现差别不大，只是计算属性会有缓存。下面来看看计算属性与 methods 之间的差异。

新建"04_methods 和 computed 的区别.html"文件，用于演示计算属性和 methods 的区别，代码如下所示：

```
<body>
  <div id="app"></div>
  <template id="my-app">
    <!-- 1.第一种：methods 的实现 -->
    <h4>{{getFullName()}}</h4>
    <h4>{{getFullName()}}</h4>
    <h4>{{getFullName()}}</h4>
    <!-- 2.第二种：计算属性 computed 的实现 -->
    <h4>{{fullName}}</h4>
    <h4>{{fullName}}</h4>
    <h4>{{fullName}}</h4>
    <button @click="changeFirstName">修改 firstName</button>
  </template>

  <script src="./js/vue.js"></script>
  <script>
    const App = {
      template: '#my-app',
      data() {
        return {
          firstName: "Kobe",
          lastName: "Bryant"
        }
      },
      computed: {
        // 计算属性是有缓存的，当多次使用计算属性时，只会执行一次。当依赖的 firstName 改变
了，才会重新计算
        fullName() {
          console.log("computed 的 fullName 中的计算");
          return this.firstName + " " + this.lastName;
```

```
      }
    },
    methods: {
      getFullName() {
        console.log("methods 的 getFullName 中的计算");
        return this.firstName + " " + this.lastName;
      },
      changeFirstName() {
        this.firstName = "Coder"
      }
    }
  }
  Vue.createApp(App).mount('#app');
</script>
</body>
```

可以看到，该案例将 data 中的 firstName 和 lastName 两个变量拼接后显示，这里使用了两种方式。

（1）methods 实现：先在 methods 属性中定义 getFullName 方法，接着在该方法中拼接 firstName 和 lastName，然后在模板中使用插值语法调用 getFullName 方法三次。

（2）计算属性实现：先在 computed 属性中定义一个 fullName 计算属性，接着在该属性中拼接 firstName 和 lastName，然后在模板中使用插值语法绑定 fullName 计算属性三次。最后，提供一个<button>按钮元素来修改 firstName。

在浏览器中运行代码，效果如图 3-2 所示。

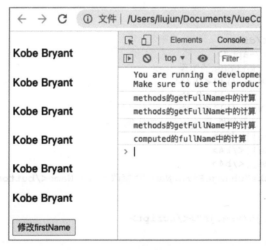

图 3-2　计算属性和 methods 的区别

可以发现，methods 中的 getFullName 方法会被调用多次，而计算属性中的 fullName 只会被调用一次。这是因为：

◎　计算属性会基于它的依赖关系对计算结果进行缓存。

◎　当计算属性依赖的数据不变化时，就无须重新计算，但是一旦发生变化，计算属性依然会重新进行计算。

因此，在浏览器中单击<button>元素修改 firstName 时，可以发现 fullName 计算属性只会被调用一次，而 getFullName 方法却会被调用三次。

所以，计算属性和 methods 最大的差异是：计算属性会基于它的依赖关系对计算结果进行缓存，而 methods 不会。

在浏览器中运行代码，效果如图 3-3 所示。

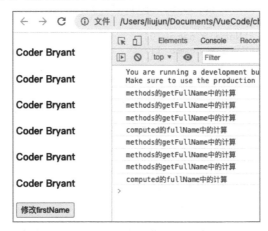

图 3-3　计算属性的缓存效果

3.1.4　计算属性的 setter 和 getter

在大多数情况下，计算属性只需要一个 getter 方法。也就是说，可以将计算属性直接写成一个函数。例如，在上一个案例中，fullName 计算属性就是一个 getter 方法。如果想要为 fullName 计算属性设置值，也可以为它设置一个 setter 方法。

新建"05_computed 的 setter 和 getter 方法.html"文件，使用计算属性的 setter 和 getter 方法，代码如下所示：

```html
<body>
  <div id="app"></div>
  <template id="my-app">
    <button @click="changeFullName">修改 fullName</button>
    <h4>{{fullName}}</h4>
  </template>

  <script src="./js/vue.js"></script>
  <script>
    const App = {
      template: '#my-app',
      data() {
        return {
          firstName: "Kobe",
          lastName: "Bryant"
        }
      },
      computed: {

        // 1.fullName 计算属性的 getter 方法
        // fullName() {
        //  return this.firstName + " " + this.lastName;
        // },

        // 2.fullName 计算属性的 getter 和 setter 方法
        fullName: {
          get: function() {
            return this.firstName + " " + this.lastName;
```

```
      },
      set: function(newValue) {
        console.log(newValue);
        const names = newValue.split(" ");
        // 重新赋值
        this.firstName = names[0];
        this.lastName = names[1];
      }
    }
  },
  methods: {
    changeFullName() {
      this.fullName = "Coder Why";
    }
  }
}
Vue.createApp(App).mount('#app');
</script>
</body>
```

可以看到，首先在 computed 属性中定义一个 fullName 计算属性，并为该计算属性赋值一个对象，对象中有 get 函数和 set 函数，其中 get 函数用于获取 fullName 计算属性计算的结果，set 函数用于设置 fullName 计算属性的值。（注意：计算属性中的 get 函数和 set 函数，其实就是通常说的 getter 函数和 setter 函数。）

接着，在<h4>元素中使用 fullName 计算属性时，会触发 get 方法调用，并返回拼接后的字符串。当单击<button>元素时，会调用 changeFullName 方法，该方法为 fullName 计算属性设置了"Coder Why"值。此时会触发 fullName 计算属性的 set 方法回调，并将"Coder Why"值传递到 set 函数的 value 参数中。

然后，在 set 函数中重新为 firstName 和 lastName 变量赋值，修改 firstName 和 lastName 变量，会触发 fullName 计算属性的 get 方法重新计算及视图更新。

在浏览器中运行代码，在单击"修改 fullName"按钮后，将 fullName 计算属性的值改为"Coder Why"，效果如图 3-4 所示。

图 3-4　使用计算属性的 setter 和 getter 函数的效果

计算属性可传递一个 getter 函数，也可传递一个包含 getter 和 setter 函数的对象。Vue.js 3 内部会根据传递的参数类型采用不同的处理方式，如图 3-5 所示。

◎ 第 690 行：判断传递的如果是函数，则直接作为 getter 函数处理。

◎ 第 692 行：如果是对象，则从中获取 getter 和 setter 函数，并进行相应的处理。

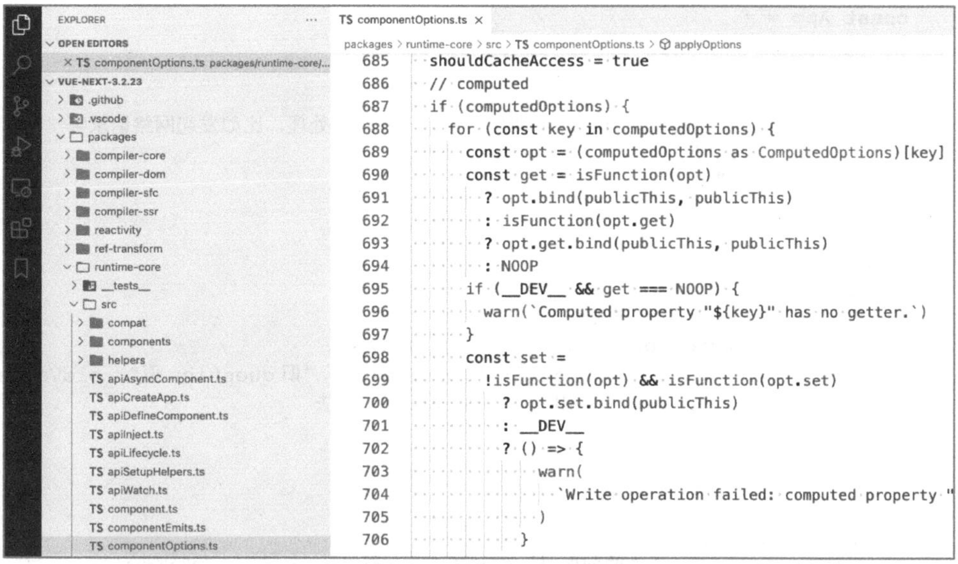

图 3-5　Vue.js 3 源码对计算属性的处理

3.2　监听器 watch

在 data 属性中可以定义响应式数据，并在模板中使用。当响应式数据发生变化时，模板中对应的内容也会自动更新。但在某些情况下，需要监听某个响应式数据的变化，这时就需要使用监听器（watch）来实现了。

3.2.1　watch 的基本使用

watch 的使用语法如下。

◎　选项：watch。

◎　类型：{ [key: string]: string | Function | Object | Array}。

◎　详解：watch 属性是一个对象，该对象的键（key）是需要观察的表达式，值（value）可以是回调函数、方法名等。Vue.js 3 实例会在实例化时调用$watch 来遍历 watch 对象的每个属性。

下面通过一个案例来讲解 watch 的基本使用，该案例的功能如下。

（1）有一个输入框（input），用户可在其中输入一个问题。

（2）在代码中实时监听用户输入的问题，一旦输入的内容发生变化，就到服务器中查询答案。

新建"06_监听器 watch 的基本使用.html"文件，演示 watch 的基本使用，代码如下所示：

```html
<body>
  <div id="app"></div>
  <template id="my-app">
    请输入问题：<input type="text" v-model="question">
    <div>{{anwser}}</div>
  </template>

  <script src="./js/vue.js"></script>
  <script>
```

```
const App = {
  template: '#my-app',
  data() {
    return {
      // 1.需求：监听 question 的变化，进行一些逻辑处理，比如发起网络请求等
      question: "",
      anwser: ""
    }
  },
  // 2.监听器
  watch: {
    // 3.监听 question 的变化
    question: function(newValue, oldValue) {
      console.log("新 question 值: ", newValue, "旧 question 值", oldValue);
      // 4.question 变化后调用 queryAnswer() 方法
      this.queryAnswer();
    }
  },
  methods: {
    queryAnswer() {
      this.anwser = `你的问题是：${this.question}? 答案：哈哈哈哈！`;
    }
  }
}

Vue.createApp(App).mount('#app');
</script>
</body>
```

可以看到，首先，为\<input\>元素绑定 v-model 指令，把输入的内容存储到 question 变量中。接着，在 watch 属性中监听 question 的变化，每当 question 的值发生改变（即输入内容改变），就会回调 watch 中定义的 question 函数，该函数接收两个参数，参数一是 question 变化后的新值，参数二是 question 变化前的旧值。

然后，在 question 函数中调用 queryAnswer 方法，该方法直接为 answer 变量重新赋值，由模拟服务器返回答案。

在浏览器中运行代码，在\<input\>元素中输入"coder why 是谁"，页面显示答案"哈哈哈哈！"，效果如图 3-6 所示。

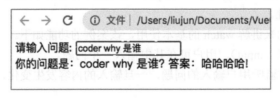

图 3-6　watch 的基本使用效果

另外，需要注意的是，在 watch 属性中监听 question 的变化有如下两种常用的语法。

1. function 语法

function 语法比较简单，上面已经介绍过了，这里不再赘述，代码如下所示：

```
watch: {
  // 1.完整的写法
// question: function(newValue, oldValue) {
//   console.log("新 question 值: ", newValue, "旧 question 值", oldValue);
```

```
//      this.queryAnswer();
//    },

    // 2.下面的语法是上面的简写
    question(newValue, oldValue) {
      console.log("新question值: ", newValue, "旧question值", oldValue);
      this.queryAnswer();
    }
}
```

2. 对象语法

在 Vue.js 3 中，对象语法和 function 语法的编写方式略有不同，但它们所实现的功能是相同的，代码如下所示：

```
watch: {
  // 1.用对象的语法监听 question 的变化
  question: {
    handler(newValue, oldValue) {
      console.log("新question值: ", newValue, "旧question值", oldValue);
      this.queryAnswer();
    }
  }
}
```

需要注意的是：在 Vue.js 3 官网中，说明了不应该使用箭头函数定义 watch 属性中的函数，因为箭头函数会导致 this 不会按照期望指向 Vue 实例，如图 3-7 所示。

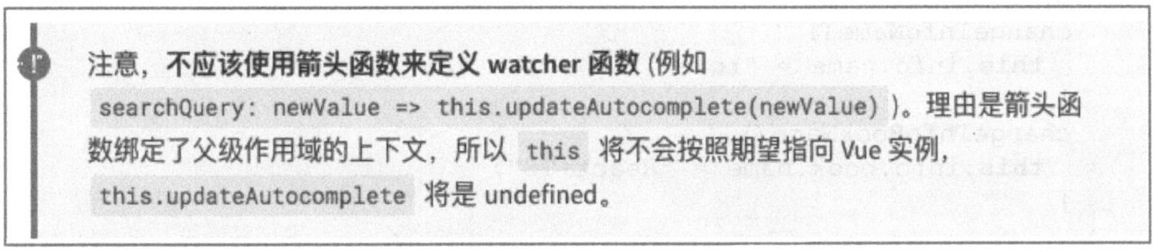

注意，**不应该使用箭头函数来定义 watcher 函数** (例如
`searchQuery: newValue => this.updateAutocomplete(newValue)`)。理由是箭头函数绑定了父级作用域的上下文，所以 `this` 将不会按照期望指向 Vue 实例，
`this.updateAutocomplete` 将是 undefined。

图 3-7 在 watch 中不能使用箭头函数

3.2.2 watch 配置选项

掌握了 watch 的基本语法后，接下来我们可以深入了解其对象语法的配置选项。

在 Vue.js 3 中，watch 对象语法的常见配置选项有以下几种。

◎ handler：要监听的回调函数，当监听属性发生变化时会调用该函数。

◎ deep：是否深度监听对象或数组中每个属性的变化，默认值是 false。

◎ immediate：是否立即执行回调函数，默认值是 false。

下面详细讲解这几种配置选项。

1. handler 选项

handler 选项是 Vue.js 3 中监听属性变化时的回调函数。当属性发生变化时，该函数会被调用。

新建 "07_监听器的配置选项-handler 配置.html" 文件，演示 handler 选项的使用，代码如下所示：

```
<body>
  <div id="app"></div>
  <template id="my-app">
```

```html
    <h2>{{info.name}}</h2>
    <h2>{{info.book.name}}</h2>
    <button @click="changeInfo">改变 info</button>
    <button @click="changeInfoName">改变 info.name</button>
    <button @click="changeInfoBookName">改变 info.book.name</button>
</template>

<script src="./js/vue.js"></script>
<script>
  const App = {
    template: '#my-app',
    data() {
      return {
        info: { name: "coderwhy", age: 18, book: {name: 'Vue.js 3+TS'} }
      }
    },
    watch: {
      // 监听 info 对象的更新
      info: {
        handler: function(newInfo, oldInfo) {
          console.log("newValue:", newInfo, "oldValue:", oldInfo);
        }
      }
    },
    methods: {
      changeInfo() {
        this.info = { name: "kobe", age: 18, book: {name: 'Vue.js 3+TS'} }
      },
      changeInfoName() {
        this.info.name = "rose";
      },
      changeInfoBookName() {
        this.info.book.name = "React+TS";
      }
    }
  }
  Vue.createApp(App).mount('#app');
</script>
</body>
```

可以看到，在 data 属性中定义了一个对象类型的 info 变量。当单击第一个<button>元素时，会触发 changeInfo 函数，并在该函数中重新为 info 变量赋值一个新的对象。然后在 watch 属性中监听 info 变量的更新，并在 handler 函数中打印出 info 的新值和旧值。

在浏览器中运行代码，单击"改变 info"按钮，watch 能够监听到 info 变量的更新，效果如图 3-8 所示。

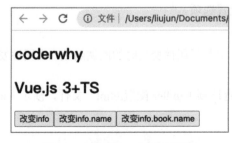

图 3-8　watch 的 handler 选项效果

如果刷新浏览器，再单击"改变 info.name"按钮，发现页面上显示的 name 已经更新，但是 watch 却没有检测到 info 对象的修改，即控制台不会打印出新旧 info 的信息。

这是因为在默认情况下，watch 仅监听对 info 对象引用的变化，而不会监听其内部属性的变化，如图 3-9 所示。为了让 watch 监听 info 对象属性的变化，应该使用 deep 选项进行深度监听。

图 3-9　watch 的 handler 选项效果（不监听内部属性变化）

2. deep 选项

deep 选项用于配置是否深度监听对象中属性的变化。

新建 "08_监听器的配置选项-deep 配置.html" 文件，启用 deep 选项对对象进行深度监听，代码如下所示：

```
watch: {
  info: {
    handler: function(newInfo, oldInfo) {
      console.log("newValue:", newInfo, "oldValue:", oldInfo);
    },
    // 深度监听 info 对象的更新，info 内部属性发生的改变都可被监听到
    deep: true
  }
}
```

上面只展示核心代码，该案例与前面的案例基本一样，不同的是 watch 属性中的 info 对象多了 deep: true 配置。该配置的作用是启用深度监听 info 对象的更新，即 info 内部属性发生的改变都可被监听到。

在浏览器中运行代码，在三个<button>按钮上依次单击，可以发现 info 内部发生的改变都可以被 watch 监听到，即控制台会打印新旧 info 的信息，效果如图 3-10 所示。

图 3-10　watch 的 deep 选项效果

3. immediate 选项

immediate 选项可以让 handler 中定义的函数立即执行一次，在默认情况下，该函数只在监

听的数据发生变化时才会回调。

新建"09_监听器的配置选项-immediate 配置.html"文件，用于演示 immediate 选项的使用，代码如下所示：

```
watch: {
  info: {
    handler: function(newInfo, oldInfo) {
      console.log("newValue:", newInfo, "oldValue:", oldInfo);
    },
    deep: true,
    immediate: true // 让 handler 中定义的函数立即执行一次
  }
}
```

上面只展示核心代码，该案例与之前的案例基本类似，但是在 watch 属性中的 info 对象多了 immediate: true 配置。该配置的作用是让定义在 handler 中的函数立即执行一次。

在浏览器中运行代码，只需要简单地刷新浏览器，handler 中定义的函数就会立即执行一次，效果如图 3-11 所示。

图 3-11　watch 的 immediate 选项效果

3.2.3　watch 字符串、数组和 API 语法

在 Vue.js 3 中，watch 不仅支持常用的 Function 和对象语法，还支持字符串、数组和 API 语法。

1. 字符串和数组语法

由于字符串和数组语法比较简单，我们直接来看 Vue.js 3 官方文档提供的例子，代码如下所示：

```
const app = Vue.createApp({
  data() {
    return {
      b: 2,
      f: 5
    }
  },
  watch: {
    // 1.字符串方法名，当 b 发生变化时，会触发 someMethod 函数的回调
    b: 'someMethod',
    // 2.可传入回调数组，它会被逐一调用(handle1、handle2 和 handle3 函数)
    f: [
      'handle1', // f 发生改变时会触发 handle1 方法的回调
      function handle2(val, oldVal) {
        console.log('handle2 triggered')
      },
```

```
      {
        handler: function handle3(val, oldVal) {
          console.log('handle3 triggered')
        }
      }
    ]
  },
  methods: {
    someMethod() {
      console.log('b changed')
    },
    handle1() {
      console.log('handle 1 triggered')
    }
  }
})
```

可以看到，在 watch 属性中分别监听了 b 和 f 两个变量。

◎ b 的值是 someMethod 字符串。当 b 发生变化时，会触发 someMethod 函数的回调。

◎ f 的值是一个数组，数组中的第一项为字符串语法、第二项是函数语法、第三项是对象语法。当 f 值发生改变时，会依次调用 handle1、handle2 和 handle3 函数。

2. $watch 的 API 语法

除了字符串和数组语法，Vue.js 3 还提供了 watchAPI 进行监听。例如，可以在 created 生命周期中使用 this.watch 进行监听（有关 Vue.js 3 生命周期的内容，见第 8 章）。

$watch 的使用语法为 this.$watch(source, callback, options)。

◎ source：要监听的源。

◎ callback：监听的回调函数。

◎ options：额外的选项，比如 deep、immediate。

例如，使用 this.$watch 监听 data 属性中定义的对象类型变量 info，代码如下所示：

```
created() {
  this.$watch('info', (newValue, oldValue) => {
    console.log(newValue, oldValue);
  }, {deep: true, immediate: true})
}
```

3.2.4 watch 深度监听

学完了 Vue.js 3 中 watch 的各种语法，下面补充一下 watch 的其他知识点。

1. 仅监听对象中的某个属性

在 Vue.js 3 中，当需要监听一个对象时，可以使用 watch 选项。如果想要监听对象的引用的变化或者监听对象内部属性的变化，那么可以配置 deep 选项。除此之外，还可以直接监听对象中某个属性的变化，而不是监听整个对象。

例如，仅监听 info 对象中 name 属性的变化，代码如下所示：

```
watch: {
  "info.name": function(newName, oldName) {
    console.log(newName, oldName);
  }
}
```

2. 监听函数的新值和旧值

使用深度监听时，监听函数的新值和旧值都指向同一个引用，代码如下所示：

```
watch: {
  info: {
    handler: function(newInfo, oldInfo) {
      console.log(newInfo === oldInfo); // 打印为 true
    },
    deep: true, // 深度监听
  }
}
```

当 deep 为 true 时，监听函数中的新值（newInfo）和旧值（oldInfo）都指向同一个引用，所以打印为 true。

3. 监听数组内部属性的变化

深度监听除了可以监听对象，还可以监听数组内部属性的变化。例如，深度监听 data 属性中定义的 friends 数组的变化，代码如下所示：

```
data() {
  return {
    friends: [{name: "why"},{name: "kobe"}]
  }
},
watch: {
  friends: {
    handler(newFriends, oldFriend) {
      console.log(newInfo, oldInfo);
    },
    deep: true
  }
}
```

上述代码可以深度监听 friends 数组的变化，只要 friends 数组的引用或数组内部属性发生了变化，就会被监听到。

3.3 案例：书籍购物车

掌握了计算属性和监听器后，接下来通过"书籍购物车"这个案例来巩固所学的知识。

3.3.1 基本功能介绍

"书籍购物车"的功能点如下。

（1）以表格的形式显示书籍列表。

（2）底部需显示购买书籍的总价格。

（3）单击"+"或"–"按钮可以增加或减少书籍数量。如果为 1，则不能继续减少。

（4）单击"移除"按钮，可以将书籍移除。当所有的书籍移除完毕时，显示"购物车为空"。

以下是"书籍购物车"的整体效果，如图 3-12 所示。

	书籍名称	出版日期	价格	购买数量	操作
1	《算法导论》	2006-9	¥85.00	- 1 +	移除
2	《UNIX编程艺术》	2006-2	¥59.00	- 1 +	移除
3	《编程珠玑》	2008-10	¥39.00	- 1 +	移除
4	《代码大全》	2006-3	¥128.00	- 1 +	移除

总价格：¥311.00

图 3-12　书籍购物车的整体效果

由于该案例的代码量较多，因此需要重新规划该案例的目录结构。在 chapter03 目录下新建一个“10-书籍购物车-综合案例”文件夹，具体目录结构如下所示：

```
chapter03
├──── ......
├──── 09_监听器的配置选项-immediate 配置.html
├──── 10-书籍购物车-综合案例
|     └──── js
|           └──── Vue.js   # Vue.js 3 框架
|     └──── index.html   # HTML 代码
|     └──── index.js     # Vue.js 3 代码
|     └──── style.css    # 布局样式
```

3.3.2 搭建基本功能

规范好目录结构后，将通过以下三个步骤来完成基本功能的搭建。

第一步：新建 index.html 文件，代码如下所示。

```
<!DOCTYPE html>
<html lang="en">
<head>
  <meta charset="UTF-8">
  <meta http-equiv="X-UA-Compatible" content="IE=edge">
  <meta name="viewport" content="width=device-width, initial-scale=1.0">
  <title>Document</title>
  <link rel="stylesheet" href="./style.css">
</head>
<body>
  <div id="app"></div>

  <template id="my-app">
    <div>Hello World</div>
  </template>

  <script src="./js/vue.js"></script>
  <script src="./index.js"></script>
</body>
</html>
```

可以看到，在<head>元素中引入<link>标签，并链接到 style.css 文件。在<body>元素底部使用\<script\>标签引入 Vue.js 3 框架和 index.js 文件。下面我们继续新建 index.js 和 style.css 文件。

第二步：新建 **index.js** 文件，代码如下所示。

```
Vue.createApp({
    template: "#my-app",
    data() {
      return {
        books: [
          {
            id: 1,
            name: '《算法导论》',
            date: '2006-9',
            price: 85.00,
            count: 1
          },
          {
            id: 2,
            name: '《UNIX 编程艺术》',
            date: '2006-2',
            price: 59.00,
            count: 1
          },
          {
            id: 3,
            name: '《编程珠玑》',
            date: '2008-10',
            price: 39.00,
            count: 1
          },
          {
            id: 4,
            name: '《代码大全》',
            date: '2006-3',
            price: 128.00,
            count: 1
          },
        ]
      }
    },
    computed: {

    },
    methods: {

    }
  }).mount("#app");
```

可以看到，这里通过 Vue.createApp 创建一个 Vue 实例，然后将该实例挂载到\<div id="app"\>\</div\>元素上。接着，在 data 属性中定义的 books 数组用于存放多本书籍，其中，id 是书籍的唯一标识、name 是书籍的名称、date 是出版日期、price 是价格、count 是购买数量。

第三步：新建 **style.css** 文件，代码如下所示。

```
table {
    border: 1px solid #e9e9e9;
    border-collapse: collapse;
    border-spacing: 0;
}
```

```
th, td {
  padding: 8px 16px;
  border: 1px solid #e9e9e9;
  text-align: left;
}

th {
  background-color: #f7f7f7;
  color: #5c6b77;
  font-weight: 600;
}

.counter {
  margin: 0 5px;
}
```

由于该案例样式比较简单，这里已经将所有样式写好，因此后面无须再编写样式。

3.3.3 搭建书籍列表

完成了案例的基本功能搭建后，接下来在 index.html 中编写书籍列表的布局，代码如下所示：

```
<template id="my-app">
  <template v-if="books.length > 0">
    <table>
      <thead>
        <th>序号</th>
        <th>书籍名称</th>
        <th>出版日期</th>
        <th>价格</th>
        <th>购买数量</th>
        <th>操作</th>
      </thead>
      <tbody>
        <tr v-for="(book, index) in books">
          <td>{{index + 1}}</td>
          <td>{{book.name}}</td>
          <td>{{book.date}}</td>
          <td>{{book.price}}</td>
          <td>
            <button >-</button>
            <span class="counter">{{book.count}}</span>
            <button >+</button>
          </td>
          <td>
            <button >移除</button>
          </td>
        </tr>
      </tbody>
    </table>
    <h2>总价格: </h2>
  </template>
  <template v-else>
    <h2>购物车为空</h2>
  </template>
</template>
```

可以看到，首先使用 v-if 指令判断 books 数组是否为空，如果为空，就显示"购物车为空"，否则就用\<table\>元素包裹需要展示的书籍内容，具体内容如下。

◎ 在\<thead\>元素中编写表格的头部内容。

◎ 在\<tbody\>元素中用 v-for 指令显示书籍列表。

◎ 用\<h2\>元素显示购买书籍的总价格。

在浏览器中运行代码，页面效果如图 3-13 所示。 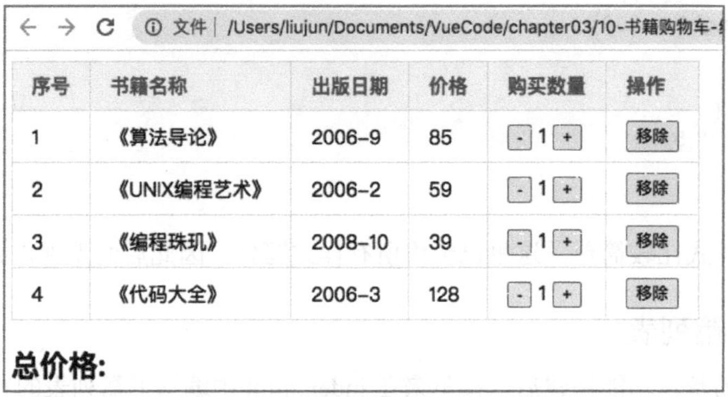

图 3-13　书籍购物车页面效果

3.3.4　搭建"加购物车"功能

完成了书籍列表布局后，下面开始实现加购物车的功能。首先在\<template\>中分别监听加（+）、减（-）和移除按钮的单击事件，并为事件函数传递索引 index 参数，代码如下所示：

```
<tbody>
    <tr v-for="(book, index) in books">
      <td>{{index + 1}}</td>
      <td>{{book.name}}</td>
      <td>{{book.date}}</td>
      <td>{{book.price}}</td>
      <td>
        <button @click="decrement(index)">-</button>
        <span class="counter">{{book.count}}</span>
        <button @click="increment(index)">+</button>
      </td>
      <td>
        <button @click="removeBook(index)">移除</button>
      </td>
    </tr>
</tbody>
```

接着，在 index.js 文件的 methods 属性中编写对应的事件函数，代码如下所示：

```
......
methods: {
   increment(index) {
      // 通过索引获取对应的书籍对象，并修改购买的数量
      this.books[index].count++
   },
   decrement(index) {
      this.books[index].count--
   },
   removeBook(index) {
```

```
        this.books.splice(index, 1);
    }
}
```

可以看到，这里主要做了以下三个操作。

（1）当单击"+"按钮时，会回调 increment 函数，并把当前单击的索引传递过来。接着在该函数中根据 index 获取对应的书籍，并把该书籍购买的 count 数量加 1。

（2）当单击"-"按钮时，会回调 decrement 函数，在该函数中把对应书籍购买的 count 数量减 1。

（3）当单击"移除"按钮时，会回调 removeBook 函数，该函数会调用数组的 splice 函数移除索引为 index 的书籍。

由于 data 属性中定义的变量都是响应式数据，只要修改了 books 的引用或内部属性，就会触发页面更新。这时，在浏览器中运行代码便可以实现购买数量加 1、减 1 和移除操作了。

最后，我们再来计算一下购买书籍的总价格。

在 index.js 文件中的 computed 属性添加 totalPrice 计算属性，代码如下所示：

```
......
computed: {
  // 计算购买书籍的总价格（如 books 数组发生变化，会重新计算，否则使用缓存）
  totalPrice() {
    let finalPrice = 0;
    for (let book of this.books) {
      finalPrice += book.count * book.price;
    }
    return finalPrice;
  }
}
```

可以看到，在 totalPrice 计算属性中通过遍历 books 数组来求和。

另外，我们还需要在 index.html 文件的 template 中使用 totalPrice 计算属性，代码如下所示：

```
<h2>总价格：{{totalPrice}} </h2>
```

在浏览器中运行代码，效果如图 3-14 所示。

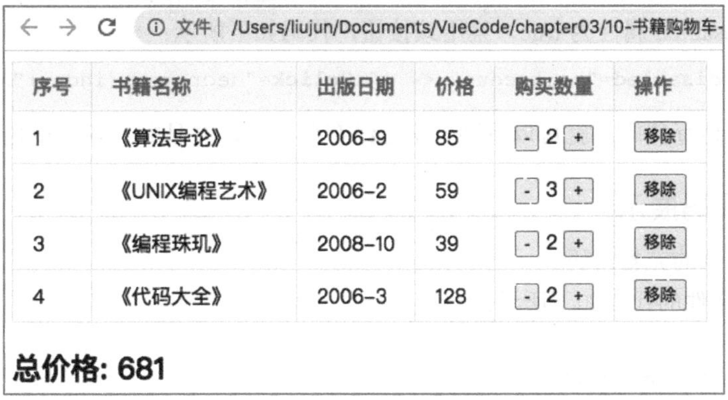

图 3-14 加购物车的实现效果

3.3.5 优化价格和购买数量

上述代码已经实现了将书籍加购物车的功能，但是页面上显示的价格缺少单位（如¥），并且购买数量可以为 0 或负数。接下来，需要进一步完善这两个小细节。

1. 为价格添加单位

为价格添加单位有两种实现方式：用 methods 或计算属性，这里我们使用计算属性来实现。

首先，在 index.html 文件中显示价格的地方都需要调用 formatPrice 计算属性，并传递一个价格参数。

需要注意的是，这里并不是绑定计算属性，因为 formatPrice 计算属性返回的是一个函数，所以需要通过调用的方式使用。这样做的好处是 formatPrice 计算属性可以接收传递过来的参数，代码如下所示：

```html
<!-- 调用 formatPrice() 计算属性，并传递参数 -->
<td>{{formatPrice(book.price)}}</td>
......
<h2>总价格：{{formatPrice(totalPrice)}} </h2>
```

接着，在 index.js 文件的 computed 属性中添加 totalPrice 计算属性，代码如下所示：

```js
computed: {
    // 为价格添加人民币符号
    formatPrice() {
        // price 是模板中传递过来的参数
        return (price) => {
            return "¥" + price
        };
    }
}
```

这里的 formatPrice 计算属性并不返回数字或字符串，而是返回一个箭头函数。因此，在模板中使用该计算属性时，需要调用返回的箭头函数，并将需要计算的参数传递给该函数中的 price 参数。

2. 限制购买数量大于等于 1

如果要显示购买的属性，我们可以对<button>元素进行逻辑判断。例如，当 book.count<=1 时，可以设置 disabled 属性为 true，禁用该按钮，代码如下所示：

```html
<button :disabled="book.count <= 1" @click="decrement(index)">-</button>
```

在浏览器中运行代码，就可以看到价格已经有单位了，并且购买的数量也不能小于 1。

3.3.6 完整代码展示

以下是该案例的完整代码。

index.html 文件的代码如下所示：

```html
<body>
  <div id="app"></div>

  <template id="my-app">
    <template v-if="books.length > 0">
      <table>
        <thead>
```

```html
          <th>序号</th>
          <th>书籍名称</th>
          <th>出版日期</th>
          <th>价格</th>
          <th>购买数量</th>
          <th>操作</th>
        </thead>
        <tbody>
          <tr v-for="(book, index) in books">
            <td>{{index + 1}}</td>
            <td>{{book.name}}</td>
            <td>{{book.date}}</td>
            <td>{{formatPrice(book.price)}}</td>
            <td>
              <button :disabled="book.count <= 1"
@click="decrement(index)">-</button>
              <span class="counter">{{book.count}}</span>
              <button @click="increment(index)">+</button>
            </td>
            <td>
              <button @click="removeBook(index)">移除</button>
            </td>
          </tr>
        </tbody>
      </table>
      <h2>总价格: {{formatPrice(totalPrice)}} </h2>
    </template>
    <template v-else>
      <h2>购物车为空</h2>
    </template>
  </template>

  <script src="./js/vue.js"></script>
  <script src="./index.js"></script>
</body>
```

index.js 文件的代码如下所示：

```js
Vue.createApp({
    template: "#my-app",
    data() {
      return {
        books: [
          {
            id: 1,
            name: '《算法导论》',
            date: '2006-9',
            price: 85.00,
            count: 1
          },
          {
            id: 2,
            name: '《UNIX 编程艺术》',
            date: '2006-2',
            price: 59.00,
            count: 1
          },
          {
            id: 3,
            name: '《编程珠玑》',
```

```
            date: '2008-10',
            price: 39.00,
            count: 1
          },
          {
            id: 4,
            name: '《代码大全》',
            date: '2006-3',
            price: 128.00,
            count: 1
          },
        ]
      }
    },
    computed: {
        totalPrice() {
            let finalPrice = 0;
            for (let book of this.books) {
              finalPrice += book.count * book.price;
            }
            return finalPrice;
        },
        formatPrice() {
            return (price)=>{
                return "¥" + price
            }
        }
    },
    methods: {
        increment(index) {
          this.books[index].count++
        },
        decrement(index) {
          this.books[index].count--
        },
        removeBook(index) {
          this.books.splice(index, 1);
        }
    }
}).mount("#app");
```

3.4 本章小结

本章内容如下。

◎ 计算属性（computed）：用于将响应式数据中的复杂逻辑抽取到计算属性中，不但简化了模板中的逻辑，还可以提高逻辑的复用性。同时，计算属性还支持缓存，只有数据发生变化时才会重新计算。

◎ 监听器（watch）：通过 watch 监听 props 和 data 中属性的变化，如监听某个对象，支持监听对象中的某个属性，也支持深度监听等。

◎ 书籍购物车：是对 Vue.js 3 中模板语法、Options API 的综合实战。在该案例中，可以了解到如何使用 Vue.js 3 实现一个简单的购物车功能，包括如何使用计算属性和监听器监听数据变化等。

v-model和表单输入

前面章节已介绍了 Vue.js 3 模板语法和 Options API，本章将继续介绍 Vue.js 3 模板语法中的 v-model 指令。由于 v-model 指令的内容比较丰富，也非常重要。因此，本章将专门详细讲解 v-model 指令和表单输入的双向绑定。在学习 v-model 指令前，先看看本章的源代码管理方式，目录结构如下：

```
VueCode
├── ......
├── chapter04
│   └── js
│       └── Vue.js
│   └── 01_v-model 的基本使用.html
│   └── ......
```

4.1 v-model 的基本使用

在开发过程中，表单提交是十分常见的功能，也是与用户交互的重要手段，比如：

（1）用户在登录、注册时需要提交账号和密码；

（2）用户在检索、创建、编辑信息时，需要提交一些数据。

上述操作都要求我们能够在代码逻辑中获取到用户提交的数据。获取用户提交的数据，通常要用到双向绑定，而 v-model 是 Vue.js 3 中用于实现双向绑定的重要指令。该指令的作用如下。

（1）v-model 指令可以在表单<input>、<textarea>和<select>元素上创建数据的双向绑定。

（2）v-model 会根据控件类型自动选取正确的方法来更新元素。

（3）v-model 是一种语法糖，它底层实现的原理是：

◎ 使用 v-bind 为 value 属性绑定变量；

◎ 使用 v-on 绑定 input 事件，并在事件回调中重新为 value 属性绑定的变量赋值。

新建"01_v-model 的基本使用.html"文件，使用 v-model 指令实现数据的双向绑定，代码如下所示：

```
<body>
  <div id="app"></div>
  <template id="my-app">
```

```
    <input type="text" v-model="message">
    <h2>{{message}}</h2>
  </template>

  <script src="./js/vue.js"></script>
  <script>
    const App = {
      template: '#my-app',
      data() {
        return {
          message: "Hello World"
        }
      }
    }
    Vue.createApp(App).mount('#app');
  </script>
</body>
```

可以看到，首先在 data 属性中定义了 message 变量，接着将 message 变量绑定到<h2>元素中显示。

然后在<input>元素中使用 v-model 指令绑定 message 变量。v-model 指令的作用是实现数据的双向绑定，也就是将 message 变量的值绑定到<input>元素上显示，将<input>元素输入的数据实时绑定到 message 变量中存储。

在浏览器中运行代码，<input>元素默认回显 message 的内容。当在<input>元素中输入内容时，<h2>元素上显示的内容也会同步更新，即实现了数据的双向绑定，如图 4-1 所示。

图 4-1　v-model 实现数据的双向绑定

4.2　v-model 的实现原理

在 Vue.js 3 中，通过 v-model 指令可以方便地实现表单元素数据的双向绑定。但是，实现 v-model 指令的原理并不神奇，它本质上只是一种语法糖。v-model 指令实现的原理其实是 v-bind 和 v-on 这两个指令。

（1）v-bind 指令会将表单元素的 value 属性与一个变量绑定。

（2）v-on 指令会绑定 input 事件，并在事件回调中重新为 value 属性绑定的变量赋值。

Vue.js 官方给出的 v-model 指令的底层实现原理如图 4-2 所示。

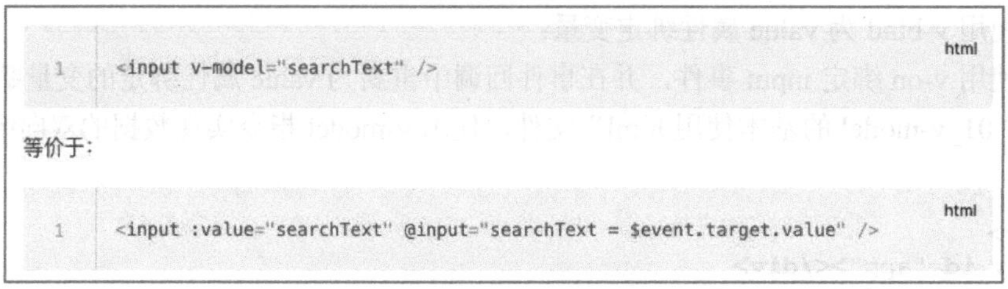

```html
1    <input v-model="searchText" />
```

等价于：

```html
1    <input :value="searchText" @input="searchText = $event.target.value" />
```

图 4-2　v-model 指令的底层实现原理

新建"02_v-model 实现的原理.html"文件，用于讲解 v-model 指令实现的原理，代码如下所示：

```
<body>
  <div id="app"></div>
  <template id="my-app">
    <!-- 1.v-bind 给 value 属性绑定 message 变量 2.监听 input 事件，更新 message 变量的
值 -->
    <input type="text" :value="message" @input="inputChange">
    <h2>{{message}}</h2>
  </template>

  <script src="./js/vue.js"></script>
  <script>
    const App = {
      template: '#my-app',
      data() {
        return {
          message: "Hello World"
        }
      },
      methods: {
        inputChange(event) {
          this.message = event.target.value;
        }
      }
    }
    Vue.createApp(App).mount('#app');
  </script>
</body>
```

可以看到，首先在 data 属性中定义 message 变量，并将该变量绑定到<h2>元素上显示。

接着，在<input>元素中使用 v-bind 指令给 value 属性绑定 message 变量，也就是将该变量的值显示在<input>元素上。

然后，使用 v-on 指令监听 input 事件。当在<input>元素中输入内容时，会回调 inputChange 方法。该方法接收了一个事件对象，可通过该事件对象获取<input>元素中输入的内容，并将其赋值给 message 变量。这样就实现了数据的双向绑定。

在浏览器中运行代码，效果和上面的案例一模一样。

4.3　v-model 绑定其他表单

v-model 指令不仅适用于 input 表单元素的双向绑定，还可以用于其他表单类型的元素，例如 textarea、checkbox、radio 和 select 等。

新建"03_v-model 绑定其他表单元素.html"文件，使用 v-model 指令绑定其他表单元素，代码如下所示：

```
<body>
  <div id="app"></div>
  <template id="my-app">
    <!-- 1.textarea 文本输入框（cols 为显示的列数，rows 为显示的行数） -->
    <div>1. 自我介绍</div>
    <textarea cols="30" rows="3" v-model="intro"></textarea>
    <p>文本输入框的值：{{intro}}</p>
```

```html
    <!-- 2.checkbox 单选框（label 元素的作用是当单击"同意协议"时，会自动触发 input 的单
击） -->
    <span>2. </span>
    <label for="agree">
      <!-- id 的值需要和 label 元素 for 属性的值对应 -->
      <input id="agree" type="checkbox" v-model="isAgree"> 同意协议
    </label>
    <p>单选框的值：{{isAgree}}</p>
    <!-- 3.checkbox 多选框（必须的每个表单元素添加 value 属性，且 v-model 指令需绑定同一
个数组，用于存放选中的值） -->
    <span>3. 爱好：</span>
    <label for="basketball">
      <input id="basketball" type="checkbox" v-model="hobbies" value="basketball"> 篮球
    </label>
    <label for="football">
      <input id="football" type="checkbox" v-model="hobbies" value="football">
足球
    </label>
    <label for="tennis">
      <input id="tennis" type="checkbox" v-model="hobbies" value="tennis"> 网
球
    </label>
    <p>多选框的值：{{hobbies}}</p>

    <!-- 4.radio 单选按钮（必须为每个表单元素添加 value 属性，且 v-model 指令需绑定同一个
数组，用于存放选中的值） -->
    <span>4. 性别：</span>
    <label for="male">
      <input id="male" type="radio" v-model="gender" value="male">男
    </label>
    <label for="female">
      <input id="female" type="radio" v-model="gender" value="female">女
    </label>
    <p>单选按钮的值：{{gender}}</p>

    <!-- 5.select 下拉选择(multiple 支持多选，多选时需按 Shift 键；size 为默认展示个数 )
-->
    <span>5. 喜欢的水果：</span>
    <select v-model="fruit" multiple size="2">
      <option value="apple">苹果</option>
      <option value="orange">橘子</option>
      <option value="banana">香蕉</option>
    </select>
    <p>选择的值：{{fruit}}</p>
  </template>

  <script src="./js/vue.js"></script>
  <script>
  const App = {
    template: '#my-app',
    data() {
      return {
        // 以下变量用于存放表单元素中输入的值
        intro: "Hello World", // 自我介绍
        isAgree: false,// 同意协议
        hobbies: ["basketball"], // 爱好
```

```
        gender: "", // 性别
        fruit: ["orange"] // 喜欢的水果
      }
    }
  }
  Vue.createApp(App).mount('#app');
 </script>
</body>
```

可以看到，上述代码共演示了五种 v-model 指令和其他表单元素数据双向绑定的情况。

（1）在 textarea 元素上使用 v-model 指令绑定 intro 变量，实现文本框数据的双向绑定。\<p>元素用于实时回显用户在该表单元素中输入的数据。下面的\<p>元素也是同样的作用。

（2）在 type 中为 checkbox 的\<input>元素使用 v-model 指令，绑定 isAgree 变量，实现单选框数据的双向绑定。\<label>元素的作用是当用户单击"同意协议"文本时，也可触发\<input>单击事件，但需要保证\<label>的 for 和\<input>的 id 的值相同。如果没有\<label>，那么单击"同意协议"文本不会触发\<input>单击事件。下面的\<label>也是同样的作用。

（3）在 type 中为 checkbox 的三个\<input>元素使用 v-model 指令，绑定 hobbies 变量，实现多选框数据的双向绑定。需要注意的是：三个\<input>元素 v-model 需绑定同一个变量，并且都是数组类型。另外，必须为三个\<input>输入框添加 value 属性作为选中的值。

（4）在 type 中为 radio 的两个\<input>元素使用 v-model 指令，绑定 gender 变量，实现单选按钮数据的双向绑定。

（5）在\<select>元素上使用 v-model 指令绑定数组类型的 fruit 变量，实现选择框数据的双向绑定。需要注意的是：必须为每个\<option>元素添加 value 属性作为选中的值。

在浏览器中运行代码，每当表单元素有值输入时，就会修改相应变量的值，触发页面更新，效果如图 4-3 所示。

图 4-3　v-model 绑定其他表单的效果

4.4　v-model 值的绑定

在前面的案例中，大部分的值（value）是在 template 中固定的，列举如下。

（1）单选按钮的两个输入框值：male、female。

（2）多选框的三个输入框值：basketball、football、tennis。

然而，在实际开发中，表单元素的 value 数据往往是从服务器获取的。通常情况下，我们需要先将其请求下来，然后在 data 属性中定义变量存储数据，并使用 v-bind 指令对 value 进行绑定。

例如，为<input type="radio">元素的 value 属性绑定 data 属性中定义的 maleValue 变量，代码如下所示：

```
<input id="male" type="radio" v-model="gender" :value="maleValue">男
```

可以看到，这里单选按钮的 value 属性的值并不是固定的，而是一个 maleValue 变量。

4.5　v-model 的修饰符

在使用 v-on 指令时，可以通过修饰符完成一些特殊的操作，例如使用.stop 修饰符阻止事件的冒泡。其实，v-model 指令也支持使用修饰符完成一些特殊的操作。在 Vue.js 3 中，v-model 常见的修饰符如下。

◎ .lazy：将输入内容的更新延迟到 change 事件触发时再进行，而不是每次输入内容都进行更新。

◎ .number：自动将输入内容转换为数字类型。

◎ .trim：去除输入内容的首尾空格。

以上修饰符可以同时使用，例如 v-model.trim.number.lazy。使用 v-model 的修饰符，可以更加方便地对表单元素进行操作。下面将详细讲解这些修饰符的使用。

4.5.1　.lazy 修饰符

默认情况下，v-model 在进行双向绑定时，绑定的是 input 事件。也就是说，在每次输入内容后，就会将最新的值和绑定的属性进行同步。如果在 v-model 后加上.lazy 修饰符，会将绑定的事件切换为 change 事件，只有在按 Enter 键时才会触发最新的值和绑定的属性进行同步。

新建 "04_v-model 的修饰符-lazy 的使用.html" 文件，使用 v-bind 指令绑定基本属性，代码如下所示：

```
<template id="my-app">
  <input type="text" v-model.lazy="message">
  <h2>{{message}}</h2>
</template>
```

该案例和 4.1 节中的代码几乎一样，不同的是在 v-model 指令后面添加了.lazy 修饰符。在浏览器中运行代码后，当在<input>元素中输入内容时，<h2>元素不会实时更新，只有按 Enter 键时才会触发更新。

4.5.2　.number 修饰符

在介绍 .number 修饰符前，我们先看一下 v-model 绑定的值的类型。

新建 "05_v-model 的修饰符-number 的使用.html" 文件，用于演示 v-model 绑定的值的类型，代码如下所示：

```
<body>
  <div id="app"></div>

  <template id="my-app">
    <input type="text" v-model="score">
    <!-- typeof 用于查看 score 的类型 -->
    <h2>{{score}} -> {{typeof this.score}} 类型</h2>
  </template>

  <script src="./js/vue.js"></script>
  <script>
    const App = {
      template: '#my-app',
      data() {
        return {
          score: "90"
        }
      }
    }

    Vue.createApp(App).mount('#app');
  </script>
</body>
```

该案例和 4.1 节中的代码几乎一样，不同的是在<h2>元素中显示 score 变量及其类型。在浏览器中运行代码，当输入内容或纯数字时，score 变量总是 string 类型的，效果如图 4-4 所示。

图 4-4 v-model 绑定的 string 类型的值

这时，如果希望将输入框的值自动转换为数字类型，那么我们可以使用.number 修饰符：

```
<template id="my-app">
  <input type="text" v-model.number="score">
  <h2>{{score}} -> {{typeof this.score}} 类型</h2>
</template>
```

在浏览器中运行代码，在<input>中输入纯数字时，message 是 number 类型的。如果还想限制用户只能输入数字，可以将<input>的 type 设置为 number，效果如图 4-5 所示。

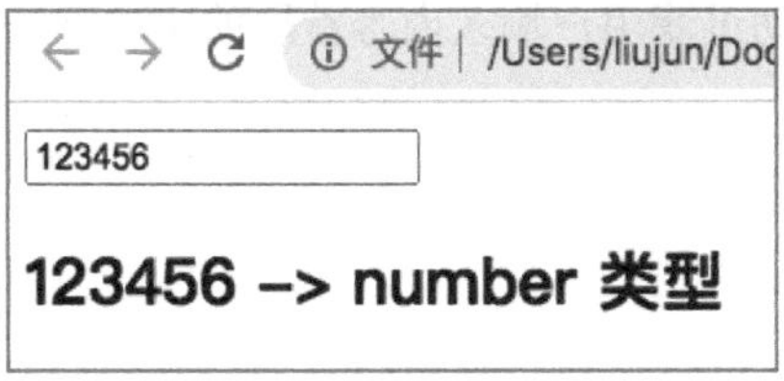

图 4-5 v-model 绑定的 number 类型的值

另外，需要注意的是，在 JavaScript 中进行逻辑判断时，在可以转化的情况下，字符串类型的数字会进行隐式转换。例如，在进行判断的过程中，下面的 score 会隐式转换为 number 类型之后再进行比较，代码如下所示：

```
const score = "100";
// score 会隐式转换为 number 类型的 100，再和 90 进行比较
if (score > 90) {
  console.log("优秀");
}
```

4.5.3　.trim 修饰符

如果要自动过滤用户输入内容首尾的空白字符，那么可以使用 v-model 中的.trim 修饰符，代码如下所示：

```
<template id="my-app">
  <input type="text" v-model.trim="message">
  <h2>{{message}}</h2>
</template>
```

该案例和 4.1 节中的代码几乎一样，不同的是在 v-model 指令后面添加了.trim 修饰符。在浏览器中运行代码后，在<input>中输入内容，并且在内容的前面或后面输入空格，然后按 Enter 键时，会自动过滤掉内容前面或后面的空格。

4.6　v-model 在组件上的使用

上面介绍的都是 v-model 指令在表单元素上的使用，其实，v-model 也可以用在组件上。因为我们还没有学习过组件，所以这里先不具体讲解了，详见第 8 章。

4.7　本章小结

本章内容如下。

（1）v-model 的基本使用：直接为表单元素或组件添加 v-model 指令就可以实现数据的双向绑定。

（2）v-model 的实现原理如下。

◎　v-bind 指令会将表单元素的 value 属性与一个变量绑定。

◎　v-on 指令会绑定 input 事件，并在事件回调中重新为 value 属性绑定的变量赋值。

（3）v-model 修饰符如下。

◎　.lazy 修饰符可以将绑定的事件切换为 change 事件。

◎　.number 修饰符可以指定绑定值的类型。

◎　.trim 修饰符可以自动过滤用户输入内容首尾的空白字符。

Vue.js 3组件化开发

学习了 Vue.js 3 基础语法后,接下来我们将探究 Vue.js 3 组件化。组件化开发已经"称霸"整个大前端领域,无论是三大框架 Vue.js、React、Angular,还是跨平台方案的 Flutter、小程序,甚至是移动端,都在朝着组件化开发的方向发展。尽管每个框架或平台的实现方式不同,但其背后的组件化思想是相同的。

首先来看本章源代码的管理方式,目录结构如下:

```
VueCode
├── ......
├── chapter05
│   └── js
│       └── Vue.js
│   └── 01_Vue3 应用程序的根组件.html
│   └── ......
```

5.1 认识组件化

在介绍组件化之前,我们先看看人类对复杂问题的处理方式,如图 5-1 所示。

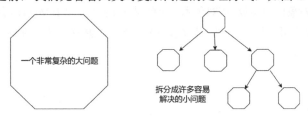

图 5-1 人类对复杂问题的处理方式

在生活中,任何一个人处理信息的能力都是有限的。因此,当面对一个非常复杂的问题时,我们很难一次性解决所有问题。然而,人类有一种天生的能力,就是将一个复杂的问题拆分成许多个小问题,再将它们放在整体中,大问题就会变得更容易解决。

在编程中,组件化就是类似的思想。

◎ 将一个页面中所有的逻辑都放在一起,处理起来非常复杂,也不利于后续管理和维护。

◎ 如果将一个页面拆分成一个个小的功能块,每个功能块负责完成属于自己的独立功能,那么整个页面的管理和维护就变得非常容易了。

◎ 将页面拆分成一个个功能块后，就可以像搭建积木一样搭建页面。

下面使用组件化的思想来设计开发整个应用程序，如图 5-2 所示。

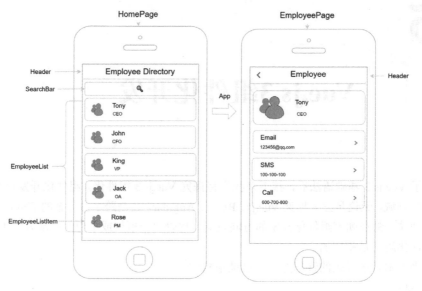

图 5-2　组件化开发应用程序

将一个页面拆分成多个组件，例如，HomePage 页面由 Header、SearchBar、EmployeeList 和 EmployeeListItem 组件搭建而成。每个组件实现页面的一个功能块，并可以进行进一步细分。组件本身可以在多个地方进行复用，例如 Header 组件在 EmPloyeePage 页面中被复用。

组件化可以简化开发过程，代码复用率更高，并有利于后期维护。这也是 Vue.js 3 框架的一大优势。

5.2　Vue.js 3 的组件化

认识了组件化后，下面看看 Vue.js 3 是如何实现组件化的。前面介绍过，使用 Vue.createApp 函数时需要接收一个对象作为参数，该对象本质上就是一个组件，属于 Vue.js 3 的根组件。Vue.js 3 的应用程序由一个个独立可复用的小组件构成，最终会被抽象成一棵组件树，如图 5-3 所示。其中，序号 1 代表 Vue.js 3 的根组件。

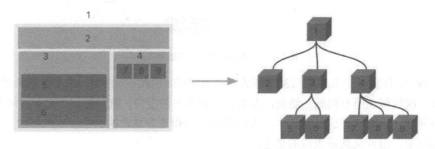

图 5-3　应用程序被抽象成组件树

5.3 Vue.js 3 注册组件

了解了 Vue.js 3 组件化之后，下面介绍在 Vue.js 3 中如何注册一个组件。

5.3.1 注册全局组件

在注册全局组件之前，首先新建一个 Vue.js 3 应用程序的根组件。

新建"01_Vue3 应用程序的根组件.html"文件，用于演示新建一个 Vue.js 3 应用程序的根组件，代码如下所示：

```html
<style>
    .comps-a,
    .comps-b{
        border: 1px solid #999;
        margin: 3px;
    }
</style>

<body>
  <div id="app"></div>
  <!-- template 中支持存在多个根标签 -->
  <template id="my-app">
    <div class="comps-b">
        <input type="text" v-model="message">
        <h4>{{message}}</h4>
    </div>

    <div class="comps-a">
        <h4>{{title}}</h4>
        <p>{{desc}}</p>
        <button @click="btnClick">按钮单击</button>
    </div>
  </template>

  <script src="./js/vue.js"></script>
  <script>

    const App = {
      template: '#my-app',
      data() {
        return {
          message: "Hello World",
          title: "我是标题",
          desc: "内容显示区域......"
        }
      },
      methods: {
        btnClick() {
          console.log("按钮发生单击");
        }
      }
    }

    Vue.createApp(App).mount('#app');
  </script>
</body>
```

提示：Vue.js 3 的 template 中支持存在多个根标签，而 Vue.js 2 的 template 中只支持单个根标签。

可以看到，Vue.createApp 函数中传入了一个 App 对象，这个 App 对象本质上是一个组件，也是 Vue.js 3 应用程序的根组件。在浏览器中运行代码，效果如图 5-4 所示。

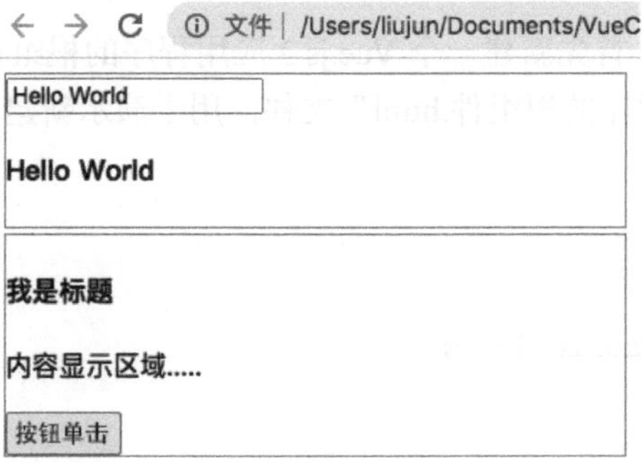

图 5-4　App 根组件的运行效果

可以看到，上面的根组件中已经有比较多的内容了。如果想将 class 为 comps-a 的 div 元素中的内容抽取到一个独立的组件中维护，就需要再注册一个组件。在 Vue.js 3 中，注册组件分成如下两种。

（1）全局组件：在任何其他的组件中都可以使用的组件。

（2）局部组件：只有在注册的组件中才能使用的组件。

注册全局组件的具体步骤如下。

（1）使用全局创建的 Vue 实例（app）注册全局组件。

（2）调用 app.component 方法，传入组件名称和组件对象，即可注册一个全局组件。

新建"02_注册全局组件.html"文件，使用 app.component 方法注册全局组件，代码如下所示：

```
<body>
  <div id="app"></div>
  <template id="my-app">
    <div class="comps-b">
      <input type="text" v-model="message">
      <h4>{{message}}</h4>
    </div>
    <!--3.使用全局组件  -->
    <component-a></component-a>
  </template>

  <!-- 1.编写 component-a 全局组件的模板 -->
  <template id="component-a">
    <div class="comps-a">
      <h4>{{title}}</h4>
      <p>{{desc}}</p>
      <button @click="btnClick">按钮单击</button>
    </div>
  </template>

  <script src="./js/vue.js"></script>
  <script>
    const App = {
```

```
        template: "#my-app",
        data() {
            return {
                message: "Hello World"
            }
        }
    };
    const app = Vue.createApp(App); // 创建一个 Vue 实例
    // 2.用 app 注册一个 component-a 全局组件
    app.component("component-a", {
        template: "#component-a", // 引入第一步定义的模板
        data() {
            return {
                title: "我是标题",
                desc: "内容显示区域......",
            };
        },
        methods: {
            btnClick() {
                console.log("按钮的单击");
            },
        },
    });
    app.mount("#app");
</script>
</body>
```

可以看到，首先将 class 为 comps-a 的<div>元素抽取到 id 为 component-a 的模板中。

接着，调用 app.component 方法注册一个全局组件，该方法需要接收两个参数：全局组件名称和组件对象。组件对象中的 template 属性绑定的是 id 为 component-a 的模板，该组件对象的 data 和 methods 属性还定义了对应的变量和方法，可以提供给 id 为 component-a 的模板使用。

然后，把注册好的<component-a/>组件放到根组件的模板上使用。这样就完成了一个全局组件的注册和使用。

在浏览器中运行代码，效果和上面的案例一样。

另外，在 Vue.js 3 中也可以注册多个全局组件。接下来，将 class 为 comps-b 的<div>元素中的模板提取到一个全局组件中。注册和使用步骤与上面一样，代码如下所示：

```
<body>
  <div id="app"></div>
  <template id="my-app">
      <!--6.使用 component-b 全局组件  -->
    <component-b></component-b>
    <component-a></component-a>
  </template>
  ......
  <!-- 4.编写一个 component-b 全局组件的模板 -->
  <template id="component-b">
    <div class="comps-b">
        <input type="text" v-model="message">
        <h4>{{message}}</h4>
    </div>
  </template>

  <script src="./js/vue.js"></script>
  <script>
    ......
```

```
    const app = Vue.createApp(App);
    ......
    // 5.用 app 注册一个 component-b 全局组件
    app.component("component-b", {
      template: "#component-b", // 引入第一步定义的模板
      data() {
        return {
            message: "Hello World"
        }
      }
    });
    app.mount("#app");
  </script>
</body>
```

上面只展示了增加的代码，首先为<component-b/>全局组件定义 template 模板，接着调用 app.component 方法注册 component-b 全局组件，然后在根组件的模板中使用该全局组件。

在浏览器中运行代码，效果和上面的案例一样。

5.3.2 组件的命名规范

为全局组件命名需在 Vue.createApp 方法的第一个参数中指定，组件的命名方式有如下两种。

1. 短横线隔开命名法（kebab-case）

提示：kebab-case 是短横线隔开的意思，代表每个单词都是小写的，当有多个单词时，用短横线隔开命名。

在 Vue.js 3 中，如果使用 kebab-case 命名组件，那么在模板中使用该组件时必须使用 kebab-case 格式。例如，命名<my-component-name/>组件，代码如下所示：

```
/* 支持<my-component-name></my-component-name> 或 <my-component-name/> 的使用
语法*/
app.component('my-component-name', {
  /* ... */
})
```

2. 帕斯卡命名法（PascalCase）

提示：PascalCase 代表每个单词的首字母必须大写，包括第一个单词。

在使用 PascalCase 方法命名组件时，<my-component-name/>和<MyComponentName/>都可以在模板中使用。例如，命名<my-component-name/>组件，代码如下所示：

```
app.component('MyComponentName', {
  /* ... */
})
```

另外，需要注意的是：
◎ 如果直接在 DOM 中使用该组件，则只支持<my-component-name/>语法；
◎ 如果在前端工程化项目中使用该组件（见第 6 章），则同时支持<my-component-name/>和<MyComponentName/>语法。

基于上述案例，继续使用 PascalCase 方式注册一个<component-c/>全局组件，代码如下所示：

```
<body>
```

```html
<div id="app"></div>
<template id="my-app">
    <!--9.引用 component-c 全局组件，DOM 中不支持 <ComponentC></ComponentC>语法
-->
    <component-c></component-c>
    ......
</template>
<!-- 7.编写一个 component-c 全局组件的模板 -->
<template id="component-c">
    <div class="comps-c">
        ComponentC
    </div>
</template>
<script src="./js/vue.js"></script>
<script>
  const App = {
    template: "#my-app"
  };
  const app = Vue.createApp(App);
  ......
  // 8.用 app 注册一个 ComponentC 全局组件
  app.component("ComponentC", {
    template: "#component-c", // 引入第一步定义的模板
  });
  app.mount("#app");
</script>
</body>
```

可以看到，在 app.component 方法中使用 PascalCase 方法注册了一个名为 ComponentC 的全局组件，并在模板中通过 kebab-case 语法使用该组件。由于这里不是工程化项目，所以不能通过 PascalCase 语法使用该组件。

在浏览器中运行代码，效果如图 5-5 所示。

图 5-5　注册全局组件

5.3.3　注册局部组件

在应用程序启动时，全局组件就会全部注册完成，即使某些组件没有被使用，也会被注册。例如，前面注册的三个全局组件 ComponentA、ComponentB 和 ComponentC，如果在开发过程中只使用了 ComponentA 和 ComponentB，而没有使用 ComponentC，那么会多注册 ComponentC 组件。

如果使用 webpack 等打包工具打包项目，则 webpack 仍将对组件进行打包，最终会增加 bundle 包的大小。因此，在实际开发中，为了控制 bundle 包的大小，通常使用局部组件而非全局组件。在注册局部组件时，需要注意以下事项。

◎ 在某个组件的 components 选项中进行注册。例如，App 根组件除 data、computed、methods 等选项外，还有 components 选项，该选项用于注册局部组件。

◎ 在 components 选项中注册的组件只能在当前组件的模板中使用。

◎ components 选项应接收一个对象，对象中的键值分别对应组件的名称和组件对象。

新建 "03_注册局部组件.html" 文件，用于演示在根组件中注册局部组件，代码如下所示：

```html
<body>
  <div id="app"></div>
  <template id="my-app">
    <h4>{{message}}</h4>
    <!-- 3.使用局部注册的组件，在 DOM 中必须使用 kebab-case 语法 -->
    <component-a></component-a>
  </template>

  <!-- 1.编写 ComponentA 组件的模板 -->
  <template id="component-a">
    <p style="border: 1px solid #999;">
      {{content}}
    </p>
  </template>

  <script src="./js/vue.js"></script>
  <script>
    const ComponentA = {
      template: "#component-a",
      data() {
        return {
          content:`
            我是在根组件 App 中局部注册的 ComponentA 组件
            （ComponentA 组件只能在当前根组件的 template 中使用）
          `
        }
      }
    }
    const App = {
      template: '#my-app',
      components: {
        // 2.局部注册 ComponentA 组件（ key 为组件名称，value 为组件对象）
        ComponentA: ComponentA
      },
      data() {
        return {
          message: "我是根组件 App"
        }
      }
    }
    const app = Vue.createApp(App);
    app.mount('#app');
  </script>
</body>
```

可以看到，在根组件（App）中注册了一个名为 ComponentA 的局部组件。首先，为 ComponentA 组件编写好 id 为 component-a 的模板。接着，开始定义 ComponentA 组件，并在

data 属性中定义 content 变量供其模板使用。然后，将该组件注册到根组件的 components 属性中。最后，在根组件的 template 中通过 kebab-case 语法使用<component-a>组件。

在浏览器中运行代码，效果如图 5-6 所示。

图 5-6　注册局部组件

5.4　Vue.js 3 开发模式

目前，我们在使用 Vue.js 3 时，都是在一个 html 文件中编写代码。例如，在 template 中编写模板，在 script 中编写脚本逻辑，在 style 中编写样式，等等。

随着项目越来越复杂，我们需要采用组件化的方式进行开发，这意味着每个组件都会有自己的模板、脚本逻辑和样式等。虽然我们可以将它们抽离到单独的 JavaScript、CSS 文件中，但它们仍然会分离，并且引入全局作用域下的 JavaScript 文件很容易出现命名冲突，也不支持 ES6 语法的转换等。

为了解决这些问题，Vue.js 官方推荐使用.vue 单文件组件（Single-File Components，SFC）来编写 Vue.js 组件，如图 5-7 所示。然后使用 webpack、Vite 或 Rollup 等构建工具对其进行打包转换。

```
1   <template>
2     <div>
3       <h4>{{ title }}</h4>
4       <p>{{ desc }}</p>
5       <button @click="btnClick">按钮单击</button>
6     </div>
7   </template>
8
9   <script>
10  export default {
11    data() {
12      return {
13        title: "我是标题",
14        desc: "我是内容区域",
15      };
16    },
17    methods: {
18      btnClick() {
19        console.log("按钮的单击");
20      },
21    },
22  };
23  </script>
24
25  <style scoped>
26
27  </style>
```

图 5-7　单文件组件

使用单文件组件开发 Vue.js 组件，可以获得非常多的特性，比如：

◎ 支持代码的高亮，支持 ES6、CommonJS 模块化；

◎ 支持全局和组件局部作用域 CSS；

◎ 支持预处理器，支持 ES6 等语法转换，也支持 TypeScript 等。

5.5 Vue.js 3 支持 SFC

使用.vue 文件编写 Vue.js 组件的常见方式有以下两种。

（1）使用 Vue CLI 或 create-vue 脚手架创建项目，这些项目已经默认配置好了所有的选项，可以直接使用.vue 文件进行开发。

（2）使用 webpack、Rollup 或 Vite 等打包工具从零开始搭建 Vue.js 3 工程化项目。

以下是选择这两种方式的建议。

◎ 如果你对技术很熟悉，那么可以使用 webpack 等构建工具从零开始搭建 Vue.js 3 工程化项目。但这种方式需要手动编写大量配置，还需要掌握很多 webpack 的知识，对于初学者来说门槛较高。

◎ 建议初学者使用 Vue CLI 或 create-vue 脚手架创建项目。因为脚手架使用简单，几乎零配置，直接支持 SFC 开发模式。在企业中，通常使用脚手架创建项目。

5.6 本章小结

本章内容如下。

◎ Vue.js 3 采用组件化开发的思想。首先将整个应用程序抽象成一棵组件树，然后将应用的页面拆分成一个个小的、可复用的功能模块（组件），最后通过搭积木的方式将它们组装起来，形成一棵完整的组件树。

◎ Vue.js 3 提供两种组件注册方式：全局组件和局部组件。使用 app.component 方法注册的组件属于全局组件，可供全局使用；在组件 components 属性中注册的组件属于局部组件，仅供局部使用。

◎ Vue.js 3 推荐使用单文件组件来开发项目，也就是将 Vue.js 组件写到一个.vue 文件中。在后续的章节中，都使用 SFC 模式来开发 Vue.js 组件。

6

前端工程化

在介绍 Vue.js 3 组件化时，提到了 SFC 开发模式。默认情况下，不能直接使用单文件组件来编写组件，因为浏览器不认识 SFC（.vue）文件。因此，我们需要使用 webpack 或者 Vite 构建一个支持 SFC 开发的 Vue.js 3 环境。目前，webpack 被广泛使用，但使用 Vite 的人也越来越多了。无论是使用 webpack 还是 Vite 构建，都属于前端工程化。在介绍前端工程化前，先看看本章源代码的管理方式，目录结构如下：

```
VueCode
├── ......
├── chapter06
│    └── 01_vuecli_demo # Vue CLI 构建的项目
│    └── 02_createvite_demo # create-app 构建的项目
```

6.1 前端快速发展史

无论是专业的开发者，还是刚刚接触前端的初学者，都能深刻感受到 Web 前端发展之快。而对于专业的开发者来说，体会更加深刻。

◎ 从后端渲染的 JSP、PHP 到原生 JavaScript、jQuery，再到目前主流的 Vue.js 3、React、Angular 框架。

◎ 从原来 ES5 语法到 ES6、7、8、9、10，再到 TypeScript，以及从简单的 CSS 到预处理器 Less、Scss 等。

简单概述一下前端发展的几个阶段。

◎ Web 早期：也就是互联网发展早期，前端开发人员只负责写静态页面，纯粹地展示功能，JavaScript 的作用只体现在一些表单的验证和增加特效上。当然，为了在页面中动态填充一些数据，相继出现了 JSP、ASP、PHP 等开发模式。

◎ Web 近期：随着 AJAX 技术的诞生，前端不仅可以展示页面，也可以管理数据，以及和用户进行互动。随着与用户交互、数据交互的需求增多，jQuery 这样优秀的前端工具库开始大放异彩。

◎ 现代 Web：现代 Web 前端开发更加多样化和复杂化。比如，多样化的前端支持开发 PC Web 页面、移动端 Web 页面、小程序、公众号和 App。然而在开发模式上，也面临一系列复杂性的问题。

现代 Web 前端开发目前面临一系列的复杂性问题，列举如下。

◎ 项目需要通过模块化的方式进行开发。

◎ 项目需要使用一些高级特性，从而加快开发效率或安全性，比如使用 ES6+、TypeScript 开发脚本逻辑，使用 Sass、Less 等编写 CSS 样式。

◎ 项目开发过程中需要提供本地服务，能实时监听文件变化并反映到浏览器上，提高开发效率。

◎ 项目打包部署时，需要对代码进行压缩、合并及其他相关的优化。

大部分的 Vue.js 3、React、Angular 开发者并不会遇到上述问题，因为大部分的人是借助对应框架提供的脚手架（CLI）来创建工程化项目的。例如，Vue CLI、create-react-app、Angular CLI 等脚手架默认已经帮助我们解决了上述问题，它们本质上也是基于 webpack 构建工具实现的。然而，这些通过脚手架创建的项目通常被称为前端工程化项目。

6.2 认识 webpack

在 Vue.js 3 中，webpack 是一个非常重要的工具。根据官方定义，webpack 是一个静态的模块化打包工具，用于打包现代的 JavaScript 应用程序。（webpack is a *static module bundler* for modern JavaScript applications.）

上述解释可能有些晦涩难懂，下面总结一下 webpack 的几个重要特点。

◎ 打包（bundler）：webpack 是一个由 JS 编写的打包工具，可将应用程序打包成能在浏览器中运行的 JS 文件。

◎ 静态的（static）：webpack 可以将代码打包成静态资源，包括 JS、CSS、图片文件等，如图 6-1 所示。

◎ 模块化（module）：webpack 支持多种模块化开发方式，包括 ES Module、CommonJS、AMD 等。

◎ 现代的（modern）：webpack 专门用于解决现代前端开发面临的各种复杂问题，比如支持 ES6+等。

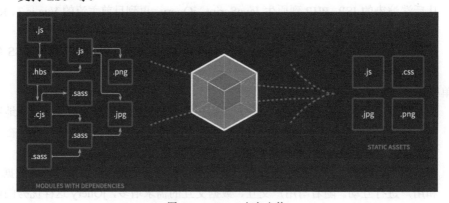

图 6-1　webpack 打包文件

在 Vue.js 3 中使用 webpack 通常有两种方式。

（1）使用脚手架，例如 Vue CLI 脚手架，该脚手架是基于 webpack 实现的。Vue CLI 已经帮助我们编写好了各种配置，开箱即用。

（2）使用 webpack 从零开始搭建 Vue.js 3 开发环境，这需要我们具有 webpack 基础，可以自行编写各种 webpack 等配置。

建议初学者使用脚手架来创建项目，因为脚手架使用简单，零配置就可以搭建好 Vue.js 3 的工程化项目。在企业中，通常也是采用脚手架来创建项目的。

6.3 Vue CLI 脚手架

6.3.1 认识 Vue CLI

脚手架实际上是建筑工程中的一个概念，如图 6-2 所示。在软件工程中，用于帮助搭建项目的工具被称为脚手架，例如 Vue CLI、create-app 等。

图 6-2 建筑中的脚手架

在实际开发过程中，通常使用脚手架来创建项目。例如，使用 Vue CLI 脚手架创建 Vue.js 3 项目。

◎ CLI 全称是 Command-Line Interface，即命令行页面。

◎ 可以通过 CLI 选择项目的配置，创建 Vue.js 3 项目。

◎ Vue CLI 已内置了 webpack 相关的配置，无须从零开始编写 webpack 配置。

6.3.2 安装 Node.js

在使用 webpack 和 Vue CLI 脚手架之前，必须在计算机上安装 Node.js 环境。因此，需要安装 Node.js，并自动安装 npm 包管理器。下面是 Node.js 的安装步骤。

（1）访问 Node.js 官网（见链接 6-1），下载安装包，如图 6-3 所示。

◎ 或下载与本书相同的 Node.js 版本，见链接 6-2。

◎ 本书用的 Node.js 版本是 v16.13.1，npm 版本是 8.1.2。

（2）在 Windows 系统中安装 Node.js。

◎ 下载适用于 Windows 的 node-v{version}-x86.msi 程序（本书要求 Node.js 版本需大于 16）。

◎ 下载后，运行安装程序（node-v{version}-x86.msi）。默认单击"下一步"安装即可。

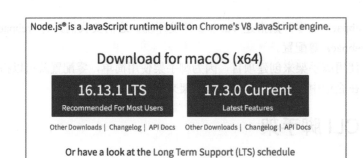

图 6-3　下载 Node.js

（3）在 macOS 系统中安装 Node.js。

◎　下载适用于 macOS 的 node-v{version}.pkg 程序。

◎　下载后，双击 node-v{version}.pkg 程序安装。默认单击"下一步"安装即可。

（4）安装完成后，打开终端或命令行页面，输入以下命令检查 Node.js 和 npm 是否安装成功。

```
node -v # 查看 Node.js 版本
npm -v # 查看 npm 版本
```

在 Windows 系统中需打开 cmd 终端，在 macOS 系统中需打开 Terminal 终端。如图 6-4 所示，是在 macOS 系统中打开终端。

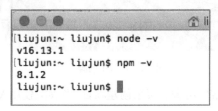

图 6-4　在 macOS 系统中打开终端

现在，我们已经在计算机上安装好了 Node.js 环境，接下来可以开始安装 Vue CLI 脚手架了。

提示：Windows 可用 nvm 工具管理 Node.js 版本，macOS 可用 n 工具管理，这些命令行工具需自行安装。

6.3.3　安装 Vue CLI

安装好 Node.js 之后，就可以使用 npm 来安装 Vue CLI 了。在终端中输入以下命令即可全局安装 Vue CLI：

```
npm install -g @vue/cli
```

这里的-g 表示全局安装 Vue CLI，这样以后在任意路径下打开终端，都可以使用 vue 命令创建 Vue.js 3 项目（推荐安装与本书一样的 5.0.8 版本）。

（1）全局安装 Vue CLI。

```
# 2)方式一(推荐)：在终端执行以下命令，安装指定版本
npm install @vue/cli@5.0.8 -g

# 1)方式二：在终端执行命令，安装最新版本
```

```
npm install @vue/cli -g
```

（2）升级 Vue CLI 到最新版本（可选）。

```
npm update @vue/cli -g
```

（3）使用 vue 命令创建项目。

```
vue create 项目的名称
```

（4）安装完 Vue CLI 之后，可以在终端查看其版本号，如图 6-5 所示。

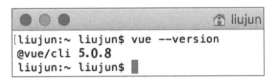

图 6-5　查看 Vue CLI 版本号

6.3.4　Vue CLI 新建项目

安装好 Node.js 和 Vue CLI 后，就可以使用 Vue CLI 脚手架创建 Vue.js 3 项目了。建议在创建 Vue.js 3 项目之前，先安装 VS Code 的 Volar 插件，为.vue 文件提供语法高亮等支持（插件安装详见 1.5.3 节）。

注意：Vetur 插件也可为.vue 文件提供语法高亮等，不过它是 Vue.js 2 的产物。Vue.js 3 官网推荐 Volar 插件。

安装好 Volar 插件后，下面我们开始创建一个 Vue.js 3 项目，具体步骤如下。

第一步：使用 Vue CLI 的 vue 命令新建一个名为"01_vuecli_demo"的 Vue.js 3 项目。

```
vue create 01_vuecli_demo
```

首先，使用 VS Code 打开 chapter06 文件夹。接着，在 VS Code 中单击顶部的"Terminal"选项，选择"New Terminal"，新建一个终端。

当终端弹出后，输入命令"vue create 01_vuecli_demo"，创建一个新的"01_vuecli_demo"项目。

最后，按键盘中的向下键，选择"Manually select features"，手动选择项目所需的功能，如图 6-6 所示。

Vue CLI 脚手架默认提供三个预设。

（1）Default (Vue.js 2 babel, eslint)：新建 Vue.js 2 默认的项目，项目集成 Babel 和 ESLlint 插件。

（2）Default (Vue.js 3 babel, eslint)：新建 Vue.js 3 默认的项目，项目集成 Babel 和 ESLlint 插件。

（3）Manually select features：新建项目，手动选择项目所需的功能，如是否需要 Babel 和 ESLlint 插件。

注意：图 6-6 中的 vue-ts-demo 和 ts-supermall 是作者之前自定义的预设（有关自定义预设，见第五步）。

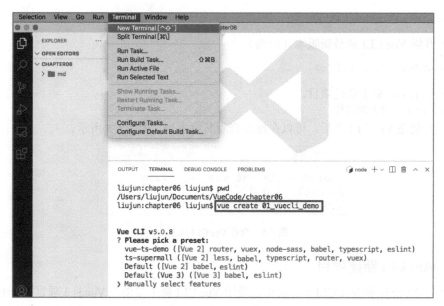

图 6-6　使用 Vue CLI 新建 Vue.js 3 项目

第二步：手动选择所需的功能。

为了让新建项目更简单，这里只选择了 Babel 选项，如图 6-7 所示。其他选项暂时可以略过，后面用到时再详细讲解。

提示："选中"和"取消选中"是按空格键，"上下移动"是按上下键，"确认"是按 Enter 键。

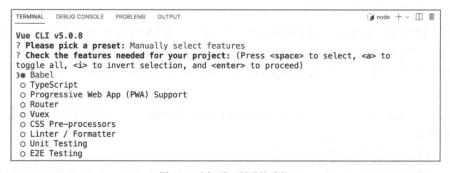

图 6-7　选择项目所需的功能

以下是 Vue CLI 新建项目时可供选择的功能。

◎　Babel：是否使用 Babel 作为 JavaScript 编译器，结合插件可将 ES6、7、8、9、10 等语法转换为 ES5 语法。

◎　TypeScript：是否使用 TypeScript。

◎　Progressive Web App（PWA）Support：是否支持 PWA。PWA 是渐进式 Web 应用——一种无须安装的网页应用，具有与原生应用相同的用户体验优势。

◎　Router：是否默认集成路由。路由用于处理页面的跳转，相关知识见第 12 章。

◎　Vuex：是否默认集成 Vuex 状态管理。Vuex 用于在多个组件间共享数据，相关知识见第 13 章。

◎ CSS Pre-processors：是否选用 CSS 预处理器，即常用的 Less、Scss、Stylus 预处理器。

◎ Linter / Formatter：是否选择 ESlint 对代码进行格式化限制。

◎ Unit Testing：是否添加单元测试。

◎ E2E Testing：是否添加 E2E 测试。

第三步：选择 Vue.js 的版本。

这里选择 3.x 版本，如图 6-8 所示。

```
TERMINAL   DEBUG CONSOLE   PROBLEMS   OUTPUT                          node + ∨ ◫ 🗑

Vue CLI v5.0.8
? Please pick a preset: Manually select features
? Check the features needed for your project: Babel
? Choose a version of Vue.js that you want to start the project with (Use arrow keys)
❯ 3.x
  2.x
```

图 6-8　选择 Vue.js 的版本

第四步：选择配置存放的位置。

这里选择“In dedicated config files”，意思是将 Babel、ESLint 等配置信息统一放到各自独立的配置文件中，而不是都放到 package.json 文件中，如图 6-9 所示。

```
TERMINAL   DEBUG CONSOLE   PROBLEMS   OUTPUT                          node + ∨ ◫ 🗑 ^

Vue CLI v5.0.8
? Please pick a preset: Manually select features
? Check the features needed for your project: Babel
? Choose a version of Vue.js that you want to start the project with 3.x
? Where do you prefer placing config for Babel, ESLint, etc.? (Use arrow keys)
❯ In dedicated config files
  In package.json
```

图 6-9　选择配置存放的位置

Vue CLI 提供了两种方式来管理项目的配置信息。

◎ In dedicated config files：将配置信息放到各自独立的文件中。

◎ In package.json：将配置信息放到 package.json 文件中。

第五步：是否保存为自定义预设。

在收到提示“Save this as a preset for future projects?”时，输入“y”表示保存自定义预设；也可以输入“n”，即不保存自定义预设。如果保存了预设，在下次新建项目时，在第一步选择预设时，就可以看到我们保存过的预设，比如前面看到的“vue-ts-demo”预设。

这里选择“Yes”保存预设后，下一步需要给预设命名，这里我将预设命名为“vue3-demo”。最后按 Enter 键即可，如图 6-10 所示。

```
TERMINAL   DEBUG CONSOLE   PROBLEMS   OUTPUT                          node + ∨ ◫ 🗑

Vue CLI v5.0.8
? Please pick a preset: Manually select features
? Check the features needed for your project: Babel
? Choose a version of Vue.js that you want to start the project with 3.x
? Where do you prefer placing config for Babel, ESLint, etc.? In dedicated config files
? Save this as a preset for future projects? Yes
? Save preset as: vue3-demo
```

图 6-10　保存预设

第六步：新建成功的提示。

执行完上述步骤，如未出现错误，并收到提示命令"npm run serve"，则说明 Vue.js 3 项目创建成功，见图 6-11。

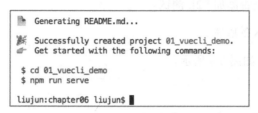

图 6-11　项目创建成功

提示：在创建项目时，不同版本的 Vue CLI 脚手架可能会有细微区别，但是整体步骤是一样的。

6.3.5　Vue.js 3 项目的目录结构

新建完成 Vue.js 3 项目后，使用 VS Code 打开新建的"01_vuecli_demo"项目。在 VS Code 中打开该项目后，其目录结构如图 6-12 所示。

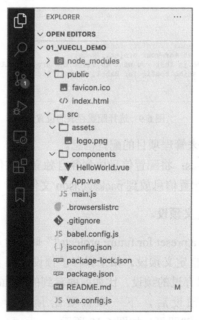

图 6-12　Vue.js 3 项目的目录结构

可以看到，这次工程化项目的目录与前面章节的目录完全不一样，多了很多的配置文件和目录结构。不用担心，下面来详细讲解该项目的目录结构。

01_vuecli_demo # 项目的名称（命名建议：统一小写，多个单词使用下画线分隔）
├── node_modules　# 存放第三方依赖包（例如，执行 npm install 安装的依赖包）
├── public # 项目的一些资源（不会参与 webpack 打包）
│　　├── favicon.ico # 网站的 icon 图标
│　　└── index.html # 网站的 index.html

```
└── src #存放项目所有代码的目录
    ├── assets # 存放项目的资源（例如图片、字体、全局样式等）
    │   └── logo.png
    ├── components # 用于存放 Vue.js 3 组件的目录
    │   └── HelloWorld.vue # 3.名为 HelloWorld 的局部组件（即 SFC 组件）
    ├── App.vue # 2.项目的 App 根组件
    └── main.js # 1.程序入口文件（也是打包的入口文件）
├── .browserslistrc # 兼容目标浏览器的配置文件（可供 Babel、PostCSS 等插件使用）
├── .gitignore # 忽略哪些文件，不需要提交到 Git 仓库中
├── .jsconfig.json # 此类文件表明该目录是 JavaScript 项目的根目录，作用是可提供更好
的代码智能提示
├── babel.config.js  # Babel 插件的配置文件
├── package-lock.json # 锁定第三方安装的依赖包版本
├── package.json # 项目的描述文件（包含项目名称、版本、开发和生成依赖、运行和打
包项目的脚本等）
├── vue.config.js # Vue CLI 脚手架的配置文件，比如配置 alias、devServer 和
configureWebpack 等
└── README.md # 关于项目的说明文档
```

提示：Vue CLI 4.x 版本创建的项目中没有 jsconfig.json 和 vue.config.js 文件。

6.3.6　项目的运行和打包

对于运行和打包项目，Vue CLI 脚手架已经在 package.json 文件中提供了相应的命令，代码如下所示：

```
{
  ......
  "scripts": {
    "serve": "vue-cli-service serve",  # 1.开发环境，启动项目的脚本
    "build": "vue-cli-service build" # 2.生产环境，打包项目的脚本
  },
  ......
}
```

可以看到，在 scripts 属性中定义了两个脚本。

（1）serve：运行项目的脚本。当在终端执行 npm run serve 时，便会执行 vue-cli-service serve，启动一个本地服务在浏览器中运行代码。

（2）build：打包项目的脚本。当在终端执行 npm run build 时，便会执行 vue-cli-service build，打包该项目。

接下来将分别演示如何运行和打包项目。

1. 运行 Vue.js 3 项目，执行 npm run serve 命令

使用 VS Code 打开"01_vuecli_demo"项目，接着在 VS Code 中打开终端。在终端中运行命令 npm run serve，最后在浏览器中输入"localhost:8080"，以在浏览器中运行代码，如图 6-13 所示。

提示：在 VS Code 中打开终端的步骤为：单击 VS Code 顶部的"Terminal"→"New Terminal"。

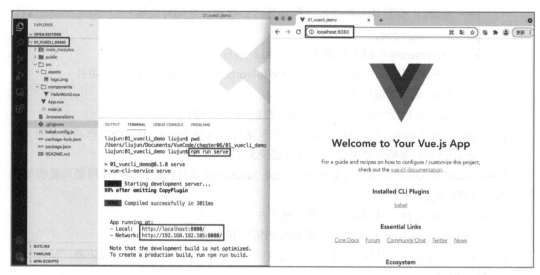

图 6-13　运行 Vue.js 3 项目

在 App.vue 或 HelloWorld.vue 组件的 template 中新增内容后，按"Ctrl+S"组合键保存代码，页面会自动刷新并显示新增内容。最后，关闭正在运行的 Vue.js 3 项目有以下几种方法。

（1）单击终端右上角的"x"按钮。

（2）在 Windows 系统中，可以按"Ctrl + C"组合键。

（3）在 macOS 系统中，可以按"Control + C"组合键。

2. 打包 Vue.js 3 项目，执行 npm run build 命令

打包生产环境的项目，需要在 VS Code 的终端中输入"npm run build"命令。打包成功后会在项目的根目录下生成一个 dist 文件夹，该文件夹就是以后线上部署的项目，如图 6-14 所示。

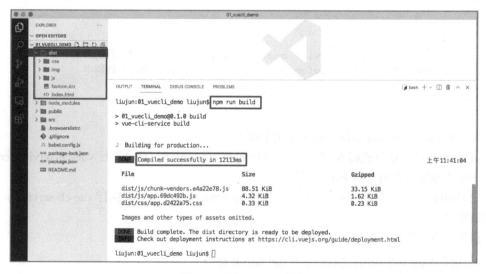

图 6-14　打包 Vue.js 3 项目

提示：关于如何部署项目，见第 18 章。

6.3.7　vue.config.js 文件解析

VueCLI 不仅可以用于创建项目，还提供了一些常用的配置，方便我们对其进行扩展和自定义，比如 outputDir、assetsDir、alias、devServer 和 chainWebpack 等。这些配置必须编写在项目根目录的 vue.config.js 文件中。

下面介绍一些常用的配置。

1. outputDir

outputDir 用于指定打包输出的目录名，默认是 dist 目录。

默认情况下，打包项目时会自动生成一个 dist 目录，如果想要修改该目录名称，可以使用 outputDir 配置。

首先在 01_vuecli_demo 项目的根目录下新建 vue.config.js 文件，代码如下：

```
//在 Vue CLI 4.x 中，需要手动新建 vue.config.js 文件，Vue CLI 5.x 默认已生成
module.exports = {
  outputDir: 'build'
}
```

outputDir 属性指定了打包后生成目录的名称为 build，而不是默认的 dist。重新执行 npm run build，打包该项目。打包完成后，项目的根目录会生成一个 build 目录。

提示：outputDir 属性值也支持 build/music 写法，表示将项目打包到 build/music 文件夹中。

另外，需要注意的是，对于使用 Vue CLI 5.x 创建的项目，vue.config.js 同样支持使用 defineConfig 宏函数，以获得更好的代码智能提示，代码如下所示：

```
// defineConfig 宏函数只支持 Vue CLI 5.x
const { defineConfig } = require("@vue/cli-service");
module.exports = defineConfig({
  // transpileDependencies: true,  // 如果选择 true，那么项目引用 node_modules 中的
包也会用 Babel 来编译
  outputDir: "build",
});
```

可以看到，这里将 outputDir 配置写到了 defineConfig 宏函数中，效果和之前一样，但是这次编写配置会有智能提示功能。需要注意的是，该功能仅支持使用 Vue CLI 5.x 创建的项目。

2. assetsDir

assetsDir 用于指定静态资源存放目录。

可以使用 assetsDir 属性指定项目静态资源（JS、CSS、Fonts、图片）存放的目录。该属性是相对于 outputDir 路径，在 vue.config.js 文件中进行设置，代码如下所示：

```
// 支持使用 Vue CLI 5.x 和 Vue CLI 4.x 创建的项目
module.exports = {
  outputDir: 'dist',
  assetsDir: 'static'
}
```

配置 assetsDir: 'static' 的意思是：指定打包后生成的静态资源统一放到 dist/static 目录下，默认直接放到 dist 目录下。接着重新执行 npm run build，就可以发现静态资源统一存到 dist/static 目录中了。

3. publicPath

publicPath 用于指定引用资源的前缀。

默认情况下，Vue CLI 会假设应用被部署在一个域名的根路径上，例如 https://www.my-app.com/。如果应用被部署在一个子路径上，那么需要使用 publicPath 选项指定这个子路径。

例如，如果应用被部署在 https://www.my-app.com/my-app/上，则需要将 publicPath 设置为 /my-app/。简单来说，publicPath 可以为打包后的 index.html 文件中引用的资源路径添加前缀。

默认打包时，dist/index.html 文件中的资源路径，代码如下所示：

```html
<!DOCTYPE html>
<html lang="">
 <head>
  ......
  <link rel="icon" href="/favicon.ico" />
  <title>01_vuecli_demo</title>
  <link href="/css/app.d2422a75.css" rel="preload" as="style" />
  <link href="/js/app.69dc492b.js" rel="preload" as="script" />
  <link href="/js/chunk-vendors.e4a22e78.js" rel="preload" as="script" />
  <link href="/css/app.d2422a75.css" rel="stylesheet" />
 </head>
 <body>
  ......
  <div id="app"></div>
  <script src="/js/chunk-vendors.e4a22e78.js"></script>
  <script src="/js/app.69dc492b.js"></script>
 </body>
</html>
```

接着，在 vue.config.js 文件配置 publicPath 属性并赋值，代码如下所示：

```js
module.exports = {
    // 判断是开发环境还是生成环境
    publicPath: process.env.NODE_ENV === 'production'
    ? '/my-app/'
    : '/'
}
```

上面配置的意思是：如果打包的是生产环境，则将 publicPath 赋值为/my-app/；如果是在开发环境下运行项目，则赋默认值/。

下面重新执行 npm run build，然后查看 dist 目录下的 index.html 文件，代码如下所示：

```html
<!DOCTYPE html>
<html lang="">
 <head>
  ......
  <link rel="icon" href="/my-app/favicon.ico" />
  <title>01_vuecli_demo</title>
  <link href="/my-app/css/app.d2422a75.css" rel="preload" as="style" />
  <link href="/my-app/js/app.095ad9ac.js" rel="preload" as="script" />
  <link href="/my-app/js/chunk-vendors.e4a22e78.js" rel="preload" as="script"
/>
  <link href="/my-app/css/app.d2422a75.css" rel="stylesheet" />
 </head>
 <body>
  ......
  <div id="app"></div>
```

```
  <script src="/my-app/js/chunk-vendors.e4a22e78.js"></script>
  <script src="/my-app/js/app.095ad9ac.js"></script>
 </body>
</html>
```

可以看到，这次的 index.html 文件中引用的资源路径都添加了前缀/my-app/。

4. alias

alias 用于配置导包路径的别名。

webpack 有一个非常好用的功能是配置别名 alias。例如，当项目的目录结构比较深时，或一个文件的路径可能需要使用 "../../../" 这种路径片段来导包，但这样对代码的可读性和维护性都不友好。

这时，我们可以为常见的路径起一个别名，在简化路径的同时提高了代码的可读性和可维护性。

在 Vue.js 3 项目中，可以在 vue.config.js 文件中的 chainWebpack 属性上配置 alias。chainWebpack 是一个函数，该函数会接收一个基于 webpack-chain 的 config 实例，允许对 webpack 配置进行更细粒度的修改。

因此，我们可以借助 chainWebpack 为路径起别名。

看一下 01_vuecli_demo 项目中 src 目录下的 App.vue 文件，代码如下所示：

```
<script>
// 1.使用 ES6 语法导入一个 SFC 格式的 HelloWorld 组件
import HelloWorld from './components/HelloWorld.vue'
export default {
  name: 'App',
  components: {
    // 2.注册局部组件
    HelloWorld
  }
}
</script>
```

从上述代码中可以看到，从./components/HelloWorld.vue 路径中导入了 HelloWord 组件。如果想要改成从@/components/HelloWorld.vue 路径中导入该组件，那么需要配置一下@路径别名，其中@可以代表一个路径。

接着，在 vue.config.js 文件的 chainWebpack 函数中配置@路径别名即可，代码如下所示：

```
const path = require('path')
function resolve(dir) {
  return path.join(__dirname, dir) // __dirname 获取当前文件所在的路径
}
module.exports = {
    chainWebpack: (config) => {
      // 1.为路径起别名
      config.resolve.alias
        // 2. @别名代表的路径是：指向当前项目的 src 目录
        .set('@', resolve('src'))
        // 3.components 别名代表的路径是：指向当前项目 src 目录下的 components 目录
        .set('components', resolve('src/components'))
    }
}
```

可以看到，在 chainWebpack 函数中使用了 config.resolve.alias 为路径起别名。首先，为项

目 src 目录起一个 @ 路径别名。接着，为 src/components 目录起一个 components 别名。

以后在使用 import 导包时，可以直接使用该别名。例如，在 01_vuecli_demo 项目的 src/App.vue 文件中，可以使用三种方式（选其一即可）导入 HelloWorld 组件，代码如下所示：

```
<script>
// 1.使用相对路径，导入 HelloWorld 组件
import HelloWorld from './components/HelloWorld.vue'
// 2.使用 @ 别名，导入 HelloWorld 组件
import HelloWorld from '@/components/HelloWorld.vue'
// 3.使用 components 别名，导入 HelloWorld 组件
import HelloWorld from 'components/HelloWorld.vue'
export default {
  name: 'App',
  components: {
    HelloWorld
  }
}
</script>
```

接着，重新执行 npm run serve，在浏览器中运行代码，会发现 01_vuecli_demo 项目依然可以正常运行。

除此之外，Vue CLI 脚手架还有许多功能，后面用到时再详细讲解。如果你想了解更多有关 Vue CLI 的配置，请查看官方网站，见链接 6-3。

接下来，介绍一个非常受欢迎的构建工具——Vite。

6.4 认识 Vite

Vite 以极速启动、快如闪电的热重载吸引了许多开发者。据 Vite 官网介绍，Vite 使用 Go 语言编写的 esbuild 进行预构建依赖，比使用 JavaScript 编写的打包器预构建依赖的速度快 10 倍到 100 倍。

官方对 Vite 的定义为：下一代的前端工具链，为开发提供极速响应，如图 6-15 所示。

图 6-15　Vite 的定义

Vite（法语发音 /vit/，是快速的意思）是前端构建工具，专门解决现代前端开发面临的各种复杂问题。Vite 具有以下特点。

◎ 极速的服务启动：使用原生 ESM 文件，无须打包。

◎ 轻量快速的热重载：无论应用程序大小如何，都能实现极快的模块热替换（HMR）。

◎ 丰富的功能：对 TypeScript、JSX、CSS 等支持开箱即用。

◎ 优化的构建：可选"多页应用"或"库"模式的预配置 Rollup 构建。

◎ 通用的插件：在开发和构建之间共享 Rollup-superset 插件接口。

◎ 完全类型化的 API：灵活的 API 和完整的 TypeScript 类型。

目前，Vite 在前端开发领域非常火热，Vue.js 3 也对其未来充满期待。但是，Vite 也存在

一定的缺点，例如：相比于 webpack，Vite 整个社区插件还在快速完善；Vite 更新迭代速度较快，在开发时需注意使用的版本；在生产环境中，Vite 需要额外依赖 Rollup 等工具进行打包。

在 Vue.js 3 中，通常有两种使用 Vite 的方式。

（1）使用脚手架，官方推荐使用基于 Vite 实现的 create-vue 脚手架。该脚手架已经为我们预设好了 Vite 和 Vue.js 3 相关的各种配置，方便快速上手。

（2）使用 Vite 从零开始搭建 Vue.js 3 开发环境。这种方式需要我们具备一定的 Vite 基础知识，并需要手动编写各种 Vite 及其配置。

无论是使用 webpack 还是 Vite，对初学者来说，都建议使用脚手架来创建项目。

6.5 create-vue 脚手架

6.5.1 认识 create-vue

create-vue 类似于 Vue CLI 脚手架，可用于快速创建 Vue.js 3 项目。Vue CLI 基于 webpack，而 create-vue 基于 Vite。Vite 支持 Vue CLI 中的大多数配置，并且 Vite 以极速启动服务、快如闪电的热重载，提供了更好的开发体验。

与 Vue CLI 不同的是，create-vue 脚手架会根据你选择的功能创建一个预配置的项目，然后将其余部分委托给 Vite。需要注意的是，create-vue 脚手架要求 Node.js 版本大于 16。

6.5.2 create-vue 新建项目

使用 create-vue 脚手架创建 Vue.js 3 项目，有以下两种常见的方式。

1. 全局安装 create-vue 脚手架

在终端中直接输入"npm install -g create-vue"，全局安装 create-vue。

```
# 在终端中执行以下命令，安装 create-vue 脚手架的最新版本
npm install create-vue@latest -g
```

使用 create-vue 命令新建 Vue.js 3 项目。在 VS Code 中打开 chapter06 文件夹，接着打开 VS Code 终端，然后在终端中输入 create-vue 命令，新建"02-createvite-demo"项目，如图 6-16 所示。

```
TERMINAL    DEBUG CONSOLE    PROBLEMS    OUTPUT                                    bash  +  ∨

liujun:chapter06 liujun$ create-vue    1.第一步

Vue.js - The Progressive JavaScript Framework

✔ Project name: … 02-createvite-demo    2.第二步，下面选项暂时选择NO
✔ Add TypeScript? … No / Yes
✔ Add JSX Support? … No / Yes
✔ Add Vue Router for Single Page Application development? … No / Yes
✔ Add Pinia for state management? … No / Yes
✔ Add Vitest for Unit Testing? … No / Yes
✔ Add an End-to-End Testing Solution? › No
✔ Add ESLint for code quality? … No / Yes

Scaffolding project in /Users/liujun/Documents/VueCode/chapter06/02-createvite-demo...

Done. Now run:

  cd 02-createvite-demo
  npm install
  npm run dev
```

图 6-16 使用 create-vue 新建项目（全局安装）

在使用 create-vue 脚手架新建项目时，可选择以下功能。

◎ Add TypeScript? … No / Yes ：项目是否集成 TypeScript。

◎ Add JSX Support? … No / Yes：项目是否支持 JSX 语法。

◎ Add Vue Router for Single Page Application development? … No / Yes：项目是否集成 Router 路由。

◎ Add Pinia for state management? … No / Yes：项目是否集成 Pinia 状态管理库。

◎ Add Vitest for Unit Testing? … No / Yes：项目是否集成 Vitest 单元测试框架。

◎ Add an End-to-End Testing Solution? › No：项目是否集成端到端测试。

◎ Add ESLint for code quality? … No / Yes：项目是否集成 ESLint 来检查代码规范。

2. 局部安装 create-vue 脚手架

在终端中直接输入 "npm init vue@latest" 命令，安装 create-vue，并创建 Vue.js 3 项目。

```
npm init vue@latest
```

这里执行 "npm init vue@lates" 的意思是：

◎ 临时安装 create-vue@latest 脚手架（注意：不是全局安装）；

◎ 安装完成后立即执行 create-vue 命令来创建项目。

下面在 VS Code 中打开 chapter06 文件夹，接着打开 VS Code 终端，然后在终端中输入 "npm init vue@latest" 命令，创建 "02-createapp-demo" 项目，如图 6-17 所示。

```
TERMINAL   DEBUG CONSOLE   PROBLEMS   OUTPUT                          bash + ∨ □ 🗑 ∧ ×

● liujun:chapter06 liujun$ npm init vue@latest    1.第一步
  Need to install the following packages:
    create-vue@latest
  Ok to proceed? (y) y    2.第二步

  Vue.js - The Progressive JavaScript Framework

  ✓ Project name: … 02-createapp-demo    3.第三步，下面选项暂时都选择了NO
  ✓ Add TypeScript? … No / Yes
  ✓ Add JSX Support? … No / Yes
  ✓ Add Vue Router for Single Page Application development? … No / Yes
  ✓ Add Pinia for state management? … No / Yes
  ✓ Add Vitest for Unit Testing? … No / Yes
  ✓ Add an End-to-End Testing Solution? › No
  ✓ Add ESLint for code quality? … No / Yes

  Scaffolding project in /Users/liujun/Documents/VueCode/chapter06/02-createapp-demo...

  Done. Now run:

    cd 02-createapp-demo
    npm install
    npm run dev
```

图 6-17　使用 create-vue 新建项目（局部安装）

6.5.3　Vue.js 3 项目目录结构

用 VS Code 打开 chapter06 目录下已新建好的 02_createvite_demo 项目，其目录结构如图 6-18 所示。

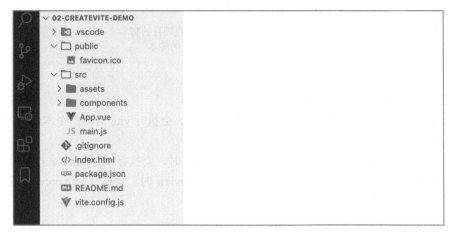

图 6-18　Vue.js 3 项目目录结构

可以看到，在创建 Vue.js 3 项目时，无论是使用 create-vue 还是 Vue CLI，项目的目录结构都基本相同。接下来，详细了解一下该项目的目录结构：

02_createvite_demo # 项目的名称（命名规范：建议统一小写，多个单词使用下画线分隔）
├── .vscode # 存放 VS Code 扩展的配置文件
│　　└── extensions.json　# 存储当前工作区或文件夹中所需的扩展列表
├── public　# 项目的一些资源（不会参与 webpack 打包）
│　　└── favicon.ico　# 网站的 icon 图标
├── src　#存放项目所有代码的目录
│　├── assets　# 存放项目的资源
│　│　├── ......# 其他资源，例如图片、字体、全局样式等
│　│　└── logo.svg
│　├── components # 用于存放 Vue.js 3 组件的目录
│　│　├── ......　# 其他组件
│　│　└── HelloWorld.vue # 3.名为 HelloWorld 的局部组件（即 SFC 组件）
│　├── App.vue # 2.项目 App 根组件
│　└── main.js # 1.程序入口文件（也是打包的入口文件）
├── .gitignore # 忽略哪些文件，不需要提交到 Git 仓库中
├── index.html # 网站的 index.html
├── package.json # 项目的描述文件（包含项目名称、版本、开发和生成依赖、脚本等）
├── README.md # 关于项目的说明文档
└── vite.config.js # vite 构建工具的配置文件

6.5.4　项目的运行和打包

与 Vue CLI 创建的项目一样，用 create-vite 脚手架创建的项目，在 package.json 文件中提供了对应运行和打包项目的脚本，代码如下所示：

```
{
  "scripts": {
    "dev": "vite",                #1.开发环境,启动开发服务器。Vite 是 vite dev 或 vite serve
```

```
    的别名
       "build": "vite build",    # 2.生产环境，打包项目的脚本
       "preview": "vite preview" # 3.本地预览项目的脚本
    }
}
```

可以看到，在 scripts 属性中定义了三个脚本。

（1）dev：启动项目的脚本，当执行 npm run dev 时，会执行 vite 启动一个本地服务来运行项目。

（2）build：打包项目的脚本，当执行 npm run build 时，会执行 vite build 来打包项目。

（3）preview：预览项目的脚本，当执行 npm run preview 时，会执行 vite preview 来预览项目。

下面介绍这些脚本的具体使用方法。

1. 运行 Vue.js 3 项目，可执行 npm run dev 命令

在 VS Code 中打开"02_createvite_demo"项目，并在 VS Code 终端中执行 npm install，安装项目所需依赖。

安装完成后，执行 npm run dev，即可在浏览器中输入"localhost:5173"查看项目效果，如图 6-19 所示。

图 6-19　运行并查看 Vue.js 3 项目

这时，如果在 App.vue 或 HelloWorld.vue 等组件的 template 中新增一些内容，然后按"Ctrl+S"组合键保存代码，页面便会自动刷新并显示新增的内容。关闭正在运行项目的方式和 Vue CLI 一样。

2. 打包 Vue.js 3 项目，可执行 npm run build 命令

打包项目与 Vue CLI 一样，在 VS Code 终端中输入"npm run build"命令进行打包，打包成功后，会在项目的根目录下生成一个 dist 文件夹。

6.5.5　vite.config.js 文件解析

与 Vue CLI 相同，create-vue 脚手架也提供了一些常用的配置，方便我们进行扩展和自定义。这些配置包括 outDir、assetsDir、alias、base 和 server 等。

需要注意的是，这些配置必须编写在项目根目录的 vite.config.js 文件中，该文件默认的配置代码如下所示：

```
import { fileURLToPath, URL } from 'node:url'
import { defineConfig } from 'vite'
import vue from '@vitejs/plugin-vue'
// https://vitejs.dev/config/
export default defineConfig({
  plugins: [vue()], // 提供 Vue.js 单文件组件支持
  resolve: {
    alias: {
      '@': fileURLToPath(new URL('./src', import.meta.url)) // 给 src 路径起一个@
别名
    }
  }
})
```

下面详细介绍这些常用的配置。

1. outDir

outDir 选项用于指定打包输出的目录名称，默认为 dist。与上述提到的 vue.config.js 中的
outputDir 选项功能相同，代码如下所示：

```
export default defineConfig({
  ......
  build:{
    outDir: 'build', // 1.指定打包输出的目录名，默认是 dist（相对于项目根目录）
  }
})
```

在上述代码中，outDir: 'build' 指定了打包后生成目录的名称为 build，而不是默认的 dist。
重新执行 npm run build 命令进行打包后，会在项目的根目录下自动生成一个名为 build 的
目录。

2. assetsDir

assetsDir 用于指定静态资源存放的目录，与上面 vue.config.js 中的 assetsDir 功能相同，代
码如下所示：

```
export default defineConfig({
  ......
  build:{
    outDir: 'build',
    assetsDir: 'static', // 2.指定静态资源存放目录（相对于 build.outDir），默认是 assets
  }
})
```

在上述代码中，assetsDir: 'static'指定了静态资源存放的目录为 static。重新执行一下 npm run
build，再次打包该项目，打包完成后，静态资源将被存放在 static 目录中。

3. base

base 用于指定开发或生产环境服务的公共基础路径，即指定引用资源的前缀。

和上面 vue.config.js 中的 publicPath 功能相同，代码如下所示：

```
export default defineConfig({
  base:'/my-app/', // 3.开发或生产环境引入资源的前缀
})
```

在上述代码中，base: '/my-app/' 指定开发或生产环境服务的公共基础路径为/my-app/。
重新执行一下 npm run build，再次打包该项目，生成的 index.html 文件中引用的资源路径

都添加了前缀/my-app/。

无论是在开发环境还是生成环境中，base 都被赋了/my-app/，如果执行 npm run dev 运行开发环境，本地启动的服务器也会多一个/my-app/的基础路径。

需要注意的是，base 属性还支持：

◎ 绝对 URL 路径，如 /my-app/；

◎ 完整 URL，如 http://hy.com/；

◎ 用于 dev 环境的空字符串或 ./。

4. alias

alias 用于为导包的路径设置别名，与上面 vue.config.js 中的 alias 功能相同，代码如下所示：

```
export default defineConfig({
  // 4 . 为导包的路径设置别名
  resolve: {
    alias: {
      "@": fileURLToPath(new URL("./src", import.meta.url)),
      components: fileURLToPath(new URL("./src/components", import.meta.url)),
    },
  },
  ......
})
```

接着，在 App.vue 根组件中分别使用@和 components 别名导入 HelloWorld 组件，代码如下所示：

```
<script setup>
// import HelloWorld from './components/HelloWorld.vue' // ok
import HelloWorld from '@/components/HelloWorld.vue' // ok
// import HelloWorld from 'components/HelloWorld.vue' // ok
</script>

<template>
  <HelloWorld msg="Hello Vue.js 3 + Vite" />
  ......
</template>
```

然后，重新执行 npm run dev 运行"02_createvite_demo"项目，项目依然正常能运行。

create-vue 脚手架还有很多功能，这里就不展开介绍了，更多的功能可查阅官网文档，见链接 6-4。

6.6 webpack 和 Vite 的区别

Vue CLI 和 create-vue 这两种脚手架都支持开箱即用，都可以快速创建 Vue.js 工程化项目。Vue CLI 是基于 webpack 实现的，而 create-vue 是基于 Vite 实现的。下面总结一下 webpack 和 Vite 的区别。

◎ 在打包应用程序时，webpack 会生成一个依赖关系图。该依赖关系图中含有应用程序所需的所有模块，然后遍历图结构，编译一个个模块，当某个模块有变化时，相关依赖模块需要全部编译一次。项目越复杂、模块越多，打包速度就越慢。

◎ Vite 利用 ES Module 可以自动发起请求的特性，在打包应用程序时，Vite 不需要分析模块的依赖，也不需要编译。当浏览器请求某个模块时，再按需对模块内容进行编译，这种按需动态编译的方式大幅缩减了编译时间。因此，Vite 的启动速度非常快，比以 JavaScript 编写的打包器预构建依赖的速度快 10 倍到 100 倍。项目越复杂、模块越多，Vite 打包的优势就越明显。

◎　Vite 天然支持打包 TypeScript、JSX、CSS 等文件；而 webpack 需要安装对应的 Loader 专门进行处理。

◎　webpack 支持开发和生产环境打包；Vite 在打包生产环境时需要使用 Rollup，Vite 的主要优势体现在开发阶段。

◎　webpack 无论是自身优势还是生态都非常强大，使用者非常多；而 Vite 的整个社区生态正在快速完善。

无论是 webpack 还是 Vite，它们本身都是非常优秀的构建工具，非常值得学习。在学习阶段，使用 Vue CLI 或 create-vue 脚手架都是可以的；但是在企业的生产环境中，建议优先选择 Vue CLI 脚手架，因为 webpack 经过多年发展，已经非常稳定，社区生态也非常成熟。

当然，我们也需要拥抱 Vite 的快速变化。由于 webpack 目前的表现更稳定。因此，本书后面章节中的新建项目将采用更稳定 Vue CLI 脚手架。

6.7　本章小结

本章内容如下。

◎　前端工程化：在具有一定规模的前端项目中，利用标准化的工具（比如 webpack、Babel、Less、ESLint、Vue Loader 等）构建工程化项目，可以提升前端开发的效率和质量，降低开发成本。

◎　Vue CLI 脚手架：已经内置了许多 webpack 及 Vue.js 相关的配置，开箱即用，可快速创建 Vue.js 工程化项目，无须从零开始构建。

◎　create-vue 脚手架：基于 Vite，开箱即用，可快速创建 Vue.js 工程化项目。Vite 支持 Vue CLI 项目中的大多数配置，并且 Vite 以极快的启动和模块热替换速度，提供了更好的开发体验。

Vue.js 3 组件化基础详解

学习了 Vue.js 3 的组件化和前端工程化后，本章将继续介绍 Vue.js 3 组件的相关知识。在学习前，先看看本章源代码的管理方式，目录结构如下：

```
VueCode
├── ......
├── chapter07
│    └── 01_learn_component
│    └── 02_learn_component_project # 提供一个空的 Vue.js 3 项目
```

以下是新建和初始化"01_learn_component"项目的具体步骤。

第一步：新建 01_learn_component 项目。

首先在 VS Code 中打开 chapter07 目录，接着单击 VS Code 顶部的"Terminal"→"New Terminal"选项，打开终端，并在终端执行"vue create 01_learn_component"命令，新建"01_learn_component"项目，如图 7-1 所示。

提示：有关新建项目的详细步骤见 6.3.4 节。

```
                                           chapter07
EXPLORER          ...
∨ OPEN EDITORS
  CHAPTER07                  OUTPUT   TERMINAL   DEBUG CONSOLE   PROBLEMS
  > ■ md
                   liujun:chapter07 liujun$ pwd
                   /Users/liujun/Documents/VueCode/chapter07
                   liujun:chapter07 liujun$ vue create 01_learn_component

                   Vue CLI v5.0.8
                   ? Please pick a preset: Manually select features
                   ? Check the features needed for your project:

                   ❯◉ Babel
                    ○ TypeScript
                    ○ Progressive Web App (PWA) Support
                    ○ Router
                    ○ Vuex
                    ○ CSS Pre-processors
                    ○ Linter / Formatter
```

图 7-1　新建项目

第二步：删除项目中暂时没有用到的文件和文件夹。

用 VS Code 打开 chapter07/01_learn_component 目录，接着将 src 目录下的 assets 目录和 components 目录删除，因为这两个目录暂时不会用到。然后，修改 App.vue 根组件，代码如下所示：

```
<template>
  <div>
    Welcome to Your Vue.js App
  </div>
</template>
<script>
export default {
  name: 'App',
  components: {}
}
</script>
<style>
#app {
  font-family: Avenir, Helvetica, Arial, sans-serif;
  -webkit-font-smoothing: antialiased;
  -moz-osx-font-smoothing: grayscale;
  text-align: center;
  color: #2c3e50;
  margin-top: 60px;
}
</style>
```

第三步：运行该项目。

打开 VS Code 终端，在终端中输入"npm run serve"，运行项目，如图 7-2 所示。

提示：对于在 01_learn_component 项目中打开的终端，在终端中输入的命令都在该项目的根目录下执行。

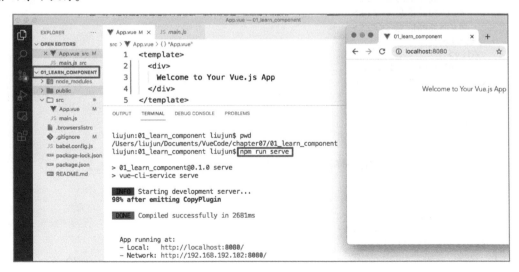

图 7-2 运行项目

项目运行起来后，前期的准备工作已经完成。下面介绍 Vue.js 3 中组件的相关知识。

7.1 组件的嵌套

如果以组件化的方式开发 Vue.js 应用程序，我们会将一个页面拆分成一个个组件，每个组件只实现页面的某个功能，然后像搭积木一样搭建项目。在搭建的过程中，我们需要将这些组件组合或嵌套在一起，最终形成一棵组件树，也就是 Vue.js 3 应用程序。下面介绍页面的搭建过程。

7.1.1 搭建基本页面

在讲解组件嵌套前，我们先在根组件（App.vue）中搭建一个基本页面，页面包含三部分内容。

（1）头部内容：一个\<div\>包含两个\<h4\>元素。

（2）中间内容：一个\<h4\>元素和一个\<ul\>嵌套\<li\>的商品列表。

（3）尾部内容：一个\<div\>包含一个\<h4\>元素。

App.vue 文件，代码如下所示：

```
<!-- App.vue -->
<template>
  <!-- 1.页面头部内容 -->
  <div class="header">
    <h4>Header</h4>
    <h4>NavBar</h4>
  </div>
  <!-- 2.页面中间内容 -->
  <div class="main">
    <h4>Banner 轮播图内容</h4>
    <ul>
      <li>商品信息 1</li>
      <li>商品信息 2</li>
      <li>商品信息 3</li>
      <li>商品信息 4</li>
      <li>商品信息 5</li>
    </ul>
  </div>
  <!-- 页面尾部内容 -->
  <div class="footer">
    <h4>Footer</h4>
  </div>
</template>
<script>
export default {
  name: 'App' // 组件的名称为 App
}
</script>
<style>
.header, .main, .footer{
  border: 1px solid #999;
  margin-bottom: 4px;
}
</style>
```

接着，在 main.js 中导入根组件（通常命名为 App 组件），然后调用 createApp 函数创建 Vue 的实例，最后调用 mount 函数将页面渲染到 index.html 文件中 id="app"的\<div\>元素上，代码如

下所示:

```
// main.js
import { createApp } from 'vue'
import App from './App.vue' // 导入根组件（也称为 App 组件）
createApp(App).mount('#app')
```

然后，在 VS Code 终端执行 npm run serve，运行项目，在浏览器中显示的效果如图 7-3 所
示。

图 7-3　基本页面的显示效果

提示：如果项目之前已经运行过，那么在每次按"Ctrl+S"组合键保存代码时会自动刷新
页面。

可以看到，上述代码将所有逻辑都放到了根组件中，虽然能实现该功能，但并不是最优写
法，原因如下。

◎ 将一个应用程序的所有逻辑都放在一个组件中，那么这个组件就会变得非常臃肿且难
以维护。

◎ 组件化开发的思想应该是对组件进行拆分，将其拆分成一个个具有独立功能的小组件，
然后将这些组件组合或嵌套在一起，构成应用程序。

7.1.2　组件的拆分和嵌套

为了让应用程序开发更加方便，代码复用率更高，并有利于后期维护，下面通过组件化的
思想对基本页面进行组件拆分。例如，将页面拆分成 Header、Main、Footer、MainBanner 和
MainProductList 五个组件，并且在 Main 组件中嵌套 MainBanner 和 MainProductList 组件，如
图 7-4 所示。

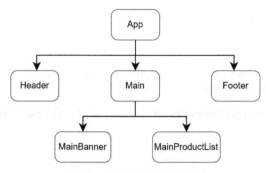

图 7-4　组件的拆分和嵌套情况

在 01_learn_component 项目的 src 目录下新建 "01_组件的拆分和嵌套" 文件夹，在该文件夹下分别新建 App.vue、Footer.vue、Header.vue、Main.vue、MainBanner.vue 和 MainProductList.vue 组件，目录结构如下所示：

01_learn_component

......

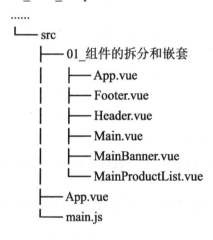

```
└── src
    ├── 01_组件的拆分和嵌套
    │   ├── App.vue
    │   ├── Footer.vue
    │   ├── Header.vue
    │   ├── Main.vue
    │   ├── MainBanner.vue
    │   └── MainProductList.vue
    ├── App.vue
    └── main.js
```

注意：为了方便读者学习和管理代码，该文件夹使用中文命名，而在实际开发中是不能用中文命名的。

下面来看看各个组件代码的实现。

Header.vue 头部组件，代码如下所示：

```html
<template>
  <div class="header">
    <h4>Header</h4>
    <h4>NavBar</h4>
  </div>
</template>
<script>
  export default {}
</script>
```

提示：在学习阶段，会频繁使用新建组件的模板，建议将该组件的模板代码生成代码片段（详见 1.9 节）。

Main.vue 内容组件，代码如下所示：

```html
<template>
```

```
  <div class="main">
    <!-- 4.使用局部注册的组件,也支持<MainBanner></MainBanner>这种语法 -->
    <main-banner></main-banner>
    <main-product-list></main-product-list>
  </div>
</template>

<script>
  // 1.导入轮播图组件
  import MainBanner from './MainBanner.vue';
  // 2.导入商品列表组件
  import MainProductList from './MainProductList.vue';
  export default {
    components: {
      // 3.注册局部组件
      MainBanner, // 等价于 MainBanner: MainBanner 写法
      MainProductList
    },
  };
</script>>
```

可以看到,Main.vue 组件中导入了 MainBanner.vue 和 MainProductList.vue 两个组件,并被注册为局部组件。

接着,在 Main.vue 组件模板中通过 kebab-case 语法使用这两个组件。

MainBanner.vue 轮播图组件,代码如下所示:

```
<template>
  <h4>Banner 轮播图内容</h4>
</template>
<script>
  export default {}
</script>
```

MainProductList.vue 商品列表组件,代码如下所示:

```
<template>
  <ul>
    <li>商品信息 1</li>
    <li>商品信息 2</li>
    <li>商品信息 3</li>
    <li>商品信息 4</li>
    <li>商品信息 5</li>
  </ul>
</template>
<script>
  export default {}
</script>
```

Footer.vue 尾部组件,代码如下所示:

```
<template>
  <div class="footer">
    <h4>Footer</h4>
  </div>
</template>
<script>
  export default {}
</script>
```

App.vue 根组件，代码如下所示：

```
<!--App.vue 作为根组件-->
<template>
  <div class="app">
    <!-- 3.使用注册的组件 -->
    <Header></Header>
    <Main></Main>
    <Footer></Footer>
  </div>
</template>

<script>
  // 1.分别导入 Header、Main 和 Footer 组件
  import Header from './Header.vue';
  // 导入文件可以省略扩展名，但建议不要省略。省略扩展名后，在模板中使用该组件时，将不会有智
能提示
  import Main from './Main';
  import Footer from './Footer';

  export default {
    components: {
      // 2.注册局部组件
      Header,
      Main,
      Footer
    }
  }
</script>
```

在根组件中导入 Header.vue、Main.vue 和 Footer.vue 三个组件，并且使用局部注册的方式进行注册。随后，在根组件模板中使用这三个组件。

接下来，我们需要修改 main.js 程序入口文件，将导入的 App.vue 组件改为 "01_组件的拆分和嵌套/App.vue" 路径下的 App.vue 组件，代码如下所示：

```
import { createApp } from 'vue'
// import App from './App.vue'
import App from './01_组件的拆分和嵌套/App.vue'

createApp(App).mount('#app')
```

由于项目之前运行过，当修改并保存代码时，页面会自动刷新。显示的效果和前面的案例一样，只不过这次对页面进行了组件的拆分和嵌套。

另外，需要注意的是：

◎ 上面组件样式比较简单，因此省略了样式代码。
◎ 在编写组件时，我们通常会为组件添加 name 属性，比如为 Header 组件添加 name 属性：export default { name: "Header" }。这样做的好处是允许组件模板递归调用自身，以及方便调试组件。

7.1.3 组件 CSS 的作用域

在上述单文件组件中，如果需要编写组件的样式，可以在<style>标签中编写。该标签支持编写全局样式和局部样式，Vue.js 3 官网还提供了三种编写单文件组件样式的方式。有关组件样式的编写方式和作用域，详见 7.2 节。

7.1.4　组件之间的通信

上述组件嵌套逻辑存在如下关系。

◎　根组件是 Header、Main 和 Footer 组件的父组件。

◎　Main 组件是 MainBanner 和 MainProductList 组件的父组件。

在 Vue.js 3 开发中，组件之间的通信至关重要。例如，Vue.js 3 应用程序可能使用多个 Header 组件，每个 Header 需要展示不同的内容，因此需要向 Header 组件传递数据。

另外，当在 Main 组件中请求 MainBanner 数据和 MainProductList 数据时，需要将数据传递给它们，以便进行展示，还可能存在子组件需要向父组件传递事件的情况。

总之，在一个 Vue.js 3 应用程序中，组件之间的通信是非常重要的。关于组件间通信的更多内容，详见 7.3 节。

7.2　组件样式的特性

在 Vue.js 3 官网中，有三种方式可以用于编写单文件组件的样式，分别是<style scoped>、<style module> 和使用 v-bind 动态绑定 CSS。

下面将详细讲解这三种方式的实现。

7.2.1　Scoped CSS

<style scoped>是 Vue.js 3 中的一个样式作用域标记。在一个带有 scoped 标记的<style>标签中定义的样式仅在当前组件中生效，并且 Vue.js 3 会自动将选择器编译成带有唯一属性的选择器，以免与其他组件中的样式冲突。通常，我们将其称为组件的局部样式。

1. 组件的局部样式

当单文件组件（SFC）的 style 标签带有 scoped 属性时，表示在该标签中编写的样式都是局部样式，它的 CSS 只会应用到当前组件的元素上。这些 CSS 最终会被 PostCSS 转换。例如，在下面的 example.vue 组件中，style 标签带有 scoped 属性，在该标签中编写的样式都属于局部样式，代码如下所示：

```
<!--example.vue-->
<template>
  <div class="example">hi</div>
</template>
<style scoped>
.example {
  color: red;
}
</style>
```

提示：style 标签上带有 scoped 属性则为局部样式，没有则为全局样式。同时，一个组件支持包含多个 style 标签。

上面组件的样式将被 PostCSS 工具（Vue CLI 脚手架已集成）转换，结果如下所示：

```
<template>
  <div class="example" data-v-f3f3eg9>hi</div>
</template>
<style>
.example[data-v-f3f3eg9] {
  color: red;
```

```
}
</style>
```

可以看到，经过 PostCSS 转换后，<div>元素和选择器中会生成唯一的 data-v-f3f3eg9 属性，以实现组件样式的作用域。但是在某些情况下，组件局部样式也会泄露到子组件中，下面探讨局部样式的泄露。

2. 局部样式的泄露

通常情况下，当组件带有 scoped 时，父组件的样式将不会泄露到子组件中。不过，子组件的根节点会同时受到父组件的作用域样式和子组件的作用域样式的影响。这是有意设计的，因为父组件可以设置子组件根节点的样式，以达到调整布局的目的。下面演示局部样式泄露的情况。

在 01_learn_component 项目的 src 目录下新建 "02_组件 style 特性" 文件夹，然后在该文件夹下分别新建 App.vue 和 HelloWorld.vue 组件。接着看各个组件代码的实现。

App.vue 组件，代码如下所示：

```
<!--App.vue 作为根组件-->
<template>
  <h4>App Title</h4>
  <hello-world></hello-world>
</template>
<script>
  import HelloWorld from './HelloWorld.vue';
  export default {
    components: {
      HelloWorld
    }
  }
</script>
<style scoped>
 h4{
   text-decoration: underline;
 }
</style>
```

可以看到，在根组件中编写了局部样式，为<h4>元素添加了下画线样式。

HelloWorld.vue 组件，代码如下所示：

```
<!--HelloWorld.vue 作为子组件-->
<template>
  <h4>Hello World1</h4>
</template>

<script>
  export default {}
</script>

<style scoped>
</style>
```

可以看到，App.vue 和 HelloWorld.vue 组件的 style 标签都带有 scoped 属性，但是子组件的根节点<h4>元素会同时被父组件的作用域样式和子组件的作用域样式影响。所以，在 App.vue 组件为<h4>元素字体添加下画线时，子组件的根节点<h4>元素也会应用该样式，这就是局部样式泄露的问题。

接下来，需要修改 main.js 程序入口文件，将导入的 App.vue 组件改为 "02_组件 style 特性 /App.vue" 路径下的 App.vue 组件（注意：以下代码只切换了导入 App.vue 路径，后面演示的案例将不再叙述和给出这些代码，读者自行切换即可），代码如下所示：

```
import { createApp } from 'vue'
// ......
// import App from './01_组件的拆分和嵌套/App.vue'
import App from './02_组件 style 特性/App.vue'
createApp(App).mount('#app')
```

如果项目已运行，那么保存代码便会自动刷新页面，否则需要重新运行项目。显示效果如图 7-5 所示，可以看到 App.vue 组件字体的样式泄露到了子组件中。

图 7-5　局部样式泄露

为了避免在开发过程中出现局部样式泄露的问题，可以采取以下措施。

（1）尽量减少标签选择器的使用，多使用 class 选择器。

（2）在每个子组件的根元素中添加唯一的 class 选择器。

（3）在子组件中使用多个根元素，也可以在 template 中添加多个根元素，Vue.js 3 已经支持这种方式。

例如，上面 HelloWorld.vue 组件的 template 内容可以这样编写，代码如下所示：

```
<!--将根元素换成 div，顺便为根元素添加一个 class 类。这个类暂时并未用到，只是推荐这样写 -->
<template>
  <div class="hello-world">
    <h4>Hello World1</h4>
  </div>
</template>

<!--多个根元素-->
<template>
  <h4>Hello World1</h4>
  <h4>Hello World1</h4>
</template>
```

保存代码，自动刷新页面后，这次局部样式没有泄露。但是，在某些情况下，我们还是希望在父组件中可以修改子组件的某些样式。这时，可以使用 Vue.js 3 提供的深度选择器。

3. 深度选择器

我们已经知道了局部样式会出现泄露的情况，即父组件的局部样式会应用到子组件的根元素中，也知道了如何避免这种情况。

但是，有时确实需要在父组件的局部样式中修改子组件中某个元素的样式，这时可以使用深度选择器:deep() 这个伪类来实现。下面展示:deep() 的使用。

在 HelloWorld.vue 组件中添加一个 class 为 msg 的<h4>元素，代码如下所示：

```
<template>
  <div class="hello-world">
    <h4>Hello World1</h4>
    <h4 class="msg">Hello World2</h4>
  </div>
</template>
<script>
  export default {}
</script>
<style scoped>
</style>
```

在 App.vue 根组件中添加:deep()这个伪类，选中子组件中 class 为 msg 的<h4>元素，代码如下所示：

```
<template>
  <h4>App Title</h4>
  <hello-world></hello-world>
</template>

<style scoped>
 h4{
   text-decoration: underline;
 }
 /* 深度选择器：选中子组件 class 为 msg 的元素 */
 :deep(.msg){
   text-decoration: underline;
 }

</style>
```

保存代码，深度选择器在浏览器中的显示效果如图 7-6 所示。

图 7-6 深度选择器

7.2.2 CSS Modules

当组件的<style>标签中带有 module 属性时，标签会被编译为 CSS Modules，并将生成的 CSS 类作为$style 对象的键暴露给组件。

例如，下面 example.vue 组件的<style>标签中带有 module 属性，组件中的 p 元素可以通过$style 对象获取该 CSS 类（.red）。和前面的 scoped 属性一样，它的 CSS 只会应用到当前组件的元素上。

```
<!--example.vue-->
<template>
  <p :class="$style.red">
    This should be red
  </p>
```

```
</template>
<style module>
/* red CSS 类会作为$style 对象的键，即$style.red */
.red {
  color: red;
}
</style>
```

CSS Modules 这种方式在 Vue.js 3 项目中用得比较少，我们仅了解这种写法即可。

7.2.3　在 CSS 中使用 v-bind

前面已经介绍了两种编写组件样式的方式：<style scope>和<style module>。除此之外，组件还支持通过 CSS 函数 v-bind 将 CSS 的值关联到组件状态上。

需要注意的是，在 Vue.js 3.2 版本之前，v-bind 语法是一个实验性功能，但是在 Vue.js 3.2 版本之后，v-bind 功能已经稳定，本书使用的 Vue.js 版本是 3.2.x。

若想查看当前项目依赖的 Vue.js 的具体版本，可以查看 node_modules/vue/package.json 文件中的 version 属性。

下面演示 v-bind 函数的使用方法。例如，在下面的 example.vue 组件中，首先在 data 中定义 color1 和 color2 变量，接着使用 v-bind 函数在 style 标签中分别绑定 color1 和 color2 变量，在另一个标签中绑定计算属性 color3。

实际上，它们的值会被编译成 hash 的 CSS 自定义 property，CSS 本身仍然是静态的。自定义 property 会通过内联样式的方式应用到组件的根元素上，并且在源值变更时响应式更新。和前面的属性一样，它的 CSS 只会应用到当前组件的元素上。

```
<!--example.vue-->
<template>
  <div class="explame">
    <h4 class="red">hello should be red</h4>
    <h4 class="green">hello should be green</h4>
    <h4 class="yellow">hello should be yellow</h4>
  </div>
</template>
<script>
export default {
  data() {
    return {
      color1: 'red',
      color2: 'green'
    }
  },
  computed: {
    color3() {
      return 'yellow'
    }
  }
}
</script>
<style>
.red {
  /* 动态绑定样式，也属于局部样式。与 style 标签是否绑定 scoped 属性没有关系 */
  color: v-bind(color1);
}
.green {
```

```
  color: v-bind(color2);
}
.yellow {
  color: v-bind(color3);
}
</style>
```

这个语法同样适用于 script setup 语法（见第 10 章），且支持 JavaScript 表达式（需要用双引号包裹起来）。更多的语法可以查看 Vue.js 3 官网，见链接 7-1。

7.3　父子组件的相互通信

在开发过程中，我们通常会将一个页面拆分成多个组件，然后将这些组件通过组合或嵌套的方式构建页面。组件的嵌套由父组件和子组件组成，父子组件之间的通信如图 7-7 所示。

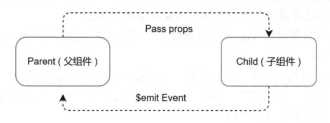

图 7-7　父子组件之间的通信

可以看到，父组件传递数据给子组件，是通过 props 属性实现的；而子组件传递数据给父组件，是通过触发事件$emit 实现的。

7.3.1　父组件传递数据给子组件

在开发中，父子组件之间的通信是非常常见的，可以使用 Props 属性完成父子组件之间的通信。Props 是在组件上注册自定义属性的一种方式。当父组件为自定义属性赋值后，子组件可以通过属性名获取对应的值。Props 通常有以下两种用法。

（1）Props 为字符串类型的数组：数组中定义的字符串即为属性名称。

（2）Props 为对象类型：对象中可以指定属性名称、类型、是否必需，以及默认值等。

下面分别介绍这两种用法。

1. Props 为字符串类型的数组

首先，在 01_learn_component 项目的 src 目录下新建 "03_父组件传递子组件" 文件夹，接着在该文件夹下分别新建 ShowMessage.vue 和 App.vue 组件。

ShowMessage.vue 组件，代码如下所示：

```
<!--ShowMessage.vue 作为子组件-->
<template>
  <div class="show-message">
    <h4>{{title}}</h4>
    <div>{{content}}</div>
  </div>
</template>
<script>
  export default {
    props: ['title', 'content']
  }
```

```
</script>
```

可以看到，在该组件中定义了 props 属性，该属性接收了一个字符串类型的数组，表示该组件需要接收 title 和 content 两个属性，并将它们绑定到 template 模板中显示出来（这里省略了样式）。

App.vue 组件，代码如下所示：

```
<template>
  <div class="app">
    <!-- 1.直接传递字符串 -->
    <show-message title="我是标题" content="我是内容"></show-message>
    <!-- 2.绑定字符串类型的变量 -->
    <show-message :title="title" :content="content"></show-message>
    <!-- 3.绑定对象中字符串类型的属性 -->

<show-message :title="message.title" :content="message.content"></show-message>
    <!-- 4.直接绑定一个对象，会自动将对象的每个属性拆出来逐一绑定 -->
    <show-message v-bind="message"></show-message>
  </div>
</template>
<script>
  import ShowMessage from './ShowMessage.vue';
  export default {
    components: {
      ShowMessage
    },
    data() {
      return {
        title: "我是标题 title",
        content: "我是内容 content",
        message: {
          title: "我是标题 message.title",
          content: "我是内容 message.content"
        }
      }
    }
  }
</script>
```

可以看到，在根组件中，首先导入 ShowMessage.vue 子组件，并将其注册为局部组件。接着，在 template 模板中，通过以下四种方式将父组件的数据传递给子组件的 title 和 content 属性。

（1）直接传递字符串。

（2）使用 v-bind 指令绑定字符串类型的变量。

（3）使用 v-bind 指令绑定对象字符串类型的属性。

（4）直接使用 v-bind 指令绑定一个对象，会自动将对象的每个属性拆出来逐一绑定。

最后，修改 main.js 程序入口文件，将导入的 App.vue 组件改为"03_父组件传递子组件/App.vue"路径下的 App 组件。

保存代码，在浏览器中显示的效果如图 7-8 所示，可以看到父组件的数据成功传递给了子组件。

图 7-8　父组件传递数据给子组件

2. Prop 为对象类型

在 Vue.js 3 的数组用法中，我们只能声明传入属性的名称，并不能对其施加任何形式的限制。为了完善上述案例，我们可以通过编写对象类型的 Props 实现限制。

具体来说，我们只需要稍微修改 ShowMessage.vue 子组件的 props 属性，把之前 props 是数组的写法改成对象的写法即可，代码如下所示：

```
<!--ShowMessage.vue-->
......
<script>
  export default {
    // 1.props 是数组
    // props: ['title', 'content']

    // 2.props 是对象
    props: {
      title: String, // 定义 title 属性为 String 类型（这里是简写，下面 content 属性是完整的写法）
      content: {
        type: String, // 定义参数类型为 String 类型
        required: true, // 父组件使用该组件时必须传递该参数，否则控制台会出现警告
        default: "我是内容的默认值" // 如果父组件使用该组件时没有传递 content 参数，则使用默认值
      }
    }
  }
</script>
```

可以看到，这里将 title 属性类型指定为 String 类型；通过 type 指定 content 属性为 String 类型，通过 required 指定是否必传，通过 default 指定默认值。

保存代码，在浏览器中显示的效果和前面一样。但是，如果在 App.vue 根组件中使用 ShowMessage.vue 子组件时没有传递 content 属性，那么控制台会出现 [Vue warn]: Missing required prop: "content"警告，提示该属性是必传的。

下面介绍 props 对象语法的一些细节。

（1）type 支持的类型：String、Number、Boolean、Array、Object、Date、Function 和 Symbol。

（2）对象类型和其他写法如下。

◎ type：属性的类型（如 String）。

◎ required：是否必传。

◎ default：默认值。

◎ validator：自定义验证函数。

```
<script>
  export default {
    props: {
      // 1.基础的类型检查
      propA: Number,
      // 2.多个可能的类型
      propB: [String, Number],
      // 3.必填的字符串
      propC: {
        type: String,
        required: true
      },
      // 4.带有默认值的数字
      propD: {
        type: Number,
        default: 100
      },
      // 5.带有默认值的对象
      propE: {
        type: Object,
        // 对象或数组 default 的默认值必须从一个工厂函数获取，保证每个组件实例的默认值来自
不同的引用
        default() {
          return { message: 'hello' }
        }
      },
      // 6.自定义验证函数
      propF: {
        validator(value) {
          // 这个值必须匹配下列字符串中的一个
          return ['success', 'warning', 'danger'].includes(value)
        }
      },
      // 7.具有默认值的函数
      propG: {
        type: Function,
        // 与对象或数组默认值不同，这不是一个工厂函数，而是一个用作默认值的函数
        default() {
          return 'Default function'
        }
      }
    }
  }
</script>
```

（3）Props 命名规范（支持 camelCase 和 kebab-case）。

在 HTML 中，属性名不区分大小写，浏览器会将所有大写字符解释为小写字符。因此，

在模板中使用 camelCase 命名法的 Props 时，也可以使用其等效的 kebab-case 语法。

例如，我们为 ShowMessage.vue 子组件添加一个 messageInfo 属性。该属性支持 camelCase 和 kebab-case 两种命名方式。如果使用 kebab-case 命名方式，那么需要添加单引号，代码如下所示：

```
<!--ShowMessage.vue-->
<template>
  <div class="show-message">
    ......
    <div v-if="messageInfo">{{messageInfo}}</div>
  </div>
</template>
<script>
  export default {
    props: {
      ......
      // 1.camelCase 命名法（推荐这种写法）
      messageInfo': {
        type: String
      }
      // 2.kebab-case 命名法（需要添加单引号，不推荐）
      // 'message-info': {
      //   type: String
      // }
    }
  }
</script>
```

接着，在 App.vue 组件中使用 ShowMessage.vue 组件时，可以传递 messageInfo 属性，代码如下所示：

```
<!--App.vue-->
<template>
  <div class="app">
    ......
    <!-- 5.直接传递字符串-->
    <show-message  messageInfo="我是 messageInfo 字符串"></show-message>
    <show-message  message-info="我是 message-info 字符串"></show-message>
  </div>
</template>
```

可以看到，我们在为 messageInfo 属性传递数据时，使用了 camelCase 和 kebab-case 语法，二者是等价的。

其实，除了 Props 属性，还经常会为组件传递 id、class 等属性，这些属性被称为非 Props 的属性。

下面介绍非 Props 的属性和属性继承。

当我们为一个组件传递某个属性，但是该属性并没有定义对应的 props 或 emits 时，就称之为非 Props 的属性，常见的有 class、style、id 属性等。当组件只有单个根节点时，这些非 Props 的 Attribute 将被自动添加到根节点的属性中，这被称为属性继承。

在"03_父组件传递子组件"文件夹下继续新建 NoPropAttribute.vue 子组件，代码如下所示：

```
<!--NoPropAttribute.vue 作为子组件-->
<template>
```

```
    <div class="no-prop-attribute">
        该子组件没有定义任何的 props 属性
    </div>
</template>
<script>
    export default {} // 没有定义任何 props
</script>
```

接着，在 **App.vue** 中导入和使用 **NoPropAttribute.vue** 组件，代码如下所示（省略了部分代码）：

```
<!--App.vue-->
<template>
    <div class="app">
        ......
        <!-- 6.传递非 props 的属性：id, class 和 name -->
        <no-prop-attribute id="coder" class="why"
name="coderwhy"></no-prop-attribute>
    </div>
</template>

<script>
    import NoPropAttribute from './NoPropAttribute.vue';
    export default {
        components: {
            NoPropAttribute
        },
    }
</script>
```

可以看到，NoPropAttribute.vue 组件并没有定义 props（如 id、class、name）属性，但是在 App.vue 组件中使用时传递了 id、class、name 三个属性给子组件，那么这三个属性就属于非 Props 的属性。当 NoPropAttribute.vue 组件只有单个根节点时，非 Props 的属性将被自动添加到根节点的属性中。

保存代码，非 Props 的属性在浏览器中显示的效果如图 7-9 所示。

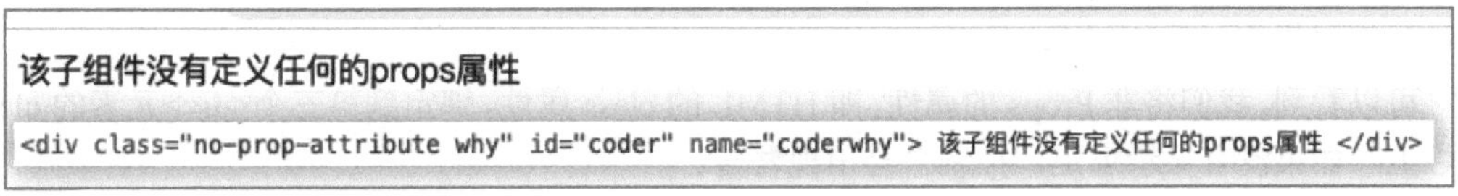

图 7-9 非 Props 的属性

下面介绍禁用非 Props 的属性继承。

如果不希望组件的根元素继承属性，那么在组件中设置 inheritAttrs: false 即可。禁用属性继承的常见情况是将属性应用于根元素之外的其他元素。例如，可以通过$attrs 访问所有的非 Props 的属性，并应用于根元素之外的其他元素。

继续修改 NoPropAttribute.vue 组件，在组件中设置 inheritAttrs: false，禁用属性继承，并在 template 中通过$attrs 访问所有非 Props 的属性，代码如下所示：

```
<!--NoPropAttribute.vue-->
<template>
    <div class="no-prop-attribute">
        该子组件没有定义任何的 props 属性
        <h4 :class="$attrs.class">{{$attrs.id}}-{{$attrs.name}}</h4>
```

```
    </div>
  </template>
  <script>
    export default {
      inheritAttrs: false
    }
  </script>
```

保存代码，禁用属性继承在浏览器中显示的效果如图7-10所示，可以看到，非 Props 的属性并没有继承到 NoPropAttribute.vue 组件根节点的属性中。

图 7-10　禁用属性继承

对于多个根节点，需手动绑定非 Props 的属性。

当子组件存在多个根节点时，如果没有显示绑定非 Props 的属性，那么会出现警告。因此，我们需要手动指定，将任意的非 Props 的属性绑定到任意一个元素的属性上。

例如，对于 NoPropAttribute.vue 组件，我们为其编写了多个根节点，因此需要手动指定非 Props 的属性绑定到任意一个元素的属性上，代码如下所示：

```
<!--NoPropAttribute.vue-->
<template>
  <div class="no-prop-attribute">该子组件没有定义任何的 props 属性（节点 1 ）</div>
  <div class="no-prop-attribute">该子组件没有定义任何的 props 属性（节点 2 ）</div>
  <div class="no-prop-attribute" :class="$attrs.class">该子组件没有定义任何的
props 属性(节点 2)</div>
</template>
<script>
  export default {}
</script>
```

可以看到,我们将非 Props 的属性,即 HTML 的 class 属性,绑定到第三个<div>元素的 class 属性上。如果没有显示绑定,控制台会出现警告。

7.3.2　子组件传递数据给父组件

除了父组件传递数据给子组件，有时还需要将子组件的数据传递给父组件。例如，当子组件发生单击事件时，子组件想要传递一些索引等信息给父组件。这时，可以使用 Vue.js 3 提供的$emit 函数实现，具体步骤如下。

（1）在子组件中定义触发事件的名称，如 emits["add"]。

（2）在父组件中，以 v-on 的方式传入要监听的事件名称，并绑定到对应的方法中，如 @add="addOne"。

（3）在子组件中发生事件时，根据事件名称，使用$emit 函数触发对应的事件，如 this.$emit("add"，参数)。

下面通过一个计数器案例讲解子组件如何传递数据给父组件。该案例的功能是：在 App.vue

根组件中显示当前计数和一个 CounterOperation.vue 子组件，该组件实现了加 1、减 1 和加 n 的功能。当单击加（+1 或+ n）、减（-1）相关的按钮时，子组件会触发事件，通知 App.vue 父组件更新当前的计数，如图 7-11 所示。

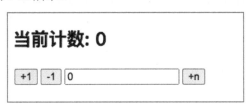

图 7-11　计数器案例

下面从自定义事件流程、自定义事件参数和自定义事件验证三个方面讲解该案例。

1. 自定义事件流程

在 01_learn_component 项目的 src 目录下新建"04_子组件传递父组件"文件夹，然后在该文件夹下分别新建 CounterOperation.vue 和 App.vue 组件。

CounterOperation.vue 组件，代码如下所示：

```
<!--CounterOperation.vue-->
<template>
  <div>
    <button @click="increment">+1</button>
    <button @click="decrement">-1</button>
  </div>
</template>
<script>
  export default {
    emits: ["add", "sub"], // 1.定义该组件可以向其父组件触发的 add 和 sub 事件
    methods: {
      increment() {
        this.$emit("add"); // 2.触发自定义 add 事件，$emit 可以接收多个参数，其中第一个
参数是事件名称
      },
      decrement() {
        this.$emit("sub"); // 3.触发自定义 sub 事件
      }
    }
  }
</script>
```

可以看到，在该组件中的 emits 属性中注册 add 和 sub 两个自定义事件，并监听"+1"和"-1"按钮单击事件。

◎ 当单击"+1"按钮时，回调 increment 函数，并在该函数中调用$emit 函数触发 add 事件。

◎ 当单击"-1"按钮时，回调 decrement 函数，并在该函数中调用$emit 函数触发 sub 事件。

App.vue 组件，代码如下所示：

```
<!--App.vue-->
<template>
  <div>
    <h4>当前计数：{{counter}}</h4>
```

```
    <counter-operation @add="addOne" @sub="subOne"/>
  </div>
</template>
<script>
  import CounterOperation from './CounterOperation.vue';
  export default {
    components: {
      CounterOperation
    },
    data() {
      return {
        counter: 0
      }
    },
    methods: {
      addOne() {
        this.counter++
      },
      subOne() {
        this.counter--
      }
    }
  }
</script>
```

可以看到，首先在 App.vue 组件中导入并注册 CounterOperation.vue 组件，接着在 template 中使用 v-on 的指令（简写@）绑定 CounterOperation.vue 组件的 add 和 sub 事件。

◎ 当 CounterOperation.vue 组件触发 add 事件时，会回调 App.vue 组件的 addOne 函数，实现计数加 1 的操作。

◎ 当 CounterOperation.vue 组件触发 sub 事件时，会回调 App.vue 组件的 subOne 函数，实现计数减 1 的操作。

最后，修改 main.js 程序入口文件，将导入的 App 组件改为"04_子组件传递父组件/App.vue"路径下的 App 组件。

保存代码，在浏览器中单击"+1"按钮可以实现加 1，单击"-1"按钮可以实现减 1。这样就实现了子组件向父组件传递数据的过程。

2. 自定义事件参数

事实上，在触发自定义事件时，还可以向父组件传递一些参数。

继续修改 CounterOperation.vue 组件，在 Vue.js 3 的 template 中添加<input>和<button>元素。当单击<button>时，回调 incrementN 函数，然后在该函数中调用 emits 函数触发 addN 事件 emit 函数的第一个参数是触发事件的名称，其他参数是传递给父组件的参数。其中，<input>元素输入的数字可以通过变量 num 获取。最后，在 emits 属性中注册 addN 事件，代码如下所示：

```
<!--CounterOperation.vue-->
<template>
  <div>
    ......
    <input type="text" v-model.number="num">
    <button @click="incrementN">+n</button>
  </div>
</template>

<script>
```

```
export default {
  emits: ["add", "sub", "addN"], // 定义该组件可以向其父组件触发的 add、sub 和 addN
事件
  data() {
    return {
      num: 0 // 存储输入的值
    }
  },
  methods: {
    ......
    incrementN() {
      // 触发 addN 事件，并传递 num、name、age 三个参数给父组件
      this.$emit('addN', this.num, "why", 18);
    }
  }
}
</script>
```

在 App.vue 组件的 template 中继续使用 v-on 指令，为 CounterOperation 组件绑定 addN 事件。当 CounterOperation.vue 组件内触发 addN 事件时，会触发 addNNum 函数。该函数接收子组件传递过来的 3 个参数，并为 counter 变量加上子组件传递过来的 num，代码如下所示：

```
<!--App.vue-->
<template>
  <div>
    <h4>当前计数: {{counter}}</h4>
    <counter-operation @add="addOne" @sub="subOne" @addN="addNNum"/>
  </div>
</template>

<script>
  export default {
    ......
    methods: {
      ......
      addNNum(num, name, age) {
        console.log(name, age);
        this.counter += num;
      }
    }
  }
</script>
```

保存代码，在浏览器的<input>输入框中输入数字，单击"+n"按钮便可以实现在计数器上加上相应的数字，如图 7-12 所示。通过自定义事件的参数，就实现了子组件向父组件传递数据。

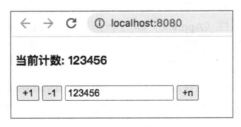

图 7-12　计数器加 n

3. 自定义事件验证

在 Vue.js 3 中，不仅可以使用自定义事件$emit，还可以对传递的参数进行验证。如果需要对触发事件的参数进行验证，则需要使用对象的方式定义 emits 属性。

例如，为了修改 CounterOperation.vue 组件，需要使用对象的方式定义 emits 属性，代码如下所示：

```
<!--CounterOperation.vue-->
<script>
  export default {
    // 1.数组写法
    // emits: ["add", "sub", "addN"],

    // 2.对象写法，目的是进行参数的验证
    emits: {
      add: null, // 定义该组件可以向其父组件触发的 add 事件
      sub: null,
      addN: (num, name, age) => {
        if (num > 10) {
          // 如果 num 大于 10，则验证通过
          return true
        }
        // 如果 num 小于等于 10，则返回 false。控制台会出现参数验证不通过的警告，但不影响程序的运行
        return false;
      }
    },
    ......
    methods: {
      ......
      incrementN() {
        this.$emit('addN', this.num, "why", 18);  // 触发 addN 事件，并传递参数
      }
    }
  }
</script>
```

可以看到，当在 incrementN 函数中调用$emit 函数触发 addN 事件时，我们在 emits 属性的 addN 属性中对该事件的 num 参数进行了验证：如果 num 大于 10，则通过验证；否则在控制台中出现参数验证不通过的警告"[Vue warn]: Invalid event arguments: event validation failed for event 'addN'"。

7.3.3　案例：选项卡 TabControl 实战

下面通过一个选项卡案例来巩固父子组件相互通信，如图 7-13 所示。

◎　该案例由一个根组件（App.vue）和一个子组件（TabControl.vue）组成。

◎　TabControl.vue 组件负责展示衣服、鞋子、裤子等选项卡，并触发相应的单击事件。

◎　App.vue 组件负责注册和使用 TabControl.vue 组件，并向其传递衣服、鞋子、裤子等数据。同时，App.vue 组件还负责监听 TabControl.vue 组件触发的单击事件。

在 01_learn_component 项目的 src 目录下新建"05_商品页选项卡的切换"文件夹，然后在该文件夹下分别新建 App.vue 和 TabControl.vue 组件。

图 7-13　选项卡案例

　　TabControl.vue 组件负责接收父组件传递的 titles 数据，并在触发事件时将 index 数据传递给父组件，代码如下所示：

```
<!--TabControl.vue-->
<template>
  <div class="tab-control">
    <div v-for="(title, index) in titles"
        class="tab-control-item"
        :class="{active: currentIndex === index}"
        :key="title"
        @click="itemClick(index)">
      <span>{{title}}</span>
    </div>
  </div>
</template>

<script>
  export default {
    emits: ["titleClick"],
    props: {
      titles: {
        type: Array,
        default() {
          return []
        }
      }
    },
    data() {
      return {
        // 默认选中第一个选项
        currentIndex: 0
      }
    },
    methods: {
      itemClick(index) {
        this.currentIndex = index; // 更新索引
        this.$emit("titleClick", index); // 触发 titleClick 事件，并传递 index 给父
组件
      }
    }
  }
</script>
<style scoped>
  .tab-control {
    display: flex;
  }
  .tab-control-item {
    flex: 1;
    text-align: center;
```

```
    }
    .tab-control-item.active {
      color: red;
    }
    .tab-control-item.active span {
      border-bottom: 3px solid red;
      padding: 5px 10px;
    }
</style>
```

可以看到，首先该组件在 props 中接收 titles 数组，接着在 template 中使用 v-for 指令遍历 titles 数组，将每个 title 显示在<span>元素中。

然后，在 data 属性中定义 currentIndex 变量，记录选项卡默认选中第 1 个选项。接着，在 template 的 v-for 中判断 index 是否等于 currentIndex，动态添加 active 类，标记当前选中的选项卡。

最后，在 template 中使用 v-on 指令绑定选项卡的单击事件。当单击选项卡时，会回调 itemClick 函数，并给该函数传递索引（index），同时在该函数中更新当前选中的索引，触发 titleClick 事件，并在 emits 属性中定义该组件可以向其父组件触发的 titleClick 事件。

App.vue 组件负责传递 titles 数组给子组件，并监听子组件触发的 titleClick 事件，从而更新页面显示内容，代码如下所示：

```
<!--App.vue-->
<template>
  <div>
    <tab-control :titles="titles" @titleClick="titleClick"></tab-control>
    <h2>{{contents[currentIndex]}}</h2>
  </div>
</template>

<script>
  import TabControl from './TabControl.vue';

  export default {
    components: {
      TabControl
    },
    data() {
      return {
        titles: ["衣服", "鞋子", "裤子"], // 定义选项卡的每项 title
        contents: ["衣服页面", "鞋子页面", "裤子页面"], // 定义选项卡每页显示的内容
        currentIndex: 0 // 默认选中的索引
      }
    },
    methods: {
      titleClick(index) {
        this.currentIndex = index;
      }
    }
  }
</script>
```

可以看到，首先在 App.vue 组件中注册并使用 TabControl.vue 组件，接着在 template 中使用 TabControl.vue 组件时传递 titles 数组给子组件，同时监听子组件触发的 titleClick 事件。

然后，当子组件触发 titleClick 事件时，便会调用 App.vue 中定义的 titleClick 方法，该方

法可以收到子组件传递过来的当前单击的索引。同时，我们还在该方法中修改了 currentIndex，更新页面显示的内容。

最后，修改 main.js 程序入口文件，将导入的 App 组件改为"05_商品页选项卡的切换/App.vue"路径下的 App 组件。保存代码，在浏览器中显示的效果如图 7-13 所示。不同的是，单击"衣服"选项，会显示衣服页面；单击"鞋子"选项，会显示鞋子页面。

7.4　非父子组件的相互通信

在 Vue.js 3 开发中，在构建组件树之后，除了父子组件之间的通信，还会有非父子组件之间的通信。非父子组件之间的通信方式有很多种，其中最常用的有以下两种。

（1）Provide/Inject：主要用于非父子组件（如祖孙）之间共享数据，也支持父子组件，但不支持兄弟组件。

（2）Mitt 全局事件总线：允许在任意组件之间共享数据，例如父子、非父子、兄弟组件等。

7.4.1　Provide/Inject 依赖注入

Provide 和 Inject 用于非父子组件之间共享数据。例如，在深度嵌套的组件中，子组件需要获取父组件的部分内容。在这种情况下，如果仍然沿着组件链逐级传递 props，则会非常麻烦。

针对这种非父子组件之间的情况，我们可以使用 Provide 和 Inject 实现数据共享，如图 7-14 所示。

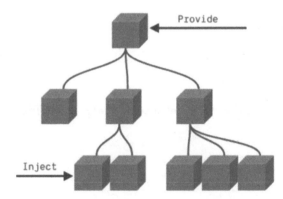

图 7-14　使用 Provide 和 Inject 实现数据共享

可以看到，在父组件中使用 Provide 提供内容，在孙子组件中使用 Inject 注入祖父提供的内容，好处如下。

（1）无论层级结构多深，父组件都可以作为其所有子组件和孙子组件的依赖提供者。

（2）父组件不需要知道哪些子组件使用它提供（Provide）的属性（Property）。

（3）子组件不需要知道注入（Inject）的属性来自哪里。

下面通过一个非父子组件通信的案例演示 Provide 和 Inject 的使用，如图 7-15 所示。

图 7-15　非父子组件通信的案例

1. Provide 和 Inject 的基本使用

在 01_learn_component 项目的 src 目录下新建 "06_Provide 和 Inject 使用" 文件夹，然后在该文件夹下分别新建 App.vue、Home.vue 和 HomeContent.vue 组件。

HomeContent.vue 组件，负责接收父亲传递的 name、age、friends 数据，代码如下所示（省略了样式）：

```
<!--HomeContent.vue 作为孙子组件-->
<template>
  <div class="home-content">
    HomeContent
    <p>{{name}} - {{age}} - {{friends}}</p>
  </div>
</template>
<script>
  export default {
    inject: ["name", "age", "friends"], // 孙子组件使用 inject 属性注入祖父组件
(App.vue)提供的数据
  }
</script>
```

可以看到，该组件使用 inject 属性接收父组件传递的 name、age、friends 属性，前提是父组件使用了 provide 属性共享这 3 个属性。然后，将接收到的数据绑定到 template 中进行显示。

Home.vue 组件，代码如下所示（省略了样式）：

```
<!--Home.vue 作为子组件-->
<template>
  <div class="home">
    Home
    <home-content></home-content>
  </div>
</template>
<script>
  import HomeContent from './HomeContent.vue';  // 在子组件中导入孙子组件
  export default {
    components: {
      HomeContent
    }
  }
</script>
```

可以看到，子组件比较简单，主要负责导入、注册和使用孙子组件。

App.vue 组件，代码如下所示（省略了样式）：

```
<!--App.vue 根组件-->
<template>
  <div class="app">
    App
    <home></home>
  </div>
</template>
<script>
  import Home from './Home.vue'; // 导入子组件
  export default {
    components: {
      Home
    },
    // 在根组件中通过 provide 属性为子组件和孙子组件提供数据
```

```
      provide: {
          name: "why",
          age: 18,
          friends: ["jack", "rose"]
      }
  }
</script>
```

可以看到，App.vue 父组件主要负责导入、注册和使用 Home.vue 子组件，同时使用 provide 属性向子组件和孙子组件共享 name、age 和 friends 数据。这样子组件和孙子组件就可以使用 inject 属性实现注入和使用。

最后，修改 main.js 程序入口文件，将导入的 App 组件改为"06_Provide 和 Inject 使用 /App.vue"路径下的 App 组件。保存代码，在浏览器中显示的效果如图 7-16 所示。

图 7-16 Provide 和 Inject 的使用效果

2. Provide 函数的写法

上例中 provide 提供的都是静态数据，如果想在 provide 中提供 data 中定义的响应式数据，那么我们可以通过 this 获取数据。例如，在 App.vue 组件中，将之前提供的静态 friends 数组改为从 data 中获取，代码如下所示：

```
......
<script>
  export default {
    provide: {
      ......
      friends: this.friends
    },
    data() {
      return {
        friends: ["jack", "rose"]
      }
    }
  }
</script>
```

这时保存代码，在浏览器中运行代码后，在控制台中会出现错误提示，如图 7-17 所示。该错误提示的意思是：在 provide 中使用的 this 是 undefined，无法从 undefined 中访问 friends 属性。

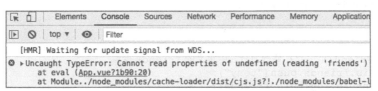

图 7-17 provide 使用 this 的错误提示

上述代码中的 this 为 undefined,这是因为获取的是模块顶层的 this。在 ES6 模块中,顶层的 this 指向 undefined。如果要访问 data 中定义的属性,则需要将 provide 写成函数,并在函数中返回对象,代码如下所示:

```
......
<script>
  export default {
    provide() { // provide 属性为函数,并返回一个对象
      return {
          ......
        friends: this.friends
      }
    },
    data() {
      return {
        friends: ["jack", "rose"]
      }
    }
  }
</script>
```

可以看到,这次 provide 属性为一个函数,函数返回一个对象。这样在 provide 中使用的 this 是指向当前 Vue.js 组件的实例。保存代码,在浏览器中运行代码后,控制台没有报错,页面正常显示。

3. Provide 提供响应式数据

在上例中,provide 提供的 friends 数据已经是来自 data 定义的响应式变量。下面我们来验证一下,在 App.vue 中修改 data 中的 friends 内容,孙子组件显示的 friends 数据是否会跟着改变。如果会,则说明 provide 提供的 friends 属性是响应式数据,否则不是。我们继续修改 App.vue 组件,代码如下所示:

```
<template>
  <div class="app">
    ......
    <button @click="addFriend">addFriend</button>
  </div>
</template>
<script>
  export default {
    ......
    provide() {
      return {
        .....
        friends: this.friends // 绑定了 data 的 friends 变量,提供响应式数据
      }
    },
    data() {
      return {
        friends: ["jack", "rose"]
      }
    },
    methods: {
      addFriend() { // 修改 data 中定义的 friends 变量
        this.friends.push("tony");
        console.log(this.friends);
      }
    }
```

```
  }
</script>
```

可以看到，首先在模板中增加一个\<button>按钮，当单击该按钮时会回调 addFriends 函数。接着在该函数中，为 data 中定义的 friends 数组添加一个"tony"字符串。

保存代码后，在浏览器中显示的效果如图 7-18 所示。单击"addFriend"按钮，当 App.vue 组件修改了 friends 后，孙子组件注入的 friends 也会跟着变化。由此可知，provide 提供的 friends 属性是响应式数据。

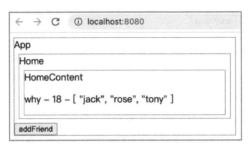

图 7-18 Provide 提供响应式数据的效果

下面继续增加一个需求：孙子组件想直接获取朋友的个数"friendLength"。这时，App.vue 组件的 provide 中需要增加提供 friendLength: this.friends.length 数据。接下来，我们需要验证，如果修改了 this.friends 的内容，孙子组件中注入的 friendLength 数据是否会跟着改变。

修改 App.vue 组件，在 provide 属性中增加提供 friendLength 数据，代码如下所示：

```
<script>
  export default {
    ......
    provide() {
      return {
        ......
        friendLength: this.friends.length // 继续提供 friendLength 数据
      }
    }
  }
</script>
```

然后，修改 HomeContent.vue 组件，在 inject 属性中增加注入 friendLength 属性，代码如下所示：

```
<!--HomeContent.vue 作为孙子组件-->
<template>
  <div class="home-content">
    HomeContent
    <p>{{name}} - {{age}} - {{friends}}-{{friendLength}}</p>
  </div>
</template>

<script>
  export default {
    inject: ["name", "age", "friends", "friendLength"], // 增加注入 friendLength
属性
  }
</script>
```

保存代码，在浏览器中显示的效果如图 7-19 所示。

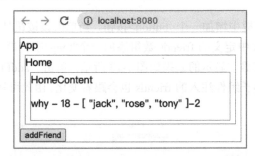

图 7-19　Provide 提供响应式数据的效果（增加注入 friendLength 属性）

当单击"addFriend"按钮添加一个朋友时，在 App.vue 组件中修改 friends 后，孙子组件中注入的 friendLength 属性并未随之改变。这是因为在修改了 friends 之后，之前在 provide 中引入的 this.friends.length 属性本身并不是响应式数据。

如果想让该数据变成响应式的，可以使用 Vue.js 3 提供的 computed API（目前还未讲解，这里暂时先用着）。修改 App.vue 组件，让 friendLength 属性接收一个计算属性，代码如下所示：

```
<script>
  import { computed } from 'vue'; // 1.导入 Vue.js 3 计算属性 Composition API
  export default {
    ......
    provide() {
      return {
        ......
        // 2.computed 函数返回的是 ref 响应式对象
        friendLength: computed(() => this.friends.length)
      }
    }
  }
</script>
```

保存代码，在浏览器中显示的效果如图 7-20 所示。单击"addFriend"按钮，就会添加一个朋友。当 App.vue 组件修改了"friends"后，孙子组件注入的 friendLength 属性也会相应地改变。

图 7-20　Provide 提供响应式数据的效果（添加一个朋友）

提示：Provide 和 Inject 也支持在 Composition API 中使用，详见第 10 章。

7.4.2　全局事件总线

事件总线（mitt）是对发布/订阅模式的一种实现，如图 7-21 所示。它是一种集中式事件处理机制，允许 Vue.js 3 应用程序中的不同组件相互通信，无须相互依赖，就可以达到解耦的目的。

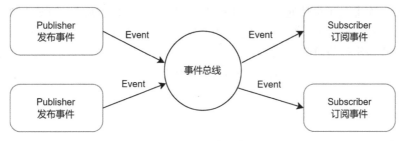

图 7-21　事件总线

在 Vue.js 3 中，可以使用事件总线作为组件之间传递数据的桥梁。所有组件都可以共用同一个事件中心，从而向其他任意组件发送或接收事件，实现上下同步通知。不过，事件总线也存在缺点，如果不正确使用它，则可能会导致难以维护。

1. Vue.js 3 中的全局事件总线

Vue.js 3 移除了实例中的 on、off 和 $once 方法。如果需要继续使用全局事件总线，则官方推荐使用第三方库来实现，如 mitt 或 tiny-emitter。本书主要介绍 mitt 的使用。

首先，安装 mitt。在项目根目录执行如下命令：

```
npm install mitt --save
```

其次，可以封装一个工具 eventbus.js，用于统一导出 emitter 对象，代码如下所示：

```
import mitt from 'mitt';

// 1.创建 emitter 对象
const emitter = mitt();
// 2.也可以创建多个 emitter 对象
//const emitter2 = mitt();

export default emitter;
```

以下是 emitter 对象常用的 API。

```
// 1.发送（或触发）事件的 API
// 参数 1：事件名称（string|symbol 类型）。参数 2：发送事件时传递的数据（any 类型，推荐对象）
emitter.emit("why", {name: "why", age: 18});

// 2.监听事件的 API。注意：监听的事件名需要和触发的事件名一样
// 这里监听全局的 why 事件。参数 1：事件名称。参数 2：监听事件的回调函数，info 是触发事件时传递过来的参数
emitter.on("why", (info) => {
  console.log("why:", info);
});

// 3.如果在某些情况下我们想要取消事件，那么可以使用下面的 API
// 3.1.取消 emitter 中所有的监听
emitter.all.clear()
// 3.2.取消某一个事件，但需要先定义一个函数
function onFoo() {}
emitter.on('foo', onFoo)    // 监听 foo 事件
emitter.off('foo', onFoo)   // 取消监听 foo 事件
```

2. 全局事件总线的使用案例

下面通过一个非父子组件通信的案例来演示全局事件总线的使用，如图 7-22 所示。该案例的功能包括：在 About.vue 组件中向事件中心发送事件；在 HomeContent.vue 组件中监听发送的事件，实现跨组件的通信。

需要注意的是，事件的发送和监听可以在任意组件中进行。

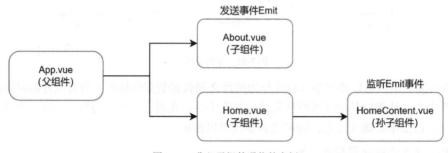

图 7-22 非父子组件通信的案例

在 01_learn_component 项目的 src 目录下新建"07_事件总线的使用"文件夹，然后在该文件夹下分别新建 App.vue、Home.vue、HomeContent.vue 和 About.vue 组件，以及 utils/eventbus.js 文件。

utils/eventbus.js 文件，是用于封装的事件总线工具，代码如下所示：

```
import mitt from 'mitt';
// 1.创建 emitter 对象
const emitter = mitt();
export default emitter;
```

About.vue 组件，负责发送全局事件，代码如下所示（省略了样式）：

```
<!--About.vue 作为子组件-->
<template>
  <div class="about">
    About
    <button @click="btnClick">单击按钮 触发事件</button>
  </div>
</template>
<script>
  import emitter from './utils/eventbus';
  export default {
    methods: {
      btnClick() {
        console.log("1.About 页面的：单击按钮->触发全局 why 事件");
        emitter.emit("why", {name: "why", age: 18}); // 参数1：事件名称。参数2：
传递的数据

        console.log("2.About 页面的：单击按钮->触发全局 kobe 事件");
        emitter.emit("kobe", {name: "kobe", age: 30});
      }
    }
  }
</script>
```

可以看到，当单击<button>按钮时，会在 btnClick 方法中调用 emitter 对象的 emit 方法，发送两个全局事件：第一个全局事件名是 why；第二个全局事件名是 kobe。这两个事件会在

HomeContent.vue 组件中被监听。

HomeContent.vue 组件，负责监听全局事件，代码如下所示（省略了样式）：

```
<!--HomeContent.vue 作为孙子组件-->
<template>
  <div class="home-content">
    HomeContent
  </div>
</template>
<script>
  import emitter from './utils/eventbus';
  export default {
    created() {
      // 1.监听全局的 why 事件。参数 1：事件名称。参数 2：监听事件的回调函数
      emitter.on("why", (info) => {
        console.log("why:", info);
      });
      // 2.监听全局的 kobe 事件
      emitter.on("kobe", (info) => {
        console.log("kobe:", info);
      });
      // 3.监听 all 事件
      emitter.on("*", (type, info) => {
        console.log("* listener:", type, info);
      })
    }
  }
</script>
```

可以看到，在该组件的 created 生命周期中调用了 emitter 对象的 on 函数，用于监听 why、kobe 和*（所有）事件。这些事件将在 About.vue 组件中使用 emit 函数触发。另外，需要注意的是，发送的事件名和监听的事件名应相同。

Home.vue 组件，负责导入 HomeContent.vue 组件，代码如下所示（省略了样式）：

```
<!--Home.vue 作为子组件-->
<template>
  <div class="home">
    Home
    <home-content></home-content>
  </div>
</template>
<script>
  import HomeContent from './HomeContent.vue';
  export default {
    components: {
      HomeContent
    }
  }
</script>
```

App.vue 组件，负责导入、注册和使用 Home.vue、About.vue 组件，代码如下所示（省略了样式）：

```
<!--App.vue 作为根组件-->
<template>
  <div class="app">
    App
    <home/>
```

```
    <about/>
  </div>
</template>
<script>
  import Home from './Home.vue';
  import About from './About.vue';
  export default {
    components: {
      Home,
      About
    }
  }
</script>
```

最后，修改 main.js 程序入口文件，将导入的 App 组件改为 "07_事件总线的使用/App.vue"
路径下的 App 组件。

保存代码，在浏览器中显示的效果如图 7-23 所示。单击 "单击按钮 触发事件" 按钮，接
着 HomeContent.vue 组件便监听到 About.vue 组件发送的全局事件，同时得到传递过来的数据。

图 7-23　使用全局事件总线实现非父子组件通信

7.5　组件中的插槽

7.5.1　认识插槽

在实际开发中，我们经常会封装可复用的组件，并通过 props 属性传递一些数据以供展示。
然而，props 传递数据有其局限性，如不支持元素和布局。

为了封装更强大、更通用的组件，我们需要允许组件中的内容可自定义。例如，在某些情
况下，我们希望将组件展示为一个<button>按钮；而在其他情况下，我们希望将组件展示为一
张图片。因此，组件中可变的内容应该由使用者自行决定。下面以封装一个通用的导航组件
NavBar 为例，如图 7-24 所示，它的具体功能如下。

（1）组件需分为三个区域：左边、中间、右边，每个区域的内容是不固定的，由使用者决定。

（2）左边区域可以展示一个菜单图标、返回按钮或无内容。

（3）中间区域可以展示一个搜索框、选项卡、标题等。

（4）右边区域可以展示一个图标、文字或无内容。

由于 NavBar 组件的三块区域展示的内容都是不确定的，因此可以使用 Vue.js 3 提供的插
槽（slot）来实现。NavBar 组件共同的元素和内容依然在该组件内进行封装，不同的元素（即
不固定的内容）使用插槽作为占位，让外部决定到底显示什么元素。

图 7-24　通用的导航组件 NavBar

7.5.2　插槽的使用

我们通过以下 5 点详细介绍插槽的使用。

1. 插槽的基本使用

在 01_learn_component 项目的 src 目录下新建"08_插槽的基本使用"文件夹，然后在该文件夹下分别新建 MyButton.vue、MySlotCpn.vue 和 App.vue 组件。

MyButton.vue 组件，该组件将会被插入 MySlotCpn.vue 组件中，代码如下所示（省略了样式）：

```
<!--MyButton.vue -->
<template>
  <div class="my-button">
    <button>custom button</button>
  </div>
</template>
<script>
  export default {}
</script>
```

MySlotCpn.vue 组件，负责定义插槽，代码如下所示（省略了样式）：

```
<!--MySlotCpn.vue -->
<template>
  <div class="my-slot-cpn">
    <div class="header">header</div>
    <!-- 中间显示的内容用 slot 占位，因为内容是不确定的 -->
    <slot></slot>
    <div class="footer">footer</div>
  </div>
</template>
<script>
  export default {}
</script>
```

可以看到，在该组件中添加了一个<slot>，可在该<slot>中放入需要显示的内容，即让使用者决定显示的内容。

提示：<slot></slot>是<slot name="default"></slot>的简写。

App.vue 组件，使用 MySlotCpn.vue 组件及其插槽，代码如下所示（省略了样式）：

```
<!--App.vue-->
<template>
  <div class="app">
    <!-- 1.默认没有插入内容 -->
    <my-slot-cpn></my-slot-cpn>
    <!-- 2.插入一个元素 -->
    <my-slot-cpn>
      <button>我是按钮</button>
```

```
    </my-slot-cpn>
    <!-- 3.插入一个文本 -->
    <my-slot-cpn>
      我是普通的文本
    </my-slot-cpn>
    <!-- 4.插入一个组件 -->
    <my-slot-cpn>
      <my-button/>
    </my-slot-cpn>
    <!-- 5.插入多个内容 -->
    <my-slot-cpn>
      <span>我是 span</span>
      <button>我是 button</button>
      <strong>我是 strong</strong>
      我是文本
    </my-slot-cpn>
  </div>
</template>
<script>
  import MySlotCpn from './MySlotCpn.vue';
  import MyButton from './MyButton.vue';
  export default {
    components: {
      MySlotCpn,
      MyButton
    }
  }
</script>
```

可以看到，这里为 MySlotCpn.vue 组件的插槽插入了不同的内容：1. 默认没有插入内容；2. 插入一个<button>元素；3. 插入一个字符串文字文本；4. 插入一个 MyButton.vue 组件；5. 插入多个内容。

最后，修改 main.js 程序入口文件，将导入的 App 组件改为"08_插槽的基本使用/App.vue"路径下的 App 组件。

保存代码，在浏览器中显示的效果如图 7-25 所示。可以看到 MySlotCpn.vue 组件中间的内容都是由使用者决定的。

图 7-25　插槽的基本使用效果

2. 插槽的默认内容

在使用插槽的情况下，当没有提供插入的内容时，如果希望显示默认内容，那么这个默认内容只在没有提供插入内容的情况下才会显示。

继续修改 MySlotCpn.vue 组件，在插槽中添加默认内容，代码如下所示（省略了样式）：

```
<!--MySlotCpn.vue-->
<template>
  <div class="my-slot-cpn">
    <div class="header">header</div>
    <slot>
       插槽的默认内容，只在没有提供插入的内容时，才会显示
    </slot>
    <div class="footer">footer</div>
  </div>
</template>
```

保存代码，在浏览器中显示的效果如图 7-26 所示。在 App.vue 中使用 MySlotCpn.vue 组件时，如果没有插入对应的内容，那么会显示插槽中的默认内容。

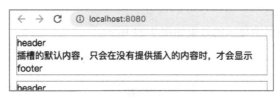

图 7-26　插槽的默认内容

3. 具名插槽的使用

在介绍具名插槽之前，我们先来看一个现象：如果一个组件中存在多个插槽，那么这些插槽都会渲染相同的内容。

在 01_learn_component 项目的 src 目录下新建 "09_具名插槽的使用" 文件夹，然后在该文件夹下分别新建 NavBar.vue 和 App.vue 组件。

Narbar.vue 组件，在其中定义多个插槽，代码如下所示（省略了样式）：

```
<!--Narbar.vue -->
<template>
  <div class="nav-bar">
    <div class="left">
      <slot ></slot>
    </div>
    <div class="center">
      <slot ></slot>
    </div>
    <div class="right">
      <slot ></slot>
    </div>
  </div>
</template>
<script>
  export default {}
</script>
```

可以看到，Narbar.vue 组件在左、中、右布局中分别定义了默认的插槽。

App.vue 组件，使用 Narbar.vue 组件定义的插槽，代码如下所示（省略了样式）：

```
<!--App.vue-->
<template>
  <div class="app">
    <nav-bar>
      <button>左边按钮</button>
      <h4>我是标题</h4>
      <i>右边的i元素</i>
    </nav-bar>
  </div>
</template>
<script>
  import NavBar from './NavBar.vue';
  export default {
    components: {
      NavBar
    }
  }
</script>
```

最后，修改 main.js 程序入口文件，将导入的 App 组件改为 "09_具名插槽的使用/App.vue"
路径下的 App 组件。

保存代码，在浏览器中显示的效果如图 7-27 所示。

图 7-27　组件中存在多个插槽

可以看到，在三个插槽中都插入并显示相同的内容。如果我们期望三个插槽分别显示不同
的内容，那么可以使用具名插槽，即为插槽起一个名字。<slot> 元素有一个特殊的 name 属性，
而不带有 name 属性的插槽也会带有隐含的 name="default"。

接着，修改 Narbar.vue 组件，分别为插槽添加 name 属性，代码如下所示（省略了样式）：

```
<!--Narbar.vue-->
<template>
  <div class="nav-bar">
    <div class="left">
      <slot name="left"></slot>    <!-- 1.为插槽起一个left名字 -->
    </div>
    <div class="center">
      <slot name="center"></slot> <!-- 2.为插槽起一个center名字 -->
    </div>
    <div class="right">
      <slot name="right"></slot>   <!-- 3.为插槽起一个right名字 -->
    </div>
  </div>
</template>
......
```

然后，修改 App.vue 组件，代码如下所示（省略了样式）：

```
<!--App.vue-->
<template>
  <div class="app">
    <nav-bar >
      <template v-slot:left>  <!-- v-slot指令指定目标slot的名字为left -->
```

```
      <button class="btn">左边的按钮</button>
    </template>
    <template v-slot:center>
      <h4 class="title">我是标题</h4>
    </template>
    <template v-slot:right>
      <i class="icon">右边的 i 元素</i>
    </template>
  </nav-bar>
</div>
</template>
......
```

可以看到，在为 Navbar.vue 组件具名插槽提供内容时，需要将提供的内容编写到对应的
<template>元素中。接着，在<template>元素上使用 v-slot 指令，并通过冒号语法将目标插槽的
名字传递给该指令。

　　提示：v-slot 的简写为#，因此<template v-slot:header>可简写为<template #header>。

　　保存代码，在浏览器中显示的效果如图 7-28 所示，可以看到，对应的内容显示在了对应
的具名插槽中。

图 7-28　组件中具名插槽的使用效果

4. 动态插槽名的使用

上述我们使用的插槽名称都是固定的，例如 v-slot:left、v-slot:center 等。其实，我们还可
以通过 v-slot:[dynamicSlotName] 方式动态绑定一个插槽的名称。

继续修改 Narbar.vue 组件，使左边布局插槽的名称来自 props 中的 name 属性，代码如下所
示：

```
<!--Narbar.vue -->
<template>
  <div class="nav-bar">
    <div class="left">
      <!-- 动态添加插槽的名称，由外部使用者决定 -->
      <slot :name="name"></slot>
    </div>
    ......
  </div>
</template>

<script>
  export default {
    props: {
      name: String // 接收插槽的名称
    }
  }
</script>
```

接着，修改 App.vue 组件，代码如下所示（省略了样式）：

```
<!-- App.vue-->
<template>
  <div class="app">
    <nav-bar :name="name">  <!-- 传递插槽名称给 NavBar.vue 组件 -->
      <template v-slot:[name]>
        <button class="btn">左边的按钮</button>
      </template>
      ......
    </nav-bar>
  </div>
</template>
<script>
  export default {
    ......
    data() {
      return {
        name: 'coderwhy' // 定义插槽的名称
      }
    }
  }
</script>
```

可以看到，在使用 Navbar.vue 组件时，首先为该组件传递了 data 中定义 name 变量（作为插槽的名称），接着在为 Navbar.vue 组件左边插槽提供内容时，传给 v-slot 指令的目标插槽名称也是动态绑定的 name 变量。

保存代码后，页面依然可以正常显示。

5. 具名插槽的缩写

与 v-on 和 v-bind 指令一样，v-slot 指令也有缩写，方法是将 v-slot: 冒号之前的所有内容替换为 #。

因此，<template v-slot:header>可以简写为<template #header>。

继续修改 App.vue 组件，将 v-slot:替换为#，代码如下所示：

```
<!--App.vue-->
<template>
  <div class="app">
    <nav-bar :name="name">
      <template #[name]>  <!-- v-slot:[name] 简写为 #[name] -->
        <button class="btn">左边的按钮</button>
      </template>
      <template #center>  <!-- v-slot:center 简写为 #center -->
        <h4 class="title">我是标题</h4>
      </template>
      <template #right>
        <i class="icon">右边的 i 元素</i>
      </template>
    </nav-bar>
  </div>
</template>
......
```

保存代码后，页面依然可以正常显示。

7.6　组件的作用域插槽

7.6.1　认识渲染作用域

在 Vue.js 3 中存在渲染作用域的概念。父级模板中的所有内容都在父级作用域中进行编译，而子模板中的所有内容都在子作用域中进行编译。为了更好地理解渲染作用域，我们来看一个案例，如图 7-29 所示，其功能如下。

◎　在 ChildCpn.vue 组件中，可以访问自己作用域中的 title 内容。

◎　在 App.vue 组件中，无法访问 ChildCpn.vue 组件中的内容，因为涉及跨作用域访问。

图 7-29　渲染作用域

7.6.2　作用域插槽

由于组件存在渲染作用域，每个组件只能访问自己作用域中的内容，但有时我们希望插槽可以访问子组件中的内容。这种情况在实际开发中使用得非常多，也非常重要。例如，当一个组件被用于渲染一个数组元素时，我们在使用插槽的同时，希望能够在插槽中自定义每项内容。这时，可以使用 Vue.js 3 提供的作用域插槽。

下面看一个案例，其实现的功能如下。

（1）在 App.vue 中定义变量 names，并将其传递给 ShowNames.vue 组件。

（2）ShowNames.vue 组件遍历 names，并为插槽添加 item 和 index 属性，如<slot :item="item".../>。

（3）在 App.vue 中，通过 v-slot:default 的方式获取插槽的属性，如 slotProps。

（4）在 App.vue 中，可以通过 slotProps 对象访问插槽的 item 和 index 属性。

在 01_learn_component 项目的 src 目录下新建"10_作用域插槽使用"文件夹，然后在该文件夹下分别新建 ShowNames.vue 和 App.vue 组件。

ShowNames.vue 子组件，代码如下所示（省略了样式）：

```
<template>
  <div class="show-names">
    <template v-for="(item, index) in names" :key="item">
      <!--为插槽添加 item 和 index 属性，并绑定 item 和 index 数据。item 和 index 称为 slot
prop-->
```

```
      <slot :item="item" :index="index"></slot>
    </template>
  </div>
</template>
<script>
  export default {
    props: {
      names: {
        type: Array,
        default: () => []
      }
    }
  }
</script>
```

可以看到，首先该组件接收 names 属性，接着在 template 中使用 v-for 指令遍历 names 数组，数组中每项显示的内容使用插槽占位，让使用者决定显示的内容。然后将遍历数组的 item 和 index 绑定到插槽的属性上，目的是让使用该插槽的人可以通过带值的 v-slot 指令获取插槽提供的属性，如 item 和 index。

注意：我们可以为插槽添加任意数量的属性。另外，在插槽中定义的属性称为插槽的属性（slot prop）。

App.vue 组件，代码如下所示（省略了样式）：

```
<!--App.vue-->
<template>
  <div class="app">
    <show-names :names="names">
      <!--v-slot:default 后面的值 slotProps 是插槽属性的集合。其中，slotProps 可任意命
名-->
      <template v-slot:default="slotProps">
        <span>{{slotProps.item}}-{{slotProps.index}}</span>
      </template>
    </show-names>
  </div>
</template>

<script>
  import ShowNames from './ShowNames.vue';
  export default {
    components: {
      ShowNames,
    },
    data() {
      return {
        names: ["why", "kobe", "james", "curry"]
      }
    }
  }
</script>
```

可以看到，在该组件中首先向 ShowNames.vue 组件传递 names 属性，接着在 ShowNames.vue 组件中的<template>元素上使用 v-slot:default 指令，即使用默认插槽。然后在 v-slot:default 指令等号（=）后，直接接收一个 slot props 对象（如 slotProps，该名称支持自定义）。最后，通过 slotProps 获取 ShowNames.vue 组件为插槽绑定的 item 和 index 数据。

最后，修改 main.js 程序入口文件，将导入的 App 组件改为"10_作用域插槽使用/App.vue"

路径下的 App 组件。

保存代码，在浏览器中的显示效果如图 7-30 所示。

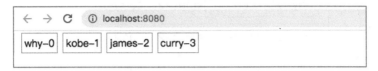

图 7-30　作用域插槽的显示效果

7.6.3　独占默认插槽

对于默认插槽（即 name="default"），在使用时可以将 v-slot:default="slotProps"简写为 v-slot="slotProps"。修改 App.vue 组件，代码如下所示：

```
<!--App.vue-->
<template>
  <div class="app">
    ......
    <show-names :names="names">
      <template v-slot="slotProps">
        <span>{{slotProps.item}}-{{slotProps.index}}</span>
      </template>
    </show-names>
  </div>
</template>
```

保存代码，在浏览器中显示的效果如图 7-31 所示。

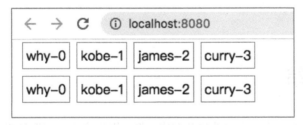

图 7-31　默认插槽的简写效果

在只有默认插槽时，组件的标签可以被当作插槽的模板（template）使用，这样就可以将 v-slot 直接用在组件上，即省略 template 元素。

修改 App.vue 组件，将 v-slot="slotProps"写到组件上，代码如下所示：

```
<!--App.vue-->
<template>
  <div class="app">
    ......
    <show-names :names="names" v-slot="slotProps">
      <span>{{slotProps.item}}-{{slotProps.index}}</span>
    </show-names>
  </div>
</template>
```

保存代码，在浏览器中显示的效果如图 7-32 所示。

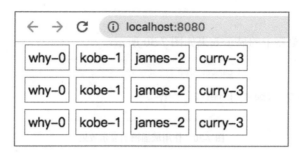

图 7-32　独占默认插槽的效果

但是，如果 ShowName.vue 组件同时具备默认插槽和具名插槽，那么必须按照 template 的语法来编写，代码如下所示：

```
<template>
  <div class="app">
    ......
    <!-- 1.默认插槽，省略了 default -->
    <show-names :names="names">
      <template v-slot="slotProps">
        <span>{{slotProps.item}}-{{slotProps.index}}</span>
      </template>
    </show-names>
    <!-- 2.具名插槽，例如名为 xxx 的 slot -->
    <show-names :names="names">
      <template v-slot:xxx="slotProps">
        <span>{{slotProps.item}}-{{slotProps.index}}</span>
      </template>
    </show-names>
  </div>
</template>
```

7.7　本章小结

本章内容如下。

◎　组件的拆分和嵌套：在组件化开发中，将应用程序的页面拆分成一个个组件。这些组件既可以相邻，也可以互相嵌套，例如父组件嵌套子组件。

◎　组件样式特性：在单文件组件中，Vue.js 3 支持 3 种样式编写方式。第一种是局部样式，只需要在 style 标签上添加 scoped 属性；第二种是 CSS Modules，只需要在 style 标签上添加 module 属性（用得比较少）；第三种是动态绑定样式，可以在 style 标签中使用 v-bind 动态绑定样式。

◎　组件间的通信：组件间的通信分为父子通信和非父子通信。父子通信可以通过 props 和$emit 实现；非父子通信可以通过 Provide/Inject 或全局事件总线 mitt 实现。

◎　组件插槽：插槽可以非常方便地实现由外部使用者决定组件中可变的内容。常用的插槽有默认插槽、具名插槽和作用域插槽。在 Vue.js 3 中，使用插槽可以轻松实现组件的灵活性和可复用性。

8

Vue.js 3组件化进阶详解

掌握了组件的基础知识后,本章将深入探讨 Vue.js 3 的组件化进阶知识。在学习前,先看看本章源代码的管理方式,目录结构如下:

VueCode
├── ......
├── chapter08
│   └── 01_learn_component
│   └── 02_learn_component_project # 提供一个空的 Vue.js 3 项目

有关新建 01_learn_component 项目的教程,具体可以参考第 7 章。需要注意的是,这里是在 chapter08 目录下新建项目,只是项目名称和第 7 章一样而已。

由于 Vue CLI 和 Vue.js 3 版本会不停更新。为了避免版本不同,本章额外提供了一个空的项目(可选),方便读者学习使用,空项目的使用步骤如下。

(1)使用 VS Code 打开 learn_component_project 项目。

(2)在 VS Code 中打开 Terminal 终端。

(3)在终端输入"npm install",安装项目的依赖,安装完成后执行"npm run serve"启动项目即可。

8.1 动态组件

在进入学习动态组件之前,先来看一个案例的需求:单击按钮实现切换显示不同的组件,如图 8-1 所示。

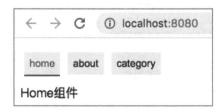

图 8-1 切换显示不同的组件

该案例可以通过下面两种不同的思路实现。

（1）v-if 指令：根据 v-if 的条件显示不同的组件。
（2）动态组件：直接使用 Vue.js 3 的动态组件。

8.1.1　v-if 指令的实现

我们可以使用 Vue.js 3 中的 v-if 指令实现上述案例，根据该指令的条件显示不同的组件。

在 01_learn_component 项目的 src 目录下新建"1_动态组件的使用"文件夹，然后在该文件夹下分别新建 App.vue、page/Home.vue、page/About.vue 和 page/Category.vue 组件。

Home.vue 组件，将组件命名为 home（在 8.1.3 节和 8.1.4 节会用到），代码如下所示：

```
<template>
  <div>Home 组件</div>
</template>
<script>
  export default {
    name: "home", // 组件的名称
  }
</script>
```

About.vue 组件，将组件命名为 about，代码如下所示：

```
<template>
  <div>About 组件</div>
</template>
<script>
  export default {
    name: "about",
  }
</script>
```

Category.vue 组件，将组件命名为 category，代码如下所示：

```
<template>
  <div>Category 组件</div>
</template>

<script>
  export default {
    name: "category"
  }
</script>
```

App.vue 组件，代码如下所示（省略了样式）：

```
<template>
  <div>
    <button v-for="item in tabs" :key="item"
        @click="itemClick(item)"
        :class="{active: currentTab === item}">
      {{item}}
    </button>
    <!-- 根据 v-if 的条件，显示不同的组件 -->
    <template v-if="currentTab === 'home'">
      <home></home>
    </template>
    <template v-else-if="currentTab === 'about'">
      <about></about>
    </template>
```

```
    <template v-else>
      <category></category>
    </template>
  </div>
</template>
<script>
  import Home from './pages/Home.vue';
  import About from './pages/About.vue';
  import Category from './pages/Category.vue';
  export default {
    components: {
      Home,
      About,
      Category
    },
    data() {
      return {
        tabs: ["home", "about", "category"], // button 数组
        currentTab: "home" // 记录当前选中哪个button，默认选中 home
      }
    },
    methods: {
      itemClick(item) {
        this.currentTab = item;
      }
    }
  }
</script>
```

可以看到，首先在 data 中定义 tabs 变量。接着，使用 v-for 遍历 tabs 数组，以显示多个 <button>。每当按钮被单击时，就会回调 itemClick 函数，并在该函数中修改 currentTab 的值。

然后，在 template 中使用 v-if 指令和 currentTab 的值判断当前需要显示哪个组件。此外，<button>元素的 active 类也根据 currentTab 的值来动态判断当前选中哪个按钮。

最后，修改 main.js 程序入口文件，将导入的 App 组件改为 "10_作用域插槽使用/App.vue" 路径下的 App 组件。

保存代码，在浏览器中单击不同的按钮时，便会切换显示不同的组件，效果如图 8-2 所示。

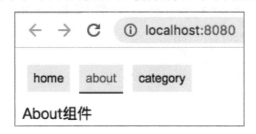

图 8-2 切换显示不同的组件

8.1.2 动态组件的实现

下面采用 Vue.js 3 中内置的动态组件实现该案例，即使用<component>组件，并通过其特殊属性（is）动态渲染不同的组件。

首先修改 App.vue 组件，将 template 中的 v-if 指令实现代码注释掉，接着添加动态组件的实现代码，代码如下所示：

```
<template>
  <div>
    <button v-for="item in tabs" :key="item"
            @click="itemClick(item)"
            :class="{active: currentTab === item}">
      {{item}}
    </button>
    <!-- 1.v-if 指令的实现（这里代码先注释掉）-->
    <!-- 2.动态组件的实现(is 属性是动态绑定组件的名称。例如 is="home"，代表绑定<home/>
组件) -->
      <component :is="currentTab"></component>
  </div>
</template>
```

可以看到，上面使用了 Vue.js 3 内置的<component>组件，并通过 is 属性指定动态显示的组件。当 currentTab 为 home 字符串时，显示<home>组件。这里的 is 属性用于指定组件的名称，它支持指定全局或局部组件。

保存代码，在浏览器中单击不同的按钮，依然会显示不同的组件。

8.1.3 动态组件的传参

在上述案例中，Home、About 及 Category 组件都使用<component>动态组件进行替代。如果需要向这些组件传递 props 参数或者监听事件，可以直接向动态组件传递这些参数和事件，这样就会传递到相应的组件中。我们只需要将属性和监听事件放到<component>组件中即可。

修改 App.vue 组件，向 Home、About 和 Category 三个组件都传递 name、age 属性和监听 pageClick 事件，代码如下所示：

```
<!--App.vue-->
<template>
  <div>
    <button v-for="item in tabs" :key="item"
            @click="itemClick(item)"
            :class="{active: currentTab === item}">
      {{item}}
    </button>
    <!-- 2.向<home>、<about>、<category>三个组件传递name和age属性，以及监听pageClick
事件 -->
    <component :is="currentTab"
               name="coderwhy"
               :age="18"
               @pageClick="pageClick">
    </component>
  </div>
</template>
<script>
  export default {
    ......
    methods: {
      ......
      pageClick(value) {
        console.log(value);
      }
    }
  }
</script>
```

接着，修改 Home.vue 组件，代码如下所示：

```
<!--Home.vue-->
<template>
  <div @click="divClick">
    Home 组件: {{name}} - {{age}}
  </div>
</template>
<script>
  export default {
    name: "home",
    props: {
      name: { // 动态组件传递过来的 name 属性
        type: String,
        default: ""
      },
      age: {
        type: Number,
        default: 0
      }
    },
    emits: ["pageClick"], // 该组件触发的 pageClick 事件
    methods: {
      divClick() {
        this.$emit("pageClick", 'Home 组件触发的单击');
      }
    }
  }
</script>
```

可以看到，为 Home.vue 组件添加 props 属性，用于接收 name 和 age 属性，同时将两个属性显示在 template 中。接着当单击<div>元素时，会向父组件触发 pageClick 事件，并传递一个字符串参数。

需要注意的是，About.vue 和 Category.vue 组件也可以接收 name、age 属性和触发 pageClick 事件，这里就不给出代码了。

保存代码，在浏览器中显示的效果如图 8-3 所示。Home.vue 组件可以正常接收 props 和处理事件。

图 8-3 动态组件传递参数的效果

8.1.4 keep-alive 的使用

1. 认识 keep-alive

在介绍 keep-alive 之前，先来看一个现象。对之前案例中的 About.vue 组件进行改造，增加一个<button>按钮，单击按钮可以实现数字递增的功能，代码如下所示：

```
<!--About.vue-->
<template>
```

```
  <div>
    About 组件
    <button @click="counter++">单击递增: {{counter}}</button>
  </div>
</template>

<script>
  export default {
    name: "about",
    data() {
      return {
        counter: 0
      }
    }
  }
</script>
```

保存代码，在浏览器中显示的效果如图 8-4 所示。

图 8-4　数字递增的效果

在 About.vue 组件中单击<button>按钮，将 counter 递增到 10。接着，单击按钮切换到 home，再切换回 About.vue 组件，发现 counter 状态 10 已丢失，变为 0。因为在默认情况下，切换组件后，About.vue 组件会被销毁，再次切换回来时会重新创建组件。

但是，在实际开发中，我们有时希望继续保持组件的状态，而不是销毁，这时可以使用 Vue.js 3 的内置组件<keep-alive>。下面演示如何使用<keep-alive>组件保留组件状态。

修改 App.vue 组件，把动态组件<component>放到<keep-alive>组件内，以保留组件的状态，代码如下所示：

```
<template>
  <div>
    ......
    <!-- 2.用 keep-alive 组件保留动态组件的状态，同时会保留其对应的子孙组件的状态 -->
    <keep-alive>
      <component :is="currentTab"
                 name="coderwhy"
                 :age="18"
                 @pageClick="pageClick">
      </component>
    </keep-alive>
  </div>
</template>
```

保存代码，在浏览器中先切换到 About.vue 组件，将 counter 递增到 10。然后切换到 Home.vue 组件，再切换回 About.vue 组件时，这次计数到 10 的状态可以保留，并没有销毁。

2. keep-alive 的属性

<keep-alive>组件的属性如下。

◎　include：支持 string、RegExp、Array 类型。只有名称匹配的组件会被缓存。

◎　exclude：支持 string、RegExp、Array 类型。任何名称匹配的组件都不会被缓存。

◎　max：支持 number、string 类型。最多可以缓存多少个组件实例，一旦达到这个数字，那么缓存组件中最近没有被访问的实例会被销毁。

其中，include 和 exclude 属性允许组件有条件地缓存，二者都可以表示为用逗号分隔的字符串、正则表达式或一个数组。匹配时会首先检查组件自身的 name 选项，如果 name 选项不可用，则匹配它的局部注册的名称。

例如，如果在该案例中仅想缓存 Home.vue 和 About.vue 组件的状态，那么有三种写法，代码如下所示：

```html
<!-- 1.逗号分隔字符串-->
<keep-alive include="home,about">
  <component :is="currentTab" name="coderwhy" :age="18"
@pageClick="pageClick">
  </component>
</keep-alive>

<!-- 2.RegExp -->
<keep-alive :include="/home|about/">
  <component :is="currentTab" name="coderwhy" :age="18"
@pageClick="pageClick">
  </component>
</keep-alive>

<!-- 3.Array -->
<keep-alive :include="['home`, 'about']">
  <component :is="currentTab" name="coderwhy" :age="18"
@pageClick="pageClick">
  </component>
</keep-alive>
```

3. 缓存组件实例的生命周期

对缓存组件来说，再次进入时不会再次执行 created 或 mounted 等生命周期函数。但在有些情况下，我们需要监听组件重新进入和离开的时机，这时可以使用 activated 和 deactivated 这两个生命周期钩子函数。

提示： 组件生命周期见 8.4 节，这里可以先了解。等学习完生命周期后，再回来看也可以。

修改 About.vue 组件，添加 activated 和 deactivated 这两个生命周期函数，代码如下所示：

```html
<template>
  <div>
    About 组件
    <button @click="counter++">单击递增：{{counter}}</button>
  </div>
</template>
<script>
  export default {
    name: "about",
    data() {
      return {
        counter: 0,
      }
    },
    created() {
```

```
      console.log("about created");
    },
    unmounted() {
      console.log("about unmounted");
    },
    // 下面是<keep-alive>缓存组件实例的两个生命周期函数
    activated() {
      console.log("about activated"); // 组件显示时回调
    },
    deactivated() {
      console.log("about deactivated"); // 组件隐藏时回调
    }
  }
</script>
```

保存代码，在浏览器中依次单击"about"→"home"→"about"按钮，演示效果如图 8-5 所示。

图 8-5 keep-alive 的生命周期函数演示效果

可以看到，当单击"about"按钮时，还没有创建 About.vue 组件，这时会先调用 created 函数，然后调用 activated 函数；当单击"home"按钮时，About.vue 组件的 deactivated 函数会回调，unmounted 函数并没有回调，因为组件并没有销毁；当再次单击"about"按钮时，About.vue 组件的 activated 函数又会回调。

8.2 异步组件

在 Vue.js 3 开发中，除动态组件之外，异步组件的使用也是非常广泛的。例如，我们可能希望异步加载某些组件。这种异步加载的组件被称为异步组件。在加载异步组件时，webpack 会对其进行分包处理。

8.2.1 webpack 对代码分包

异步加载组件的好处是：当 webpack 在加载异步组件时，会对其进行分包处理。为了更好地理解分包技术，先来看看 webpack 的打包过程。

（1）默认情况下，在构建整个组件树的过程中，组件和组件之间是通过模块化直接依赖的。

（2）webpack 在打包时会将组件模块打包到一起，比如打包到一个 app.js 文件中。

（3）随着项目不断增大，打包生成的 app.js 文件也会过大，从而导致首屏渲染速度变慢。

为了解决打包生成的 app.js 文件过大这一问题，我们可以在 webpack 打包时对代码进行分包。比如，对于一些不需要立即使用的组件，可以单独进行拆分，将它们拆分成一些小的代码块（如 chunk.js）。这些 chunk.js 会在需要时从服务器中被加载下来，并执行代码，显示其对应的内容。这种方式可以极大地提升 Web 应用程序的性能，特别是在计算机和网络资源受限的情况下。

下面看看 webpack 是如何对代码进行分包的。

在 01_learn_component 项目的 src 目录下新建"2_异步组件的使用"文件夹，然后在该文件夹下分别新建 App.vue 组件和 utils/math.js 文件。

math.js 文件，用于编写一个求和函数并导出，代码如下所示：

```javascript
// utils/math.js
export function sum(num1, num2) {
  return num1 + num2;
}
```

App.vue 组件，代码如下所示（省略了样式）：

```html
<template>
  <div class="app"> App 组件 </div>
</template>
<script>
  import { sum } from './utils/math.js'
  console.log(sum(10,20))
  export default {}
</script>
```

可以看到，在 App.vue 组件中导入 math.js 中的 sum 函数，然后调用 sum 函数进行求和，并将结果打印到控制台中。

最后，修改 main.js 程序入口文件，将导入的 App 组件改为"2_异步组件的使用/App.vue"路径下的 App 组件。

保存代码，在 VS Code 中新建一个 Terminal 终端，在终端执行 npm run build 命令，打包项目，如图 8-6 所示。

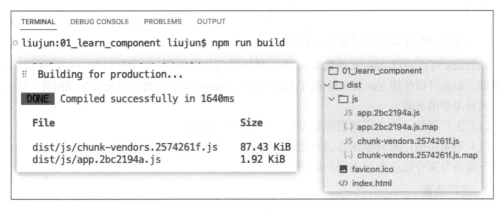

图 8-6　打包项目

可以看到，默认情况下，在直接使用 import 语法导入 math.js 模块时，不会进行分包。我们已将编写的代码都打包到 app.2bc2194a.js 文件中，而将第三方库打包到 chunk-vendors.2574261f.js 文件中。这时，如果我们希望 webpack 对打包的 math.js 模块进行分包，那么可以使用 import 函数。修改 App.vue 组件，代码如下所示：

```
......
<script>
```

```
  // import {sum } from './utils/math.js'
  import("./utils/math").then(res => {  // 使用 import 函数导入 math.js 模块，导包
时可省略扩展名
    console.log(res.sum(20, 30));
  });
  export default {}
</script>
```

可以看到，这里使用 import 函数导入 math.js 模块，import 函数的返回值是一个 Promise 对象，接着在 then 回调函数的参数可以获取该模块的对象，然后调用模块中的 sum 函数。

最后，在终端执行 npm run build 命令，打包项目，实现分包，如图 8-7 所示。

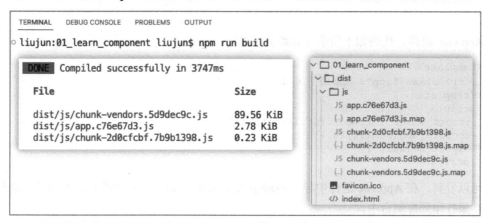

图 8-7　使用 import 函数实现分包

可以看到，使用 import 函数导入 math.js 模块时，会进行分包处理。math.js 模块已经被单独分到 chunk-2d0cfcbf.7b9b1398.js 文件中。其实，webpack 底层就是通过 import 函数对代码进行分包的。

8.2.2　在 Vue.js 3 中实现异步组件

webpack 可以通过 import 函数对 math.js 模块进行分包处理。如果想对 Vue.js 3 组件进行分包处理，那么可以使用 Vue.js 3 提供的 defineAsyncComponent 函数实现异步加载组件，该函数支持两种类型的参数。

（1）工厂函数：该工厂函数需要返回一个 Promise 对象。

（2）对象类型：对异步函数进行配置。

下面将分别介绍这两种类型的使用方法。

1. 工厂函数

在 01_learn_component 项目的 src 目录下新建"1_动态组件的使用"文件夹，然后在该文件夹下继续新建 Home.vue 和 AsyncCategory.vue 组件。

Home.vue 组件，将作为普通组件使用，代码如下所示：

```
<template>
  <div class="home">Home 组件</div>
</template>
```

AsyncCategory.vue 组件，将作为异步组件使用，打包时会进行分包处理，代码如下所示：

```
<template>
  <div class="async-category">
    <h4>{{message}}</h4>
  </div>
</template>
<script>
  export default {
    data() {
      return {
        message: "AsyncCategory 异步组件"
      }
    }
  }
</script>
```

修改 **App.vue** 根组件，代码如下所示：

```
<template>
  <div class="app">
    App 组件
    <home></home>
    <async-category></async-category>
  </div>
</template>

<script>
  // 1.使用 import 函数异步加载 math.js 模块，会进行分包处理
  // import("./utils/math").then(res => {
  //   console.log(res.sum(20, 30));
  // });
  import { defineAsyncComponent } from 'vue';
  // 2. 以普通方式导入 Home.vue 组件，不会进行分包处理
  import Home from './Home.vue';
  //3.使用 defineAsyncComponent 函数异步加载 AsyncCategory.vue 组件，会进行分包处理
  const AsyncCategory = defineAsyncComponent(() =>
import("./AsyncCategory.vue"))
  export default {
    components: {
      Home,
      AsyncCategory
    }
  }
</script>
```

可以看到，在使用普通方式导入 Home.vue 组件时，这种方式不会分包。接着，使用 defineAsyncComponent 函数导入 AsyncCategory.vue 组件，该函数会接收一个工厂函数作为参数。

然后，在工厂函数中使用 import 函数导入 AsyncCategory.vue 组件。defineAsyncComponent 函数返回的组件就是异步加载的组件，这种方式会进行分包处理。

保存代码，在终端执行 npm run build 命令，打包项目，上面编写的异步组件如图 8-8 所示。

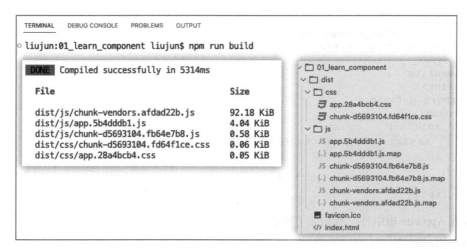

图 8-8　编写的异步组件

可以看到，AsyncCategory.vue 组件已经被单独分到 chunk-d5693104.fb64e7b8.js 文件中，而 Home.vue 组件并没有单独分出来。保存代码，在浏览器中加载异步组件的效果如图 8-9 所示。

图 8-9　加载异步组件

2. 对象类型

下面演示使用对象类型语法加载异步组件，修改 App.vue，代码如下所示：

```
<!--App.vue-->
......
<script>
  import Loading from './Loading.vue';
  // 1.异步加载组件，工厂函数类型的语法
  // const AsyncCategory = defineAsyncComponent(() =>
import("./AsyncCategory.vue"))

  // 2.异步加载组件，对象类型的语法
  const AsyncCategory = defineAsyncComponent({
    // 2.1 需要异步加载的组件
    loader: () => import("./AsyncCategory.vue"),
    // 2.2 加载时显示 Loading 组件
    loadingComponent: Loading,
    // 2.2 加载失败时显示 Error 组件
    // errorComponent: Error,
    // 2.3 在显示 loadingComponent 之前的延迟，默认值：200（单位 ms）
    delay: 200,
    //2.4 加载组件的时间超过设定值,将显示错误组件,默认值：Infinity（即永不超时,单位 ms）
    timeout: 3000,
```

```
    // 2.5 定义组件是否可挂起，默认值：true
    suspensible: false, // false 代表异步组件可以退出 Suspense 控制，并始终控制自己的
加载状态
    /**
     * 2.6 组件加载失败的回调
     * @param {*} error 错误信息对象
     * @param {*} retry 一个函数，用于指示当 promise 加载器 reject 时，加载器是否应该重
试
     * @param {*} fail   一个函数，指示加载程序结束并退出
     * @param {*} attempts 允许的最大重试次数
     */
    onError: function(error, retry, fail, attempts) {
      if (error.message.match(/fetch/) && attempts <= 3) {
        // 请求发生错误时重试，最多可尝试 3 次
        retry();
      } else {
        // 注意，retry/fail 就像 promise 的 resolve/reject 一样
        // 必须调用其中一个，才能继续错误处理
        fail();
      }
    }
  })
  export default { ...... }
</script>
```

可以看到，上面仅修改了 defineAsyncComponent 函数的使用语法，其他内容保持不变，因此打包后的效果不会受到影响。最后，再来看看 Loading 组件的实现，代码如下所示：

```
<template>
  <div class="loading">Loading</div>
</template>
```

8.2.3 异步组件和 Suspense

在一个组件树中，如果存在多个异步组件，那么每个异步组件都需要处理自己的加载、报错和完成状态。为了统一这些异步组件，Vue.js 3 提供了一个内置组件 Suspense，用于在组件树中协调对异步依赖的处理。

Suspense 可以让我们在组件树的上层等待下层的多个嵌套异步依赖项解析完成，并可以在等待时渲染一个加载状态，防止在最坏情况下看到多个 Loading 加载状态，并在不同的时间内显示内容。

如果在异步组件的父组件链中存在一个 Suspense 组件，那么该异步组件将被视为该 Suspense 组件的异步依赖项。在这种情况下，异步组件的加载状态由 Suspense 控制，异步组件自身的加载、错误、延迟和超时选项都会被忽略。

如果想要异步组件退出 Suspense 控制，并始终控制自己的加载状态，那么可以在选项中指定 suspensible: false。

Suspense 组件包含两个插槽。

（1）default：如果 default 插槽可以显示，则会显示 default 插槽的内容。

（2）fallback：如果 default 插槽无法显示，则会显示 fallback 插槽的内容。

另外，需要注意的是，Suspense 目前还是一个实验性的特性，API 随时可能会被修改。

修改 App.vue 根组件，代码如下所示：

```
<!--App.vue-->
<template>
  <div class="app">
    App 组件
    <home></home>
    <!-- <async-category></async-category> -->
    <suspense>
      <template #default>
        <async-category></async-category>
      </template>
      <template #fallback>
        <loading></loading>
      </template>
    </suspense>
  </div>
</template>
<script>
  import { defineAsyncComponent } from 'vue';
  import Home from './Home.vue';
  import Loading from './Loading.vue';
  // 1.异步组件
  const AsyncCategory = defineAsyncComponent(() =>
import("./AsyncCategory.vue"))
  ......
  export default {
    components: {
      Home,
      AsyncCategory,
      Loading
    }
  }
</script>
```

可以看到，在<template>模板中使用<suspense>内置组件控制异步组件的加载过程。当正在加载异步组件时，显示<loading>组件；在异步组件加载完成后，显示<AsyncCategory.vue>异步组件的内容。

保存代码，在浏览器中按"F12"键打开开发者工具，接着选中"Network"，在下拉菜单中将"No throttling"的网络改成"Fast 3G"，表示模拟 3G 网络，然后重新刷新浏览器，加载异步组件的效果如图 8-10 所示。

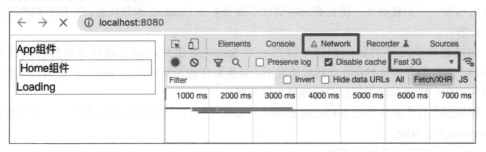

图 8-10　加载异步组件的效果

可以看到，异步组件区域先显示"Loading"，等异步组件加载完后，"Loading"将变为AsyncCategory.vue 异步组件的内容。另外，需要注意的是：演示完成后记得把网络切换回默认的"No throttling"。

8.3 获取元素或组件的实例

8.3.1 $refs

在某些情况下，我们需要在 Vue.js 3 组件中获取元素对象或子组件实例。Vue.js 3 不推荐直接进行 DOM 操作，相反，我们可以为元素或组件绑定一个 ref 属性。

ref 属性用于注册元素或子组件的引用，该引用最终会被注册在组件的 this.$refs 对象中。该对象包含所有注册了 ref 属性的 DOM 元素和组件实例的引用。

在 01_learn_component 项目的 src 目录下新建 "3_引用元素和组件" 文件夹，然后在该文件夹下分别新建 NavBar.vue 和 App.vue 组件。

NavBar.vue 组件，代码如下所示（省略了样式）：

```
<template>
  <div class="navbar">
    <h4>NavBar</h4>
  </div>
</template>
<script>
  export default {
    data() {
      return {
        message: "我是 NavBar 中的 message 变量"
      }
    },
    methods: {
      sayHello() {
        console.log("sayHello:Hello NavBar");
      }
    }
  }
</script>
```

可以看到，上述代码比较简单，只在该组件中定义了 message 变量和 sayHello 方法。

App.vue 组件，代码如下所示（省略了样式）：

```
<template>
  <div class="app">
    <!-- 1.在 h4 上通过 ref 注册一个模板引用 -->
    <h4 ref="title">App 中的 h4 元素</h4>
    <!-- 2.在 <nav-bar> 上通过 ref 注册一个模板引用 -->
    <nav-bar ref="navBar"></nav-bar>

    <button @click="btnClick">获取 h4 元素对象和 Navbar 组件实例</button>
  </div>
</template>
<script>
  import NavBar from './NavBar.vue';

  export default {
    components: {
      NavBar
    },
    data() {
      return {
        names: ["coder", "why"]
      }
```

```
    },
    methods: {
      btnClick() {
        // 通过 this.$refs 访问已注册的模板引用（title）
        console.log('h4 元素对象=',this.$refs.title);

        console.log('Navbar 组件实例', this.$refs.navBar); // 访问已注册的模板引用
（navbar）
        console.log('访问 Navbar 组件实例的 message 变量: ',
this.$refs.navBar.message);
        // 调用 Navbar 组件实例的 sayHello 方法
        this.$refs.navBar.sayHello();
        // $el: 获取 Navbar 组件实例的 DOM 元素对象
        console.log(this.$refs.navBar.$el);
      }
    }
  }
</script>
```

可以看到，在模板中通过 ref 属性分别为<h4>元素和 NavBar.vue 组件注册了模板引用。其中，<h4>元素的 ref 绑定的值是 title，NavBar.vue 组件 ref 绑定的值是 navBar。这个 ref 对应的值为字符串类型，是可以自行命名的。

接着，当单击"获取 h4 元素对象和 Navbar 组件实例"按钮时，会回调 btnClick 函数。该函数有五行代码，分别做了以下五件事情。

（1）通过$refs 对象获取<h4>元素对象。

（2）通过$refs 对象获取 NavBar.vue 组件实例对象。

（3）访问 NavBar.vue 组件实例的 message 变量。

（4）调用 NavBar.vue 组件实例的 sayHello 方法。

（5）获取 NavBar.vue 组件实例的 DOM 元素对象。

最后，修改 main.js 程序入口文件，将导入的 App 组件改为"3_引用元素和组件/App.vue 路径"下的 App 组件。

保存代码，在浏览器中显示使用 ref 获取元素和组件实例对象的效果，如图 8-11 所示。

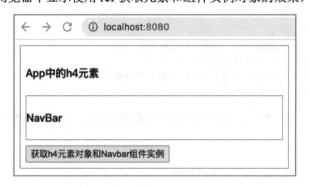

图 8-11　使用 ref 获取元素和组件实例对象

更多关于获取元素或组件实例语法，可以查看官网。

◎　模板引用见链接 8-1。

◎　内置特殊属性见链接 8-2。

8.3.2　$parent

除了通过$refs 对象可以获取元素或组件实例对象，还可以通过$parent 访问父组件的实例对象。其实，也可以通过$root 访问父组件的实例对象，因为 App.vue 组件既是父组件，也是根组件。

修改 NavBar.vue 组件，添加 button 元素和 getParentAndRoot 方法，代码如下所示（省略了样式）：

```
<template>
  <div class="navbar">
    <h4>NavBar</h4>
    <button @click="getParentAndRoot">获取父组件和根组件实例对象</button>
  </div>
</template>
<script>
  export default {
    data() {
      return {
        message: "我是 NavBar 中的 message 变量"
      }
    },
    methods: {
      sayHello() {
        console.log("sayHello:Hello NavBar");
      },
      getParentAndRoot() {
        console.log('$parent=',this.$parent); // 获取父组件实例对象
        console.log('访问父组件(App)中的 names 变量=',this.$parent.names);
        console.log('$root=',this.$root); // 获取根组件实例对象
      }
    }
  }
</script>
```

可以看到，首先在该组件的 template 中添加<button>元素，当单击"获取父组件和根组件实例对象"按钮时，会回调 getParentAndRoot 方法。接着在该方法中通过$parent 获取父组件的实例对象，再访问父组件中的 names 属性，然后通过$root 获取根组件的实例对象。

提示：Vue.js 3 已经移除了$children 属性，该属性已不可使用了。

保存代码，在浏览器中显示使用$parent 访问父组件的实例对象的效果，如图 8-12 所示。

图 8-12　使用$parent 访问父组件的实例对象

8.4　组件生命周期函数

8.4.1　认识组件的生命周期

　　每个组件都会经历创建、挂载、更新、卸载等一系列阶段。在这个过程中，我们可能会想在某个阶段中添加一些属于自己的代码逻辑，比如，在组件创建完成后请求一些服务器的数据。为了让我们知道组件正处于哪个阶段，Vue.js 3 提供了组件的生命周期函数。

　　生命周期函数是一些钩子函数，在某个时间会被 Vue.js 3 源码内部进行回调。通过对生命周期函数进行回调，我们可以知道组件正处于哪个阶段，这样就可以在该生命周期函数中编写属于自己的逻辑代码了。

　　如图 8-13 所示，虚线指向的小方框中的函数就是 Vue.js 3 的生命周期函数。

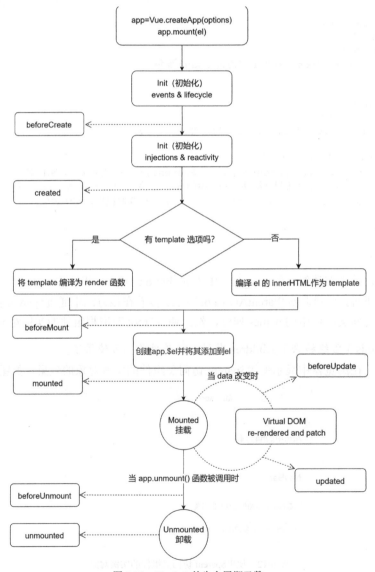

图 8-13　Vue.js 3 的生命周期函数

◎ beforeCreate：在组件实例初始化完成后立即调用。

◎ created：在组件实例处理完所有与状态相关的选项后调用。

◎ beforeMount：在组件被挂载之前调用。

◎ mounted：在组件被挂载之后调用。

◎ beforeUpdate：在组件即将因为一个响应式状态变更而更新其 DOM 树之前调用。

◎ updated：在组件因为一个响应式状态变更而更新其 DOM 树之后调用。

◎ beforeUnmount：在一个组件实例被卸载之前调用。

◎ unmounted：在一个组件实例被卸载之后调用。

8.4.2 生命周期函数的演练

在 01_learn_component 项目的 src 目录下新建 "4_组件的生命周期" 文件夹，然后在该文件夹下分别新建 Home.vue 和 App.vue 组件。

Home.vue 组件，用于演示 Vue.js 3 组件生命周期函数的回调，代码如下所示（省略了样式）：

```
<template>
  <div class="home">
    <h4 ref="title">Home 组件：{{message}}</h4>
    <button @click="changeMessage">修改 Home 组件的 message</button>
  </div>
</template>
<script>
  export default {
    data() {
      return {
        message: "Hello World"
      }
    },
    methods: {
      changeMessage() {
        this.message = "你好啊, 李银河"
      }
    },
    // 下面都是组件的生命周期函数（钩子）
    beforeCreate() {
      console.log("home beforeCreate");
    },
    created() {
      console.log("home created");
    },
    beforeMount() {
      console.log("home beforeMount");
    },
    mounted() {
      console.log("home mounted");
    },
    beforeUnmount() {
      console.log("home beforeUnmount");
    },
    unmounted() {
      console.log("home unmounted");
    },
    beforeUpdate() {
```

```
      // 除了打印该生命周期，还顺便打印更新前的 h4 元素的 innerHTML
      console.log("home beforeUpdate", this.$refs.title.innerHTML);
    },
    updated() {
      // 除了打印该生命周期，还顺便打印更新后的 h4 元素的 innerHTML
      console.log("home updated", this.$refs.title.innerHTML);
    }
  }
</script>
```

可以看到，首先在该组件的 template 中使用<h4>元素绑定了 message 变量。当单击<button>按钮时，便会修改 message 变量，触发组件的更新。接着，在组件的每个生命周期函数中都打印对应生命周期函数的名称。

App.vue 组件，代码如下所示（省略了样式）：

```
<template>
  <div class="app">
    <button @click="isShowHome = !isShowHome">控制 Home 组件的创建和销毁</button>
    <template v-if="isShowHome">
      <home></home>
    </template>
  </div>
</template>
<script>
  import Home from './Home.vue';

  export default {
    components: {
      Home
    },
    data() {
      return {
        isShowHome: true // 为 true 时创建组件，为 false 时销毁组件
      }
    }
  }
</script>
```

可以看到，在 App.vue 组件中，导入、注册并使用了 Home.vue 组件。接着，定义 isShowHome 变量，用于控制 Home.vue 组件的创建和销毁。当用户单击"控制 Home 组件的创建和销毁"按钮时，通过修改 isShowHome 变量的值便可控制 Home.vue 组件的创建和销毁。

最后，修改 main.js 程序入口文件，将导入的 App 组件改为"4_组件的生命周期/App.vue"路径下的 App 组件。

保存代码，在浏览器中显示组件初始化的生命周期函数，如图 8-14 所示。可以看到，初次运行 Home.vue 组件依次调用了 beforeCreate→created→beforeMount→mounted 生命周期函数。

接着，单击"修改 Home 组件的 message"按钮，更新生命周期函数，如图 8-15 所示。可以看到，Home.vue 组件依次调用了 beforeUpdate→updated 生命周期函数。

图 8-14　组件初始化的生命周期函数

图 8-15　组件更新的生命周期函数

接着，单击"控制 Home 组件的创建和销毁"按钮，销毁生命周期函数，如图 8-16 所示。可以看到，Home.vue 组件依次调用了 beforeUnmount→unmounted 生命周期函数。

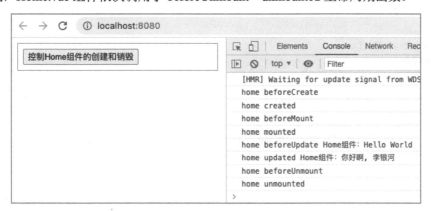

图 8-16　组件销毁的生命周期函数

8.5　在组件中使用 v-model 指令

第 4 章提到，v-model 指令可以方便地实现表单元素数据的双向绑定，该指令的实现原理其实是 v-bind 和 v-on 这两个指令。

（1）v-bind 指令会将表单元素的 value 属性与一个变量绑定。

（2）v-on 指令会绑定 input 事件，并在事件回调中重新为 value 属性绑定的变量赋值，代码如下所示。

```
<input v-model="message">
```

```
<!-- 上面的 v-model 指令，等价于下面的语法 -->
<input :value="message" @input="message = $event.target.value">
```

其实，v-model 指令不仅可以在 <input> 元素上使用，也可以用于在组件上实现数据双向绑定。当在组件上使用 v-model 指令时，等价于如下的操作：

```
<hy-input v-model="message"></hy-input>
<!-- 上面的 v-model 指令，等价于下面的语法 -->
<hy-input :modelValue="message" @update:model-value="message =
$event"></hy-input>
```

可以看到，在组件中使用 v-model 与在<input>元素上使用 v-model 有所不同，主要体现在绑定属性名称和触发事件名称上。在组件中，默认绑定的值不是 value，而是 modelValue；默认监听的事件也不是 input，而是 update:model-value。

下面详细介绍一下在组件中使用 v-model 的方法。

8.5.1 v-model 的基本使用方法

在 01_learn_component 项目的 src 目录下新建 "5_组件的 v-model" 文件夹，然后在该文件夹下分别新建 HyInput.vue 和 App.vue 组件。

HyInput.vue 组件，代码如下所示（省略了样式）：

```
<template>
  <div class="hy-input">
    HyInput 组件:
    <input :value="modelValue" @input="inputClick">
  </div>
</template>

<script>
  export default {
    props: {
      modelValue: String
    },
    emits: ["update:modelValue"],
    methods: {
      inputClick(event) {
        this.$emit("update:modelValue", event.target.value);
      }
    }
  }
</script>
```

可以看到，该组件中<input>元素的 value 属性绑定了 props 中的 modelValue 属性。当<input>元素监听到有输入时，会触发 inputClick 函数回调，该函数会向父组件触发 update:modelValue 事件，并将<input>元素输入的内容通过$emit 函数的第二个参数传递给父组件。

需要注意的是，HyInput.vue 组件中的<input :value="modelValue" @input="inputClick">不能简写为<input v-model="modelValue">。具体原因见 8.5.2 节。

App.vue 组件，代码如下所示（省略了样式）：

```
<template>
  <div class="app">
    <h4>App 组件 message 变量: {{message}}</h4>
    <button @click="changeMessage">App 组件修改 message</button>
```

```
    <!-- 1.在组件中使用 v-model 指令 -->
    <hy-input v-model="message"></hy-input>
    <!-- 上面的 v-model 指令,等价于下面的语法 -->
    <!-- <hy-input :modelValue="message" @update:model-value="message =
$event"></hy-input> -->
  </div>
</template>

<script>
  import HyInput from './HyInput.vue';
  export default {
    components: {
      HyInput
    },
    data() {
      return {
        message: "Hello World"
      }
    },
    methods: {
      changeMessage() {
        this.message = "coderwhy"
      }
    }
  }
</script>
```

可以看到,首先将 message 变量绑定到<h4>标签上进行显示,同时通过单击<button>修改
message 变量。接着在<hy-input>组件上使用 v-model 指令双向绑定 message 变量。

最后,修改 main.js 程序入口文件,将导入的 App 组件改为"5_组件的 v-model/App.vue"
路径下的 App 组件。

保存代码,在浏览器中可以看出在组件中使用 v-model 的效果,如图 8-17 所示。

图 8-17　在组件中使用 v-model

当在 HyInput.vue 组件的<input>元素中输入内容时,App.vue 组件的 message 也会随之发生
改变。当单击"App 组件修改 message"按钮修改 App.vue 组件的 message 时,HyInput.vue 组
件的<input>元素输入框的值也会随之改变。这样,我们就成功地在组件中使用 v-model 指令实
现了数据双向绑定。

8.5.2　v-model 绑定 computed

前面提到,HyInput.vue 组件中的<input :value="modelValue" @input="inputClick">不能简写
为<input v-model="modelValue">。这是因为在组件内部修改了 props 后,外部并不知道 props
已经被修改,因此不会将事件传递出去,即不会触发 update:modelValue 事件。另外,在开发过

程中直接修改 props 中的属性是一个不好的习惯，不符合单向数据流的原则。

修改 HyInput.vue 子组件，直接通过 v-model 指令将 modelValue 属性绑定到<input>元素上，代码如下所示：

```
<template>
  <div class="hy-input">
    HyInput 组件：
    <!-- 1.支持 -->
    <!-- <input :value="modelValue" @input="inputClick"> -->
    <!-- 2.不支持-->
    <input v-model="modelValue">
  </div>
</template>
<script>
  export default {
    props: {
      modelValue: String
    }
    ......
  }
</script>
```

保存代码，这次 HyInput.vue 组件的 v-model 指令并不生效。

这时，如果仍然希望在 HyInput.vue 组件中支持类似<input v-model="xxxx">的写法，可以借助计算属性的 setter 和 getter 来实现。

修改 HyInput.vue 子组件，将计算属性 value 双向绑定到 <input>元素上，代码如下所示：

```
<template>
  <div class="hy-input">
    HyInput 组件：
    <!-- <input :value="modelValue" @input="inputClick"> -->    <!-- 1.支持 -->
    <!-- <input v-model="modelValue"> -->                       <!-- 2.不支持-->
    <input v-model="value">                                     <!-- 3.支持-->
  </div>
</template>

<script>
  export default {
    props: {
      modelValue: String
    },
    emits: ["update:modelValue"],
    computed: {
      // 计算属性 value
      value: {
        set(value) {
          this.$emit("update:modelValue", value); // setter 方法
        },
        get() {
          return this.modelValue; // getter 方法
        }
      }
    }
    ......
  }
</script>
```

可以看到，在<input>元素中使用 v-model 指令绑定计数属性 value，而不是 props 的 modelValue。当 modelValue 属性发生改变时，会触发 value 计算属性的 getter 方法，将其值绑定到<input>元素上。当用户在<input>中输入内容时，会触发 value 计算属性的 setter 方法，该方法会触发 update:modelValue 事件，通知父组件更新 message 属性。

保存代码，这次 HyInput.vue 组件 v-model 指令依然可以实现数据的双向绑定。

8.5.3 组件上应用多个 v-model

默认情况下，v-model 绑定了 modelValue 属性和@update:modelValue 事件。实际上，v-model 指令支持传入一个参数，可以通过这个参数指定需要绑定的属性和事件名称，这样就可以在一个组件中应用多个 v-model 指令了。例如，在下面的案例中，为 v-model 传递一个 title 参数，那么 v-model 就绑定了 title 属性和@update:title 事件。

在 "5_组件的 v-model" 文件夹下新建 HyMultipleInput.vue 组件，并在该组件中将 props 中的 modelValue 和 title 属性双向绑定到各自的 <input>元素上，代码如下所示：

```
<template>
  <div class="hy-multiple-input">
    HyMultipleInput 组件：
    <input :value="modelValue" @input="input1Change">
    <input :value="title" @input="input2Change">
  </div>
</template>
<script>
  export default {
    props: {
      modelValue: String, // 1.默认 v-model 绑定的属性
      title: String       // 2.指定 v-model 绑定的属性
    },
    emits: ["update:modelValue", "update:title"],
    methods: {
      input1Change(event) {
        this.$emit("update:modelValue", event.target.value); // 3.默认触发的事件
      },
      input2Change(event) {
        this.$emit("update:title", event.target.value);// 4.指定触发的事件
      }
    }
  }
</script>
```

可以看到，首先该组件的 props 接收 modelValue 和 title 两个属性，接着将 modelValue 和 title 两个属性分别绑定到对应<input>元素的 value 属性上。然后分别监听<input>元素的输入，当<input>元素有输入时，分别触发 update:modelValue 和 update:title 事件。

修改 App.vue 组件，在 template 中使用 HyMultipleInput.vue 组件，代码如下所示（省略了样式）：

```
<template>
  <div class="app">
    ......
    <!-- 2.在组件上绑定两个 v-model 指令 -->
    <hy-multiple-input v-model="message"
v-model:title="title"></hy-multiple-input>
  </div>
```

```
</template>

<script>
  import HyInput from './HyInput.vue';
  import HyMultipleInput from './HyMultipleInput.vue';
  export default {
    components: {
      HyInput,
      HyMultipleInput
    },
    data() {
      return {
        message: "Hello",
        title: "World"
      }
    },
    ......
  }
</script>
```

可以看到，在 App.vue 组件中导入、注册和使用 HyMultipleInput.vue 组件，并在该组件上使用两个 v-model 指令分别绑定了 message 和 title 变量。其中，v-model:title 相当于做了两件事：绑定 title 属性和监听@update:title 事件。

保存代码，在浏览器中显示的效果如图 8-18 所示，在<hy-multiple-input>组件上使用两个 v-model 指令依然可以实现数据的双向绑定。

图 8-18　组件上应用多个 v-model 指令实现数据双向绑定

8.5.4　v-model 绑定对象类型

在前文中，v-model 绑定的数据都是字符串或数字类型的。下面来探讨如何使用 v-model 指令绑定对象类型的数据。

在"5_组件的 v-model"文件夹下新建 HyForm.vue 组件，代码如下所示（省略了样式）：

```
<template>
  <div class="hy-multiple-form">
    HyMultipleInput 组件：
    <input :value="modelValue.name" @input="inputChange($event, 'name')">
    <input :value="modelValue.title" @input="inputChange($event, 'title')">
    <!-- 不建议使用下面的简写。1.会直接修改 props 属性。2.可读性也不是很好 -->
    <!-- <input v-model="modelValue.title"> -->
  </div>
```

```
</template>

<script>
  export default {
    props: {
      modelValue: Object // 为对象类型
    },
    emits: ["update:modelValue"],
    methods: {
      inputChange(event,field) {
        this.$emit("update:modelValue", {
          ...this.modelValue,
          [field]: event.target.value, // 将当前获取的值赋给对应的 name 和 title 属性
        });
      }
    }
  }
</script>
```

可以看到，首先分别为<input>元素的 value 绑定了 modelValue 对象中的 name 和 title 属性，接着分别监听<input>元素的输入，当<input>元素有输入时，回调 inputChange 函数，该函数会接收两个参数：事件对象和当前绑定对象属性的名称。

然后在该函数中触发 update:modelValue 事件，并将 this.modelValue 的内容和<input>元素输入的内容进行合并生成新的对象。最后把该对象作为$emit 函数的第二个参数传递给父组件。

修改 App.vue 根组件，在 template 中添加 HyForm.vue 组件的使用，代码如下所示（省略了样式）：

```
<template>
  <div class="app">
    ......
    <!-- 3.v-model 绑定对象 -->
    <h5>App 组件 formData.name:: {{formData.name}}</h5>
    <h5>App 组件 formData.title: {{formData.title}}</h5>
    <hy-form v-model="formData"></hy-form>
  </div>
</template>

<script>
  ......
  import HyForm from './HyForm.vue';
  export default {
    components: {
      ......
      HyForm
    },
    data() {
      return {
        ......
        formData:{
          name: 'coder',
          title: 'why'
        }
      }
    },
    ......
  }
</script>
```

保存代码，在浏览器中显示的效果如图 8-19 所示。在 HyForm.vue 组件中使用 v-model 绑
定对象类型，也可以实现数据的双向绑定。

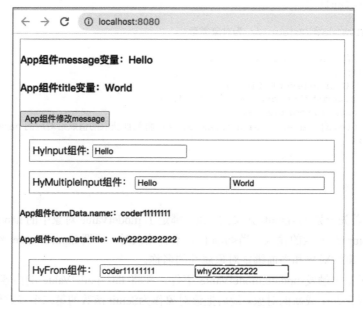

图 8-19　使用 v-model 绑定对象类型，实现数据双向绑定

8.6　本章小结

本章内容如下。

◎　动态组件：使用 Vue.js 3 内置的<component>组件，通过 is 属性动态绑定组件名，实
现动态显示组件。同时，也可以为动态组件传递额外的参数。

◎　异步组件：当项目过大时，对于某些组件，可以通过异步的方式进行加载以及分包处
理。Vue.js 3 提供了 defineAsyncComponent 函数，用于实现异步加载组件。

◎　模块引用：在组件中，可以通过$refs 属性直接获取元素对象或者子组件实例，可通
过$parent 属性获取组件中的父组件实例。

◎　组件生命周期：包括 beforeCreate、created、beforeMount、mounted、beforeUnmount、
unmounted 等。

◎　在组件上使用 v-model：首先用 v-bind 绑定 modelValue 属性，然后用 v-on 绑定表单
元素 update:model-value 事件，并将新值赋给 modelValue 绑定的属性。

Vue.js 3实现过渡动画

学习了 Vue.js 3 组件化进阶的知识后，本章将深入探讨 Vue.js 3 组件的过渡动画。在学习前，先看看本章源代码的管理方式，目录结构如下：

```
VueCode
├── ......
├── chapter09
│    └── 01_learn_animation
│    └── 02_learn_animation_project # 提供一个空的 Vue.js 3 项目
```

新建 01_learn_animation 项目以及后面章节中的新建项目将不再详细讲解（新建项目见第 7章）。

9.1　基本过渡动画

9.1.1　认识过渡动画

在开发中，为了增强用户体验，我们通常会为组件的显示和隐藏添加一些过渡动画。下面来了解一下 Vue.js 3 和 React 框架是如何实现过渡动画的。

（1）React 框架本身没有提供动画相关的 API，因此在使用过渡动画时需要引入第三方库：react-transition-group。

（2）相比之下，Vue.js 3 框架则提供了一些内置组件和 API，用于实现过渡动画效果，方便开发者使用。

下面介绍 Vue.js 3 中过渡动画的具体实现。在 01_learn_animation 项目的 src 目录下新建"01_过渡动画的基本使用"文件夹，然后在该文件夹下新建 App.vue 组件。

App.vue 组件，通过 v-if 指令控制显示和隐藏<h4>元素，代码如下所示：

```
<template>
  <div>
    <button @click="show = !show">显示/隐藏</button>
    <h4 v-if="show" style="border:1px solid #ddd;width: 100px">Hello World</h4>
  </div>
</template>
<script>
```

```
export default {
  data() {
    return {
      show: true
    }
  }
}
</script>
```

可以看到，上述代码非常简单。当单击"显示/隐藏"按钮时，会修改 show 变量的值。然后，通过 v-if 指令将 show 的值绑定到<h4>元素上，以控制其显示和隐藏。

最后，修改 main.js 程序入口文件，将导入的 App.vue 组件改为"01_过渡动画的基本使用/App.vue"路径下的 App.vue 组件。

在 VS Code 终端执行 npm run serve 命令，在浏览器中显示的效果如图 9-1 所示。当单击"显示/隐藏"按钮时，<h4>元素的显示和隐藏效果是没有过渡动画效果的。当切换显示和隐藏内容时，会显得非常生硬。

图 9-1　显示和隐藏<h4>元素

为了实现单个元素或组件的过渡动画效果，在 Vue.js 3 中，可以使用内置组件<transition>。该组件是对 CSS 中 transition 属性的封装，在条件渲染（v-if）、条件展示（v-show）、动态组件，以及组件根节点等情况下，都可以为任何元素和组件添加进入/离开的过渡动画效果。

修改 App.vue 代码，用<transition>内置组件包裹<h4>元素，并通过 v-if 控制其显示和隐藏，代码如下所示：

```
<template>
  <div>
    <button @click="isShow = !isShow">显示/隐藏</button>
    <!-- 1.使用transition内置组件包裹h4元素,并通过name属性指定过渡动画的类名为 why -->
    <transition name="why">
      <h4 v-if="isShow" style="border:1px solid #ddd;width: 100px">Hello
World</h4>
    </transition>
  </div>
</template>
<script>
  export default { .... }  // 与前面一样
</script>
<!-- 2.实现 h4 元素的过渡动画 -->
<style scoped>
  /* 2.1 h4 元素进入之前和离开之后应用的样式 */
  .why-enter-from,
  .why-leave-to {
    opacity: 0;
  }
  /* 2.2 h4 元素开始进入和离开应用的样式 */
  .why-enter-to,
```

```
  .why-leave-from {
    opacity: 1;
  }
  /* 2.3 h4 元素在整个进入/离开过渡的阶段中应用的样式 */
  .why-enter-active,
  .why-leave-active {
    transition: opacity 2s ease;  /* 过渡效果 */
  }
</style>
```

可以看到，首先使用\<transition>内置组件来包裹\<h4>元素，并通过 name 属性指定过渡动画的类名前缀为 "why-"。接着在\<style>标签中实现了动画类名前缀为 "why-" 的进入和离开的透明度过渡动画。

需要注意的是：\<style>标签中的类名都以 "why-" 开头，该名称在\<transition>组件的 name 属性中指定。而.why-后面的类名是过渡动画的固定类名。

保存代码，在浏览器中单击 "显示/隐藏" 按钮会发现，这次\<h4>元素显示和隐藏时有过渡动画效果，如图 9-2 所示。

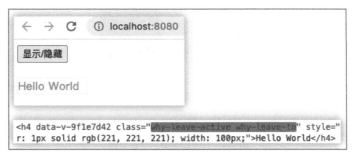

图 9-2　显示和隐藏\<h4>元素的过渡动画效果

之所以会有过渡动画效果，是因为当在 Vue.js 3 中插入或删除包含在\<transition>组件中的元素时，Vue.js 3 框架会执行以下操作。

（1）自动检测目标元素（例如\<h4>）是否应用了 CSS 过渡或动画，若是，则在适当的时机添加/删除 CSS 类名。

（2）若\<transition>组件提供了 JavaScript 钩子函数，则这些钩子函数将在适当的时机被调用。

（3）如果未找到 JavaScript 钩子函数且未检测到 CSS 过渡/动画，则将立即执行 DOM 插入、删除操作。

9.1.2　过渡动画特有的类

在前面的案例中，我们在\<style>标签中编写了很多类（class），例如 why-enter-from、why-enter-to 等。实际上，Vue.js 3 过渡动画的实现原理是：在适当的时机，会自动在这些 class 之间来回切换，以应用不同的样式。举例如下。

（1）v-enter-from：定义进入过渡的开始状态。在元素被插入之前生效，在元素被插入之后的下一帧移除。

（2）v-enter-active：定义进入过渡生效时的状态。在整体进入过渡的阶段中应用，在元素被插入之前生效，在过渡/动画完成之后移除。这个类可以被用于定义进入过渡的过程时间、延迟和曲线函数。

（3）v-enter-to：定义进入过渡的结束状态。在元素被插入之后下一帧生效（与此同时，v-enter-from 被移除），在过渡/动画完成之后移除。

（4）v-leave-from：定义离开过渡的开始状态。在离开过渡被触发时立刻生效，下一帧被移除。

（5）v-leave-active：定义离开过渡生效时的状态。在整个离开过渡的阶段中应用，在离开过渡被触发时立刻生效，在过渡/动画完成之后移除。这个类可以被用于定义离开过渡的过程时间、延迟和曲线函数。

（6）v-leave-to：离开过渡的结束状态。在离开过渡被触发之后下一帧生效（与此同时，v-leave-from 被删除），在过渡/动画完成之后移除。

这些过渡动画类的生命周期如图 9-3 所示。

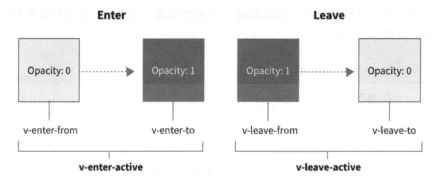

图 9-3　过渡动画类的生命周期

需要注意的是：如果<transition>组件的 name 属性未指定，则默认动画类名前缀为"v-"。若添加了 name 属性，例如<transition name="why">，则所有 class 都以"why-"为前缀。

9.1.3　CSS 的 Animation 动画

除了 CSS 中的 transition 属性，animation 属性也可以实现过渡动画效果。

在 01_learn_animation 项目的 src 目录下新建"02_CSS_animation 动画的实现"文件夹，然后在该文件夹下新建 App.vue 组件。

App.vue 组件，代码如下所示：

```
<template>
  <div class="app">
    <button @click="isShow = !isShow">显示/隐藏</button>
    <transition name="why">
      <h4 v-if="isShow" style="border:1px solid #ddd;width: 100px">Hello
World</h4>
    </transition>
  </div>
</template>
<script>
  export default { .... }  // 与前面一样
</script>
<!--2.CSS animation 动画的实现-->
<style scoped>
  /* 2.1 h4 元素在整体进入过渡阶段中应用的样式 */
```

```
.why-enter-active {
  animation: bounce 1s ease;
}
/* 2.2 h4 元素在整体离开过渡阶段中应用的样式 */
.why-leave-active {
  animation: bounce 1s ease reverse;
}
@keyframes bounce {
  0% {
    transform: scale(0)
  }
  50% {
    transform: scale(1.2);
  }
  100% {
    transform: scale(1);
  }
}
</style>
```

可以看到，首先使用<transition>内置组件包裹<h4>元素，并通过 name 属性指定过渡动画的类名前缀为"why-"。接着在<style>标签中的.why-enter-active 类中添加 "animation: bounce 1s ease;"定义帧动画，在.why-leave-active 类中添加 "animation: bounce 1s ease reverse;"定义反向帧动画。

最后，修改 main.js 程序入口文件，将导入的 App.vue 组件改为"02_CSS_animation 动画的实现/App.vue"路径下的 App.vue 组件。

保存代码，在浏览器中单击"显示/隐藏"按钮，在<h4>元素显示和隐藏时会有缩放动画效果，效果如图 9-4 所示。

图 9-4　CSS animation 动画实现缩放效果

9.1.4　Transition 组件的常见属性

<transition>是 Vue.js 3 中用于在元素插入或移除时添加过渡效果的组件。该组件常见的属性如下。

◎　name：指定过渡类名的基础名称，默认值为 v。
◎　type：指定过渡类型，可选值为 transition（默认值）或 animation。
◎　mode：指定过渡模式，可选值为 in-out、out-in，默认为空。
◎　appear：指定是否在初次渲染时执行过渡动画，默认为 false。

name 属性在前面已经介绍过，接下来详细讲解 type、mode 和 appear 属性的使用。

1. type 属性：实现同时使用过渡和动画

为了监听动画的完成，Vue.js 3 内部会监听 transitionend 或 animationend 事件，最终监听哪一个事件取决于元素应用的 CSS 规则。例如，如果仅使用了 transition 或 animation 中的某一个，

Vue.js 3 能够自动识别事件类型，并设置对应的监听事件。

但是，如果同时使用了过渡（transition）和动画（animation），就需要在<transition>组件上设置 type 属性为 animation 或 transition，明确告知 Vue.js 3 监听事件的类型。如果未设置 type 属性，那么 Vue.js 3 将自动检测持续时间较长的动画对应的事件类型。例如，若 transition 持续时间比 animation 长，则自动监听 transitionend 事件；否则监听 animationend 事件。

在 01_learn_animation 项目的 src 目录下新建 "03_同时用 transition 和 animation" 文件夹，然后在该文件夹下新建 App.vue 组件。

App.vue 组件，用于演示同时用 transition 和 animation 实现动画，代码如下所示：

```
<template>
  <div class="app">
    <button @click="isShow = !isShow">显示/隐藏</button>
    <transition name="why" type="transition" >
      <h4 v-if="isShow" style="border:1px solid #ddd;width: 100px">Hello
World</h4>
    </transition>
  </div>
</template>
<script>
  export default { .... }   // 与前面一样
</script>
<style scoped>
  /* 1.transition 动画 */
  .why-enter-from,
  .why-leave-to {
    opacity: 0;
  }
  .why-enter-active,
  .why-leave-active {
    transition: opacity 1s ease;
  }
  /* 2.animation 动画 */
  .why-enter-active {
    animation: bounce 1s ease;
  }
  .why-leave-active {
    animation: bounce 1s ease reverse;
  }
  @keyframes bounce { ...... }
</style>
```

可以看到，上面同时使用了持续时间为 1 秒的 transition 和 animation 动画，这时需要用到<transition>组件的 type 属性。如果将 type 设置为 transition，表示动画结束时间是根据过渡动画的时长决定的。如果没有设置 type，那么 Vue.js 3 默认会自动检测出持续时间较长动画对应的事件类型。

最后，修改 main.js 程序入口文件，将导入的 App.vue 组件改为 "10_作用域插槽使用/App.vue" 路径下的 App.vue 组件。

保存代码后，在浏览器中单击 "显示/隐藏" 按钮，<h4>元素会发生透明度和缩放的变化。

2. mode 属性：指定过渡模式

在介绍 mode 属性之前，首先看下面的案例。在 01_learn_animation 项目的 src 目录下新建 "04_过渡的模式 mode" 文件夹，然后在该文件夹下新建 App.vue 组件。

App.vue 组件，代码如下所示：

```
<template>
  <div class="app">
    <button @click="isShow = !isShow">显示/隐藏</button>
    <transition name="why">
      <h4 v-if="isShow" style="border:1px solid #ddd;width: 100px">Hello
World</h4>
      <h4 v-else style="border:1px solid #ddd;width: 100px">你好啊,李银河</h4>
    </transition>
  </div>
</template>
<script>
  export default { .... }  // 与前面一样
</script>

<style scoped>
  .why-enter-from,
  .why-leave-to {
    opacity: 0;
  }
  .why-enter-active,
  .why-leave-active {
    transition: opacity 1s ease;
  }
</style>
```

可以看到，这次<transition>组件中包含了两个元素，动画效果在这两个元素之间切换。

最后，修改 main.js 程序入口文件，将导入的 App.vue 组件改为 "04_过渡的模式 mode/App.vue" 路径下的 App.vue 组件。

保存代码，在浏览器中显示的效果如图 9-5 所示。

图 9-5　动画在两个元素之间切换

单击 "显示/隐藏" 按钮，当第一个<h4>元素在隐藏时，第二个<h4>元素会立即显示出来，没有过渡效果。如果希望两个元素都有过渡效果，需要为<transition>组件添加 mode 属性，指定过渡模式，举例如下。

◎　mode="in-out"：新元素先进行过渡，完成之后当前元素过渡离开。

◎　mode="out-in"：当前元素先进行过渡，完成之后新元素过渡进入。

修改 App.vue 组件，直接在<transition>组件中添加 mode 属性，并设值为 out-in，代码如下所示：

```
<template>
  <div class="app">
    ......
```

```
  <transition name="why" mode="out-in">
    ......
  </transition>
  </div>
</template>
......
```

保存代码后，在浏览器中单击"显示/隐藏"按钮，这两个元素的显示和隐藏都将带有过渡效果。

上述案例同样适用于动态组件，下面演示一下动态组件的过渡效果。在 01_learn_animation 项目的 src 目录下新建"05_动态组件的切换"文件夹，然后在该文件夹下新建 App.vue、Home.vue 和 About.vue 组件。

Home.vue 组件，代码如下所示：

```
<template>
  <div>
    <h4>home 组件</h4>
    <p>呵呵呵呵呵呵</p>
  </div>
</template>
<script>
  export default {
    name:'home'
  }
</script>
```

About.vue 组件，代码如下所示：

```
<template>
  <div>
    <h4>about 组件</h2>
    <p>哈哈哈哈啊哈哈哈</p>
  </div>
</template>
<script>
  export default {
    name:'about'
  }
</script>
```

App.vue 组件，代码如下所示（省略了样式）：

```
<template>
  <div class="app">
    <button @click="isShow = !isShow">显示/隐藏</button>
    <!-- 1.切换显示和隐藏动态组件 -->
    <transition name="why" mode="out-in" >
      <component :is="isShow ? 'home': 'about'"></component>
    </transition>
  </div>
</template>
<script>
  import Home from './pages/Home.vue';
  import About from './pages/About.vue';
  export default {
    components: {
      Home,
      About
```

```
    },
    data() {
      return {
        isShow: true
      }
    }
  }
</script>
<style scoped>
  .why-enter-from,
  .why-leave-to {
    opacity: 0;
  }
  .why-enter-active,
  .why-leave-active {
    transition: opacity 1s ease;
  }
</style>
```

可以看到，首先在 App.vue 组件中注册 Home.vue 和 About.vue 组件，接着在<transition>
组件中使用动态组件，让动态组件之间的切换有动画效果。

最后，修改 main.js 程序入口文件，将导入的 App 组件改为"05_动态组件的切换/App.vue"
路径下的 App 组件。

保存代码，在浏览器中单击"显示/隐藏"按钮，两个组件在显示和隐藏时会有过渡动画，
效果如图 9-6 所示。

图 9-6　动态组件的过渡动画

3. appear 属性：指定初次渲染的过渡动画

默认情况下，上述案例在首次渲染时均没有过渡动画效果。如果希望在首次渲染时也有过
渡动画效果，只需在<transition>组件上添加 appear 属性即可，代码如下所示：

```
<template>
  <div class="app">
    ......
    <!-- 添加 appear 属性后，首次渲染时就会有过渡动画效果。其中，appear 是:appear="true"
的简写-->
    <transition name="why" mode="out-in" appear>
      <component :is="isShow ? 'home': 'about'"></component>
    </transition>
  </div>
</template>
```

保存代码，这样在首次渲染时就会有过渡动画效果。

9.2 第三方库动画库

9.2.1 Animate.css 动画库

手动编写网页动画的开发效率比较低。因此，在开发中，我们经常使用第三方动画库，比如 Animate.css。Animate.css 是一个流行的跨浏览器 CSS 动画库，简单易用，包含大量预定义的动画效果。下面是使用 Animate.css 的具体步骤。

（1）安装 Animate.css 库。

（2）引入 Animate.css 库的样式。

（3）直接使用 Animate.css 库中定义的 keyframes 动画或提供的动画类。

接下来，将从 Animate.css 动画库的基本使用和自定义过渡类名这两个方面讲解该动画库的用法。

1. Animate.css 动画库的基本使用

首先安装 Animate.css 库，代码如下所示：

```
# 打开 VS Code Terminal 终端，执行下面的命令。本书安装的是 4.1.1 版本
npm install animate.css
```

接着，在项目的 main.js 文件中导入 Animate.css，代码如下所示：

```
......
import "animate.css";
createApp(App).mount('#app')
```

然后，在 01_learn_animation 项目的 src 目录下新建"06_结合 Animate 第三方动画库使用"文件夹，然后在该文件夹下新建 App.vue 组件。

App.vue 组件的代码如下所示：

```
<template>
  <div class="app">
    <button @click="isShow = !isShow">显示/隐藏</button>
    <transition name="why" appear>
     <h4 v-if="isShow" style="border:1px solid #ddd;width: 100px">Hello
World</h4>
    </transition>
  </div>
</template>
<script>
  export default {
    data() {
     return {
       isShow: true
     }
    }
  }
</script>
<style scoped>
  .why-enter-active {
    /* 1.使用 Animate.css 的 backInLeft 从左边进入的动画 */
    animation: backInLeft 1s ease-in;
  }
  .why-leave-active {
    /* 2.使用 Animate.css 的 backOutRight 从右边离开的动画 */
```

```
        animation: backOutRight 1s ease-in;
    }
</style>
```

可以看到，在<style>标签中直接使用了 Animate.css 库中定义的 keyframes 动画，即：在<h4>元素整体进入过渡的阶段应用 Animate.css 中的 backInLeft 动画；在<h4>元素整体离开过渡的阶段应用 Animate.css 中的 backOutRight 动画。

最后，修改 main.js 程序入口文件，将导入的 App.vue 组件改为 "06_结合 Animate 第三方动画库使用/App.vue" 路径下的 App.vue 组件。

保存代码，在浏览器中首次渲染时就会有 backInLeft 动画效果。单击 "显示/隐藏" 按钮时，也会出现 backInLeft 和 backOutRight 的动画效果，如图 9-7 所示。

图 9-7　Animate.css 的动画效果

其实，Animate.css 的原理非常简单：它提前为我们写好了许多动画效果。接下来，查看 Animate.css 中 backInLeft 动画效果的源码：

```
@keyframes backInLeft {
  0% {
    -webkit-transform: translateX(-2000px) scale(0.7);
    transform: translateX(-2000px) scale(0.7);
    opacity: 0.7;
  }
  80% {
    -webkit-transform: translateX(0px) scale(0.7);
    transform: translateX(0px) scale(0.7);
    opacity: 0.7;
  }
  100% {
    -webkit-transform: scale(1);
    transform: scale(1);
    opacity: 1;
  }
}
```

提示：可以在 Animate 官网（见链接 9-1）查找更多类似 backInLeft 的 keyframes 动画。

2. 自定义过渡类名

在 Vue.js 3 中，可以使用<transition>组件的 name 属性指定动画类名的前缀。除此之外，还可以通过以下属性自定义过渡类名。

◎　enter-from-class：自定义进入过渡的开始状态的类名。

◎　enter-active-class：自定义进入过渡生效时的状态。

◎　enter-to-class：自定义进入过渡的结束状态。

◎　leave-from-class：自定义离开过渡的开始状态。

◎ leave-active-class：自定义离开过渡生效时的状态。

◎ leave-to-class：自定义离开过渡的结束状态。

它们的优先级高于普通的类名，这在 Vue.js 3 的过渡系统和其他第三方 CSS 动画库（如 Animate.css）结合使用时十分有用。下面通过自定义过渡类名的方式，实现上面案例的动画效果。

修改 App.vue 组件，代码如下所示：

```
<template>
  <div class="app">
    <button @click="isShow = !isShow">显示/隐藏</button>
    <!--通过自定义过渡类名的方式实现 backInLeft 和 backOutRight 动画  -->
    <transition enter-active-class="animate__animated animate__backInLeft"
            leave-active-class="animate__animated animate__backOutRight">
      <h4 v-if="isShow" style="border:1px solid #ddd;width: 100px">Hello
World</h4>
    </transition>
  </div>
</template>
......
<style scoped> /* 不需要再编写样式了 */ </style>
```

可以看到，在<transition>组件上的 enter-active-class 和 leave-active-class 属性使用了 Animate.css 库提供的动画类。即：在<h4>元素整体进入过渡的阶段应用 Animate.css 中的 backInLeft 动画；在<h4>元素整体离开过渡的阶段应用 Animate.css 中的 backOutRight 动画。

保存代码，在浏览器中单击"显示/隐藏"按钮时，也会有 backInLeft 和 backOutRight 动画效果。

最后，我们看一下 Animate.css 库中 animate__animated 和 animate__backInLeft 动画类的源码：

```
.animate__animated {
  -webkit-animation-duration: 1s;
  animation-duration: 1s;
  -webkit-animation-duration: var(--animate-duration);
  animation-duration: var(--animate-duration);
  -webkit-animation-fill-mode: both;
  animation-fill-mode: both;
}
.animate__backInLeft {
  -webkit-animation-name: backInLeft;
  animation-name: backInLeft;
}
```

提示：Animate.css 动画库中的样式也可以通过 CSS 的优先级别进行重写。

9.2.2 GSAP 动画库

在某些情况下，我们希望通过 JavaScript 实现一些动画效果，这时可以选择非常流行的 GSAP 动画库。GSAP 是 GreenSock Animation Platform 的缩写。它可以通过 JavaScript 的方式为 CSS 属性、SVG、Canvas 等设置动画。以下是 GSAP 动画库的具体使用步骤。

（1）使用 npm 命令安装 GSAP 动画库。

（2）在需要使用 GSAP 的文件中，使用 import gsap from "gsap";导入 GSAP 库。

（3）使用 GSAP 库对应的 API，实现对 CSS 属性、SVG、Canvas 等的动画设置。

以下是安装 GSAP 动画库的命令：

```
# 打开 Terminal 终端，执行下面的命令。本书安装的是 3.9.1 版本
npm install gsap
```

1. <transition>组件的事件和 JavaScript 钩子

在使用 GSAP 动画库之前，先来看一下<transition>组件提供的 JavaScript 钩子。这些钩子可以帮助我们监听动画执行到什么阶段，从而在钩子函数中使用 GSAP 设置动画。

在 01_learn_animation 项目的 src 目录下新建 "07_transition 组件生命周期的钩子" 文件夹，然后在该文件夹下新建 App.vue 组件。

App.vue 组件，代码如下所示：

```
<template>
  <div class="app">
    <button @click="isShow = !isShow">显示/隐藏</button>
    <transition :appear="true"
                @before-enter="beforeEnter"
                @enter="enter"
                @after-enter="afterEnter"
                @before-leave="beforeLeave"
                @leave="leave"
                @afterLeave="afterLeave">
      <h4 v-if="isShow" style="border:1px solid #ddd;width: 100px">Hello
World</h4>
    </transition>
  </div>
</template>
<script>
  export default {
    data() {
      return {
        isShow: true
      }
    },
    methods: {
      beforeEnter(el) {
        console.log("beforeEnter"); // 1.在元素被插入 DOM 之前被调用
      },
      // 参数一：el 表示当前 DOM 对象。参数二：done 表示动画结束的回调函数
      enter(el, done) {
        console.log("enter");// 2.在元素被插入 DOM 之后的下一帧被调用
        done()
      },
      afterEnter(el) {
        console.log("afterEnter"); // 3.当进入过渡完成时调用
      },
      beforeLeave(el) {
        console.log("beforeLeave"); // 4.在 leave 钩子之前调用
      },
      leave(el, done) {
        console.log("leave"); // 5.在离开过渡开始时调用
        done()
      },
      afterLeave(el) {
        console.log("afterLeave"); // 6.在离开过渡完成，且元素已从 DOM 中移除时调用
      }
    }
  }
</script>
```

可以看到，上述代码通过监听<transition>组件上的 before-enter、enter 和 after-leave 等事件来使用 JavaScript 钩子函数，并在每个钩子函数中分别打印对应的钩子名称。

最后，修改 main.js 程序入口文件，将导入的 App.vue 组件改为"07_transition 组件生命周期的钩子/App.vue"路径下的 App.vue 组件。

保存代码，在浏览器中显示的效果如图 9-8 所示。当显示<h4>元素时，会回调 beforeEnter、enter 和 afterEnter 钩子函数；当隐藏<h4>元素时，会回调 beforeLeave、leave 和 afterLeave 钩子函数。

图 9-8 <transition>组件生命周期的钩子

2. GSAP 动画库的使用

在 01_learn_animation 项目的 src 目录下新建"09-GSAP 动画库的使用"文件夹，然后在该文件夹下新建 App.vue 组件。

App.vue 组件，代码如下所示：

```
<template>
  <div class="app">
    <button @click="isShow = !isShow">显示/隐藏</button>
    <transition @enter="enter"
                @leave="leave"
                :css="false">
      <h4 v-if="isShow" style="border:1px solid #ddd;width: 100px">Hello
World</h4>
    </transition>
  </div>
</template>
<script>
  // 导入 GSAP 动画库
  import gsap from 'gsap';
  export default {
    data() {
      return {
        isShow: true,
      }
    },
    methods: {
      enter(el, done) {
        console.log("enter", el);
        // 1.h4 元素在整个进入过渡的阶段中应用了以下动画
        gsap.from(el, {
          scale: 0,
          x: 200,
```

```
        onComplete: done // 调用回调函数 done 表示过渡结束
      })
    },
    leave(el, done) {
      console.log("leave", el);
      // 2.h4 元素在整个离开过渡的阶段中应用了以下动画
      gsap.to(el, {
        scale: 0,
        x: 200,
        onComplete: done // 调用回调函数 done 表示过渡结束
      })
    }
  }
}
</script>
```

可以看到，在<transition>组件中监听了 enter 和 leave 事件。在元素被插入 DOM 之后的下一帧，会调用 enter 方法，该方法接收两个参数：el 和 done。其中，el 是需要做动画的 DOM 对象（<h4>元素），done 表示过渡结束的回调函数。

在<transition>组件设置:css="false"后，表示 JavaScript 全权负责控制动画的过渡。在这种情况下，对@enter 和@leave 钩子来说，调用回调函数 done 就是必需的。

接着，在 enter 方法中使用 gsap 的 from 函数为<h4>元素应用动画，即<h4>元素从右边 200 处由小到大移动到默认位置。在 gsap 中动画执行完成之后会回调 onComplete 函数，这里通过直接将 done 函数传递给 onComplete 来完成这次动画。

同样，当离开过渡开始时会调用 leave 方法。我们在该方法中使用 gsap 的 to 函数为<h4>元素应用动画，即<h4>元素从默认位置向右移动 200 并缩小为 0。

最后，修改 main.js 程序入口文件，将导入的 App.vue 组件改为 "09-GSAP 动画库的使用/App.vue" 路径下的 App.vue 组件。

保存代码，在浏览器中显示的效果如图 9-9 所示。当单击"显示/隐藏"按钮时，<h4>元素将从右侧 200 处缓慢移动到默认位置，并逐渐放大；当再次单击"显示/隐藏"按钮时，<h4>元素将从默认位置向右移动 200，并缩小为 0。

图 9-9　GSAP 动画库的使用效果

3. GSAP 实现数字变化效果

学会了 GSAP 动画库的基本使用之后，接下来可以使用 GSAP 库实现数字变化效果。

在 01_learn_animation 项目的 src 目录下新建 "09_GSAP 库来实现数字变化效果" 文件夹，然后在该文件夹下新建 App.vue 组件。

App.vue 组件，代码如下所示：

```
<template>
  <div class="app">
    <input type="number" v-model="counter">
    <h2>当前计数：{{showNumber.toFixed(0)}}</h2>
  </div>
</template>
<script>
  import gsap from 'gsap';
  export default {
    data() {
      return {
        counter: 1,
        showNumber: 0
      }
    },
    watch: {
      counter(newValue) {
        // 参数一：this 为目标对象，这里是 Vue 实例
        // 参数二：为 Vue 实例中的 showNumber 属性添加动画，即在 1s 中 showNumber 由 1 过渡
到 input 输入的数值
        gsap.to(this, {duration: 1, showNumber: newValue})
      }
    }
  }
</script>
```

可以看到，在 watch 中监听<input>的输入，当用户输入数字时，会触发 watch 中定义的 counter 函数。接着，该函数使用 gsap 的 to 函数为 Vue 实例的 showNumber 属性应用动画。即在 1 秒内，showNumber 的值将由 1 过渡到<input>输入的数值。这样就可以看到 showNumber 数字递增的效果。

最后，修改 main.js 程序入口文件，将导入的 App.vue 组件改为 "09_GSAP 库来实现数字变化效果/App.vue" 路径下的 App.vue 组件。

保存代码，在浏览器中显示的效果如图 9-10 所示。在输入框中输入 "19999" 时，当前计数将会从 1 递增到 19999。

图 9-10　使用 GSAP 库实现数字变化效果

9.3　列表中的过渡动画

到目前为止，本章介绍的过渡动画都是针对单个元素或组件的，要么是单个节点，要么是多个节点中的一个。如果我们需要为一个列表添加过渡动画，或者希望在该列表中添加、删除数据时也有动画效果，就需要使用 Vue.js 3 提供的内置组件——<transition-group>。与<transition>基本相同，<transition-group>也支持 props、CSS 过渡类和 JavaScript 钩子监听器，但二者有以下几点区别。

（1）默认情况下，<transition-group>不会渲染一个容器元素，但可通过传入 tag 属性指定一个元素作为容器元素进行渲染。

（2）过渡模式在这里不可用，因为不再是在互斥的元素之间进行切换。

（3）列表中的每个元素都必须有一个独一无二的 key 属性。

（4）CSS 过渡类会被应用在列表内的元素上，而不是容器元素上。

9.3.1　TransitionGroup 的基本使用

下面通过一个案例来学习<transition-group>组件的基本使用，如图 9-11 所示，该案例实现的功能如下。

（1）该案例有两个按钮："添加数字"和"删除数字"，还要显示一列数字。

（2）当单击"添加数字"按钮时，在列表中添加一个数字；当单击"删除数字"按钮时，会删除列表中某个数字。

（3）在添加或删除数字的过程中，为添加或删除的数字添加动画效果。

图 9-11　案例功能

在 01_learn_animation 项目的 src 目录下新建"10_transition-group 列表动画基本使用"文件夹，然后在该文件夹下新建 App.vue 组件。

App.vue 组件，代码如下所示：

```
<template>
  <div>
    <button @click="addNum">添加数字</button>
    <button @click="removeNum">删除数字</button>
    <!-- tag="p"  指定 p 元素作为容器元素来渲染-->
    <transition-group tag="p" name="why">
      <span v-for="item in numbers" :key="item" class="item">
        {{item}}
      </span>
    </transition-group>
  </div>
</template>

<script>
  export default {
    data() {
      return {
        numbers: [0, 1, 2, 3, 4, 5, 6, 7, 8, 9],
        numCounter: 10
      }
    },
    methods: {
      addNum() {
        // 1.在随机位置添加一个数字
        this.numbers.splice(this.randomIndex(), 0, this.numCounter++)
      },
```

```
      removeNum() {
        // 2.删除随机位置的数字
        this.numbers.splice(this.randomIndex(), 1)
      },
      randomIndex() {
        // 3.获取 numbers 数组的随机索引
        return Math.floor(Math.random() * this.numbers.length)
      }
    },
  }
</script>

<style scoped>
  .item {
    margin-right: 10px;
  }
  /* 某个 span 元素进入和离开时的动画 */
  .why-enter-from,
  .why-leave-to {
    opacity: 0;
    transform: translateY(30px);
  }
  /* 某个 span 元素的过渡效果 */
  .why-enter-active,
  .why-leave-active {
    transition: all 1s ease;
  }
</style>
```

可以看到，在<transition-group>组件中使用 v-for 遍历 numbers 数组，从而渲染多个<span>元素，并用 tag="p"指定所有<span>元素放在<p>元素中，用 name="why"指定过渡动画类名的前缀。

接着，在<style>标签中的 why-enter-from 和 why-leave-to 类中，指定某个<span>元素进入和离开时的动画，在 why-enter-active 和 why-leave-active 类中指定某个<span>元素动画的过渡效果。

然后，当单击"添加数字"按钮时，在 addNum 函数中为 numbers 数组随机添加一个数字，即<p>元素中会被插入一个新的<span>元素，同时会应用 why-enter-from 定义的动画；当单击"删除数字"按钮时，在 removeNum 函数中为 numbers 数组随机删除一个数字，即在<p>元素中移除一个<span>元素，同时会应用 why-leave-to 定义的动画。

最后，修改 main.js 程序入口文件，将导入的 App.vue 组件改为"10_transition-group 列表动画基本使用/App.vue"路径下的 App.vue 组件。

保存代码，在浏览器中显示的效果如图 9-12 所示。

图 9-12 <transition-group>组件的实现效果

　　当单击"添加数字"或"删除数字"按钮时，<span>元素会有透明度变化效果，但是使用 transform 移动<span>元素的动画并没有这种效果，因为<span>这种 inline 元素不支持 transform。如果要让<span>元素可以移动，可以将其修改为 inline-block 类型。

　　修改 App.vue 组件中的样式，为 span 元素添加 displa:inline-block 样式，代码如下所示：

```
.item {
  margin-right: 10px;
  /* 使用 span 元素实现动画，需要将行内元素改为行内块级标签 */
  display: inline-block;
}
```

　　保存代码，在浏览器中单击"添加数字"或"删除数字"按钮时便会有相应的动画效果。

9.3.2　列表元素的过渡动画

　　在上述案例中，尽管新增或删除的节点都具有动画效果，但其他需要左右移动的节点并没有动画效果。针对这种情况，我们可以使用新增的 v-move 类。当然，也可以像之前一样，使用 name="xxx"自定义前缀，例如 xxx-move。v-move 类会在<span>元素改变位置的过程中被应用，从而实现动画效果。

　　修改 App.vue 组件中的样式，添加 why-move 类和对应的过渡样式，代码如下所示：

```
<style scoped>
  ......
  .why-move {
    /* 为需要移动的 span 元素添加过渡效果 */
    transition: transform 1s ease;
  }
</style>
```

　　保存代码，在浏览器中单击"添加数字"按钮，其他需要向右移动的元素都会有过渡动画。

　　但是，当单击"删除数字"按钮时，其他需要向左移动的元素没有过渡动画。这是因为在删除<span>元素时，该元素在未移出列表时仍会占据宽度，导致其他<span>元素无法向左移动。如果想要为向左移动的元素添加动画，可以将被删除的<span>元素脱离标准文档流，这样它的宽度就不会占据列表位置。

　　修改 App.vue 组件中的样式，添加 why-leave-active 类和 position 属性，以使将要删除的 span 元素脱离标准文档流，代码如下所示：

```
<style scoped>
  ......
  .why-move {
    transition: transform 1s ease;
  }
  .why-leave-active {
    /* span 元素脱离标准文档流 */
    position: absolute;
  }
</style>
```

　　保存代码，在浏览器中单击"添加数字"或"删除数字"按钮，可以发现其他需要向右或向左移动的节点都有过渡动画了。

9.3.3 案例：列表元素的交替过渡

我们可以利用 GSAP 库的延迟（delay）属性实现交替消失的动画效果，如图 9-13 所示。该案例的具体功能如下。

（1）展示搜索框和搜索结果列表。

（2）在搜索内容的过程中，为检索出来的内容和移除的内容添加动画效果。

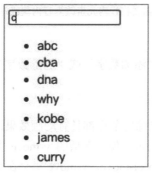

图 9-13　列表元素交替的过渡案例——交替消失

在 01_learn_animation 项目的 src 目录下新建"11_transition-group 列表的交替动画"文件夹，然后在该文件夹下新建 App.vue 组件。

App.vue 组件，代码如下所示：

```
<template>
  <div>
    <input v-model="keyword">
    <transition-group tag="ul" name="why">
      <li v-for="(item) in showNames" :key="item">
        {{item}}
      </li>
    </transition-group>
  </div>
</template>
<script>
  export default {
    data() {
      return {
        names: ["abc", "cba", "nba", "why", "lilei", "hmm", "kobe", "james"],
        keyword: ""
      }
    },
    computed: {
      showNames() {
        return this.names.filter(item => item.indexOf(this.keyword) !== -1)
      }
    }
  }
</script>
<style scoped>
  .why-enter-from ,
  .why-leave-to {
    opacity: 0;
  }
  .why-enter-active ,
  .why-leave-active {
```

```
    transition: all 1s ease;
  }
</style>
```

可以看到，在<transition-group>组件中使用 v-for 遍历计数属性 showNames，渲染了多个<li>元素，并用 tag="ul"指定所有的<li>元素放在<ul>元素中，用 name="why"指定过渡动画类名前缀。

接着，在 style 标签的 why-enter-from 和 why-leave-to 类中指定某个<li>元素进入和离开时的动画，在 why-enter-active 和 why-leave-active 类中指定某个<li>元素动画的过渡效果。

然后，当在<input>中输入和删除关键字时，showNames 计数属性会重新计算需要显示的结果。在添加或移除<li>元素时，会分别应用 why-enter-from 和 why-leave-to 定义的动画。

最后，修改 main.js 程序入口文件，将导入的 App.vue 组件改为"11_transition-group 列表的交替动画/App.vue"路径下的 App.vue 组件。

保存代码，在浏览器中显示的效果如图 9-14 所示。

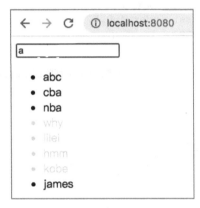

图 9-14　列表交替消失的动画效果

当在输入框中输入关键字"a"时，<ul>元素中移除多余的<li>元素的过程是很突兀的，并没有交替移除的效果，即一个接着一个移除的效果。同理，删除"a"时添加的元素也是一样突兀的。

如果想在添加和移除<li>元素时有交替效果，我们可以使用<transition-group>组件的钩子函数，其语法和<transition>组件的钩子函数一样。

修改 App.vue 组件，代码如下所示：

```
<template>
  <div>
    <input v-model="keyword">
    <transition-group tag="ul" name="why"
                      :css="false"
                      @before-enter="beforeEnter"
                      @enter="enter"
                      @leave="leave"
    >
      <!-- 每个 li 绑定了 data-index 属性，该值用于计算当前 li 动画的延时实现动画交替效果
-->
      <li v-for="(item, index) in showNames" :key="item" :data-index="index">
        {{item}}
      </li>
    </transition-group>
```

```
    </div>
  </template>

  <script>
   import gsap from 'gsap';
    export default {
      ......
      methods: {
        beforeEnter(el) { // 1.el 是将要添加到 ul 中的 li 元素。注意：添加 n 个 li 元素会回
调 n 次
          el.style.opacity = 0;
          el.style.height = 0;
        },
        enter(el, done) { // 2.el 是将要添加到 ul 中的 li 元素。注意：添加 n 个 li 元素会回
调 n 次
          gsap.to(el, { // to 函数为 el 元素的 opacity 和 height 这两个 CSS 属性实现动画
            opacity: 1,
            height: "1.5em",
            // el.dataset.index 是获取 li 元素上 data-index 绑定的属性的值
            delay: el.dataset.index * 0.5,
            onComplete: done
          })
        },
        leave(el, done) { // 3.el 是将要从 ul 中移除的 li 元素。注意：移除 n 个 li 元素会回
调 n 次
          gsap.to(el, {
            opacity: 0,
            height: 0,
            delay: el.dataset.index * 0.5,
            onComplete: done
          })
        }
      }
    }
  }
  </script>
......
```

可以看到，首先在<transition-group>组件中添加:css="false"属性，以禁用<style>标签中的
CSS 动画。接着，监听 before-enter、enter 和 leave 事件。

然后，在 beforeEnter 方法中初始化<li>元素，即<li>元素插入<ul>前是全透明的，并且高
度为 0；在 enter 方法中指定所有添加的<li>元素是从全透明且高度为 0 过渡到不透明且高度为
1em 的动画，为每个<li>元素指定依次递增的延时以实现交替效果；在 leave 方法中指定所有需
移除的<li>元素是从不透明且高度为 1.5em 过渡到全透明且高度为 0 的动画，为<li>元素指定
依次递增的延时以实现交替效果。

最后，在动画执行完成时都需要回调 done 函数，结束动画。

保存代码，在浏览器中的输入框中输入或删除关键字时，在列表中移除或添加<li>元素都
会有交替动画。

9.4 本章小结

本章内容如下。

◎ 过渡动画：在 Vue.js 3 中，可以使用<transition>内置组件，为单元素或者组件实现过
渡动画，该组件会自动检测目标元素是否应用了 CSS 过渡或动画，并在适当的时机

添加/删除 CSS 类名。

◎ 第三方动画库：Animate.css 是一个常用的 CSS 动画库，提供了大量常用的动画类；
GSAP 是一个常用的 JavaScript 动画库，几乎可以为任意 CSS 属性添加动画。

◎ 列表过渡动画：使用<transition-group>内置组件可以为一个列表添加过渡动画，但需
要为列表中每个元素添加唯一的 key 属性。该属性用于标识列表中每个元素的唯一性，
从而确保在列表中添加、删除、移动元素时都能够正确地应用过渡效果。

Vue.js 3 Composition API详解

随着项目规模的扩大，组件数量也会逐渐增多，这时需要考虑复用组件逻辑。在 Vue.js 3 中，有两种主要的组件逻辑复用方式：Mixin 混入和 Composition API。本章将重点探讨 Vue.js 3 的 Composition API。

在学习 Composition API 前，先看看本章源代码的管理方式，目录结构如下：

VueCode
├── ......
├── chapter10
│   └── 01_composition_api
│   └── 02_composition_api_project # 提供一个空的 Vue.js 3 项目

10.1　Options API 代码的复用

在 Vue.js 2 的 Options API 中，官方提供了用于代码复用的 API。这些 API 在 Vue.js 3 中同样适用。让我们一起来学习这些 API 吧！

10.1.1　Mixin 混入

当使用组件化的方式开发 Vue.js 3 的应用程序时，组件和组件之间有时会存在相同的代码逻辑，这时我们希望对相同的代码逻辑进行抽取。与 Vue.js 2 一样，Vue.js 3 也支持使用 Mixin 完成代码的复用。Mixin 具有如下特点。

（1）Mixin 提供了一种非常灵活的方式来分发 Vue.js 3 组件中可复用的功能。

（2）一个 Mixin 对象可以包含任何组件的选项（Options API）。

（3）当组件使用 Mixin 对象时，所有 Mixin 对象的选项都将被混入该组件本身的选项中。

下面看看 Mixin 的使用。

1. Mixin 的基本使用

在 01_composition_api 项目的 src 目录下新建"01_Mixin"文件夹，然后在该文件夹下分别新建 App.vue 组件和 mixins/demoMixins.js 文件。

demoMixins.js 文件，代码如下所示：

```
// 定义一个 Mixin 混合对象，将组件公用的代码逻辑抽取到 demoMixin 中
```

```
export const demoMixin = {
  data() {
    return {
      message: "Hello DemoMixin"
    }
  },
  methods: {
    foo() {
      console.log("demo mixin foo");
    }
  },
  created() {
    console.log("执行了 demo mixin created");
  }
}
```

可以看到，上面封装了一个名为 demoMixin 的 Mixin 对象，该对象中定义了 data、methods 和 created 选项。

App.vue 组件，代码如下所示：

```
<template>
  <div>
    <h2>{{message}}</h2>
    <button @click="foo">单击调用 demoMixin 定义的 foo 方法</button>
  </div>
</template>
<script>
  import { demoMixin } from './mixins/demoMixin';
  export default {
    // 将 demeMixin 定义的 data、methods 和 created 选项混入该组件中，也支持混入其他组件中
    mixins: [demoMixin]
  }
</script>
```

可以看到，首先从 demoMixin.js 文件中导入 demoMixin 对象，接着将 demoMixin 对象放到一个数组中，并赋值给 mixins 属性。这样做的目的是将 demoMixin 对象的选项混入 App.vue 组件中，最终可以在 template 中直接使用 demoMixin 对象定义的选项。除了 App.vue 组件可以混入 demoMixin 对象，其他组件也可以混入，这样就实现了对组件代码逻辑的抽取和复用。

最后，修改 main.js 程序入口文件，将导入的 App.vue 组件改为 "01_Mixin/App.vue" 路径下的 App.vue 组件。

保存代码，在浏览器中显示的效果如图 10-1 所示。App.vue 组件能正常使用混入的代码逻辑。

图 10-1　Mixin 的基本使用效果

2. Mixin 的合并规则

如果 Mixin 对象中的选项和组件对象中的选项发生了冲突，那么 Vue.js 3 会分成三种情况来处理。

（1）处理 data 函数返回值对象。默认情况下，Mixin 对象中 data 选项的返回值和组件对象中 data 选项的返回值会进行合并。如果它们的 data 选项返回值对象的属性发生了冲突，那么会保留组件对象自身的数据。

（2）处理生命周期钩子函数。Mixin 对象和组件对象中的生命周期钩子函数会被合并到数组中，都会被调用。

（3）处理值为对象的选项。如 methods、components 和 directives 选项，将被合并为同一个对象。例如，Mixin 对象和组件对象中都有 methods 选项，并且都定义了方法，那么它们都会生效。但是如果对象的 key 相同，那么会取组件对象的键值对。

下面演示一下 Mixin 的合并规则，修改 App.vue 组件，代码如下所示：

```
<template>
  <div>
    <h2>{{message}}</h2>
    <button @click="foo">单击调用 demoMixin 定义的 foo 方法</button>
  </div>
</template>
<script>
  import { demoMixin } from './mixins/demoMixin';
  export default {
    mixins: [demoMixin],
    data() {
      return {
        // 1.message 变量和 demoMixin 对象中定义的 message 发生冲突，那么会使用该组件的
message
        message: "Hello App",
        title: "Hello World"
      }
    },
    methods: {
      // 2.foo 方法和 demoMixin 对象中定义的 foo 发生冲突，那么使用该组件的 foo 方法
      foo() {
        console.log("app foo");
      },
      bar() {
        console.log("bar function");
      }
    },
    computed: {},
    watch: {},
    // 3.生命周期的钩子函数和 demoMixin 对象中的重复，那么它们会被合并到数组中，都会被调用
    created() {
      console.log("App created 执行");
    }
  }
</script>

<style scoped>

</style>
```

可以看到，这里主要演示了 demoMixin 对象和组件对象中 data、methods 和 created 选项出

现冲突的情况。

（1）如果 data 中的 message 变量和 demoMixin 对象中定义的 message 变量发生冲突，那么会使用该组件的 message。

（2）如果 methods 中 foo 方法和 demoMixin 对象中定义的 foo 方法发生冲突，那么会使用该组件定义的 foo 方法。

（3）如果组件生命周期的钩子函数和 demoMixin 对象中定义的生命周期的钩子函数 created 重复，那么会将两个函数合并到数组中，然后遍历该数组逐一调用。

保存代码，在浏览器中显示的效果如图 10-2 所示。

图 10-2　Mixin 的合并效果

3. 全局混入 Mixin

如果所有组件都需要某些选项，那么可以使用全局 Mixin。全局 Mixin 可以使用 app.mixin 方法进行注册。一旦注册，全局混入的选项将被混入每个组件中。

修改 main.js 文件，代码如下所示：

```
import { createApp } from 'vue'
// import App from './App.vue'
import App from './01_Mixin/App.vue'

let app =createApp(App)
// 1.使用 app.mixin 方法，全局混入 Mixin 对象
app.mixin({
    created() {
      console.log("global mixin created");
    }
})
app.mount('#app')
```

保存代码，在浏览器中显示的效果如图 10-3 所示。先执行全局混入的 created 钩子函数，接着执行 demoMixin 对象定义的 created 钩子函数，最后执行 App.vue 组件定义的 created 钩子函数。

尽管 Mixin 可以对组件代码逻辑进行抽取和复用，但它存在如下缺陷。

（1）Mixin 容易发生冲突。由于每个 Mixin 对象的属性都被合并到同一个组件中，为了避免属性名冲突，我们需要了解其他 Mixin 对象的属性命名特征。

（2）Mixin 的可复用性是有限的。例如，我们无法向 Mixin 传递任何参数来改变它的逻辑，这降低了它在抽取逻辑方面的灵活性。

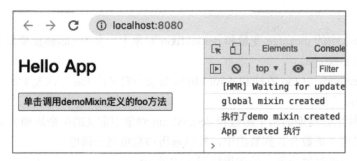

图 10-3 全局混入 Mixin 的效果

10.1.2 extends 继承

除了 Mixin，Vue.js 3 还提供了另一种代码逻辑复用的方式，即使用 extends 属性。使用 extends 属性可以扩展另一个组件，类似于 Mixin，但使用较少，因此仅了解即可。

下面演示如何通过 extends 属性实现代码的复用。在 01_composition_api 项目的 src 目录下新建"02_extends"文件夹，然后在该文件夹下分别新建 App.vue、BasePage.vue 和 Home.vue 组件。

BasePage.vue 组件，代码如下所示：

```
<script>
  // extends 属性只能复用 script 标签中的逻辑，不能复用 template 和 style
  export default {
    data() {
      return {
        title: "Hello BasePage"
      }
    },
    methods: {
      bar() {
        console.log("base page bar");
      }
    }
  }
</script>
```

可以看到，这里封装了一个名为 BasePage.vue 组件，用于复用 data 和 methods 选项中公共的代码逻辑。

Home.vue 组件，代码如下所示：

```
<template>
  <div class="home" style="border:1px solid #ddd;margin:10px">
    <!-- 2.下面使用了 BasePage 组件定义的数据 -->
    <h4>{{title}}</h4>
    <button @click="bar">单击调用 BasePage 组件定义的 bar 方法</button>
  </div>
</template>
<script>
  import BasePage from './BasePage.vue';
  export default {
    // 1.复用 BasePage.vue 组件的 script 标签中定义的选项
    extends: BasePage
  }
</script>
```

可以看到，首先导入 BasePage.vue 组件，接着将其赋值给 extends 属性，以实现代码逻辑的复用。

App.vue 组件，代码如下所示：

```
<template>
  <div class="app" style="border:1px solid #ddd;margin:4px">
    App 组件
    <home/>
  </div>
</template>
<script>
  import Home from './Home.vue';
  export default {
    components: {
      Home
    }
  }
</script>
```

可以看到，App.vue 组件主要负责导入、注册和使用 Home.vue 组件。

最后，修改 main.js 程序入口文件，将导入的 App.vue 组件改为"02_extends/App.vue"路径下的 App.vue 组件。

保存代码，在浏览器中显示的效果如图 10-4 所示。

图 10-4　使用 extends 实现代码复用

10.2　认识 Composition API

在 Vue.js 2 中，我们使用 Options API 的方式编写组件。Options API 最大的特点就是在对应的属性中编写对应的功能模块，比如在 data 中定义数据，在 methods 中定义方法，在 computed 中定义计算属性，在 watch 中监听属性改变，以及在组件中定义生命周期函数等。但是，使用 Options API 这种方式编写代码会带来一些弊端。

（1）代码逻辑会被拆分，在实现某一功能时，对应的代码逻辑会被拆分到各个属性中。

（2）当组件变得更大、更复杂时，逻辑关注点的列表就会变长，同一个功能的逻辑会被拆分得非常分散。

（3）对维护这些复杂组件的开发者来说，过于分散的逻辑代码难以阅读和理解。

下面来看一个非常庞大的组件，如图 10-5 所示。该组件的逻辑功能按照色块（代码逻辑）进行了划分。

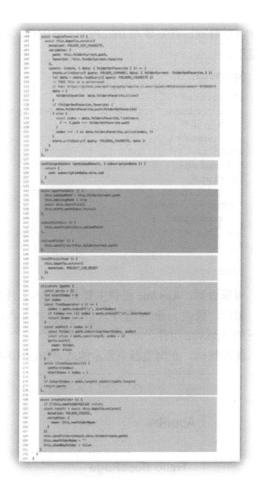

图 10-5　Options API 和 Composition API 实现的组件

◎　左侧是使用 Options API 实现的组件，划分为十几个色块。这种分散的代码逻辑对开发者来说很难理解和维护。当我们在处理单个逻辑点时，需要不断地跳转到相应的颜色代码块中。

◎　右侧是使用 Composition API 实现的组件，只划分为 6 个色块。每个色块代表一个完整的逻辑点。这种编写方式可以将同一个逻辑点相关的代码组合在一起，这也是组合式 API（Composition API）的设计初衷。因此，在代码的可读性和可维护性上，Composition API 优于 Options API。

在 Vue.js 3 组件中，如果想要使用 Composition API 这种方式来编写代码，需要在 setup 函数中编写或使用<script setup>语法糖。下面我们看看应该如何在 setup 函数中编写 Composition API。

10.3　setup 函数的基本使用

setup 函数实际上是 Vue.js 3 组件的一个选项。不同于之前的 methods、computed、watch、data 和生命周期等选项，setup 函数的功能非常强大，可以替代之前的大部分选项。setup 函数会在组件被创建之前、props 被解析之后执行，它是编写 Composition API 的入口。

10.3.1 setup 函数的参数

setup 函数主要有两个参数：props 和 context。props 作为第一个参数，父组件传递过来的属性会被放到 props 对象中。因此，我们可以直接通过该参数获取父组件传递过来的属性。接下来演示一下在 setup 函数中如何使用 props 参数。

在 01_composition_api 项目的 src 目录下新建 "03_setup 函数基本使用" 文件夹，然后在该文件夹下分别新建 SetupProps.vue 和 App.vue 组件。

SetupProps.vue 组件，代码如下所示：

```
<template>
  <div class="setup-props">
    SetupProps 组件
    <h4>{{message}}</h4>
  </div>
</template>

<script>
  export default {
    props: {
      message: {
        type: String,
        required: true
      }
    },
    /**参数一: props, 父组件传递过来的属性*/
    setup(props) {
      console.log(props)
      console.log(props.message)
    }
  }
</script>
```

可以看到，首先在 props 选项中定义字符串类型的 message 属性。接着，在组件中添加 setup 函数，该函数接收一个 props 参数，然后在该函数中分别打印 props 和 props.message。

需要注意的是，setup 函数可以直接通过参数来接收 props 对象，不可以通过 this 获取，因为 setup 函数没有绑定 this。

App.vue 组件，在使用<setup-props>组件时为其 message 属性传递数据，代码如下所示：

```
<template>
  <div class="app" style="border:1px solid #ddd;margin:4px">
    <setup-props message="学习 setup 函数的参数"></setup-props>
  </div>
</template>
<script>
  import SetupProps from './SetupProps.vue';
  export default {
    components: {
      SetupProps
    }
  }
</script>
```

最后，修改 main.js 程序入口文件，将导入的 App.vue 组件改为 "03_setup 函数基本使用/App.vue" 路径下的 App.vue 组件。

保存代码，在浏览器中显示的效果如图 10-6 所示。在 SetupProps.vue 组件中定义的 message

属性，既可以在模板中直接使用，也可以通过 setup 函数的 props 参数获取。需要注意的是，props 是一个 Proxy 对象。

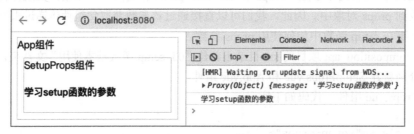

图 10-6　setup 函数的 props 参数的使用效果

setup 函数第二个参数是 context，该参数对象包含以下三个属性。

◎　attrs：所有非 prop 的属性（attribute）。

◎　slots：父组件传递过来的插槽（slot）。

◎　emit：组件内部发送事件时用到的 emit 函数（setup 中不能访问 this，因此不可使用 this.$emit）。

在 "03_setup 函数基本使用" 文件夹下新建 SetupContext.vue 组件。

SetupContext.vue 组件，代码如下所示：

```
<template>
  <div class="setup-context" style="border:1px solid #ddd;margin:10px">
    SetupContext 组件
    <h4>{{message}}</h4>
  </div>
</template>
<script>
  export default {
    props: {
      message: {
        type: String,
        required: true
      }
    },
    setup(props, context) { // context 对象参数支持解构
      console.log(props.message); // 1.所有 props 属性
      console.log(context.attrs.id, context.attrs.class); // 2.所有非 props 属性
      console.log(context.slots); // 3.父组件传递过来的插槽
      console.log(context.emit); // 4.用于触发事件, 如 context.emit("name", value)
    }
  }
</script>
```

可以看到，首先 setup 函数中添加第二个参数 context。接着，在 setup 函数中分别打印 context 中的 attrs、slots 和 emit 三个属性。

修改 App.vue 组件，继续向<setup-context>组件传递 props 和非 props 属性，代码如下所示：

```
<template>
  <div class="app" style="border:1px solid #ddd;margin:4px">
    App 组件
    <!-- <setup-props message="学习 setup 函数的参数"></setup-props> -->
    <setup-context message="学习 setup context 参数" id="code"
class="why"></setup-context>
```

```
    </div>
  </template>
  <script>
    import SetupProps from './SetupProps.vue';
    import SetupContext from './SetupContext.vue';
    export default {
      components: {
        SetupProps,
        SetupContext
      }
    }
  </script>
```

保存代码，在浏览器中显示的效果如图 10-7 所示。可以正常获取和打印 attrs、slots 和 emit 属性。

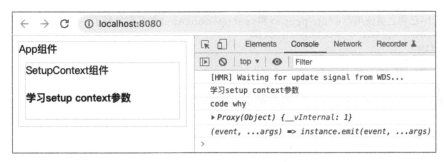

图 10-7　setup 函数的 context 参数的使用效果

10.3.2　setup 函数的返回值

在 Vue.js 3 中，setup 函数不仅可以接收 props 和 context 参数，还可以像普通函数一样有返回值。具体而言，setup 函数可以返回一个对象类型的值，该值可以直接在模板（template）中使用。这意味着我们可以使用 setup 函数的返回值代替 data 选项的返回值。

在 "03_setup 函数基本使用" 文件夹下新建 SetupReturn.vue 组件。

SetupReturn.vue 组件，代码如下所示：

```
<template>
  <div class="setup-return" style="border:1px solid #ddd;margin:10px">
    SetupReturn 组件
    <h4>当前计数：{{counter}}</h4>
    <button @click="increment">+1</button>
  </div>
</template>
<script>
  export default {
    setup(props, context) {
      let counter = 100; // 1.局部变量
      const increment = () => {  // 2.局部函数，代替在 methods 中定义的方法
        counter++;
        console.log(counter);
      }
      // 3.setup 函数的返回值，返回值中的属性可直接在模板中使用
      return {
        counter:counter, // 4.返回一个内部变量，供模板使用
        increment:increment // 5.返回一个方法/函数，供模板使用
      }
```

```
    }
  }
</script>
```

可以看到，setup 函数返回一个对象，该对象中包含一个 counter 变量和一个 increment 函数。这两个属性可以直接在模板中使用。我们可以将 counter 变量绑定到<h4>元素上，以显示当前计数。

同时，我们还可以将 increment 函数绑定到<button>元素的 click 事件上，以在单击按钮时增加计数器的值。

修改 App.vue 组件，代码如下所示：

```
<template>
  <div class="app" style="border:1px solid #ddd;margin:4px">
    App 组件
    <!-已将之前使用<setup-props>和<setup-context>的代码注释了 -->
    <setup-return></setup-return>
  </div>
</template>
<script>
  ......
  import SetupReturn from './SetupReturn.vue';
  export default {
    components: {
      ......
      SetupReturn
    }
  }
</script>
```

保存代码，在浏览器中显示的效果如图 10-8 所示。

图 10-8　使用 setup 函数显示返回值

可以看到，counter 的值显示出来了，当单击"+1"按钮时，会回调 increment 函数来修改 counter 变量，但是页面的数值并未响应式刷新。因为 counter 是一个普通的变量，默认情况下，Vue.js 3 并不会跟踪它的变化，所以页面没有响应式刷新。

我们可以使用 Vue.js 3 提供的响应式 API 实现响应式的 counter 变量，见 10.4 节。

10.3.3　setup 函数的 this

在学习响应式 API 之前，先介绍一下 setup 函数中 this 指向的问题。

根据 Vue.js 3 官方文档中的描述，如图 10-9 所示，this 并没有指向当前组件实例。此外，在调用 setup 函数之前，data、computed、methods 等都没有被解析。Vue.js 3 框架也没有为 setup 函数绑定 this，因此无法在 setup 中获取 this。

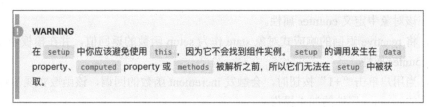

图 10-9　官方文档中关于 setup 函数中的 this 的描述

10.4　数据响应式 API

若要使用 Options API 编写代码，可以在 data 选项中定义响应式数据。如果在 setup 函数中也需要定义响应式数据，那么可以使用 Vue.js 3 提供的响应式 API：reactive 和 ref。

10.4.1　reactive

在前面的案例中，setup 函数返回的 counter 变量并不是响应式的。如果想在 setup 函数中返回响应式数据，可以使用 reactive 函数。该函数可以将数据转换为响应式的，并且响应式是深层的——它影响所有嵌套属性。其底层原理基于 ES2015 的 Proxy 实现，所以 reactive 函数的返回值是一个对象的响应式代理。

下面演示一下 reactive 函数的使用。在 01_composition_api 项目的 src 目录下新建 "04_数据响应式 API" 文件夹，然后在该文件夹下分别新建 ReactiveAPI.vue 和 App.vue 组件。

ReactiveAPI.vue 组件，代码如下所示：

```
<template>
  <div class="reactive-api" style="border:1px solid #ddd;margin:10px">
    ReactiveAPI 组件
    <h4>当前计数：{{state.counter}}</h4>
    <button @click="increment">+1</button>
  </div>
</template>
<script>
  import { reactive } from 'vue'; // 1.导入响应式 API
  export default {
    setup() {
      // 2.定义响应式数据，返回值是一个对象的响应式代理：state
      const state = reactive({
        counter: 100
      })
      const increment = () => {
        state.counter++; // 3.局部函数使用响应式数据
        console.log(state.counter);
      }
      return {
        state, // 4.返回响应数据
        increment // 5.返回定义的方法，类似于在 methods 中定义的方法
      }
    }
  }
</script>
```

可以看到，首先从 vue 中导入 reactive 函数，并在 setup 中调用该函数。reactive 函数需要接收一个对象或数组类型的参数，并返回一个响应式对象。这里，我们向 reactive 函数传递一

个对象，在该对象中定义 counter 属性。

接着，将 reactive 返回的响应式对象 state 作为 setup 函数的返回值，并在模板中显示 state 对象中的 counter 属性。

然后，当用户单击 "+1" 按钮时，会触发 increment 函数的回调，该函数实现了对 state 响应式对象中的 counter 属性的加 1 操作。

App.vue 组件，代码如下所示：

```
<template>
  <div class="app" style="border:1px solid #ddd;margin:4px">
    App 组件
    <reactive-api></reactive-api>
  </div>
</template>

<script>
  import ReactiveAPI from './ReactiveAPI.vue';
  export default {
    components: {
      ReactiveAPI
    }
  }
</script>
```

可以看到，该组件实现比较简单，只是对 ReactiveAPI.vue 组件的使用。

最后，修改 main.js 程序入口文件，将导入的 App.vue 组件改为 "04_数据响应式 API/App.vue" 路径下的 App.vue 组件。

保存代码，在浏览器中显示的效果如图 10-10 所示。

图 10-10　使用 reactive 定义响应式数据，显示返回值

可以看到，counter 的值被显示出来，当单击 "+1" 按钮时，会回调 increment 函数来修改 counter 变量，这时，页面的数值会响应式刷新。这是因为使用 reactive 函数处理的数据，当数据被使用时，就会进行依赖收集；当数据发生改变时，所有收集到的依赖都会进行对应的响应式操作，如更新页面。

事实上，data 选项返回的对象在 Vue.js 3 内部也交给了 reactive 函数，将其变成响应式对象。

10.4.2　ref

reactive 函数对传入数据的类型是有限制的，必须是一个对象或数组类型。如果传入一个基本数据类型（String、Number、Boolean），则会出现警告。例如，向 reactive 函数传递一个

Hello World 字符串，控制台会出现"value cannot be made reactive: Hello World"的警告。

为了解决上述问题，Vue.js 3 提供了另一个响应式 API——ref，该 API 有如下特点。

（1）ref 函数接收一个值，返回一个响应式、可更改的 ref 对象，此对象只有一个指向其内部值的属性.value。

（2）ref 对象内部值是通过该对象的.value 属性维护的，比如可以通过.value 为该 ref 对象赋新值。

（3）如果将对象分配为 ref 函数的值，则它将被 reactive 函数处理为深层的响应式对象。

下面演示一下 ref 函数的使用。在"04_数据响应式 API"文件夹下新建 RefAPI.vue 组件。RefAPI.vue 组件，代码如下所示：

```
<template>
  <div class="ref-api" style="border:1px solid #ddd;margin:10px">
    RefAPI 组件
    <!-- 当在模板中使用 ref 对象时，它会自动进行解包，不需要通过 value 属性访问 -->
    <h4>当前计数: {{counter}}</h4>
    <button @click="increment">+1</button>
  </div>
</template>
<script>
  import { ref } from 'vue'; // 1.导入响应式 API
  export default {
    setup() {
      // 2.定义响应式数据，ref 函数接收基本数据类型100 作为内部值
      const counter = ref(100) // counter 是一个 ref 响应式对象
      const increment = () => {
        counter.value++; // 3.局部函数修改响应式数据，不会自动解包
        console.log(counter.value); // 获取响应式数据
      }
      return {
        counter, // 4.返回响应数据
        increment // 5.返回定义的方法，等同于在 methods 中定义方法
      }
    }
  }
</script>
```

可以看到，首先从 vue 中导入 ref 函数，并在 setup 函数中调用该函数。在此处，我们向 ref 函数传递了一个基本数据类型：数字 100。

接着，将 ref 函数返回的 counter 响应式对象作为 setup 函数的返回值返回，并在模板中显示该响应式对象的内部值（value）。当用户单击"+1"按钮时，会调用 setup 函数返回的 increment 函数，该函数实现了对 counter 响应式对象内部值进行加 1 操作，并通过.value 访问该对象的内部值。

此外，需要注意的是：在模板中使用 ref 对象时，Vue.js 3 会自动进行解包操作，不需要通过.value 的方式访问内部值。但是，在 setup 函数内部不会自动解包，因此仍需要使用.value 的方式访问内部值。

修改 App.vue 组件，代码如下所示（省略了组件注册的代码）：

```
<template>
  <div class="app" style="border:1px solid #ddd;margin:4px">
    App 组件
    <!-- <ReactiveAPI></ReactiveAPI> -->
```

```
    <RefAPI></RefAPI>
  </div>
</template>
......
```

保存代码，在浏览器中显示的效果如图 10-11 所示。

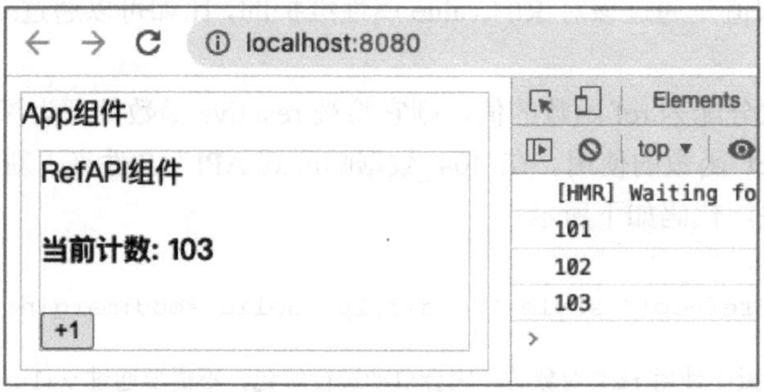

图 10-11　使用 ref 定义响应式数据，显示返回值

可以看到，counter 的值被显示出来，当单击"+1"按钮时，会回调 increment 函数来修改 counter 变量，这时页面的数值会响应式刷新。

另外，需要注意的是：

◎　如果普通对象包含 ref 对象，那么在模板中引用普通对象中的 ref 对象时，会自动解包。

◎　如果 reactive 响应式对象包含 ref 对象，那么在模板中引用 reactive 响应式对象中的 ref 对象时，也会自动解包。

在"04_数据响应式 API"文件夹下新建 RefAPIOther.vue 组件，代码如下所示：

```
<template>
  <div class="ref-api-other" style="border:1px solid #ddd;margin:10px">
    RefAPIOther 组件（演示 ref 的浅层解包）
    <h4>当前计数：{{counter}}</h4>
    <!-- 4.info 中的 ref 对象可以自动解包 -->
    <h2>当前计数：{{info.counter}}</h2>
    <!-- 5.reactiveInfo 中的 ref 对象可以自动解包 -->
    <h2>当前计数：{{reactiveInfo.counter}}</h2>
    <button @click="increment">+1</button>
  </div>
</template>
<script>
  import { reactive, ref } from 'vue'; // 1.导入响应式 API
  export default {
    setup() {
      let counter = ref(100); // 1.定义响应式数据
      const info = { // 2.普通对象包含 ref 响应式对象
        counter
      }
      const reactiveInfo = reactive({ // 3.reactive 响应式对象包含 ref 响应式对象
        counter
      })
      const increment = () => {
        counter.value++;
        console.log(counter.value);
      }
```

```
      return {
        counter, increment,
        info, reactiveInfo
      }
    }
  }
</script>
```

修改 App.vue 组件，代码如下所示（省略了组件注册的代码）：

```
<template>
  <div class="app" style="border:1px solid #ddd;margin:4px">
    App 组件
    <!-- <ReactiveAPI></ReactiveAPI> -->
    <!-- <RefAPI></RefAPI> -->
    <RefAPIOther></RefAPIOther>
  </div>
</template>
......
```

保存代码，在浏览器中显示的效果如图 10-12 所示。

图 10-12   嵌套在普通对象和 reactive 响应式对象中的 ref 对象的使用效果

10.5   响应式工具 reactive

10.5.1   readonly

通过 reactive 或 ref 函数可以获取一个响应式对象。这些响应式对象都是可以被更改的，但是在某些情况下，我们希望响应式对象只读且不能更改。比如，当我们在向其他组件传递数据时，希望其他子组件在使用该内容时不允许修改。

这时可以使用 Vue.js 3 提供的 readonly 函数。该函数会返回原生对象的只读代理对象，该对象的 setter 方法被劫持了，不允许对其进行修改。readonly 函数通常可接收以下三种类型的参数。

（1）普通对象。

（2）reactive 函数返回的响应式对象。

（3）ref 函数返回的响应式对象。

readonly 函数在使用时，有如下规则。

◎   readonly 返回的对象都是不允许被修改的。但是，经过 readonly 处理的原来的对象是允许被修改的。比如，在 const info = readonly(obj)中，info 对象是不允许被修改的，obj 是可以被修改的。当 obj 被修改时，readonly 返回的 info 对象也会被修改。但是，我们不能修改 readonly 返回的 info 对象，否则会报错。

◎ readonly 函数的本质是该函数返回代理对象的 setter 方法被劫持了，不允许对其进行修改。

下面演示 readonly API 的使用。在 01_composition_api 项目的 src 目录下新建"05_reactive 其他知识点"文件夹，然后在该文件夹下分别新建 ReadonlyAPI.vue 和 App.vue 组件。

ReadonlyAPI.vue 组件，代码如下所示：

```
<template>
  <div>
    <button @click="updateState">修改状态</button>
  </div>
</template>
<script>
  import { reactive, ref, readonly } from 'vue';
  export default {
    setup() {
      // 1.类型一：普通对象
      const info1 = {name: "why"};
      const readonlyInfo1 = readonly(info1);

      // 2.类型二：响应式对象 reactive
      const info2 = reactive({
        name: "why"
      })
      const readonlyInfo2 = readonly(info2);

      // 3.类型三：响应式对象 ref
      const info3 = ref("why");
      const readonlyInfo3 = readonly(info3);

      // 通过单击修改状态
      const updateState = () => {
        readonlyInfo1.name = "coderwhy" // 只读，修改控制台会出现警告
        // info1.name = "coderwhy"; // 可修改

        readonlyInfo2.name = "coderwhy" // 只读，修改会出现警告
        // info2.name = "coderwhy";// 可修改

        readonlyInfo3.value = "coderwhy" // 只读，修改会出现警告
        // info3.value = "coderwhy";// 可修改
      }
      return {
        updateState,
      }
    }
  }
</script>
```

可以看到，在 setup 函数中分别演示了 readonly 函数接收三种不同类型的参数，用于返回原生对象的只读代理。该对象只能读，不能被修改。

App.vue 组件，代码如下所示（省略了组件注册的代码）：

```
<template>
  <div class="app" style="border:1px solid #ddd;margin:4px">
    <ReadOnlyAPI></ReadOnlyAPI>
  </div>
```

```
</template>
......
```

最后，修改 main.js 程序入口文件，将导入的 App.vue 组件改为"05_reactive 其他知识点
/App.vue"路径下的 App.vue 组件。

如果修改只读 readonlyInfo1、readonlyInfo2 和 readonlyInfo3 对象，在浏览器的控制台会出
现"Set operation on key "name" failed: target is readonly"的警告。

10.5.2　isProxy

isProxy 函数可以检查对象是否为由 Vue.js 3 中的 reactive 或 readonly 创建的 Proxy 对象。

需要注意的是，ref 创建的是 RefImpl 对象，因此 isProxy 函数不能用于检查对象是否为 ref
对象。

10.5.3　isReactive

isReactive 函数可以检查对象是否为由 reactive 创建的响应式代理对象，代码如下所示：

```
import { reactive, isProxy, isReactive } from 'vue'
export default {
  setup() {
    const state = reactive({
      name: 'John'
    })
    console.log(isProxy(state)) // -> true
    console.log(isReactive(state)) // -> true
  }
}
```

如果代理对象是由 readonly 函数创建的，并且参数为 reactive 创建的响应式对象，那么也
会返回 true，代码如下所示：

```
import { reactive, isReactive, readonly } from 'vue'
export default {
  setup() {
    const state = reactive({
      name: 'John'
    })
    // 1.由普通对象创建的只读的代理对象
    const plain = readonly({
      name: 'Mary'
    })
    console.log(isReactive(plain)) // -> false

    // 2.由响应式 state 对象创建的只读代理对象
    const stateCopy = readonly(state)
    console.log(isReactive(stateCopy)) // -> true
  }
}
```

10.5.4　isReadonly

isReadonly 函数可以用于检查一个对象是否为由 readonly 创建的只读代理对象。

10.5.5　toRaw

toRaw 函数可以返回 reactive 或 readonly 代理对象的原始对象。

```
// 1.普通对象/原始对象
const info = {name: "why"}
// 2.响应式对象
const reactiveInfo = reactive(info)
console.log(toRaw(reactiveInfo) === info) // true
```

10.5.6　shallowReactive

shallowReactive 函数可以创建一个浅层响应式代理对象，该对象只有根级别的属性是响应式的。由于没有进行深层级的转换，该对象深层嵌套的属性仍然是普通对象，代码如下所示：

```
const state = shallowReactive({
  foo: 1,
  nested: {
    bar: 2
  }
})
// 1.改变 state 的浅层属性是响应式的
state.foo++
// 2.深层嵌套的 nested 对象不是响应式对象
isReactive(state.nested) // false
state.nested.bar++ // 非响应式
```

10.5.7　shallowReadonly

shallowReadonly 函数可以创建一个浅层只读代理对象，该对象只有根级别的属性变为只读。因为没有进行深层级的转换，该对象深层嵌套的属性依然是可读可写的，代码如下所示：

```
const state = shallowReadonly({
  foo: 1,
  nested: {
    bar: 2
  }
})
// 1.改变 state 浅层的属性将失败
state.foo++
// 2.深层嵌套的 nested 对象不是只读代理对象
isReadonly(state.nested) // false
state.nested.bar++ // 3.深层嵌套的 nested 对象依然可读可写
```

10.6　响应式工具 ref

10.6.1　toRefs

toRefs 函数用于将一个 reactive 定义的响应式对象转换为一个普通对象。转换后的普通对象的每个属性都是指向源对象相应属性的 ref 对象。每个单独的 ref 对象都是使用 toRefs 函数创建的。下面演示 toRefs 函数的使用。

在 01_composition_api 项目的 src 目录下新建 "06_ref 其他知识点" 文件夹，然后在该文件夹下分别新建 ToRefsAPI.vue 和 App.vue 组件。

ToRefsAPI.vue 组件，代码如下所示：

```
<template>
  <div>
    <h4>{{name}}-{{age}}</h4>
    <button @click="changeAge">修改 age++</button>
  </div>
</template>
<script>
  import { reactive } from 'vue';
  export default {
    setup() {
      const info = reactive({name: "why", age: 18});
      // 1.ES6 语法直接解构 info 对象，会失去响应式
      let { name, age } = info;
      const changeAge = () => {
        info.age++;
        console.log(info.age)
      }
      return {
        name,
        age,
        changeAge
      }
    }
  }
</script>
```

可以看到，上面使用 ES6 解构语法对 reactive 函数返回的响应式对象进行解构，解构出 name 和 age 属性，并在 setup 函数中将其返回给模板使用。同时，还添加了一个<button>元素，当单击"修改 age++"按钮时对 age 进行加 1 操作。

需要注意的是，无论是修改解构后的 name 和 age 变量，还是修改 reactive 返回的 info 对象，数据都不再是响应式的。

App.vue 组件，代码如下所示（省略了组件注册的代码）：

```
<template>
  <div class="app" style="border:1px solid #ddd;margin:4px">
    App 组件
    <ToRefsAPI></ToRefsAPI>
  </div>
</template>
......
```

最后，修改 main.js 程序入口文件，将导入的 App.vue 组件改为"06_ref其他知识点/App.vue"路径下的 App.vue 组件。

保存代码，在浏览器中显示的效果如图 10-13 所示。当单击"修改 age++"按钮修改 reactive 函数返回 info 对象的 age 时，页面并没有响应式刷新。这是因为使用 ES6 解构后的数据（例如 name、age、info）不再具有响应式特性。

如果想让解构出来的属性依然是响应式的，可以使用 Vue.js 3 提供的 toRefs 函数。该函数会将 reactive 函数返回对象中的属性都转换成 ref 对象。这时解构出来的 name 和 age 就是 ref 响应式对象了。

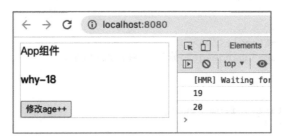

图 10-13　使用 ES6 语法解构 reactive 返回的对象

接着，修改 ToRefsAPI.vue 组件，代码如下所示：

```
......
<script>
  import { reactive, toRefs } from 'vue';
  export default {
    setup() {
      const info = reactive({name: "why", age: 18});
      //  let { name, age } = info;

      // toRefs 函数将 reactive 返回对象中所有属性都转换成 ref 对象
      let { name, age } = toRefs(info);
      const changeAge = () => {
        info.age++; // 或者 age.value++ , 任何一个修改都会引起另一个变化
        console.log(info.age)
      }
      return {......}
    }
  }
</script>
```

保存代码，在浏览器中显示的效果如图 10-14 所示。当单击"修改 age++"按钮修改 reactive 函数返回 info 对象的 age 时，页面会被响应式刷新。这是因为 toRefs 函数返回的对象属性数据是响应式的。

图 10-14　toRefs 函数的使用效果

10.6.2　toRef

在上面的案例中，如果只想将 reactive 函数返回对象中的某个属性转换为 ref 对象，我们可以使用 toRef 函数。

修改 ToRefsAPI.vue 组件，代码如下所示：

```
....
<script>
  import { reactive, toRef } from 'vue';
  export default {
```

```
  setup() {
    const info = reactive({name: "why", age: 18});
    //   let { name, age } = info;
    //   let { name, age } = toRefs(info);

    // toRef 函数将某个属性转换为 ref 对象
    let name = toRef(info, "name"); // 仅将 name 属性转换为 ref 对象
    let age = toRef(info, "age");// 仅将 age 属性转换为 ref 对象
    ......
  }
}
</script>
```

保存代码，在浏览器中显示的效果和上面的案例一样，toRef 函数返回的数据是响应式的。

10.6.3   isRef

isRef 函数可以判断某个值是否为一个 ref 对象。

10.6.4   unref

unref 函数的参数如果是 ref，则返回内部值 value，否则返回参数本身。该函数是 val = isRef(val) ? val.value : val 计算的一个语法糖。

```
import { ref, unref } from 'vue';
const name = ref("why");
const unwrappedName= unref(name) // 返回 ref 对象中的值
console.log(unwrappedName); // 打印 why 字符串，不是响应式对象
```

10.6.5   customRef

customRef 函数可以创建一个自定义的 ref，并对其依赖项跟踪和更新触发进行控制。该函数接收一个工厂函数作为参数，该工厂函数接收 track 和 trigger 两个函数作为参数，并返回一个带有 get 和 set 方法的对象。下面使用官方案例"对 v-model 双向绑定的属性进行 debounce（防抖）操作"来演示该函数的使用。

在"06_ref 其他知识点"文件夹下分别新建 hooks/useDebounceRef.js 文件和 CustomRefAPI.vue 组件。

在 useDebounceRef.js 文件中封装自定义的 ref，即 useDebouncedRef。

```
import { customRef } from 'vue';
// 1.自定义 ref
export default function(value, delay = 300) {
  let timer = null;
  return customRef((track, trigger) => { // 2.工厂函数接收 track 和 trigger 函数
    return {
      get() {
        track(); // 3.获取时收集依赖
        return value;
      },
      set(newValue) {
        // 4.防抖的实现
        clearTimeout(timer);
        timer = setTimeout(() => {
          value = newValue; // 5.更新值
          trigger(); // 6.赋值时，触发更新
```

```
      }, delay);
    }
  }
  })
}
```

可以看到，这里使用 customRef 函数创建了一个自定义的 ref，即 useDebouncedRef 函数。customRef 函数需要接收一个工厂函数，该函数接收 track 和 trigger 函数作为参数，并返回一个带有 get 和 set 函数的对象。

接着，在 get 函数中调用 track 函数收集依赖，并返回 useDebouncedRef 函数传入的值，然后在 set 函数中实现防抖功能，并更新 value，调用 trigger 函数触发更新。

CustomRefAPI.vue 组件，代码如下所示：

```
<template>
  <div>
    <input v-model="message"/>
    <h4>{{message}}</h4>
  </div>
</template>
<script>
  // import { ref } from 'vue';
  import useDebounceRef from './hooks/useDebounceRef.js'; // 1.导入自定义的 ref
函数
  export default {
    setup() {
      // const message = ref("Hello World"); // 普通的响应式对象
      const message = useDebounceRef("Hello World"); // 2.带有防抖功能的响应式对
象
      return {
        message
      }
    }
  }
</script>
```

可以看到，该组件首先导入了自定义的 useDebouncedRef 函数。随后，在 setup 函数中使用该函数来提供响应式数据，并返回一个具有防抖功能的响应式对象 message，以便将其与 <input> 元素进行双向绑定。

修改 App.vue 组件，代码如下所示（省略了组件注册的代码）：

```
<template>
  <div class="app" style="border:1px solid #ddd;margin:4px">
    App 组件
    <!-- <ToRefsAPI></ToRefsAPI> -->
    <CustomRefAPI></CustomRefAPI>
  </div>
</template>
......
```

保存代码，在浏览器中显示的效果如图 10-15 所示。当在 <input> 输入框中依次输入值时，并不会触发页面的刷新。只有当输入间隔超过 300 毫秒时，页面才会刷新。

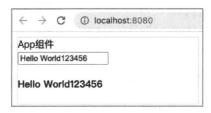

图 10-15　自定义 ref 的效果

10.6.6　shallowRef

shallowRef 函数可以创建一个浅层的 ref 对象。

```
// 1.创建一个浅层 ref 对象
const info = shallowRef({name: "why"});
// 2.修改 info 对象的 name 属性不会有响应式刷新
const changeInfo = () => {
    info.value.name = "coderwhy";
}
```

10.6.7　triggerRef

triggerRef 函数可以手动强制触发依赖于一个浅层 ref 的副作用。它通常在对浅引用内部值进行深度变更后使用。

```
const info = shallowRef({name: "why"});
const changeInfo = () => {
  info.value.name = "coderwhy"
  // 3.可以通过手动触发，实现响应式
  triggerRef(info);
};
```

10.7　computed 计算属性

前文已经讲解过，当某些属性依赖于其他状态时，可以使用计算属性来处理，举例如下。

◎　在 Options API 中，可以使用 computed 选项编写计算属性。

◎　在 Composition API 中，可以在 setup 函数中使用 computed 函数编写计算属性。

下面我们来看看 computed 函数的两种使用方式。

（1）computed 函数的基本使用：computed 函数接收一个 getter 函数，并根据 getter 函数的返回值返回一个不可变的响应式 ref 对象。

（2）computed 函数的 get 和 set 方法：computed 函数接收一个具有 get 和 set 方法的对象，并返回一个可变（可读写）的 ref 对象。

10.7.1　computed 函数的基本使用

在 01_composition_api 项目的 src 目录下新建"07_computed 使用"文件夹，然后在该文件夹下分别新建 ComputedAPI.vue 和 App.vue 组件。

ComputedAPI.vue 组件，代码如下所示：

```
<template>
  <div>
    <!-- 2.使用 fullName 计算属性 -->
```

```
    <h4>{{fullName}}</h4>
    <button @click="changeName">修改 firstName</button>
  </div>
</template>
<script>
  import { ref, computed } from 'vue';
  export default {
    setup() {
      const firstName = ref("Kobe");
      const lastName = ref("Bryant");
      // 1.方式一：传入一个 getter 函数。computed 返回值是一个 ref 对象
      const fullName = computed(() => firstName.value + " " + lastName.value);
      const changeName = () => {
        // 3.修改 firstName，计算属性会重新计算
        firstName.value = "James"
      }
      return {
        fullName,
        changeName
      }
    }
  }
</script>
```

可以看到，这里使用 computed 函数定义了一个 fullName 计算属性。该函数需要接收一个
getter 函数，在 getter 函数中对响应式数据进行计算，并返回计算结果。当单击"修改 firstName"
按钮时，会修改 firstName，进而触发计算属性重新进行计算。

App.vue 组件，代码如下所示（省略了组件注册的代码）：

```
<template>
  <div class="app" style="border:1px solid #ddd;margin:4px">
    App 组件
    <ComputedAPI></ComputedAPI>
  </div>
</template>
......
```

最后，修改 main.js 程序入口文件，将导入的 App.vue 组件改为"07_computed 使用/App.vue"
路径下的 App.vue 组件。

保存代码，在浏览器中显示的效果如图 10-16 所示。计算属性可以正常显示，当单击"修
改 firstName"按钮时，页面会响应式刷新。

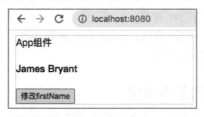

图 10-16　computed 函数的基本使用效果

10.7.2　computed 函数的 get 和 set 方法

修改 ComputedAPI.vue 组件，代码如下所示：

```
......
<script>
  import { ref, computed } from 'vue';
  export default {
    setup() {
      const firstName = ref("Kobe");
      const lastName = ref("Bryant");
      // const fullName = computed(() => firstName.value + " " + lastName.value);
      // 1.方式二：传入一个对象，对象包含 get 和 set 方法
      const fullName = computed({
        get: () => firstName.value + " " + lastName.value, // 2.getter 方法
        set(newValue) { // 3.setter 方法
          const names = newValue.split(" ");
          firstName.value = names[0];
          lastName.value = names[1];
        }
      });
      const changeName = () => {
        // firstName.value = "James"
        // 4.修改 fullName 计算属性
        fullName.value = "James Bryant";
      }
      return {
        fullName,
        changeName
      }
    }
  }
</script>
```

可以看到，这里使用 computed 函数定义了一个 fullName 计算属性，该函数接收一个具有 get 和 set 方法的对象。在 get 方法中，我们对响应式数据进行计算并返回。在 set 方法中，我们将传入的新值重新赋给 firstName 和 lastName 响应式对象中的值。当单击"修改 firstName"按钮时，会触发 fullName 计算属性的 set 方法，该方法可接收传入的新值。

保存代码，fullName 计算属性可以正常显示，当单击"修改 firstName"按钮时，页面也可以响应式刷新。

10.8　watchEffect 监听

在 Vue.js 3 中，我们可以使用 Options API 监听 data、props 或 computed 数据的变化，比如当数据变化时执行某些操作。而在 Composition API 中，我们可以使用 watchEffect 和 watch 函数完成响应式数据的监听。其中，watchEffect 函数用于自动收集响应式数据的依赖，而 watch 函数需要手动指定监听的数据源。

10.8.1　watchEffect 的基本使用

在 Vue.js 3 中，如果我们需要在某些响应式数据变化时执行某些操作，就可以使用 watchEffect 函数。该函数具有以下特点。

◎　watchEffect 函数的参数需要接收一个函数。该函数会被立即执行一次，并且在执行的过程中会收集依赖。

◎　当收集的依赖发生变化时，watchEffect 函数的参数传入的函数（即副作用函数）才会再次执行。

◎ watchEffect 函数的参数传入的函数不会接收到新值和旧值。

下面通过一个案例来学习 watchEffect 的基本使用。在 01_composition_api 项目的 src 目录下新建"08_watch 使用"文件夹，然后在该文件夹下分别新建 WatchEffectAPI.vue 和 App.vue 组件。

WatchEffectAPI.vue 组件，代码如下所示：

```
<template>
  <div>
    <h4>{{age}}</h4>
    <button @click="changeAge">修改 age</button>
  </div>
</template>
<script>
  import { ref, watchEffect } from 'vue';
  export default {
    setup() {
      const age = ref(18);
      // 1.watchEffect 会自动收集响应式依赖，默认先执行一次，但是获取不到新值和旧值
      watchEffect(() => {
        console.log("age:", age.value); // 2.监听 age 的变化，age 变化后会再次执行该
回调函数
      });
      const changeAge = () => age.value++
      return {
        age,
        changeAge
      }
    }
  }
</script>
```

可以看到，在 setup 函数中调用了 watchEffect 函数，并向该函数传递了一个回调函数。传入的回调函数会被立即执行一次，并会在执行过程中收集依赖，比如收集 age 的依赖。当收集的依赖发生变化时，watchEffect 传入的回调函数会再次被执行。

App.vue 组件，代码如下所示：

```
<template>
  <div class="app" style="border:1px solid #ddd;margin:4px">
    App 组件
    <WatchEffectAPI></WatchEffectAPI>
  </div>
</template>
......
```

最后，修改 main.js 程序入口文件，将导入的 App.vue 组件改为"08_watch 使用/App.vue"路径下的 App.vue 组件。

保存代码，在浏览器中显示的效果如图 10-17 所示。watchEffect 的回调函数默认先执行一次，打印出 age: 18。当单击"修改 age"按钮改变 age 时，watchEffect 会监听到 age 发生变化。此时，watchEffect 的回调函数会再次执行，并打印出 age: 19。

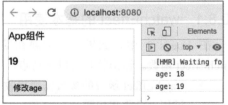

图 10-17　watchEffect 的基本使用效果

10.8.2   停止 watchEffect 监听

在某些情况下，我们希望停止监听某个变量的变化。这时可以使用 watchEffect 函数，并接收其返回值的函数，调用该函数即可停止监听。比如在上面的案例中，当 age 达到 20 时，我们希望停止监听其变化。

修改 WatchEffectAPI.vue 组件，代码如下所示：

```
......
<script>
  import { ref, watchEffect } from 'vue';
  export default {
    setup() {
      const age = ref(18);
      // 1.stop 是 watchEffect 函数返回的函数，专门用于停止监听
      const stop = watchEffect(() => {
        console.log("age:", age.value);
      });
      const changeAge = () => {
        age.value++
        if (age.value > 20) {
          stop(); // 2.停止监听 age 的变化
        }
      }
      return {age, changeAge}
    }
  }
</script>
```

保存代码，watchEffect 的回调函数会默认先执行一次，打印出 age:18。当单击"修改 age"按钮改变 age 时，如果 age 大于 20，由于调用了 watchEffect 返回的 stop 函数，watchEffect 会取消对 age 变量的监听。

10.8.3   watchEffect 清除副作用

在 Vue.js 3 中，watchEffect 函数的参数传入的回调函数可以接收一个 onInvalidate 函数类型的参数。onInvalidate 函数的参数也需要接收一个回调函数。当副作用函数再次执行或监听器被停止时，会执行 onInvalidate 函数传入的回调函数。因此，我们可以在 onInvalidate 函数传入的回调函数中执行一些清除副作用的工作。

举个例子，在实际开发中，我们需要在监听函数中执行网络请求。但是在网络请求还没有完成时，我们就停止了监听器或监听器对应的监听函数被再次执行了。这时，上一次的网络请求应该被取消，即清除该副作用。因此，我们可以借助 onInvalidate 函数清除该副作用。

在 "08_watch 使用" 文件夹下新建 WatchEffectAPIClear.vue 和 App.vue 组件。

WatchEffectAPIClear.vue 组件，代码如下所示（省略模板的布局和上面的案例一样）：

```
......
<script>
  import { ref, watchEffect } from 'vue';
  export default {
    setup() {
      const age = ref(18);
      watchEffect((onInvalidate) => {
        const timer = setTimeout(() => {
          console.log("模拟网络请求，网络请求成功~");
```

```
    }, 2000)
    onInvalidate(() => {
      // 1.监听到age变化或监听停止时，会执行这里的代码
      clearTimeout(timer); // 2.清除上一次的定时器
      console.log("onInvalidate");
    })
    console.log("age:", age.value);
  });
  const changeAge = () => age.value++
  return {age,changeAge}
  }
 }
</script>
```

可以看到，watchEffect 函数传入的回调函数接收了一个 onInvalidate 参数，onInvalidate 也是一个函数，并且该函数也需要接收一个回调函数作为参数。

当监听到 age 变化或监听停止时，会执行 onInvalidate 函数中的回调函数。因此，我们可以在该回调函数中清除副作用，如在上述代码中清除了上一次的定时器。

App.vue 组件，代码如下所示：

```
<template>
  <div class="app" style="border:1px solid #ddd;margin:4px">
    App 组件
    <!-- <WatchEffectAPI></WatchEffectAPI> -->
    <WatchEffectAPIClear></WatchEffectAPIClear>
  </div>
</template>
```

保存代码，在浏览器中显示的效果如图 10-18 所示。刷新页面，立马连续单击 3 次"修改 age"按钮，watchEffect 函数监听到 age 改变了 3 次，并在每次将重新执行 watchEffect 函数的回调函数时，先执行 onInvalidate 函数中的回调函数来清除副作用，即清除了上一次的定时器。因此，只有最后一次的定时器没有被清除。

图 10-18　watchEffect 清除副作用的效果

10.8.4　watchEffect 的执行时机

在介绍 watchEffect 的执行时机之前，先讲一下如何使用 Composition API 获取元素或组件的对象。这个过程非常简单，只需要定义一个前文提到的 ref 对象，然后将该对象绑定到元素或组件的 ref 属性上。

在"08_watch 使用"文件夹下新建 WatchEffectAPIFlush.vue 组件。

WatchEffectAPIFlush.vue 组件，代码如下所示（省略的 template 和上面的案例一样）：

```
<template>
  <div>
    <!-- 5.h4 元素挂载完成后，会自动赋值到 titleRef 内部值中  -->
    <h4 ref="titleRef">哈哈哈</h4>
  </div>
</template>
<script>
  import { ref, watchEffect } from 'vue';

  export default {
    setup() {
      // 1.定义一个 titleRef 对象，用于存储 h4 元素的 DOM 对象
      const titleRef = ref(null);
      // 2.监听 titleRef 的变化，即赋值操作
      watchEffect(() => {
        console.log(titleRef.value); // 3.打印 h4 元素的 DOM 对象
      })
      return { titleRef } // 4.返回 titleRef 对象给 template 使用
    }
  }
</script>
```

可以看到，首先使用 ref 函数定义一个 titleRef 响应式变量，该变量需要在 setup 函数中返回，并绑定到<h4>元素的 ref 属性上（注意：不需要用 v-bind 指令来绑定）。当<h4>元素挂载完成后，会自动把 DOM 对象赋值到 titleRef 变量上。

为了观察 titleRef 变量被赋值，这里使用 watchEffect 函数监听 titleRef 变量的变化，并打印出来。最后，在 App.vue 组件中导入和使用 WatchEffectAPIFlush.vue 组件。

保存代码后，在浏览器中刷新页面，控制台会打印两次。这是因为 setup 函数在执行时就会立即执行 watchEffect 传入的副作用函数，即 watchEffect 的回调函数。此时 DOM 并没有挂载，因此打印 null。而当 DOM 挂载时，会为 titleRef 变量赋新的内部值，副作用函数会再次被执行，打印出<h4>元素。使用 ref 获取元素的对象，效果如图 10-19 所示。

图 10-19　使用 ref 获取元素的对象

这时，如果希望在第一次执行时就打印出对应的元素，那么可以向 watchEffect 函数传递第二个参数，改变副作用函数的执行时机。

例如，向 watchEffect 函数的第二个参数传递一个对象{ flush: "pre" }。flush 属性的默认值是 pre，意思是 watchEffect 函数会在元素挂载或更新之前执行。这就解释了前面的例子中，为什么会先打印出一个空元素 null。当依赖的 titleRef 发生改变时，会再次执行一次 watchEffect 函数，打印出该元素。

下面设置副作用函数的执行时机，修改 WatchEffectAPIFlush.vue 组件，代码如下所示：

```
......
<script>
  export default {
    setup() {
      ......
      watchEffect(() => {
        console.log(titleRef.value);
      },{
        flush: "post" // 1.修改副作用函数的执行时机，支持 pre、post、sync 值
      })
      return { titleRef }
    }
  }
</script>
```

可以看到，watchEffect 函数第二个参数需要接收一个对象，该对象的 flush 属性用于修改副作用函数的执行时机。设置 flush:"post"的意思是，副作用函数会延迟到组件渲染之后再执行。

保存代码，在浏览器中刷新页面，这次控制台只打印了 1 次，打印了 " " 元素。

注意：当设置 flush:sync 时，意思是依赖变化时同步执行副作用函数。这种执行是低效的，使用时需谨慎。

提示：在 Vue.js 3.2 以后的版本中，watchPostEffect 是 watchEffect 带有 flush: "post"选项的别名，watchSyncEffect 是 watchEffect 带有 flush"sync"选项的别名。

10.9　watch 监听

watchEffect 函数会自动收集响应式数据的依赖，而 watch 函数则需要手动指定监听数据源，并且完全等同于第 3 章中的 watch 选项。watch 函数的特点如下。

◎ 在默认情况下，watch 函数是惰性的，只有当被监听的源发生变化时，才会执行回调函数（副作用函数）。

◎ watch 函数需要手动指定监听的数据源，而 watchEffect 函数会自动收集响应式数据的依赖。

◎ watch 函数在副作用函数中可以接收到新值和旧值，而 watchEffect 函数接收不到。

10.9.1　监听单个数据源

在 Vue.js 3 中，watch 函数可以监听两种类型的数据源。

（1）getter 函数：该函数必须引用响应式对象，如 reactive 或 ref 函数返回的响应式对象。

（2）响应式对象：直接接收一个响应式对象，如 reactive 或 ref 函数返回的响应式对象。

下面通过三个案例演示 watch 函数的使用。

案例一：watch 函数监听的数据源为一个 getter 函数。

在 "08_watch 使用" 文件夹下新建 WatchAPI.vue 组件。

WatchAPI.vue 组件，代码如下所示：

```
<template>
  <div>
    <h4 >{{info.name}}</h4>
    <button @click="changeData">修改数据</button>
```

```
    </div>
  </template>
  <script>
    import { reactive, watch } from 'vue';
    export default {
      setup() {
        const info = reactive({name: "coderwhy", age: 18});
        // 1.传入一个 getter 函数，该函数引用响应式对象 info
        watch(() => info.name, (newValue, oldValue) => {
          // 2.监听 info 对象中 name 的变化
          console.log("newValue:", newValue, "oldValue:", oldValue);
        })
        const changeData = () => {
          info.name = "kobe"; // 3.改变 info 对象中的 name
        }
        return {changeData,info}
      }
    }
  </script>
```

可以看到，这里调用 watch 函数监听 info 对象 name 属性的变化。其中，watch 函数需要接收两个参数。

◎　第一个参数是一个 getter 函数，该函数必须引用可响应式对象。

◎　第二个参数是监听的回调函数，该函数会接收到新值和旧值，并在该函数中打印出新值和旧值。

最后，在 App.vue 组件中导入和使用 WatchAPI 组件。

保存代码，在浏览器中显示的效果如图 10-20 所示。单击 "修改数据" 按钮修改 info 中的 name 后，可以看到 watch 已监听到 info 中 name 发生了变化，并打印出了新值和旧值。

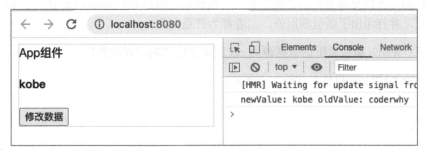

图 10-20 watch 监听的数据源为 getter 函数

案例二：watch 函数监听的数据源为 reactive 函数返回的响应式对象。

修改 WatchAPI.vue 组件，代码如下所示：

```
......
<script>
  export default {
    setup() {
      const info = reactive({name: "coderwhy", age: 18});
      // 1.监听 watch 时，传入一个 getter 函数
      // watch(() => info.name, (newValue, oldValue) => {
      //   console.log("newValue:", newValue, "oldValue:", oldValue);
      // })
      // 2.传入 reactive 函数返回的响应式对象
      watch(info, (newValue, oldValue) => {
```

```
          console.log("newValue:", newValue, "oldValue:", oldValue); // 值为响应
式对象
    })
    const changeData = () => info.name = "kobe";
    return {changeData,info}
  }
 }
</script>
```

保存代码，在浏览器中单击"修改数据"按钮后，可以看到 watch 已监听到 info 中 name
发生了变化，并打印出了新值和旧值，二者都为响应式对象。

这时，如果我们希望 newValue 和 oldValue 是一个普通对象，那么可以这样监听，代码如
下所示：

```
<script>
  export default {
    setup() {
      ......
      // 2.将 watch 的第一参数改成 getter 函数
      watch(() => {
        return {...info}
      }, (newValue, oldValue) => {
        console.log("newValue:", newValue, "oldValue:", oldValue); // 值为普通
对象
      })
      ......
    }
  }
</script>
```

保存代码，在浏览器中单击"修改数据"按钮后，可以看到 watch 已监听到 info 中 name
发生了变化，并打印出了新值和旧值，二者都为普通对象。

案例三：watch 函数监听的数据源为 ref 函数返回的响应式对象。

修改 WatchAPI.vue 组件，代码如下所示：

```
......
<script>
  export default {
    setup() {
      ......
      const name = ref("codeywhy");
      // 3.watch 监听 ref 对象
      watch(name, (newValue, oldValue) => {
        console.log("newValue:", newValue, "oldValue:", oldValue); // 值为 value
本身
      })
      const changeData = () => name.value = "kobe";
      return {changeData,info,name}
    }
  }
</script>
```

保存代码，在浏览器中单击"修改数据"按钮后，可以看到 watch 已监听到 name 发生了
变化，并打印出了新值和旧值，二者都是 name 的 value 值。

10.9.2 监听多个数据源

watch 不仅可以监听单个数据源，还可以通过接收数组实现同时监听多个数据源。

在"08_watch 使用"文件夹下新建 WatchAPIMult.vue 组件。

WatchAPIMult.vue 组件，代码如下所示：

```
<template>
  <div>
    <h4 >{{info.name}} - {{name}}</h4>
    <button @click="changeData">修改数据</button>
  </div>
</template>
<script>
  import { ref, reactive, watch } from 'vue';
  export default {
    setup() {
      // 1.定义响应式对象
      const info = reactive({name: "coder", age: 18});
      const name = ref("why");
      const age = ref(20);
      //2.监听多个数据源。参数一是一个数组：数组中可以有getter函数，以及ref或reactive
函数返回的响应式对象
      watch([() => ({...info}), name, age],
          ([newInfo, newName, newAge], [oldInfo, oldName, oldAge]) => {
        console.log(newInfo, newName, newAge);
        console.log(oldInfo, oldName, oldAge);
      })
      const changeData = () => {
        info.name = "kobe";
        name.value = "jack"
      }
      return {changeData,info,name}
    }
  }
</script>
```

可以看到，这里调用 watch 函数监听多个数据源。watch 函数的第一个参数接收的是一个数组，该数组中支持监听 getter 函数、ref 和 reactive 函数返回响应式对象的数据源。

接着，为 watch 的第二个参数传入回调函数，该回调函数接收的新值和旧值都为数组类型，然后在该函数中分别打印新值和旧值。最后，在 App.vue 组件中导入和使用 WatchAPIMult 组件。

保存代码，在浏览器中显示的效果如图 10-21 所示。单击"修改数据"按钮后，可以看到 watch 已监听到 info.name 和 name 都发生了变化，并打印出了新值和旧值。

图 10-21　watch 监听多数据源

10.9.3 监听响应式对象

如果我们希望监听一个数组或对象，可以使用一个 getter 函数，并对可响应式对象进行解构。下面来看看如何监听响应式数组，代码如下所示：

```
const names = reactive(["abc", "cba", "nba"]);
// 1.监听响应式数组
watch(() => [...names], (newValue, oldValue) => {
  console.log(newValue, oldValue);
})
const changeName = () => {
  names.push("why");
}
```

如果需要对一个对象进行深度监听，那么可以将 deep 属性设置为 true，也可以传入 immediate 参数立即执行监听函数。我们在"08_watch 使用"文件夹下新建 WatchAPIDeep.vue 组件。

WatchAPIDeep.vue 组件，代码如下所示：

```
<template>
  <div>
    <h4 >{{info.name}}</h4>
    <button @click="changeData">修改数据</button>
  </div>
</template>
<script>
  import { ref, reactive, watch } from 'vue';
  export default {
    setup() {
      // 1.定义响应式对象
      const info = reactive({
        name: "coderwhy",
        age: 18,
        friend: {
          name: "kobe"
        }
      });
      // 2.监听响应式对象
      watch(() => ({...info}), (newInfo, oldInfo) => {
        console.log(newInfo, oldInfo);
      }, {
        deep: true,
        immediate: true
      })
      const changeData = () => info.friend.name = "james"
      return {changeData,info}
    }
  }
</script>
```

可以看到，这里调用了 watch 函数，用于监听一个对象。watch 函数接收了以下三个参数。
◎ 第一个参数：是一个 getter 函数。
◎ 第二个参数：是传入的回调函数，在该回调函数中打印接收的新值和旧值。
◎ 第三个参数：是一个 watch 配置项。如果 deep 为 true，则代表一个深层监听，即当修改了 info 中 friend 对象的 name 时，也会被 watch 监听到；如果为 false，则监听不到。immediate 为 true，代表 watch 的回调函数会先立即执行一次，当监听到有数据变化时，才再次执行该回调函数。

最后，在 App.vue 组件中导入和使用 WatchAPIDeep.vue 组件。

保存代码，在浏览器中刷新页面时，默认立即执行一次 watch 的回调函数。当单击"修改数据"按钮后，可以看到 watch 能够深层监听 info 中 friend 对象的 name 属性发生了变化。

10.10 组件生命周期函数

前文提到，setup 函数不但可以替代 data、methods、computed、watch 等选项，还可以替代生命周期函数（钩子）。如果想在 setup 函数中使用组件生命周期函数，那么可以通过直接导入 onXxx 函数来注册生命周期函数。

在 01_composition_api 项目的 src 目录下新建"09_生命周期钩"子文件夹，然后在该文件夹下新建 App.vue 组件。

App.vue 组件，代码如下所示：

```
<template>
  <div><button @click="increment">单击+1</button>{{counter}}</div>
</template>
<script>
  import { onMounted, onUpdated, onUnmounted, ref } from 'vue';
  export default {
    setup() {
      const counter = ref(0);
      const increment = () => counter.value++
      // 1.生命周期函数（同一个生命周期函数可以存在多次）
      onMounted(() => {
        console.log("App Mounted1");
      })
      onMounted(() => {
        console.log("App Mounted2");
      })
      onUpdated(() => {
        console.log("App onUpdated");
      })
      onUnmounted(() => {
        console.log("App onUnmounted");
      })
      return {counter,increment}
    }
  }
</script>
```

可以看到，首先在 App.vue 组件中注册 onMounted、onUpdated 和 onUnmounted 生命周期函数，其中 onMounted 生命周期函数被注册了两次。

最后，修改 main.js 程序入口文件，将导入的 App.vue 组件改为"09_生命周期钩子/App.vue"路径下的 App.vue 组件。

保存代码，在浏览器中刷新页面后，在控制台中会依次打印"App onBeforeMount""App Mounted1""App Mounted2"，每次单击"单击+1"按钮，都会打印一次"App onUpdated"，如图 10-22 所示。对于组件中其他的生命周期函数，读者可自行练习。

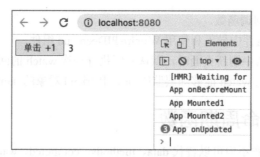

图 10-22　生命周期函数的使用

下面总结一下 Vue.js 3 提供的 Composition API（组合式 API）的生命周期函数，并对比 Composition API 和 Options API （选项式 API）的生命周期函数的对应关系，如图 10-23 所示。

选项式 API	组合式 API
beforeCreate	Not needed*
created	Not needed*
beforeMount	onBeforeMount
mounted	onMounted
beforeUpdate	onBeforeUpdate
updated	onUpdated
beforeUnmount	onBeforeUnmount
unmounted	onUnmounted
activated	onActivated
deactivated	onDeactivated

图 10-23　组合式 API 和 选项式 API 生命周期函数的对应关系

可以看到，Composition API 没有提供 beforeCreate 和 created 生命周期函数，而是直接使用 setup 函数代替。需要注意的是，setup 函数会在 beforeCreate 之前被调用，如图 10-24 所示。

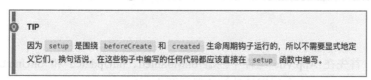

> TIP
> 因为 setup 是围绕 beforeCreate 和 created 生命周期钩子运行的，所以不需要显式地定义它们。换句话说，在这些钩子中编写的任何代码都应该直接在 setup 函数中编写。

图 10-24　setup 的生命周期函数

10.11　Provide/Inject 依赖注入

在 Vue.js 3 的 Composition API 中，我们可以使用 provide 和 inject 函数实现非父子组件之间的通信。

相比于 Options API 中的 provide 和 inject 选项，provide 和 inject 函数更加灵活和方便。下面我们来看看如何使用 provide 和 inject 函数。

10.11.1　提供数据

provide 函数可以向子组件或孙子组件提供数据。它接收以下两个参数。

◎ key：要提供的键，可以是字符串或符号（symbol）。

◎ value：要提供的值。

下面演示 provide 函数的使用。在 01_composition_api 项目的 src 目录下新建"10_Provide 和 Inject"文件夹，然后在该文件夹下新建 App.vue 组件。

App.vue 组件，代码如下所示：

```
<template>
  <div class="app" style="border:1px solid #ddd;margin:4px">
    App 组件
    <div>{{name}} - {{age}}</div>
    <div>{{counter}}</div>
    <button @click="increment">App 组件+1</button>
  </div>
</template>

<script>
  import { provide, ref } from 'vue';
  export default {
    setup() {
      const name = "coderwhy"; // 普通数据
      const age = 18;
      let counter = ref(100); // 响应式数据
      // 1.向子组件或孙子组件提供数据
      provide("name", name);
      provide("age", age); // 提供普通数据
      provide("counter", counter); // 提供响应式数据

      const increment = () => counter.value++;
      return {name,age,increment,counter}
    }
  }
</script>
```

可以看到，首先在 setup 函数中调用 provide 函数为子组件或孙子组件提供 name 与 age 普通数据，以及 counter 响应式数据。其中，提供的普通数据是只读的，不可修改；提供的响应式数据默认是可读可修改的。

最后，修改 main.js 程序入口文件，将导入的 App.vue 组件改为"10_Provide 和 Inject/App.vue"路径下的 App.vue 组件。

保存代码，在浏览器中显示的效果如图 10-25 所示。数据在 App.vue 组件中可正常显示，单击"App 组件+1"按钮，页面能实现响应式刷新。

图 10-25　使用 provide 函数提供数据

下面来看看在子组件或孙子组件中，如何获取父组件提供的数据。

10.11.2　注入数据

在后代组件中，可以使用 inject 函数注入父组件 provide 函数提供的数据。inject 函数接收以下两个参数。

（1）key：需要注入的数据的名称。

（2）defaultValue（可选）：在没有匹配到 key 时使用的默认值。

在上述案例中，如果子组件或孙子组件想要获取父组件提供的数据，那么可以使用 inject 函数。在"10_Provide 和 Inject"文件夹下新建 Home.vue 组件。

Home.vue 组件，代码如下所示：

```
<template>
  <div style="border:1px solid #ddd;margin:8px">
    Home 组件
    <div>{{name}} - {{age}}</div>
    <div>{{counter}}</div>
    <button @click="homeIncrement">Home 组件+1</button>
  </div>
</template>

<script>
  import { inject } from 'vue';
  export default {
    setup() {
      // 1.在子组件中获取父组件 provide 函数提供的数据(孙子组件获取的代码也是一样的)
      const name = inject("name"); // 注入父组件提供的 name
      const age = inject("age");
      const counter = inject("counter");

      const homeIncrement = () => counter.value++;
      return {name,age, counter,homeIncrement}
    }
  }
</script>
```

可以看到，首先在 setup 函数中通过 inject 函数注入父组件或祖父组件 provide 函数提供的数据。其中，name 与 age 是普通对象（只能读，不能修改），counter 则是响应式对象（可读可修改）。接着，在 homeIncrement 函数中修改父组件提供的响应式数据 counter。

然后修改 App.vue 组件，在该组件中导入并使用 Home.vue 组件，代码如下所示：

```
<template>
  <div class="app" style="border:1px solid #ddd;margin:4px">
    App 组件......
    <home/>
  </div>
</template>
<script>
  import Home from './Home.vue';
  export default {
    components: { Home },
    ......
  }
</script>
```

保存代码，在浏览器中显示的效果如图 10-26 所示。当单击"App 组件+1"按钮时，会在父组件中修改 counter。此时，App.vue 组件和 Home.vue 组件的 counter 都会同步发生变化。同理,当单击"Home 组件+1"按钮时,会在子组件中修改 counter,此时 App.vue 组件和 Home.vue 组件的 counter 也会同步发生变化。

因此,父组件提供了响应式数据,在子组件或孙子组件中仍然保持响应式。

图 10-26　使用 inject 函数注入数据

10.11.3　提供和注入响应式数据

provide 函数不仅可以向子组件或孙子组件提供只读的普通数据,还支持提供响应式数据,例如,支持提供 ref 和 reactive 函数定义的响应式数据。下面演示一下使用 provide 函数提供响应式数据,代码如下所示:

```
// App.vue 父组件
let counter = ref(100)
let info = reactive({
  name: "why",
  age: 18
})
// 1.提供响应式数据
provide("counter", counter)
provide("info", info)
// 2.修改响应式数据
const changeInfo = () => {
  info.name = "coderwhy"
}

// Home.vue
// 3.子组件(孙子组件)注入父组件(祖父组件)提供的响应式数据
const info = inject("counter");
const info = inject("info");
```

可以看到,父组件使用 provide 函数分别提供 ref 和 reactive 函数定义的响应式数据,在子组件或孙子组件使用 inject 函数注入父组件提供的响应式数据。

注意:provide 函数提供的响应式数据既可以在父组件中被修改,又可以在子组件中被修改,这会导致难以追踪数据的修改。为了保证单向数据流,以及避免子组件修改父组件提供的数据,我们可以借助 readonly 函数,代码如下所示。

```
provide("info", readonly(info)); // 子组件注入时只能读,不能修改
provide("counter", readonly(counter));
```

10.12　案例：Composition API 的实战

学习了 Vue.js 3 的 setup、reactive、ref、computed、watchEffect、watch、provide、inject 等 Composition API 后，我们可以通过一个练习来巩固和运用这些 API，并将代码逻辑封装到 Hook 函数中。该练习包含的内容如下。

（1）使用 Composition API 实现一个计数器案例。

（2）使用 Composition API 修改网页的标题，并封装为 Hook 函数。

（3）使用 Composition API 监听页面滚动位置，并封装为 Hook 函数。

10.12.1　计数器的两种实现方式

为了让读者更加深刻地理解计数器案例，本小节将使用两种方式来实现计数器，分别是 Options API 和 Composition API。

1. 使用 Options API 实现计数器

在 01_composition_api 项目的 src 目录下新建"11_compositionAPI 综合练习"文件夹，然后在该文件夹下分别新建 App.vue 和 OptionsAPIExample.vue 组件。

OptionsAPIExample.vue 组件，代码如下所示：

```
<template>
  <div>
    <!--1.1 计数器案例  -->
    <div>当前计数: {{counter}}</div>
    <div>当前计数*2: {{doubleCounter}}</div>
    <button @click="increment">+1</button>
    <button @click="decrement">-1</button>
  </div>
</template>

<script>
  export default {
    data() {
      return{
        // 1.2 计数器案例的逻辑代码
        counter:100
      }
    },
    computed: {
      // 1.3 计数器案例的逻辑代码
      doubleCounter() {
        return this.counter * 2
      }
    },
    methods: {
      // 1.4 计数器案例的逻辑代码
      increment() {
        this.counter++;
      },
      decrement() {
        this.counter--;
      }
    }
  }
</script>
```

可以看到，上述代码比较简单，就是使用 Options API 实现一个计数器。我们在 App.vue 组件中导入并使用 OptionsAPIExample.vue 组件。

注意：在 App.vue 组件中导入并使用组件比较简单，因此后面的例子中不再重复给出以下代码。

```
<template>
  <div class="app" style="border:1px solid #ddd;margin:4px">
    App 组件
   <OptionsAPIExample></OptionsAPIExample>
  </div>
</template>

<script>
  import OptionsAPIExample from './OptionsAPIExample.vue';
  export default {
    components: {
      OptionsAPIExample
    }
  }
</script>
```

最后，修改 main.js 程序入口文件，将导入的 App.vue 组件改为"11_compositionAPI 综合练习/App.vue"路径下的 App.vue 组件。

保存代码并在浏览器中运行，计数器如图 10-27 所示。为了保证代码简洁易懂，这里暂不实现修改网页标题和监听页面滚动位置的功能。

图 10-27　使用 Options API 实现的计数器

2. 使用 Composition API 实现计数器

在"11_compositionAPI 综合练习"文件夹下新建 CompositionAPIExample.vue 组件。

CompositionAPIExample.vue 组件，代码如下所示：

```
<template>
  <div>
    <!-- 1.计数器案例 -->
    <div>当前计数: {{counter}}</div>
    <div>当前计数*2: {{doubleCounter}}</div>
    <button @click="increment">+1</button>
    <button @click="decrement">-1</button>
  </div>
</template>
<script>
  import { ref, computed } from 'vue';
  export default {
    setup() {
      // 2.计数器案例的逻辑代码
      const counter = ref(100);
      const doubleCounter = computed(() => counter.value * 2);
```

```
        const increment = () => counter.value++;
        const decrement = () => counter.value--;
        return {
          counter,
          doubleCounter,
          increment,
          decrement
        }
      }
    }
</script>
```

可以看到，上述代码就是使用 Composition API 实现计数器。我们在 App.vue 组件中导入和使用 CompositionAPIExample.vue 组件。保存代码，在浏览器中显示的效果和 Options API 实现的效果一样。

最后，通过该案例总结一下 Options API 和 Composition API 的优缺点。

◎ Options API 的优点是可以直接在对应的属性中编写对应的功能，易于理解，可快速上手。

◎ Options API 有一个明显的弊端，它对应的代码逻辑被拆分到各个属性中，当组件变得更大、更复杂时，同一个功能的逻辑会被拆分得很分散，不利于代码的阅读和理解。

◎ Composition API 的优点是能将同一个关注点的逻辑收集在一起，方便代码的封装和复用，提高代码的可读性。

◎ Composition API 使用的函数较多，用起来比 Options API 复杂。但是，函数式编程对 TypeScript 的支持更友好。

10.12.2 代码逻辑的封装和复用

在 Vue.js 3 中，可以使用 Mixin 混入实现 Options API 中代码的逻辑封装和复用。而在 Composition API 中，我们可以将同一个关注点的逻辑代码封装到一个函数中，该函数通常约定以 "use" 为前缀命名，比如 useCounter。以 use 开头的函数，我们称之为自定义 Hook 函数，这类函数依然支持数据响应式。

了解了 Hook 函数的概念后，接下来将上述计数器案例的代码逻辑封装到一个 useCounter 函数中。

在 "11_compositionAPI 综合练习" 文件夹下新建 hooks/useCounter.js 文件。

在 useCounter.js 文件中封装一个 useCounter 函数，代码如下所示：

```
import { ref, computed } from 'vue';

export default function useCounter() {
  // 1.计数器案例的逻辑代码
  const counter = ref(100);
  const doubleCounter = computed(() => counter.value * 2);

  const increment = () => counter.value++;
  const decrement = () => counter.value--;

  return {
    counter,
    doubleCounter,
    increment,
```

```
      decrement
    }
  }
}
```

可以看到，这里默认导出一个 useCounter 函数（也支持匿名函数），并将 CompositionAPIExample.vue 组件实现计数器的代码逻辑全部抽取到该函数中。

接着，修改 CompositionAPIExample.vue 组件，代码如下所示：

```
......
<script>
  import useCounter from './hooks/useCounter'
  export default {
    setup() {
      // 1.使用自定义 Hook 函数
      const {counter, doubleCounter, increment, decrement} = useCounter()

      return {counter, doubleCounter, increment, decrement}
    }
  }
</script>
```

可以看到，该组件之前实现计数器案例的逻辑代码已经被抽取到了 useCounter 函数中。这里导入 useCounter 自定义 Hook 函数，并在 setup 中调用该函数，这样便可以获取到返回的响应式数据和事件函数，并返回给模板使用。

保存代码，在浏览器中显示的效果和之前的一样。

10.12.3　修改网页的标题

下面在 CompositionAPIExample.vue 组件中实现修改网页标题的功能。

修改 CompositionAPIExample.vue 组件，代码如下所示：

```
<script>
  export default {
    setup() {
      ......
      // 2.修改网页的标题
      const titleRef = ref("coder");
      document.title = titleRef.value// 更新网页标题为 coder
      return {counter, doubleCounter, increment, decrement}
    }
  }
</script>
```

可以看到，在 CompositionAPIExample.vue 组件的 setup 函数中添加了两行代码。保存代码，在浏览器中显示的效果如图 10-28 所示，已将网页的标题修改为 coder。

图 10-28　修改网页的标题

这种修改网页标题的代码可能会在其他组件中再次被用到，为了实现代码的可复用性，我们可以将该功能封装到一个 Hook 函数中。在"11_compositionAPI 综合练习"文件夹下新建

hooks/useTitle.js 文件。

在 useTitle.js 文件中封装 useTitle 函数，代码如下所示：

```javascript
import { ref, watch } from 'vue';
// 1.这次用匿名函数，该函数需接收一个参数
export default function(title = "默认的 title") {
  const titleRef = ref(title);
  // 2.监听 titleRef 变化，一旦被修改就更新
  watch(titleRef, (newValue) => {
    document.title = newValue
  }, {
    immediate: true // 3.回调函数先执行一次
  })
  return titleRef
}
```

修改 CompositionAPIExample.vue 组件，代码如下所示：

```html
<script>
  ......
  import useTitle from './hooks/useTitle'
  export default {
    setup() {
      ......
      // 2.修改网页的标题
      const titleRef = useTitle("coder");
      setTimeout(() => {
        // 3.过 3 秒后修改 titleRef 的值，被 useTitle 函数的 watch 监听到，就会修改标题
        titleRef.value = "why
      }, 3000);
      return {counter, doubleCounter, increment, decrement}
    }
  }
</script>
```

可以看到，首先导入自定义 Hook 函数 useTitle，然后在 setup 函数中调用 useTitle 函数，将页面标题初始化为 coder。之后，经过 3 秒钟的等待，页面标题就会被改为 why。

保存代码后，在浏览器中可看到页面标题在 3 秒后由 coder 变为 why。

10.12.4 监听页面滚动位置

下面我们实现最后一个功能：监听页面滚动位置。

修改 CompositionAPIExample.vue 组件，代码如下所示：

```html
<template>
  <div>
    ......
    <!-- 3.显示页面滚动位置 -->
    <p style="width: 3000px;height: 5000px;">
      width:3000px  height:5000px 的，模拟页面滚动
    </p>
    <div style="position: fixed;top:20px;right:20px">
      <div >scrollX: {{scrollX}}</div>
      <div >scrollY: {{scrollY}}</div>
    </div>
  </div>
</template>
```

```
<script>
  ......
  export default {
    setup() {
      ......
      // 3.监听页面滚动
      const scrollX = ref(0);
      const scrollY = ref(0);
      document.addEventListener("scroll", () => {
          scrollX.value = window.scrollX;
          scrollY.value = window.scrollY;
      });
      return {counter, doubleCounter, increment, decrement, scrollX, scrollY}
    }
  }
</script>
```

可以看到，首先在模板中编写宽和高超出屏幕大小的<p>元素，目的是使模拟页面可滚动。然后，在 setup 函数中监听页面的滚动，并在该回调函数中为 scrollX 和 scrollY 变量赋当前滚动的值。最后，在模板中使用插值语法绑定 setup 函数返回的 scrollX 和 scrollY 变量，显示当前滚动的位置。

保存代码，在浏览器中显示的效果如图 10-29 所示。滚动页面时，页面右上角会显示当前滚动位置的值。

图 10-29　监听页面滚动的位置

在开发时，该功能也会被多次使用，为了提高代码的复用性，我们可以将该功能封装到一个 Hook 函数中。

在 "11_compositionAPI 综合练习" 文件夹下新建 hooks/useScrollPosition.js 文件。

useScrollPosition.js 文件，用于封装 useScrollPosition 函数，代码如下所示：

```
import { ref } from 'vue';
// 1.useScrollPosition 函数，即一个自定义的 Hook 函数
export default function useScrollPosition() {
  const scrollX = ref(0);
  const scrollY = ref(0);

  document.addEventListener("scroll", () => {
    scrollX.value = window.scrollX;
    scrollY.value = window.scrollY;
  });

  return {scrollX, scrollY} // 2.返回 ref 响应式数据
}
```

修改 CompositionAPIExample.vue 组件，代码如下所示：

```
......
<script>
  ......
  import useScrollPosition from './hooks/useScrollPosition'
  export default {
    setup() {
      ......
      // 3.监听页面滚动位置 (可直接解构，因为 Hook 函数返回的对象属性是 ref 对象)
      const { scrollX, scrollY } = useScrollPosition();
      return {counter, doubleCounter, increment, decrement, scrollX, scrollY}
    }
  }
</script>
```

可以看到，首先导入 useScrollPosition 函数，接着在 setup 中调用 useScrollPosition 函数，获取到当前滚动的值。如果滚动页面了，那么 useScrollPosition 函数会监听到并修改 scrollX 和 scrollY 响应式变量的值，同时更新页面。

保存代码，在浏览器中滚动网页时，页面右上角的 scrollX 和 scrollY 能显示当前滚动的位置。

10.13 <script setup>语法

在编写单文件（.vue）组件时，Vue.js 3 不仅支持普通的<script>语法，还支持<script setup>语法。该语法的本质是在单文件组件（SFC）中使用 Composition API 的编译时语法糖，方便我们在 script 顶层编写 setup 相关的代码，让代码看起来更简洁，并可以提高开发效率。

<script setup>语法是默认推荐的，相比于普通的<script>语法，它具有以下优势。

◎   更少的样板内容，更简洁的代码。
◎   能够使用纯 TypeScript 声明 props 和抛出事件。
◎   更好的运行时性能（其模板会被编译成与其同一作用域的渲染函数，没有任何中间代理）。
◎   更好的 IDE 类型推断性能（减少语言服务器从代码中抽离类型的工作）。

需要注意的是，<script setup>语法于 2020 年 10 月 28 日被提出，在 Vue.js 3.2 版本后已成为稳定语法。

10.13.1 <script setup>的基本使用

<script setup>的基本语法如下。
◎   在启用该语法时，需要将 setup 属性添加到<script>标签上。<script>标签中的代码会被编译成组件 setup 函数的内容。
◎   <script>中的代码只在组件被首次引入时执行一次，而<script setup>中的代码会在每次组件实例被创建时执行。
◎   任何在<script setup>中声明的顶层的绑定（包括变量、函数声明，以及 import 引入的内容）都能在模板中直接使用。

下面使用<script setup>语法糖编写计数器案例。在 01_composition_api 项目的 src 目录下新建"12_script_setup 顶层编写方式"文件夹，然后在该文件夹下分别新建 App.vue 和 ScriptSetup Example.vue 组件。

ScriptSetupExample.vue 组件，代码如下所示：

```
<template>
  <div>
    <h4>当前计数：{{counter}}</h4>
    <button @click="increment">+1</button>
  </div>
</template>
<!-- 1.script setup 语法糖 -->
<script setup>
  // 2.counter、increment 是在顶层定义的，能在模板中直接使用
  import { ref } from 'vue';
  const counter = ref(0);
  const increment = () => counter.value++;
</script>
```

可以看到，该组件使用<script setup>语法糖编写，在顶层定义的 counter 变量和 increment 函数能在模板中直接使用。最后，可自行在 App.vue 组件中导入和使用 ScriptSetupExample.vue 组件。

最后，修改 main.js 程序入口文件，将导入的 App.vue 组件改为 "12_script_setup 顶层编写方式/App.vue" 路径下的 App.vue 组件。

保存代码，在浏览器中实现的计数器的效果如图 10-30 所示。

图 10-30　使用<script setup>语法实现计数器

需要注意的是，任何在<script setup>中声明的顶层的绑定内容都能在模板中直接使用。例如，声明的普通变量、响应式变量、函数、import 引入的内容，包含对象、组件、动态组件、指令等，代码如下所示：

```
<template>
  <MyComponent />
  <component :is="Foo" />
  <h4 v-my-directive>This is a Heading</h1>
  <div>{{ capitalize('hello') }}</div>
  <button @click="count++">{{ count }}</button>
  <div @click="log">{{ msg }}</div>
</template>
<!-- 下面的声明内容都可直接在模板中使用 -->
<script setup>
import MyComponent from './MyComponent.vue' // 1.声明组件
import Foo from './Foo.vue' // 2.声明动态组件
import { myDirective as vMyDirective } from './MyDirective.js' // 3.声明指令
import { capitalize } from './helpers' // 4.声明工具函数
import { ref } from 'vue' // 5.声明 ref 函数
const count = ref(0) // 6.声明响应式变量
const msg = 'Hello!' // 7.声明普通变量
```

```
function log() { // 8.声明函数
  console.log(msg)
}
</script>
```

10.13.2 defineProps 和 defineEmits

在 Options API 中，我们可以在 props 选项中定义组件的属性，在 emits 选项中定义触发的事件。而在<script setup>语法中，必须用 defineProps 和 defineEmits 函数来声明 props 和 emits，这两个函数有如下特点。

◎ defineProps 和 defineEmits 函数都是只在<script setup>中才能使用的编译器宏。它们不需要导入且会随着<script setup>处理过程一同被编译。

◎ defineProps 接收与 props 选项相同的值，defineEmits 接收与 emits 选项相同的值。

◎ 在选项传入后，defineProps 和 defineEmits 会提供恰当的类型推断。

◎ 传入 defineProps 和 defineEmits 的选项会从 setup 中提升到模块的范围内。因此，传入的选项不能引用在 setup 范围中声明的局部变量，这样做会引起编译错误。但是，它可以引用导入的绑定，因为导入的绑定也在模块范围内。

在 "12_script_setup 顶层编写方式" 文件夹下新建 DefinePropsEmitAPI.vue 组件。
DefinePropsEmitAPI.vue 组件，代码如下所示：

```
<template>
  <div style="border:1px solid #ddd;margin:8px">
    <div>DefinePropsEmitAPI 组件</div>
    <p>{{message}}</p>
    <button @click="emitEvent">发射 emit 事件</button>
  </div>
</template>
<script setup>
  // 1.定义 props 属性，类似于 Options API 的 props 选项
  const props = defineProps({
    message: {
      type: String,
      default: "默认的 message"
    }
  })
  // 2.注册需要触发的 emit 事件
  const emit = defineEmits(["increment"]);
  const emitEvent = () => {
    console.log('子组件拿到父组件传递进来的 message: ' + props.message)
    emit('increment', 1) // 3.触发 increment 事件，并传递参数 1
  }
</script>
```

可以看到，上面使用 defineProps 函数为组件定义 message 属性，使用 defineEmits 函数为组件注册 increment 事件，并返回 emit 函数。当单击 "发射 emit 事件" 按钮时，先打印父组件传递进来的 message，然后使用 emit 函数触发 increment 事件。

接着，修改 App.vue 组件，代码如下所示：

```
<template>
  <div class="app" style="border:1px solid #ddd;margin:4px">
    App 组件
    <DefinePropsEmitAPI message="App 传递过来的 message" @increment="getCounter"/>
```

```
    </div>
  </template>
  <script setup>
    ......
    import DefinePropsEmitAPI from './DefinePropsEmitAPI.vue';
    const getCounter = (number)=> console.log('App 组件拿到子组件传递过来的 number:
  ' + number)
  </script>
```

可以看到，首先导入 DefinePropsEmitAPI 组件，接着在模板中使用该组件时。为它传递 message 属性，并监听 increment 事件。

保存代码，在浏览器中单击"发射 emit 事件"按钮，会调用 emitEvent 函数，控制台输出的内容如图 10-31 所示。

图 10-31　使用 defineProps 和 defineEmits 的控制台输出内容

10.13.3　defineExpose

组件在使用<script setup>语法时默认是关闭的，即通过模板 ref 或$parent 获取到组件的实例不会暴露任何在<script setup>中声明的属性。这时，如果要将组件的某些属性暴露出去，可以通过 defineExpose 编译器宏来实现。

在"12_script_setup 顶层编写方式"文件夹下新建 DefineExposeAPI.vue 组件。

DefineExposeAPI.vue 组件，代码如下所示：

```
<template>
  <div style="border:1px solid #ddd;margin:8px">
    DefineExposeAPI 组件
  </div>
</template>
<script setup>
  import { ref } from 'vue'
  const age = 18 // 普通数据
  const name = ref('coderwhy') // 响应式数据
  const showMessage = ()=>{console.log('showMessage 方法')} // 定义方法
  // 1.该组件需要暴露出去的属性和方法
  defineExpose({age,name,showMessage})
</script>
```

可以看到，我们在该组件中定义了 age、name 属性和 showMessage 方法，然后通过 defineExpose API 将它们暴露出去。

接着，修改 App.vue 组件，代码如下所示（省略的代码已注释）：

```
<template>
  <div class="app" style="border:1px solid #ddd;margin:4px">App 组件
    ......
```

```
    <DefineExposeAPI ref="defineExposeAPI"></DefineExposeAPI>
  </div>
</template>
<script setup>
  import { ref, watchEffect } from 'vue'
  ......
  import DefineExposeAPI from './DefineExposeAPI.vue';
  // 1.获取 DefineExposeAPI.vue 组件的实例和该组件暴露的属性
  const defineExposeAPI = ref(null)
  watchEffect(()=>{
    console.log(defineExposeAPI.value) // 1.1 组件的实例
    console.log(defineExposeAPI.value.name) // 1.2 响应式数据
    console.log(defineExposeAPI.value.age)
    defineExposeAPI.value.showMessage()
  }, {flush:"post"})
  ......
</script>
```

可以看到，我们使用 ref 定义 defineExposeAPI 变量，并将其绑定到 DefineExposeAPI 组件的 ref 属性上，以获取该组件的实例。接着，在 watchEffect 函数中获取该组件实例，以及该组件暴露出来的 age、name 属性和 showMessage 方法。

保存代码，浏览器的控制台输出如图 10-32 所示，App.vue 组件可以访问到子组件暴露出来的 name、age 和 showMessage。

图 10-32 使用 defineExpose 暴露属性和方法

10.13.4 useSlots 和 useAttrs

setup 函数主要有两个参数：props 和 context。其中，context 包含 slots、attrs 和 emit 三个属性。而在<script setup>中，可以分别使用 useSlots 和 useAttrs 两个辅助函数，代码如下所示：

```
<script setup>
import { useSlots, useAttrs } from 'vue'
const slots = useSlots() // 1.获取该组件的插槽，相当于 setup 函数中的 context.slots
const attrs = useAttrs() //2.获取该组件所有的属性，相当于 setup 函数中的 context.attrs
</script>
```

可以看到，首先从 vue 中导入 useSlots 和 useAttrs 两个辅助函数，然后分别调用这两个函数获取 slots 和 attrs。

注意：useSlots 和 useAttrs 是真实的运行时函数，需要导入后使用。它会返回与 setupContext.slots 和 setupContext.attrs 等价的值，也能在普通的 Composition API 中使用。

提示：在<script setup>中使用 slots 和 attrs 是很罕见的，因为在模板中可以直接使用$slots 和 $attrs。

10.14　本章小结

本章内容如下。

◎ Mixin 混入：是 Vue.js 2 和 Vue.js 3 都支持的一种组件逻辑复用的功能，一个 Mixin 对象可以包含任何组件选项。当组件使用 Mixin 对象时，所有 Mixin 对象的选项将被混合到该组件本身的选项中。

◎ setup 函数：Vue.js 3 新增的选项，可以用于替代之前大部分选项，比如 methods、computed、watch、data、生命周期等。

◎ 数据响应式 API：在 setup 函数中定义响应式数据时，需要使用 Vue.js 3 提供的响应式 API——reactive 和 ref。

◎ 计算属性：在 Options API 中，使用 computed 选项编写计算属性；在 Composition API 中，需在 setup 函数中使用 computed 函数编写一个计算属性。

◎ 监听器：在 Options API 中，使用 watch 选项编写监听器；在 Composition API 中，需在 setup 函数中使用 watchEffect 或 watch 函数编写监听器。其中，watchEffect 函数用于自动收集响应式数据的依赖，watch 函数需手动指定监听源。

◎ 生命周期：在 setup 中编写生命周期函数时，需从 vue 中导入 onBeforeMount、onMounted、onUpdated 和 onUnmounted 等。

◎ Provide/Inject：在 Options API 中，非父子间通信可使用 provide/inject 选项来实现；在 Composition API 中，需在 setup 函数中使用 provide/inject 函数来实现。

◎ <script setup>语法：在 Vue.js 3 中，除了可在 setup 函数中使用 Composition API，还可以使用<script setup>语法糖，在 script 顶层编写 setup 相关的代码。

Vue.js 3 组件化高级详解

除了基本的组件开发，Vue.js 3 还提供了许多高级特性，如 render 函数、自定义指令、teleport 组件、插件和 nextTick 底层原理等。这些特性能让开发过程更加灵活，也能够更好地满足各种需求和场景。本章将深入研究这些高级特性的实现原理及使用方法，以帮助读者更好地理解 Vue.js 3 组件化高级特性。在学习前，先看看本章源代码的管理方式，目录结构如下：

```
VueCode
├── ......
├── chapter11
│     └── 01_learn_component
│     └── 02_learn_component_project # 提供一个空的 Vue.js 3 项目
```

11.1　render 函数

在编写 Vue.js 3 组件时，通常使用模板创建 HTML 布局。然而，在某些特殊场景下，我们需要在 JavaScript 中创建 HTML 布局。为此，Vue.js 3 提供了渲染函数（render 函数）。

实际上，之前在模板中编写的 HTML 最终也会通过渲染函数生成对应的 VNode。如果想充分利用 JavaScript 编程的灵活性，那么可以在 render 函数中使用 createVNode 函数生成对应的 VNode。多个 VNode 组合在一起，就形成了一棵树形结构，即虚拟 DOM。

11.1.1　认识 h 函数

在 Vue.js 3 中，我们可以在 render 函数中使用 createVNode 函数生成对应的 VNode。为了简便，Vue.js 3 将 createVNode 函数简化为 h 函数，所以 h 函数是一个用于创建 VNode 的函数，它包含三个参数，如图 11-1 所示。

◎ 参数一（必需）：可以接收一个 HTML 标签名、组件、异步组件或函数式组件。
　　支持类型：{String | Object | Function} tag。
◎ 参数二（可选）：一个与 attribute、prop 和事件相对应的对象，会在模板中用到。
　　支持类型：{ Object } props。
◎ 参数三（可选）：接收子 VNodes，使用 h 函数构建，也可以使用字符串获取"文本 VNode"或有插槽的对象。

支持类型：{ String | Array | Object } children。

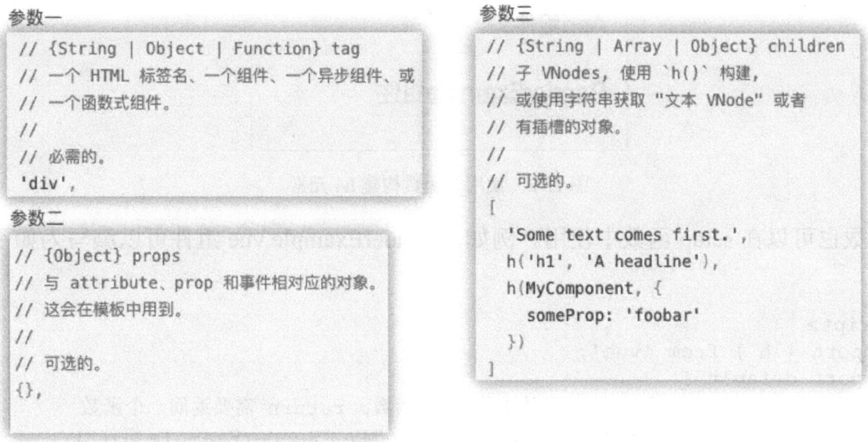

图 11-1　h 函数的参数

需要注意的是，如果没有参数二（props），那么通常可以将 children 作为参数二传入。为了避免产生歧义，可以将 null 作为参数二传入，将 children 作为参数三传入。

11.1.2　h 函数的基本使用

h 函数可以在 render 函数和 setup 函数中使用。下面先介绍在 render 函数中使用 h 函数。

在 01_learn_component 项目的 src 目录下新建 "01_render 函数的使用" 文件夹，然后在该文件夹下分别新建 App.vue 和 RenderExample.vue 组件。

RenderExample.vue 组件，代码如下所示：

```
<script>
  import { h } from 'vue'; // 1.导入 h 函数
  export default {
    render() { // 2.在 render 函数中使用 h 函数
      // 下面等价于创建：  <h4 class="title">RenderExample 组件</h4> 元素
      return h("h4", {class: "title"}, "RenderExample 组件")
    }
  }
</script>
<style scoped>
 .title{ text-decoration : underline;}
</style>
```

可以看到，该组件中并没有 template 模板，而是使用 render 函数构建页面。首先导入 h 函数，然后在 render 函数中使用 h 函数构建 VNode 节点。这里使用 h 函数构建一个 h4 元素，该元素的 class 属性值为 title，内容为 RenderExample 组件字符串。接着，自行在 App.vue 组件中导入和使用 RenderExample 组件。

最后，修改 main.js 程序入口文件，将导入的 App.vue 组件改为 "01_render 函数的使用/App.vue" 路径下的 App.vue 组件。

保存代码，在浏览器中显示的效果如图 11-2 所示，依然可以正常显示 h4 元素。

图 11-2　使用 h 函数构建 h4 元素

h 函数也可以在 setup 函数中使用。例如，RenderExample.vue 组件可以编写为如下所示的代码：

```
<script>
  import { h } from 'vue';
  export default {
    setup() { // 1. 在 setup 函数中使用 h 函数，return 需要返回一个函数
      return () => h("h4", {class: "title"}, "RenderExample 组件")
    }
  }
</script>
```

11.1.3　render 函数实现计数器

下面使用 render 函数实现一个复杂一些的案例——计数器。

在"01_render 函数的使用"文件夹下新建 RenderCounter.vue 组件。

RenderCounter.vue 组件，代码如下所示：

```
<script>
  import { h } from 'vue'; // 1.导入 h 函数
  export default {
    data() {
      return {counter: 0}
    },
    render() {
      // 2.创建布局：div 标签中包含一个 h4 元素和两个 button 元素
      return h("div", {class: "render-counter"}, [
        h("h4", null, `当前计数: ${this.counter}`),
        h("button", {
          onClick: () => this.counter++
        }, "+1"),
        h("button", {// 参数一：标签名称。参数二：标签属性。参数三：标签内容
          onClick: () => this.counter--
        }, "-1"),
      ])
    }
  }
</script>
```

可以看到，首先在 data 中定义 counter 变量，接着在 render 函数中使用 h 函数构建一个<div>元素，其中包含一个<h4>元素和两个<button>元素的计数器案例页面，在 render 函数中也可以直接通过 this 访问到组件的实例。然后，在 App.vue 组件中导入和使用 RenderCounter.vue 组件。

保存代码，在浏览器中实现的计数器如图 11-3 所示。

图 11-3   使用 render 函数实现计数器

11.1.4   setup 函数实现计数器

使用 render 函数实现的计数器用的是 Options API 语法，如果想要使用 Composition API 语法实现计数器，那么可以在 setup 函数中编写代码。

在"01_render 函数的使用"文件夹下新建 RenderSetupCounter.vue 组件。

RenderSetupCounter.vue 组件，代码如下所示：

```
<script>
  import { ref, h } from 'vue';
  export default {
    setup() {
      const counter = ref(0); // 1.定义变量
      // 2.setup 函数返回一个 render 函数，该函数可以直接使用在同一作用域中声明的响应式变
量
      return () => {
        return h("div", {class: "app"}, [
          h("h4", null, `当前计数: ${counter.value}`),
          h("button", {
            onClick: () => counter.value++
          }, "+1"),
          h("button", {
            onClick: () => counter.value--
          }, "-1"),
        ])
      }
    }
  }
</script>
```

可以看到，首先使用 ref 定义响应式变量，接着在 setup 函数中返回 render 函数。除了语法，这个计数器案例和上一个案例是一样的。然后，在 App.vue 组件中导入和使用 RenderSetupCounter 组件。

保存代码，运行在浏览器中的效果和上面的案例一样。

11.1.5   在 render 函数中实现插槽

在使用 render 函数构建页面时，如果组件中需要添加插槽，那么可以使用 this.$slots 来实现。

在"01_render 函数的使用"文件夹下新建 HelloWorld.vue 和 RenderSlot.vue 组件。

HelloWorld.vue 组件，代码如下所示：

```
<script>
  import { h } from "vue";
```

```
    export default {
      render() {
        // <div>
        //    <h4>HelloWorld 组件</h4>
        //    <slot name="default">
        //        <span>我是插槽默认值</span>
        //    </slot>
        // </div>

        // 下面的布局等价于上面的布局
        return h("div", {class: "hello-world"}, [
          h("h4", null, "HelloWorld 组件"),
          // 1.定义一个默认的插槽
          this.$slots.default ? this.$slots.default({name: "coderwhy"}): h("span",
null, "我是插槽默认值")
        ])
      }
    }
</script>
<style scoped>
.hello-world{
  border:1px solid #ddd;
  margin:8px;
}
</style>
```

可以看到，在 render 函数中使用 this.$slots.default 判断父组件是否传递了 default 默认插槽函数。

◎ 如果有传递，那么调用 default 默认插槽函数，并传递一个对象给该函数作为参数。

◎ 如果父组件没有传递 default 默认插槽函数，那么使用插槽的默认值，即显示一个<span>元素。

RenderSlot.vue 组件，代码如下所示：

```
<script>
  import { h } from 'vue';
  import HelloWorld from './HelloWorld.vue'; // 1.导入 HelloWorld 组件
  export default {
    // <div>
    //   <HelloWorld>
    //      <template v-slot:default="slotProps">
    //          <span>传入 HelloWorld 插槽中的内容。插槽 props 的 name:
{{slotProps.name}}</span>
    //      </template>
    //   </HelloWorld>
    // </div>

    // 下面的布局等价于上面的布局
    render() {
      return h("div", {class:"render-slot"}, [
        'RenderSlot 组件',
        // 1.渲染 HelloWorld 组件
        h(HelloWorld, null, {
          // 2.使用 HelloWorld 组件的默认插槽
          default: props => h("span", null,
                  `传入 HelloWorld 插槽中的内容。插槽 props 的 name: ${props.name}`)
        })
      ])
```

```
    }
  }
</script>
<style scoped>
.render-slot{
  border:1px solid #ddd;
  margin:8px;
}
</style>
```

可以看到，首先在该组件中导入 HelloWorld.vue 组件。接着，在 render 函数中的 h 函数里使用该组件。

然后，为该组件传递 default 默认插槽函数，该函数返回的内容会替换掉 HelloWorld.vue 组件中定义的默认插槽，该函数的 props 参数中可以接收 HelloWorld.vue 组件中的插槽传递过来的参数。

最后，在 App.vue 组件中导入和使用 RenderSlot.vue 组件。

保存代码，在浏览器中显示的效果如图 11-4 所示，render 函数中的插槽可以正常使用。

图 11-4　在 render 函数中实现插槽

11.1.6　组件的 JSX 语法

在 Vue.js 3 中，虽然可以使用 h 函数构建组件的布局，但是其编写效率非常低，并且不利于阅读和后期维护。

为了解决这个问题，Vue.js 3 支持使用 JSX 语法编写组件，该语法更接近于模板语法。JSX 语法实际上是一种允许在 JavaScript 中编写 HTML 元素的语法糖。为了将 JSX 语法编写的模板转换成 h 函数的写法，Vue.js 3 底层需要借助 Babel 插件（@vue/babel-plugin-jsx）。该插件已经被集成并安装在 Vue CLI 脚手架中，因此可以在 Vue.js 3 的单文件组件中直接编写 JSX 语法。

下面使用 JSX 语法实现计数器案例。在 01_learn_component 项目的 src 目录下新建"02_JSX 语法的使用"文件夹，然后在该文件夹下新建 App.vue 组件。

App.vue 组件，代码如下所示：

```
<script>
  export default {
    data() {
      return {counter: 0}
    },
    render() {
      // 1.定义方法，这些方法也可以写到 methods 选项中
      const increment = () => this.counter++;
      const decrement = () => this.counter--;
      // 2.JSX 语法，即允许在 JavaScript 中编写 HTML 元素
```

```
      return (
        <div class="app" style="border:1px solid #ddd;margin:4px">
          <h4>当前计数: {this.counter}</h4>
          <button onClick={increment}>+1</button>
          <button onClick={decrement}>-1</button>
        </div>
      )
    }
  }
</script>
```

可以看到，在 render 函数中使用 JSX 语法编写计数器案例的模板。在编写 JSX 语法时，一般使用一个括号来包裹 JSX 编写的模板，这样既可以提高代码的可读性，也能使代码更美观。相比于 h 函数编写的计数器案例，JSX 语法更接近于模板的语法，也便于阅读和后期维护。

最后，修改 main.js 程序入口文件，将导入的 App.vue 组件改为 "02_JSX 语法的使用/App.vue" 路径下的 App.vue 组件。

保存代码，在浏览器中实现的计数器如图 11-5 所示。

图 11-5　使用 JSX 语法编写的计数器

JSX 语法不仅支持编写 HTML 元素，还支持编写 Vue.js 组件。在 "02_JSX 语法的使用" 文件夹中，需要新建一个名为 HelloWorld.vue 的组件。

HelloWorld.vue 组件，代码如下所示：

```
<script>
  export default {
    render() {
      return (
        <div style="border:1px solid #ddd;margin:8px">
          <div>HelloWorld 组件</div>
          {/**这里编写的是注释，下面定义了 default 插槽*/}
          {this.$slots.default ? this.$slots.default():<span>插槽默认内容</span>}
        </div>
      )
    }
  }
</script>
```

可以看到，首先在该组件的 render 函数中使用 JSX 语法编写模板，然后在该组件中定义一个默认的插槽。

修改 App.vue 组件，先导入 HelloWorld.vue 组件，接着在 render 函数的 JSX 模板中使用该组件，代码如下所示：

```
<script>
  import HelloWorld from './HelloWorld.vue';
  export default {
    ......
```

```
  render() {
    ......
    return (
      <div class="app" style="border:1px solid #ddd;margin:4px">
        ......
        {/**这里编写的是注释,下面是在 JSX 语法中使用组件 */}
        <HelloWorld/>
      </div>
    )
  }
}
</script>
```

保存代码，在浏览器中显示的效果如图 10-6 所示，即在 JSX 模板中使用了 Hello World 组件。

图 10-6　在 JSX 模板中使用 HelloWorld 组件

11.2　自定义指令

在 Vue.js 3 的模板语法中，我们学习过各种各样的指令，比如 v-show、v-for 和 v-model 等。除了使用这些内置指令，Vue.js 3 也允许我们自定义指令。自定义指令分为以下两种。

（1）自定义局部指令：在组件中通过 directives 选项定义，局部指令只能在当前组件中使用。

（2）自定义全局指令：使用 app 的 directive 方法定义，全局指令可以在任意组件中使用。

需要注意的是，Vue.js 3 的代码复用和抽象主要是通过组件实现的。在某些情况下，比如对 HTML 元素进行底层操作时，才会用到自定义指令。

11.2.1　自定义指令的基本使用

下面通过自定义一个 v-focus 指令来演示自定义指令的基本使用。v-focus 指令的作用是：当某个元素挂载完成后，可以自动获取焦点。为了更好地理解自定义指令，我们将通过三种方式实现该功能。

（1）默认方式。

（2）自定义一个 v-focus 局部指令。

（3）自定义一个 v-focus 全局指令。

下面详细介绍这三种方式的实现。

1. 默认方式

在 01_learn_component 项目的 src 目录下新建 "03_自定义指令" 文件夹，然后在该文件夹下分别新建 App.vue 和 DefaultImp.vue 组件。

DefaultImp.vue 组件，代码如下所示：

```
<template>
  <div style="border:1px solid #ddd;margin:8px">
    <input type="text" ref="input">
  </div>
</template>
<script>
  import { ref, onMounted } from "vue";
  export default {
    setup() {
      const input = ref(null);
      onMounted(() => input.value.focus()) // 1.默认方式，当挂载完后自动获取焦点
      return {input}
    }
  }
</script>
```

可以看到，首先使用 ref 函数定义 input 响应式变量，并将其绑定到<input>元素的 ref 属性中。接着，在生命周期中获取<input>元素对象，并调用 focus 函数实现自动获取焦点。最后，自行在 App.vue 组件中导入和使用 DefaultImp.vue 组件，并修改 main.js 程序入口。

保存代码，在浏览器中显示的效果如图 11-7 所示，刷新页面后，<input>元素会自动获取焦点。

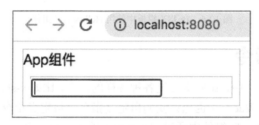

图 11-7　使用默认方式自动获取焦点

默认方式不利于代码的复用，比如其他组件或页面也需要用到该功能时，就需要多次编写代码。当需要获取 DOM，并对 DOM 进行一些特殊操作时，我们就可以使用自定义指令来封装。下面自定义一个 v-focus 的指令，用于在元素被插入 DOM 时自动聚焦该元素。

2. 自定义一个 v-focus 局部指令

在"03_自定义指令"文件夹下新建 CustomLocalDirective.vue 组件。

CustomLocalDirective.vue 组件，代码如下所示：

```
<template>
  <div style="border:1px solid #ddd;margin:8px">
    <!-- 4.使用 v-focus 指令 -->
    <input type="text" v-focus>
  </div>
</template>
<script>
  export default {
    directives: { // 1.自定义 v-focus 局部指令
      focus: {
        mounted(el, bindings) { // 2.自定义指令的生命周期 mounted
          console.log("focus mounted");
```

```
        el.focus(); // 3.el 是 input 元素对象
      }
    }
  }
}
</script>
```

可以看到，自定义局部指令非常简单，只需在组件的 directives 选项中定义，该选项需接收一个对象。该对象中的 focus 属性为自定义指令的名称，不需要以"v-"为前缀。mounted 函数为自定义指令的生命周期函数，即在目标元素挂载后被回调，该函数接收的 el 参数就是该指令绑定目标元素的对象。接着，在 template 中的\<input\>元素中使用 v-focus 指令。

最后，在 App.vue 组件中导入和使用 CustomLocalDirective.vue 组件。保存代码，运行在浏览器中的效果和默认方式一样。

3. 自定义一个 v-focus 全局指令

在 main.js 文件中，使用 App 实例自定义全局指令，代码如下所示：

```
......
let app =createApp(App)
// 1.自定义 v-focus 全局指令，该指令可以全局使用
app.directive("focus", {
  mounted(el, bindings) {
    console.log("focus mounted");
    el.focus();
  }
})
app.mount('#app')
```

这时，注释掉 CustomLocalDirective.vue 组件中 directives 选项编写的局部注册 v-focus 指令的代码。保存代码，在浏览器中运行代码的效果和上面的案例一样。

11.2.2　自定义指令的生命周期函数

和组件一样，自定义指令也是有生命周期函数的，比如 v-focus 指令的 mounted 函数。在自定义指令中，Vue.js 3 提供了以下生命周期函数。

◎　created：在绑定元素的属性或事件监听器被应用之前调用。

◎　beforeMount：当指令第一次绑定到元素并且在挂载父组件之前调用。

◎　mounted：在绑定元素的父组件被挂载后调用。

◎　beforeUpdate：在更新包含组件的 VNode 之前调用。

◎　updated：在包含组件的 VNode 及其子组件的 VNode 更新后调用。

◎　beforeUnmount：在卸载绑定元素的父组件之前调用。

◎　unmounted：当指令与元素解除绑定且父组件已卸载时，只调用一次。

下面演示一下自定义指令的生命周期函数，在"03_自定义指令"文件夹下新建 DirectiveLifeCycle.vue 组件。

DirectiveLifeCycle.vue 组件，代码如下所示：

```
<template>
  <div style="border:1px solid #ddd;margin:8px">
    <!-- 2.使用 v-why 指令 -->
    <button v-why v-if="counter < 2" @click="increment">当前计数
</button>{{counter}}
```

```
    </div>
  </template>
  <script>
    import { ref } from "vue";
    export default {
      directives: {
        why: { // 1.自定义 v-why 局部指令，下面都是该指令的生命周期函数
          created(el, bindings, vnode, prevNode) {
            console.log("dereactive focus created");
          },
          beforeMount() {
            console.log("dereactive focus beforeMount");
          },
          mounted() {
            console.log("dereactive focus mounted");
          },
          beforeUpdate() {
            console.log("dereactive focus beforeUpdate");
          },
          updated() {
            console.log("dereactive focus updated");
          },
          beforeUnmount() {
            console.log("dereactive focus beforeUnmount");
          },
          unmounted() {
            console.log("dereactive focus unmounted");
          }
        }
      },
      setup() {
        const counter = ref(0);
        const increment = () => counter.value++;
        return { counter, increment }
      }
    }
  </script>
```

可以看到，我们定义了一个 v-why 局部指令，并在该指令的每个生命周期函数中打印对应生命周期函数的名称。当修改 counter 变量时，会触发指令 update 等生命周期函数的回调；当 counter 大于等于 2，且<button>元素上的 v-if 为 false 时，会触发 unmounted 等生命周期函数的回调。

最后，在 App.vue 组件中导入和使用 DirectiveLifeCycle 组件。

保存代码，在浏览器中显示的效果如图 11-8 所示。在刷新页面时，回调 created、beforeMount、mounted 生命周期函数。当单击"当前计数"按钮触发更新后，回调 beforeUpdate、updated 生命周期函数。如果再次单击"当前计数"按钮，v-if 为 false，那么<button>元素会被卸载，这时会回调 beforeUnmount、unmounted 生命周期函数。

注意：Vue.js 2 和 Vue.js 3 自定义指令生命周期函数是不同的，下面加粗的部分属于 Vue.js 3 的生命周期函数。

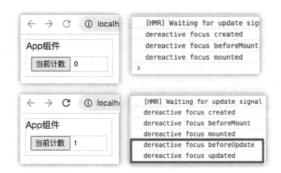

图 11-8 自定义指令的生命周期函数

◎ **created**：Vue.js 3 新增，在元素的属性或事件监听器应用之前调用。

◎ bind → **beforeMount**：在元素挂载之前调用。

◎ inserted → **mounted**：在元素挂载之前调用。

◎ **beforeUpdate**：Vue.js 3 新增，在元素本身更新之前调用，很像组件生命周期钩子。

◎ update：Vue.js 3 移除，有太多的相似之处要更新，所以它是多余的，请改用 updated。

◎ componentUpdated → **updated**：在元素更新后被调用。

◎ **beforeUnmount**：Vue.js 3 新增，与组件生命周期钩子类似，它在卸载元素之前调用。

◎ unbind→**unmounted**。

11.2.3 自定义指令的参数和修饰符

在 Vue.js 3 中，部分内置指令支持接收参数、修饰符和值，例如 v-on:click.once="doThis"。其中，click 为参数、.once 为修饰符、doThis 为值。当然，自定义指令同样支持接收参数、修饰符和值。

在"03_自定义指令"文件夹下新建 DirectiveParamAndModifier.vue 组件。

DirectiveParamAndModifier.vue 组件，代码如下所示：

```
<template>
  <!-- 2.向指令传递参数、修饰符和值 -->
  <button v-why:info.aaa.bbb="{name: 'coderwhy', age: 18}">指令的参数和修饰符
  </button>
</template>
<script>
  export default {
    directives: {
      why: { // 1.自定义 v-why 局部指令
        created(el, bindings, vnode, preVnode) {
          console.log(bindings); // 3.打印 bindings 参数
        }
      }
    }
  }
</script>
```

可以看到，首先在组件的 directives 选项中自定义一个 **v-why** 局**部**指令。

接着，在 template 中的<button>元素上使用该指令，并向指令传递参数（"info"）、修饰符（".aaa" 和 ".bbb"）和值（{name: 'coderwhy', age: 18}）。

然后，在指令的任意生命周期中，可以通过 bindings 参数获取到对应的参数、修饰符和值。

最后，在 App.vue 组件中导入和使用 DefaultImp 组件。

保存代码，运行在浏览器后如图 11-9 所示。

（1）在 bindings.arg 中，可以获取传入的参数。

（2）在 bindings.modifiers 中，可以获取传入的修饰符。

（3）在 bindings.value 中，可以获取传入的具体的值。

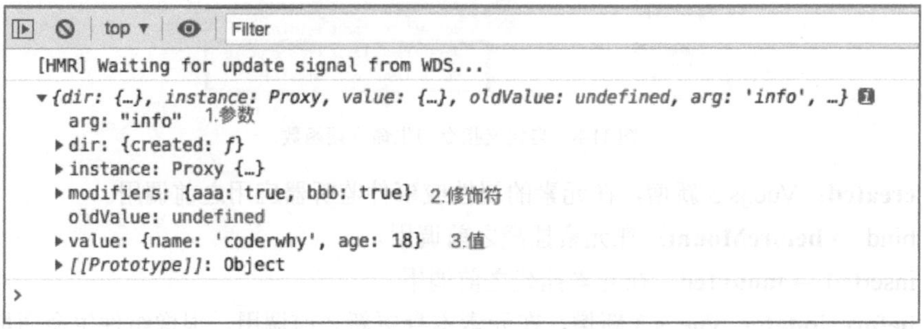

图 11-9 为指令传入的参数、修饰符和值

11.2.4 案例：自定义时间格式化指令

在前端开发中，我们经常需要将时间戳格式化为具体的时间格式，以便展示。Vue.js 2 可以通过过滤器来实现，而 Vue.js 3 可以通过计算属性或自定义方法来实现。此外，还可以通过自定义指令来实现该功能。

下面演示如何自定义一个指令实现自动格式化时间戳（v-format-time）。在 01_learn_component 项目的 src 目录下新建 directives 文件夹，然后在该文件夹下分别新建 format-time.js 和 index.js 文件。

format-time.js 文件，代码如下所示：

```
import dayjs from 'dayjs'; // 需安装依赖
export default function(app) { // 接收 App 实例，目的是调用 app.directive 来定义全局
指令
  app.directive("format-time", { // 参数一：指令的名称。参数二：指令对象
    created(el, bindings) {
      bindings.formatString = "YYYY-MM-DD HH:mm:ss"; // 1.初始化默认格式
      if (bindings.value) {
        bindings.formatString = bindings.value; // 2.使用用户指定的格式
      }
    },
    mounted(el, bindings) {
      const textContent = el.textContent; // 3.获取某个元素的内容
      let timestamp = parseInt(textContent);
      if (textContent.length === 10) {
        timestamp = timestamp * 1000 // 4.时间戳是秒单位，转换为毫秒单位
      }
      // 5.借用 dayjs 库，将 timestamp 时间戳转换为 formatString 指定的格式化
      el.textContent = dayjs(timestamp).format(bindings.formatString);
    }
  })
}
```

可以看到，首先在该文件中导出一个匿名函数，该函数需要接收 App 实例。接着，调用 app.directive 函数定义全局指令 v-format-time，定义指令名时不需要以"v-"为前缀。在指令的

created 生命周期函数中指定时间戳的格式，如果在使用指令时有传递 value 值，那么就使用 value 中指定的格式，否则使用默认格式。

然后，在指令的 mounted 生命周期函数中获取指定元素的时间戳内容，并统一转换为 13 位毫秒单位。最后，使用第三方 dayjs 库的 format 函数格式化时间戳。我们需要打开 VS Code 终端，并在项目的根目录中执行 npm install dayjs@1.10.7 --save 安装对 dayjs 库的依赖。

index.js 文件，代码如下所示：

```
import registerFormatTime from './format-time';
export default function registerDirectives(app) {
  // 1.注册时间戳格式化的指令
  registerFormatTime(app);
  // 还可以继续注册更多的全局指令
}
```

在实际开发中，在项目中可能需要自定义很多全局指令。为了代码的规范性和易于管理，我们通常会使用一个 index.js 文件统一管理所有全局注册的指令。

修改 main.js 程序入口文件，导入 registerFormatTime 函数，接着调用该函数并传递 App 实例，注册所有的全局指令，代码如下所示：

```
......
import registerDirectives from './directives/index.js'
import App from './03_自定义指令/App.vue'
let app =createApp(App)
// 3.自定义全局指令 v-format-time
registerDirectives(app);
app.mount('#app')
```

最后，修改 App.vue 组件，首先定义一个 timestamp 时间戳变量，并将其绑定到模板中的 <h4>元素上。为了格式化时间戳，我们使用全局注册的 v-format-time 指令，通过为指令赋值 value 来指定时间的格式，代码如下所示：

```
<template>
  <div class="app" style="border:1px solid #ddd;margin:4px">
    App 组件
    ......
    <h4 v-format-time="'YYYY/MM/DD'">{{timestamp}}</h4>
  </div>
</template>
<script setup>
  ......
  // import DirectiveParamAndModifier from './DirectiveParamAndModifier.vue';
  const timestamp = 1645710167;
</script>
```

保存代码，在浏览器中显示的效果如图 10-10 所示。

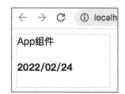

图 10-10 自定义时间格式化指令的效果

11.3 teleport 内置组件

11.3.1 认识 teleport 组件

在组件化开发中，如果我们封装了一个组件 A，接着在组件 B 中使用组件 A，那么组件 A template 上的元素就会被挂载到组 B template 上的某个位置。最终，应用程序会形成一个 DOM 树结构。

但是在某些情况下，我们希望组件不被挂载到这个组件树上，而是被移动到 Vue.js 3 的 app 以外的位置。比如移动到 body 元素上，或除<div id="app">之外的元素上。在开发过程中有一个非常常见的场景，例如，创建一个全屏模式的模态框组件，并挂载到 body 上，这时就可以通过<teleport>内置组件来完成。

<teleport>是 Vue.js 3 提供的内置组件。teleport 是"心灵传输、远距离运输"的意思。类似于 React 中的 Portals，<teleport>有 to 和 disabled 两个属性。

◎　to：指定将其中的内容挂载到的目标元素，可以使用选择器，例如 to="#why"。

◎　disabled：是否禁用 teleport 的功能。

11.3.2 teleport 的基本使用

在 01_learn_component 项目的 src 目录下新建"04_teleport 内置组件"文件夹，然后在该文件夹下新建 App.vue 组件。

App.vue 组件，代码如下所示：

```
<template>
  <div class="app" style="border:1px solid #ddd;margin:4px">
    App 组件
    <teleport to="body">
      <h4>h4 挂载到 body 上，而不是 id=app 的 div 上</h4>
    </teleport>
  </div>
</template>
```

可以看到，在 App.vue 组件的 template 中直接使用<teleport>内置组件，并为 to 属性赋值 body，即指定将<teleport>组件中的内容挂载到<body>元素上。

最后，修改 main.js 程序入口文件，将导入的 App.vue 组件改为"04_teleport 内置组件/App.vue"路径下的 App.vue 组件。

保存代码，在浏览器中显示的效果如图 11-11 所示，可以看到<h4>元素被挂载到<body>上，而不是<div id="app">元素上。

图 10-11　使用 teleport 组件实现元素挂载

11.3.3 teleport 中嵌套组件

在<teleport> 内置组件中，除了可以编写 HTML 元素，还可以使用其他的组件，并且可以向这些组件传递数据。在"04_teleport 内置组件"文件夹下新建 HelloWorld.vue 组件。

HelloWorld.vue 组件，代码如下所示：

```
<template>
  <div class="hello-world"><h4>Hello World</h4></div>
</template>
```

修改 App.vue 组件，导入 HelloWorld.vue 组件，并在<teleport>组件中使用，代码如下所示：

```
<template>
  <div class="app" style="border:1px solid #ddd;margin:4px">
    App 组件
    <teleport to="body">
      <h4>h4 挂载到 body 上，而不是 id=app 的 div 上</h4>
      <HelloWorld></HelloWorld>
    </teleport>
  </div>
</template>
......
```

保存代码，在浏览器中显示的效果如图 10-12 所示，可以看到<teleport>组件中的内容都被挂载到 body 上。

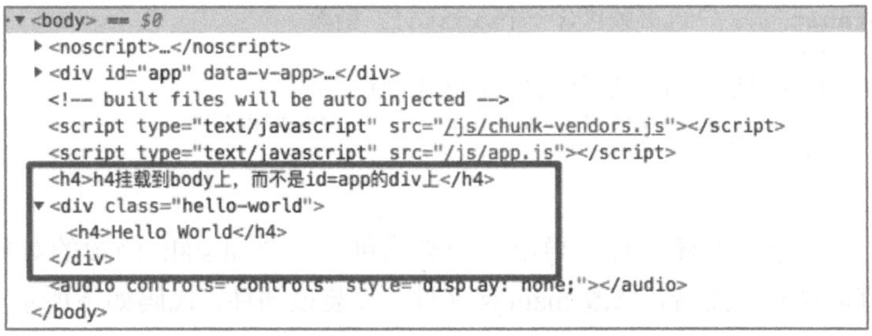

图 10-12　teleport 与组件结合使用，实现元素挂载

11.3.4 多个 teleport 组件的使用

如果将多个<teleport>应用到同一个目标元素上（to 值相同），那么应用到目标上的内容会进行合并。例如，对于上面的案例，我们可以拆分成两个<teleport>，效果也是一样的，代码如下所示：

```
<template>
  <div class="app" style="border:1px solid #ddd;margin:4px">
    App 组件
    <teleport to="body">
      <h4>h4 挂载到 body 上，而不是 id=app 的 div 上</h4>
    </teleport>
    <teleport to="body">
      <HelloWorld></HelloWorld>
    </teleport>
  </div>
</template>
......
```

11.4 Vue.js 3 的插件开发

11.4.1 认识 Vue.js 3 插件

插件（Plugin）是一种为 Vue.js 3 添加全局功能的工具代码。Vue.js 3 插件没有严格定义使用范围，但是插件的应用场景主要包括以下 4 种。

（1）通过 app.component 和 app.directive 注册一个或多个全局组件或自定义指令。

（2）通过 app.provide 将一个资源注入整个应用。

（3）向 app.config.globalProperties 中添加一些全局实例属性或方法。

（4）一个可能包含上述三种功能的功能库，例如 Vue Router。

在编写 Vue.js 3 插件时，通常有以下两种编写方式。

◎ 对象类型：一个对象，必须包含一个 install 函数，该函数会在安装插件时执行。

◎ 函数类型：一个 function 函数，该函数会在安装插件时自动执行。

11.4.2 对象类型的插件

下面采用对象类型的方式编写一个添加全局属性的 Vue.js 3 插件。在 01_learn_component 项目的 src 目录下新建 plugins 文件夹，然后在该文件夹下新建 plugins_object.js 文件。

plugins_object.js 文件，代码如下所示：

```
export default { // 1.必须包含一个 install 函数
  install(app) {
    // 2.插件的作用是为 App 实例添加一个全局属性$name
    app.config.globalProperties.$name = "coderwhy"
  }
}
```

可以看到，该对象类型插件首先导出一个必须包含一个 install 函数的对象，该函数会在 app.use 安装插件时执行。接着，修改 main.js 文件，安装该插件，代码如下所示（省略了样式）：

```
......
import pluginObject from './plugins/plugins_object'
import App from './05_插件的使用/App.vue'
let app =createApp(App)
......
app.use(pluginObject); // 4.安装插件时，会执行插件的 install 函数
app.mount('#app')
```

可以看到，这里首先导入 pluginObject 函数，接着使用 app.use 函数安装该插件。

下面使用一下该插件。在 01_learn_component 项目的 src 目录下新建 "05_插件的使用" 文件夹，然后在该文件夹下新建 App.vue 组件。

App.vue 组件，代码如下所示：

```
<template>
  <div class="app" style="border:1px solid #ddd;margin:4px">App 组件</div>
</template>
<script>
 import { getCurrentInstance } from "vue";
 export default {
   setup() {
     const instance = getCurrentInstance(); // 1.获取组件实例，相当于 this
```

```
      // 2.通过组件实例访问全局属性 $name
      console.log("setup name=",
instance.appContext.config.globalProperties.$name);
    },
    mounted() {
      //2.通过 this 访问全局属性 $name
      console.log("mounted name=", this.$name);
    }
  }
</script>
```

可以看到，首先在 setup 函数中，通过调用 getCurrentInstance API 访问内部组件实例。因为在 setup 函数中不能使用 this 获取组件实例。

接着，通过 instance.appContext.config.globalProperties 获取 App 实例的全局属性。然后把在 pluginObject 插件中添加到全局属性$name 的值打印出来。

需要注意的是：我们可以直接通过 this 访问添加的全局属性。例如，在上述的 mounted 生命周期中，直接通过 this 访问全局属性。

最后，修改 main.js 程序入口文件，将导入的 App.vue 组件改为"05_插件的使用/App.vue"路径下的 App.vue 组件。

保存代码，在浏览器中显示的效果如图 11-13 所示，控制台可以正常打印 pluginObject 插件添加的全局属性$name 的值。

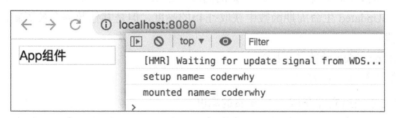

图 11-13 使用对象类型编写添加了全局属性的插件

11.4.3 函数类型的插件

下面使用函数类型编写上述插件。

在 plugins 文件夹下新建 plugins_function.js 文件。

plugins_function.js 文件，代码如下所示：

```
export default function(app) {
  // 1.插件是为 App 实例添加一个全局属性$name
  app.config.globalProperties.$name = "coderwhy"
  // 可以继续为 App 实例添加全局属性、方法、指令、组件、mixin 等
}
```

可以看到，该函数类型插件必须导出一个接收 App 实例的函数，该函数会在 app.use 安装插件时自动执行。

接着，修改 main.js 文件，安装该插件，代码如下所示：

```
......
import pluginFunction from './plugins/plugins_function'
import App from './05_插件的使用/App.vue'
let app =createApp(App)
......
```

```
// app.use(pluginObject);
app.use(pluginFunction); // 4.使用 app.use 函数安装插件
app.mount('#app')
```

可以看到，首先导入了 pluginFunction 函数，然后使用 app.use 函数安装该插件。

安装好插件后，保存代码，在浏览器中运行代码，即可看到与上面的案例相同的效果。

提示：读者可以尝试将上面的 v-focus 指令编写成一个插件。

11.5　nextTick 函数的原理

nextTick 函数用于等待下一次 DOM 更新刷新，它可以将回调推迟到下一个 DOM 更新周期之后执行。因为在 Vue.js 3 中更改响应式状态时，最终的 DOM 更新并不是同步生效的，而是由 Vue.js 3 将它们缓存在一个队列中，直到下一个 tick 才一起执行。nextTick 的作用是确保每个组件无论发生多少状态改变，都仅执行一次更新。

下面通过一个案例来讲解 nextTick 的使用和原理，该案例的功能如下。

（1）页面上有一个<h4>元素和一个<button>元素。

（2）单击<button>按钮，修改<h4>元素显示的 message，并重新获取<h4>元素的高度。

为了使读者印象更深刻，我们将使用三种方式渐进式地实现上述案例。

（1）在单击按钮后立即获取<h4>元素的高度（错误）。

（2）在 onUpdated 生命周期函数中获取<h4>的高度，但是其他数据会被更新，也会执行该操作（不推荐）。

（3）使用 nextTick 函数（正确）。

下面详细讲解这三种方式。

1. 在单击按钮后立即获取<h4>元素的高度

在 01_learn_component 项目的 src 目录下新建 "06_nexttick 的使用" 文件夹，然后在该文件夹下分别新建 App.vue 和 NextickExample1.vue 组件。

NextickExample1.vue 组件，代码如下所示：

```
<template>
  <div class="app" style="border:1px solid #ddd;margin:4px">
    <h4 style="width:80px" ref="titleRef">{{message}}</h4>
    <button @click="addMessageContent">添加内容</button>
  </div>
</template>
<script>
  import { ref } from "vue";
  export default {
    setup() {
      const message = ref("")
      const titleRef = ref(null)
      const addMessageContent = () => {
        message.value += "更新 DOM" // 1.单击按钮修改 h4 元素内容后，立即获取高度
        console.log('获取到h4元素的高度：', titleRef.value.offsetHeight)
      }
      return {message,titleRef,addMessageContent}
    }
  }
</script>
```

可以看到，首先定义 message 变量，并将其绑定到<h4>元素上显示。接着定义 titleRef 变量绑定到<h4>元素的 ref 属性上，以获取<h4>元素的 DOM 对象。当单击"添加内容"按钮修改 message 变量时，获取并打印<h4>元素的高度。

最后，自行在 App.vue 组件中导入和使用 NextickExample1.vue 组件，并修改 main.js 程序入口。

保存代码，在浏览器中显示的效果如图 11-14 所示。单击"添加内容"按钮后，获取<h4>元素的高度为 0，说明在 DOM 更新之前就执行了打印语句，所以这种方式获取不到高度数据。下面来看第二种方式。

图 11-14　单击按钮立即获取<h4>元素的高度

2. 在 onUpdated 生命周期函数中获取<h4>元素的高度

在"06_nexttick 的使用"文件夹下新建 NextickExample2.vue 组件。

NextickExample2.vue 组件，代码如下所示：

```
<template>
  <div class="app" style="border:1px solid #ddd;margin:4px">
    <div>计数器: {{counter}}</div>
    <button @click="increment">+1</button>
    <h4 style="width:80px" ref="titleRef">{{message}}</h4>
    <button @click="addMessageContent">添加内容</button>
  </div>
</template>
<script>
  import { ref, onUpdated, nextTick } from "vue";
  export default {
    setup() {
      const message = ref("")
      const titleRef = ref(null)
      const counter = ref(0)
      const addMessageContent = () => { // 2.触发更新 h4 元素内容
        message.value += "更新 DOM"
      }
      const increment = () => {counter.value++} // 3.触发更新 div 元素内容
      // 1.onUpdated 生命周期函数。凡是 DOM 更新，都会被回调
      onUpdated(() => console.log('获取到 h4 元素的高度: ',
titleRef.value.offsetHeight))
      return {message,counter,increment,titleRef,addMessageContent}
    }
  }
</script>
```

可以看到，该案例中增加了一个计数器案例代码，并且将获取<h4>元素高度的代码放到了 onUpdated 生命周期函数中。最后，在 App.vue 组件中导入和使用 NextickExample2.vue 组件。

保存代码，在浏览器中显示的效果如图 11-15 所示。可以看到，单击"添加内容"按钮后，获取<h4>元素的高度为 22，但是当单击"+1"按钮时，发现<div>更新了，这又会触发一次打印。这次打印并不是我们所期望的，因为单击"+1"按钮修改的是计数器的 counter，而不是<h4>元素的内容。

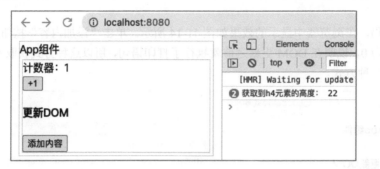

图 11-15　在 onUpdated 中获取<h4>元素的高度

为了实现仅当<h4>元素 DOM 发生更新时，才获取该元素的高度，需要使用第三种方式。

3. 使用 nexttick 函数

在"06_nexttick 的使用"文件夹下新建 NextickExample3.vue 组件。

NextickExample3.vue 组件，代码如下所示（省略代码与上面的案例一样）：

```
......
<script>
  import { ref, nextTick } from "vue";
  export default {
    setup() {
      ......
      const addMessageContent = () => {
        message.value += "更新 DOM"
        nextTick(() => { // 1.引入 nexttick API，在 DOM 更新之后回调该函数
          console.log('获取到 h4 元素的高度：', titleRef.value.offsetHeight)
        })
      }
      const increment = () => counter.value++
      return {message,counter,increment,titleRef,addMessageContent}
    }
  }
</script>
```

可以看到，该案例中仅引入了 nextTick API，当单击"添加内容"按钮时，首先更新<h4>元素，接着调用 nextTick 函数，然后在该函数的回调函数中获取<h4>元素的高度并打印。最后，在 App.vue 组件中导入和使用 NextickExample3.vue 组件。

保存代码，在浏览器中显示的效果如图 11-16 所示。可以看到，单击"添加内容"按钮后，获取到<h4>元素的高度为 22，说明<h4>元素更新时会触发 nextTick 函数的回调函数，但是当多次单击"+1"按钮时，发现 nextTick 函数的回调函数并没有再次被执行。

图 10-16　在 nexttick 中获取<h4>元素的高度

下面分析 nextTick 函数的实现原理，首先介绍浏览器的事件循环。浏览器在执行 JavaScript 代码时，如遇到 DOM 事件、setTimeout 函数、异步操作等回调函数，那么这些函数会被加入事件队列。浏览器的事件循环事实上维护着以下两个队列。

（1）宏任务队列：存放 ajax、setTimeout、setInterval、DOM 监听、UI Rendering 等任务。

（2）微任务队列：存放 Promise then 回调、Mutation Observer API、queueMicrotask 等任务。

需要注意的是，浏览器在执行任何一个宏任务之前，都会先查看微任务队列中是否有需要执行的任务。如有，则优先执行微任务队列的任务。也就是说，在宏任务执行之前，必须保证微任务队列是空的，如果不为空，就优先执行微任务队列中的任务（这里的"任务"指的是回调函数）。

下面以上述案例为例，分析 nextTick 函数的原理。

◎　当单击"添加内容"按钮时，会触发一个 DOM 监听事件，该事件的回调函数将会被加入宏任务队列。当该任务在调用栈执行时，会修改 message 中的 value。由于修改了 message，因此 Vue.js 3 框架内部会将有关的 watch 回调函数、组件更新的回调函数和生命周期的回调函数加入微任务队列中。

◎　当我们调用 nextTick 函数时，nextTick 内部会使用 Promise 包裹回调函数，目的是将该回调函数加入微任务队列。队列中的任务都是先进先出的，所以当执行完 watch 回调函数、组件更新的回调函数和生命周期的回调函数之后，就会执行 nextTick 的回调函数。这个过程就称为一次 tick。

因此，在上述案例中，nextTick 函数的回调函数将会推迟到下一个 DOM 更新周期之后执行。

11.6　本章小结

本章内容如下。

◎　**render 函数**：Vue.js 3 不仅支持在 template 中编写页面，还支持在 render 函数中用 JSX 语法编写页面。

◎　**自定义指令**：使用 Vue.js 3 的 directive 方法注册的指令属于全局指令，它可在任意组件中使用；在组件中通过 directives 选项注册的指令属于局部指令，只能在当前组件中使用。

◎　**teleport 组件**：teleport 是 Vue.js 3 提供的内置组件，类似于 React 的 Portals，通过 to 属性可将组件挂载到<div id="app">之外的元素上。

◎　**Vue.js 3 插件**：Vue.js 3 插件其实就是向 Vue.js 3 全局添加一些功能，比如添加全局方法、属性、指令、mixin 和组件等。Vue.js 3 插件支持对象类型和函数类型，如果是对象类型，那么必须有一个 install 函数。

◎ **nextTick 的实现原理**：nextTick 可将回调推迟到下一个 DOM 更新周期之后执行。实现原理是，nextTick 内部会用 Promise 包裹回调函数，将回调函数加入微任务队列。

12

Vue Router路由

在前端开发中，经常会提到单页面应用程序（Single-Page Application，SPA）。这种应用程序只有一个页面，页面的内容是通过 JavaScript 动态渲染的。在切换页面时，SPA 应用并不会重新加载新页面，而是通过 hash 或 history API 实现前端路由的切换。

在 React 应用程序中，前端路由可以通过 react-router-dom 实现；而在 Vue.js 3 应用程序中，前端路由可通过官方提供的 Vue Router 实现。Vue Router 不仅可以实现基本的路由功能，还提供了路由导航守卫、动态路由、嵌套路由等高级功能，使开发者可以更加灵活地控制前端路由。在学习 Vue Router 前，先看看本章源代码的管理方式，目录结构如下：

```
VueCode
├── ......
├── chapter11
│    └── 01_learn_vuerouter
│    └── 02_learn_vuerouter_project # 提供一个空的 Vue.js 3 项目
```

12.1 认识 Vue Router

12.1.1 什么是前端路由

"路由"实际上是网络工程中的一个术语，在构建网络时，路由器和交换机是两个非常重要的设备。路由器在我们的日常生活中随处可见，它主要维护一个**映射表**，该映射表决定了数据的流向。在软件开发中，路由的概念最初源自后端路由。随着 Web 技术的高速发展，路由主要经历了以下三个阶段。

1. 后端路由

早期网站的 HTML 页面是由服务器端渲染的，服务器端将渲染好的 HTML 页面直接返回给客户端展示。当一个网站存在多个页面时，每个页面都有对应的网址（URL）。当访问网址时，URL 会被发送到服务器，服务器会通过正则对该 URL 进行匹配，并交给 Controller 进行处理，最终生成 HTML 或数据返回给前端。每个页面都对应一个 URL 路径，称为后端路由。通过后端路由实现的应用程序有如下优点。

◎ 更快的首屏渲染速度：HTML 页面由服务器端渲染，服务器端将渲染好的页面直接返回给客户端展示，客户端不需要单独加载任何 JS 和 CSS 资源，也不需要动态生成页面。

◎ 更好的搜索引擎优化：服务器端直接返回静态的 HTML，爬虫最擅长爬取静态的 HTML 页面，有利于搜索引擎优化（SEO）。

然而，后端路由实现的应用程序也有如下缺点。

◎ 整个页面的模块需要前后端开发人员共同参与编写和维护。

◎ 前端开发人员需要使用 PHP、Java 或 Node 等语言编写页面代码。

◎ HTML 代码、数据及对应的逻辑会混在一起，编写和维护难度都很大。

2. 前后端分离

随着 Ajax 的出现，前后端分离的开发模式逐渐流行。在该模式下，前端负责渲染页面，后端负责提供数据。当访问一个网页时，页面的静态资源都从静态资源服务器获取，包括 HTML、CSS、JS 等。前端会对这些请求回来的资源进行动态渲染，无须后端提供渲染好的 HTML 页面，后端只需提供接口（API）即可。

前后端分离实现应用程序具有以下优点。

◎ 后端只需提供 API 返回数据，前端通过 Ajax 获取数据，然后通过 JavaScript 动态渲染页面。

◎ 前后端职责清晰，后端专注于数据，前端专注于交互和可视化。

◎ 后端编写的一套 API 可多端适用，例如 Web 端、微信小程序、移动端（iOS/Android）等。

3. 单页面应用程序

单页面应用程序（SPA）只有一个页面，当 URL 发生改变时，并不会从服务器请求新的静态资源，而是通过 JavaScript 监听 URL 的改变，并根据不同的 URL 渲染新的页面，这也是前端路由实现的原理。

前端路由维护着 URL 和渲染页面的映射关系，它可让框架（如 Vue.js 3、React、Angular）根据不同的 URL 渲染不同的组件。最终，我们在页面上看到的是渲染的一个个页面组件。

单页面应用程序的优点如下。

◎ 只需加载一次：SPA 只需要在第一次请求时加载页面，因此页面加载速度快。

◎ 更好的用户体验：类似于桌面或移动应用程序的体验，页面切换无须重新加载，因此体验更流畅。

12.1.2 前端路由的原理

前端路由维护着 URL 和渲染页面的映射关系，它能够让框架根据不同的 URL 渲染不同的组件。目前，前端路由通常采用两种实现方案：hash 模式和 history 模式。

1. hash 模式

在 Vue.js 3 中，hash 模式类似于锚点，本质上是通过在 URL 中使用#拼接路径（也称路由路径）实现的。因此，我们可以通过修改 location.hash 的值来修改 URL 中#拼接的路径，这种修改 hash 的方式不会刷新浏览器。我们还可以通过监听 URL 中 hash 的变化来切换渲染的内容，例如渲染页面组件等。

下面通过 hash 模式实现前端路由。在 01_learn_vuerouter 项目根目录下新建 hash-demo.html 文件。

在 hash-demo.html 文件中，使用 hash 实现前端路由，代码如下所示：

```html
<!DOCTYPE html>
<html lang="en">
......
<body>
  <div id="app">
    <!-- 2.单击 a 元素修改 URL 的 hash 值 -->
    <a href="#/home">home</a>
    <a href="#/about">about</a>
    <div class="content">Default</div>
  </div>
  <script>
    const contentEl = document.querySelector('.content');
    changePage() // 1.根据当前 hash，修改页面显示的内容
    window.addEventListener("hashchange", () => {// 3.监听 hash 的变化，单击 a 标签
会改变 hash
      changePage()
    })
    function changePage(){// 4.根据 URL 的 hash 修改页面显示的内容
      switch(location.hash) {
        case "#/home":
          contentEl.innerHTML = "Home";
          break;
        case "#/about":
          contentEl.innerHTML = "About";
          break;
        default:
          contentEl.innerHTML = "Default";
      }
    }
  </script>
</body>
</html>
```

可以看到，首先分别为两个<a>元素的 href 属性添加#/home 和#/about 锚点（URL 的 hash 也是锚点）。

接着，在<script>标签中使用 addEventListener 监听 hash 改变事件。当单击"home"或"about" 元素时，会改变 URL 的 hash 值，进而触发 changePage 函数回调。changePage 函数的作用是根据 URL 的 hash 值修改 contentEl 元素的内容，这样就可以实现在切换 hash 时切换页面显示的内容。

保存代码，在 hash-demo.html 文件上右击并选择"Open In Default Browser"，在浏览器中显示的效果如图 12-1 所示。当单击"home"修改 hash 时，页面上会显示"Home"；当单击"about"时，页面上会显示"About"。

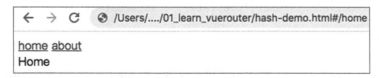

图 12-1　使用 hash 模式切换页面内容

2. history 模式

HTML5 新增的 history 接口提供了以下六种模式来改变 URL 而不刷新页面。

（1）replaceState：替换原来的路径，改变 URL 但不支持回退。

（2）pushState：使用新的路径，改变 URL 并支持回退。

（3）popState：用于路径的回退。

（4）go：用于向前或向后改变路径。

（5）forward：用于向前改变路径。

（6）back：用于向后改变路径。

下面通过 history 模式实现前端路由。在 01_learn_vuerouter 项目根目录下新建 history-demo.html 文件。

在 history-demo.html 文件中，使用 history 模式实现前端路由，代码如下所示：

```html
<!DOCTYPE html>
<html lang="en">
......
<body>
  <div id="app">
    <a href="/home">home</a>
    <a href="/about">about</a>
    <div class="content">Default</div>
  </div>
  <script>
    const contentEl = document.querySelector('.content');
    const aEls = document.getElementsByTagName("a");
    for (let aEl of aEls) {
      aEl.addEventListener("click", e => { // 1.监听所有 a 元素的单击事件
        e.preventDefault(); // 2.阻止 a 元素的默认行为，例如页面跳转
        const href = aEl.getAttribute("href");
        history.pushState({}, "", href); // 3.改变 URL 路径而不刷新页面，页面会压栈，
支持回退
        // history.replaceState({}, "", href);
        changeContent(); // 4.根据 URL 切换显示的内容
      })
    }
    const changeContent = () => {
      switch(location.pathname) { // 根据 URL 的路径切换显示的内容
        case "/home":
          contentEl.innerHTML = "Home";
          break;
        case "/about":
          contentEl.innerHTML = "About";
          break;
        default:
          contentEl.innerHTML = "Default";
      }
    }
    // 4.监听页面的回退，即页面出栈操作
    window.addEventListener("popstate", changeContent)
  </script>
</body>
</html>
```

可以看到，首先为两个<a>元素的 href 属性分别添加/home 和/about 两个 URL 路径（注意：不是锚点）。

接着，在<script>标签中使用 for 循环分别为<a>元素添加单击事件。当单击""中的元素时，先获取当前<a>元素 href 属性的值，并将该值传递给 history.pushState 的第三个参数以修改 URL 路径（其中，第一个参数是一个状态对象，第二个参数是一个标题，这里了解即可）。

然后，调用 changeContent 函数，该函数会根据当前 URL 路径切换要显示的内容。最后，

监听 popState 事件，即单击页面的"返回"按钮时会回调 changeContent 函数。

保存代码，在 history-demo.html 文件上右击并选择"Open With Live Server"（注意：history 模式不支持本地网页，所以这里使用 Live Server 插件运行），在浏览器中显示的效果如图 12-2 所示。当单击"home"修改 URL 时，页面上会显示"Home"；当单击"about"时，页面上会显示"About"。

图 12-2　使用 history 模式切换页面内容

12.1.3　认识 Vue Router

上述两个案例只展示了前端路由的核心原理，而在实际开发中，前端路由要复杂得多。为了方便开发和使用前端路由，目前流行的三大框架都提供了自己的路由实现，它们分别是：

◎　Angular 的 ngRouter。

◎　React 的 React Router。

◎　Vue.js 3 的 Vue Router。

Vue Router 是 Vue.js 官方提供的路由插件，支持 hash 和 history 两种模式。Vue Router 与 Vue.js 深度集成，让使用 Vue.js 构建单页应用变得非常容易。

截至本书写作时，Vue Router 的最新版本是 4.x，本书将基于此版本进行讲解。我们可以在项目的根目录中执行以下命令安装 Vue Router。

```
npm install vue-router@4
```

12.2　Vue Router 的基本使用

Vue Router 是基于路由和组件使用的。路由用于设定访问路径，我们需要编写一个路由配置信息将路径和组件映射起来。在单页面应用中，页面路径的改变实际上就是组件的切换。使用 Vue Router 可以分为以下 6 个步骤。

（1）在项目根目录执行 npm install vue-router@4，安装 Vue Router 插件。

（2）创建路由组件，也可以理解为创建页面组件。

（3）配置路由映射，在 routes 数组中配置路由组件和路径之间的映射关系。

（4）通过 createRouter 创建路由对象，并传入 routes 和 history 模式（或 hash 模式）。

（5）使用 app.use 函数将路由插件安装到 Vue.js 3 框架中。

（6）通过 Vue Router 内置的<router-link>和<router-view>组件使用路由。

12.2.1　路由的基本使用

第一步：安装 Vue Router。

打开 VS Code 终端，在 01_learn_vuerouter 项目的根目录下执行命令 npm install vue-router@ 4.0.14，安装 Vue Router。安装完成后，在 package.json 文件的 dependencies 属性中会增加 vue-router 的信息。

```
"dependencies": {
  "core-js": "^3.6.5",
  "vue": "^3.0.0",
  "vue-router": "^4.0.14"
},
```

第二步：创建路由组件。

在 01_learn_vuerouter 项目的 src 目录下新建 pages 文件夹，然后在该文件夹下分别新建 Home.vue 和 About.vue 路由组件（也称页面组件或页面），代码如下所示：

Home.vue 页面：

```
<template>
  <div class="home">Home Page</div>
</template>
```

About.vue 页面：

```
<template>
  <div class="about">About Page</div>
</template>
```

第三步和第四步：配置路由映射和创建路由对象。

在 01_learn_vuerouter 项目的 src 目录下新建 router 文件夹，然后在该文件夹下新建 index.js 文件，代码如下所示：

```
import { createRouter, createWebHistory, createWebHashHistory } from
'vue-router'
import Home from "../pages/Home.vue"; // 1.导入 Home 页面，也称路由组件或页面组件
import About from "../pages/About.vue";
const routes = [ // 2.配置路由映射表（路径->组件）
  {
    path: '/home',
    component: Home
  },
  {
    path: '/about',
    component: About
  }
]
const router = createRouter({ // 3.导出创建好的路由对象
  routes,
  history: createWebHashHistory() // 4.指定用 hash 路由
  // history: createWebHistory() // 5.指定用 history 路由
})
export default router
```

从上述代码中可以看到，我们完成了两个核心任务。

（1）在 routes 数组中配置路由组件和路径之间的映射关系。例如，Home 页面对应的路径是'/home'。

（2）用 vue-router 提供的 createRouter 函数创建路由对象，并将包含 routes 数组和 history 属性的对象传递给该函数。其中，history 属性用于指定路由的模式。如果值为 createWebHashHistory()，则表示用 hash 模式；如果值为 createWebHistory()，则表示用 history 模式。最后，默认导出 router 路由对象。

第五步：将路由插件安装到 Vue.js 3 框架中。

修改 01_learn_vuerouter 项目的 src/main.js 入口文件，代码如下所示：

```
import { createApp } from 'vue'
import App from './App.vue'
import router from './router/index'
const app=createApp(App)
app.use(router) // 1.安装路由插件
app.mount('#app')
```

可以看到，上述代码比较简单，首先导入 router 对象，然后调用 app.use 函数安装路由插件。

第六步：通过\<router-link\>和\<router-view\>使用路由。

修改 01_learn_vuerouter 项目的 src/App.vue 组件，代码如下所示：

```
<template>
  <div class="nav">
    <!-- 1.切换路由，即切换页面 -->
    <router-link class="tab" to="/home">首页</router-link>
    <router-link class="tab" to="/about">关于</router-link>
  </div>
  <!-- 2.路由组件的占位 -->
  <router-view></router-view>
</template>
......
<style>
.nav{
  margin: 20px 0px;
}
.tab{
  border: 1px solid #ddd;
  margin-right: 8px;
  padding: 2px 20px;
  text-decoration: none;
}
</style>
```

上述代码实现了以下两个功能。

（1）在模板中使用 Vue Router 内置的\<router-link\>组件，该组件可以创建\<a\>标签来定义导航链接。当用户单击该组件时，便可实现路由切换（即 URL 路径切换）。该组件的 to 属性用于指定单击后切换的路径。例如，当单击"首页"按钮时，URL 路径会变成"/home"；当单击"关于"按钮时，URL 路径会变成"/about"。

（2）\<router-view\>组件也是 Vue Router 的内置组件。这里使用该组件的目的是为路由组件提供一个占位。当单击"首页"按钮时，\<router-view\>组件处渲染的是 Home.vue 页面；当单击"关于"按钮时，\<router-view\>组件处渲染的是 About.vue 页面。

保存代码，然后在 VS Code 终端中执行 npm run serve，在浏览器中显示的效果如图 12-3 所示。当单击"首页"按钮时，\<router-view\>组件处渲染的是 Home.vue 页面；当单击"关于"按钮时，\<router-view\>组件处渲染的是 About.vue 页面。

图 12-3　Vue Router 的基本使用效果

需要注意的是，如果在浏览器中直接输入 http://localhost:8080/，并按 Enter 键，会发现页面中的<router-view>组件处并没有显示任何内容。此时，如果按 F12 键打开调试工具查看控制台，会看到如图 12-4 所示的警告，提示未匹配到路由的默认路径。为了解决这个问题，下面介绍路由配置的细节。

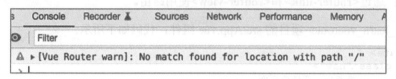

图 12-4　警告：未匹配到路由的默认路径

12.2.2　路由配置的细节

1. 路由的默认路径

默认情况下，当进入网站首页时，我们希望<router-view>组件处默认渲染首页（Home.vue）的内容。然而，在上述案例中，默认情况下并没有显示首页组件，而是需要单击"首页"按钮才显示。

为了让访问根路径时默认跳转到首页，我们需要在路由配置中设置默认路径（/），代码如下所示：

```
......
const routes = [
  {path: '/',redirect: '/home'}, // 1.路由默认路径(/)，重定向到/home 路径
  {path: '/home',component: Home},
  {path: '/about',component: About}
]
......
```

可以看出，我们在 routes 数组的第一项中又配置了一个映射。

◎　path：配置/，表示根路径。

◎　redirect：表示重定向。这里配置/home，意思是将根路径/重定向到/home 路径。

这样，在浏览器中输入 http://localhost:8080/并按 Enter 键时，页面会默认重定向到首页。

2. 路由的 history 模式

前面案例的路由模式用的是 hash 模式，Vue Router 还支持 history 模式的路由。只需要在 src/router/index.js 文件中更改路由模式即可，代码如下所示：

```
import { createRouter, createWebHistory, createWebHashHistory } from
'vue-router'
......
const router = createRouter({
  routes,
  // history: createWebHashHistory() // 1.指定用 hash 路由
```

```
    history: createWebHistory() // 2.指定用 history 路由
})
export default router
```

保存代码，在浏览器中输入 http://localhost:8080/并按 Enter 键，在浏览器中显示的效果如图 12-5 所示。页面已重定向至首页，并且 URL 路径已切换至 history 模式，即路径不再使用#拼接。

图 12-5　配置 history 模式的效果

3. 路由的<router-link>组件

<router-link>是 Vue Router 的内置组件，我们可以使用它来创建链接并切换 URL，从而使 Vue Router 可以在不重新加载页面的情况下更改 URL。该组件还可以对以下属性进行配置。

（1）to 属性

表示目标路由的链接。当<router-link>组件被单击后，内部会立刻把 to 的值传给 "router.push()" API，以实现页面跳转，因此这个值可以是一个字符串或一个对象，代码如下所示：

```
<router-link class="tab"  to="/home">首页</router-link>
<router-link class="tab" :to="{ path: '/home' }">首页</router-link>
```

（2）replace 属性

设置 replace 属性后，当<router-link>组件被单击后，会调用 "router.replace()" API 实现页面跳转。这次页面跳转是直接替换当前页面，页面不会被压入浏览器的历史栈中。因此，页面跳转后，浏览器无法使用返回功能，代码如下所示：

```
<router-link class="tab"  to="/home" replace>首页</router-link>
<router-link class="tab"  to="/about" replace>关于</router-link>
```

（3）active-class 属性

设置<a>元素激活后应用的 class，默认的 class 是 router-link-active。例如，当切换到首页后，可以按 F12 键打开调试工具，查看元素结构，如图 12-6 所示。

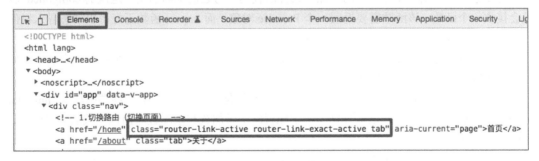

图 12-6　激活<a>元素应用的 class

如果想更改\<a\>元素被激活时默认的 class，可以为\<router-link\>组件添加 active-class 属性，代码如下所示：

```
<router-link class="tab" :to="{ path: '/home' }" active-class="why">首页
</router-link>
```

保存代码，按 F12 键打开调试工具，再次查看元素结构，如图 12-7 所示，被激活的\<a\>元素默认的 class 已被改为自定义的 why。

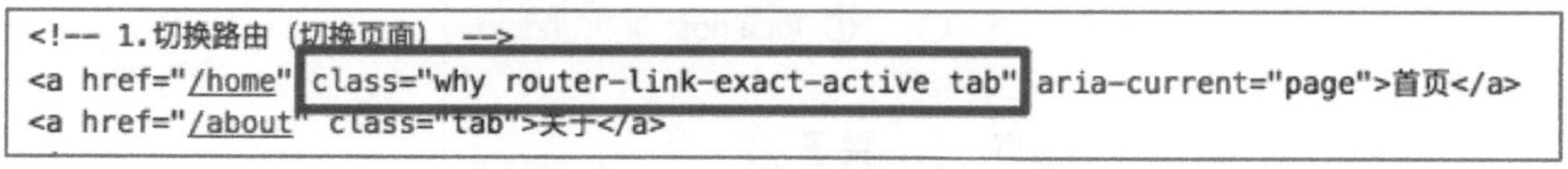

```
<!-- 1.切换路由（切换页面） -->
<a href="/home" class="why router-link-exact-active tab" aria-current="page">首页</a>
<a href="/about" class="tab">关于</a>
```

图 12-7　自定义激活\<a\>元素应用的 class

（4）exact-active-class 属性

链接精准激活（即 URL 和 to 上配置的路径需完全一样），用于设置\<a\>元素被激活的 class，默认是 router-link-exact-active。该属性的用法和 active-class 属性类似，代码如下所示：

```
<router-link :to="{ path: '/home' }" exact-active-class="coderwhy">首页
</router-link>
```

4. 路由的懒加载

在真实开发过程中，一个项目可能会包含大量页面组件。如果这些组件都没有使用异步加载，那么在打包构建生产项目时，JavaScript 包会变得非常大，从而影响页面的首屏加载速度。

为了解决这个问题，可以将不同路由对应的组件分割成不同的代码块，然后在访问路由时才加载对应的组件。这种做法不仅更加高效，还可以提高首屏加载速度。实际上，Vue Router 默认就支持异步加载组件，也就是所谓的路由懒加载。

修改一下 src/router/index.js 文件，实现路由懒加载，代码如下所示：

```
// import Home from "../pages/Home.vue"; // 1.注释掉这些同步加载组件的代码
// import About from "../pages/About.vue";
......
const routes = [
  { path: '/', redirect: '/home' },
  // 2.路由懒加载，加载 Home 和 About 组件
  { path: '/home', component: () => import('../pages/Home.vue') },
  { path: '/about', component: () => import('../pages/About.vue') }
]
......
```

可以看到，首先注释掉之前同步加载组件的代码。与之前不同的是，这次的 component 属性会接收一个函数，该函数需要返回一个 Promise 对象，而 import 函数正好可以动态导入组件并返回一个 Promise 对象。

需要注意的是：component 属性既可以接收一个组件，也可以接收一个函数。当接收函数时，该函数需返回 Promise 对象。

保存代码后，项目依然可以正常运行。为了查看打包后的项目，我们在终端中输入"npm run build"命令进行打包构建。这里分别演示了配置路由懒加载和未配置路由懒加载的两种情况，如图 12-8 所示。

◎　左图是未配置路由懒加载打包的结果。

- app.857ea648.js 文件存放的是我们编写的所有代码。

- chunk-vendors.c51a69b2.js 文件存放的是第三方库的代码。
◎　右图是配置路由懒加载打包的结果。
- app.181547e7.js 文件存放的是非异步组件的代码。
- chunk-2d21a719.39adf575.js 文件存放的是 Home.vue 页面组件的代码。
- chunk-2d207d33.3a92d3d6.js 文件存放的是 About.vue 页面组件的代码。
- chunk-vendors.708a7330.js 文件存放的是第三方库的代码。

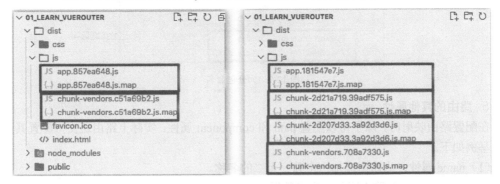

图 12-8　路由懒加载打包的两种情况

可以发现，配置了路由懒加载会进行分包，但分出来的包的名称都是随机生成的。实际上，自 webpack 3.x 起，就支持对分包进行命名（chunk name）。在 import 函数的参数中添加魔法注释，例如/* webpackChunkName: "自定义分包名" */，即可对分包进行命名，代码如下所示：

```
......
const routes = [
  { path: '/', redirect: '/home' },
  {
    path: '/home',
    // 1.import 函数的参数中添加了魔法注释，例如/* webpackChunkName: "home-chunk"
*/
    component: () => import(/* webpackChunkName: "home-chunk" */
'../pages/Home.vue')
  },
  {
    path: '/about',
    component: () => import(/* webpackChunkName: "about-chunk" */
'../pages/About.vue')
  }
]
......
```

保存代码，重新打包，效果如图 12-9 所示，这次打包后生成的包已有对应的名称。
◎　app.fe0d6d18.js 文件存放的是非异步组件的代码。
◎　home-chunk-db823e5c.js 文件存放的是 Home.vue 页面组件的代码。
◎　about-chunk-10edb3d7.js 文件存放的是 About.vue 页面组件的代码。
◎　chunk-vendors.708a7330.js 文件存放的是第三方库的代码。

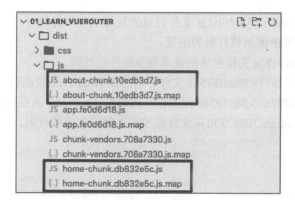

图 12-9　为分包命名

5. 路由的其他属性

在配置路由映射时，除了可以配置 path 和 component 属性，实际上路由还支持配置其他属性，举例如下。

（1）name 属性：为路由添加一个独一无二的名称。

（2）meta 属性：为路由附加自定义数据。

下面为 About.vue 页面的路由配置 name 和 meta 属性，代码如下所示：

```
{
  path: '/about',
  name: 'about', // 1.指定该路由的名称为 about
  component: () => import(/* webpackChunkName: "about-chunk" */
'../pages/About.vue'),
  meta: { // 2.为该路由添加自定义数据
    name: 'why',
    age: 18
  }
}
```

接下来，可以在 About.vue 页面的 setup 函数中调用 useRoute 函数（先了解），以获取对应的路由配置信息，代码如下所示：

```
<script>
import { useRoute } from 'vue-router'
export default {
  setup() {
    // 1.useRoute 会返回当前路由信息，相当于在模板中使用$route。useRoute 必须在 setup
中调用
    const route = useRoute()
    console.log(route.name)  // 2.获取路由名称，打印 about
    console.log(route.meta) // 3.获取路由自定义数据，打印 {name: 'why', age: 18}
  }
}
</script>
```

12.3　Vue Router 进阶知识

12.3.1　动态路由的匹配

通常，我们需要将符合特定匹配规则的路由映射到同一个组件中。例如，我们有一个

User.vue 页面，它应该对所有用户进行渲染。

◎　当访问 http://localhost:8080/user/why 时，应该渲染 why 用户的信息。

◎　当访问 http://localhost:8080/user/kobe 时，应该渲染 kobe 用户的信息。

为了实现该功能，可以使用 Vue Router 的动态路由，即在路径中使用一个动态路径参数，也称路径参数或路由参数。下面是实现该案例的具体步骤。

第一步：基本匹配规则。

首先，在 pages 文件夹下新建 User.vue 页面，代码如下所示：

```
<template>
  <div class="user">User Page</div>
</template>
```

接着，在 src/router/index.js 文件中添加 User.vue 页面的路由配置，代码如下所示：

```
......
const routes = [ // 1.配置路由映射表（路径->组件）
  ......
  {
    // 2.动态路径参数以冒号开始，例如，:username 代表动态路径参数
    path: "/user/:username",
    component: () => import("../pages/User.vue")
  }
]
......
```

可以看到，我们在 routes 数组中添加 User.vue 页面的路由配置信息，并为 path 属性指定路由的匹配规则。其中，以冒号（:）开头的路径代表路径参数，这样的路径称为动态路由。

然后，在 src/app.vue 中添加一个切换到用户页面的按钮链接，代码如下所示：

```
<template>
  <div class="nav">
    ......
    <router-link class="tab" to="/about">关于</router-link>
    <router-link class="tab" to="/user/why">用户</router-link>
  </div>
  ......
</template>
```

保存代码，在浏览器中显示的效果如图 12-10 所示。当单击"用户"按钮或手动将 URL 的路径改为/user/why 或/user/kobe 时，页面上都会显示"User Page"。

图 12-10　动态路由匹配的效果

路径参数使用冒号标记，比如:username。当匹配到一个路由时，路径参数值会被设置到 this.$route.params 中。因此，我们可以通过以下方法在 User.vue 组件中获取该路径参数值。

（1）在 template 中直接通过$route.params 获取值。

（2）在 created 等生命周期中通过 this.$route.params 获取值。

（3）在 setup 中使用 vue-router 提供的 useRoute 函数，该函数会返回一个存放当前路由信息的 Route 对象。

修改 User.vue 组件，代码如下所示：

```
<template>
  <div>
    <!-- 1.在 template 中获取路径参数值 -->
    <h4>User Page: {{$route.params.username}}</h4>
  </div>
</template>
<script>
  import { useRoute } from "vue-router";
  export default {
    created() {
      console.log(this.$route.params.username); // 2.在 created 中获取路径参数值
    },
    setup() {
      const route = useRoute();
      console.log(route.params.username); // 3.使用 useRoute 函数获取路径参数值
    }
  }
</script>
```

保存代码，在浏览器中显示的效果如图 12-11 所示。当单击"用户"按钮或手动将 URL 的路径改为/user/why 或/user/kobe 时，页面上都可以显示"User Page"和对应的路径参数值。

图 12-11　获取动态路径参数值

第二步：匹配多个参数值。

动态路由支持匹配多个参数，因此可以在路径中配置两个动态路径参数。例如，首先在 User.vue 页面的路由配置信息的 path 属性上，添加一个新的动态路径参数:id，代码如下所示：

```
const routes = [
  ......
  {
    // 1.定义:username 和:id 两个动态路径参数
    path: "/user/:username/id/:id",
    component: () => import("../pages/User.vue")
  }
]
```

接着，将 src/app.vue 中<router-link>组件 to 属性的值改为/user/why/id/0001，代码如下所示：

```
<template>
  <div class="nav">
    ......
    <router-link class="tab" to="/user/why/id/0001">用户</router-link>
  </div>
```

```
......
</template>
```

修改 User.vue 页面，增加对路径参数（id）值的获取，代码如下所示：

```
<template>
  <div>
    <h4>User Page: {{$route.params.username}}-{{$route.params.id}}</h4>
  </div>
</template>
<script>
  import { useRoute } from "vue-router";
  export default {
    created() {
      console.log(this.$route.params.username, this.$route.params.id);
    },
    setup() {
      const route = useRoute();
      console.log(route.params.username, route.params.id);
    }
  }
</script>
```

保存代码，在浏览器中显示，并单击"用户"按钮，效果如图 12-12 所示，实现了多个动态路由参数的匹配。

图 12-12　匹配多个动态路由参数

最后，总结一下获取动态路径参数值的规则，如图 12-13 所示。

匹配模式	匹配路径	$route.params
/user/:username	/users/why	{ username: 'why' }
/user/:username/id/:id	/users/why/id/0001	{ username: 'why', id: '0001' }

图 12-13　获取动态路径参数值的规则

第三步：跳转到 NotFound 页面。

对于未匹配到的路由，我们通常会让其跳转到一个固定的页面，比如 NotFound（404）页面。为了实现 404 页面，我们可以编写一个专门用于匹配所有页面的路由，将其指向 404 页面。

首先，在 src/router/index.js 文件中，添加 NotFound.vue 页面的路由配置，为 path 属性指定匹配所有页面的规则。代码如下所示：

```
const routes = [
  ......
  {
    path: "/:patchMatch(.*)", // 1.使用通配符*来匹配任意路径，通配符路由应放在最后
    component: () => import("../pages/NotFound.vue")
  }
```

```
]
```

接着，在 pages 文件夹下新建 NotFound.vue 页面，代码如下所示。

```
<template>
  <div>
    <h3>Page Not Found 404</h3>
    <p>您打开的路径页面不存在，请不要使用我们家的应用程序了~</p>
    <h4>{{$route.params.pathMatch}}</h4>
  </div>
</template>
```

可以看到，这里我们通过 $route.params.pathMatch 来获取路径参数值。

保存代码，在浏览器中显示的效果如图 12-14 所示，即匹配页面不存在。这时，当我们手动将 URL 的路径改为/product/1001（一个没有注册过的路径）时，页面上会显示 NotFound.vue 页面的内容和对应路径参数值。

图 12-14　匹配页面不存在

匹配所有页面的规则还有另一种写法，代码如下所示：

```
const routes = [
  {
    path: "/:patchMatch(.*)*",
    component: () => import("../pages/NotFound.vue")
  }
]
```

可以看到，在/:pathMatch(.*)后面又加了一个 *。如果省略了最后的 *，那么在解析或跳转时，参数中的 / 字符将被编码。如果打算直接使用未匹配的路径名称导航到该路径，那么这个*是必需的。如果多加了一个*，那么路由参数会被解析为数组格式。

12.3.2　嵌套路由的使用

目前我们匹配的 Home.vue、About.vue 和 User.vue 页面等都属于底层路由（即一级路由），可以在它们之间任意切换。大部分情况下，像 Home.vue 页面本身也会存在多个组件来回切换。例如，Home.vue 页面中又包括 Product.vue 和 Message.vue 页面，它们可以在 Home.vue 页面内部来回切换。

为了实现该功能，需要用到嵌套路由，我们可以在 Home.vue 页面中也使用<router-view>组件对需要渲染的组件进行占位。下面演示嵌套路由使用。

首先，在 pages 文件夹下分别新建 HomeMessage.vue 和 HomeShops 页面，代码如下所示。
HomeMessage.vue 页面：

```
<template>
  <div class="home-message">
    <h4>Home Message 组件</h4>
    <div>消息通知...</div>
  </div>
</template>
```
HomeShops.vue 页面:
```
<template>
  <div class="home-shops">
    <h4>Home Shops 组件</h4>
    <div>商品信息...</div>
  </div>
</template>
```

接着，在 src/router/index.js 文件中添加 HomeMessage.vue 和 HomeShops.vue 页面的路由配置，代码如下所示:

```
......

const routes = [
  ......
  {
    path: '/home',
    component: ()=> import(/* webpackChunkName: "home-chunk" */
'../pages/Home.vue'),
    children: [ // 1.在 Home 页面下注册二级路由
      {
        path: "message", // 2.二级路由 path 不支持/message 或/home/message，直接填
message 即可
        component: () => import("../pages/HomeMessage.vue")
      },
      {
        path: "shops",
        component: () => import("../pages/HomeShops.vue")
      }
    ]
  }
]
......
```

从上述代码中可以看到，在 routes 数组中 Home.vue 页面的路由配置中添加了 children 属性，该属性用于为 Home.vue 页面注册子路由。

在 children 属性中分别注册 HomeMessage 和 HomeShops 页面的路由配置信息，其中 HomeMessage.vue 页面路由路径为 /home/message，HomeShops.vue 页面的路由路径为 /home/shops。

注意:二级路由path属性无须添加父路由前缀,比如二级路由path属性值无须添加/或/home 等前缀。

然后，修改 src/pages/Home.vue 页面，代码如下所示:

```
<template>
  <div class="home">
    <h3>Home Page</h3>
    <router-link class="btn" to="/home/message">消息页</router-link>
    <router-link class="btn" to="/home/shops">商品页</router-link>
    <!-- 路由组件的占位 -->
```

```
    <router-view></router-view>
  </div>
</template>
<style scoped>
.btn{
  margin: 4px;
  padding: 3px 5px;
  text-decoration: none;
  border: 1px dashed #ddd;
}
</style>
```

从上述代码中可以看到，我们完成了以下两件事情。

（1）使用<router-link>组件实现单击切换路由。当单击"消息页"按钮时，URL 路径会变成/home/message；当单击"商品页"按钮时，URL 路径会变成/home/shops。

（2）使用<router-view>组件为页面提供占位。当单击"消息页"按钮时，在<router-view>组件处渲染 HomeMessage.vue 页面；当单击"商品页"按钮时，在<router-view>组件处渲染 HomeShops.vue 页面。

保存代码，在浏览器中显示的效果如图 12-15 所示。

图 12-15　嵌套路由的效果

下面进一步完善该案例，例如，当用户单击"首页"按钮时，默认显示消息页面的内容。实际上，只需要在刚才 Home.vue 页面的路由配置的 children 属性中添加路由重定向的配置，即可实现该功能，代码如下所示：

```
const routes = [
  ......
  {
    path: '/home',
    component: ()=> import(/* webpackChunkName: "home-chunk" */
'../pages/Home.vue'),
    children: [ // 1.在 Home 页面下注册二级路由
      {
        path: '',
        redirect: '/home/message' // 2.访问/home 路径时，重定向到/home/message 路径
      },
      {
        path: "message",
        component: () => import("../pages/HomeMessage.vue")
      },
      ......
    ]
```

```
  }
]
```

保存代码，在浏览器中单击"首页"按钮，Home.vue 页面会默认显示消息页面。

12.3.3 编程式导航的使用

除了使用<router-link>组件实现页面导航，Vue Router 的实例还提供一些与导航相关的方法，比如 router.push 方法。我们可以通过调用方法实现页面导航，这种方式称为编程式导航。下面来看如何通过代码实现页面跳转。

1. 代码实现页面跳转

下面实现单击"关于"按钮跳转到"关于"页面的功能。这次不使用<router-link>组件，而是通过代码实现页面跳转。修改 src/App.vue 组件，代码如下所示：

```
<template>
  <div class="nav">
    ......
    <router-link class="tab" to="/user/why/id/0001">用户</router-link>
    <button @click="jumpToAbout">关于</button>
    ......
  </div>
</template>
<script>
import { useRouter } from 'vue-router';
export default {
  name: 'App',
  setup() {
    const router = useRouter() // 1.获取 router 对象，即创建的路由对象
    const jumpToAbout= ()=>{    // 2.监听 button 单击事件
      router.push("/about")     // 3.跳转到"关于"页面
    }
    return { jumpToAbout }
  }
}
</script>
```

从上述代码中可以看到，首先在 setup 中使用 vue-router 提供的 useRouter 这个 hook 获取路由对象，该对象可以用于实现页面跳转和返回等功能。然后，监听<button>元素的单击事件，当用户单击"关于"按钮时，会调用 router.push 方法实现页面跳转。

保存代码，在浏览器中显示的效果如图 12-16 所示。

图 12-16　编写代码实现页面跳转

其实，push 方法不仅可以接收一个字符串类型的参数，还支持接收一个对象类型的参数，代码如下所示：

```
const jumpToAbout= ()=>{
  // router.push("/about")  // 1.接收字符串类型的参数
```

```
router.push({                    // 2.接收对象类型的参数，功能和上面一样
  path: '/about'                 // 3.指定跳转页面路径
})
}
```

最后，再看一下 Options API 的实现（更推荐 setup 语法）。修改 src/App.vue 组件，代码如下所示：

```
<template> ...... </template>
<script>
export default {
  name: 'App',
  methods: {
    jumpToAbout() {
      // this.$router.push('/about')
      this.$router.push({
        path: '/about'
      })
    }
  },
  setup() {
    return {}
  }
}
</script>
```

2. query 参数

当单击"关于"按钮跳转到"关于"页面时，实际上可以通过查询字符串（query）的方式向目标页面传递参数。以下是使用 setup 和 OptionsAPI 两种方式，通过 query 参数向目标页面传递参数的示例。

（1）setup 方式（推荐），代码如下所示：

```
const jumpToAbout= ()=>{
  // router.push("/about?name=coder&age=20") // 1.通过 URL 查询字符串方式向目标页
面传递参数
  router.push({
    path: '/about',
    query: { // 2.通过 query 属性向目标页面传递参数
      name: 'coder',
      age: 20
    }
  })
}
```

（2）Options API 方式，代码如下所示：

```
jumpToAbout() {
  // this.$router.push('/about?name=coder&age=20')
  this.$router.push({
    path: '/about',
    query: {
      name: 'coder',
      age: 20
    }
  })
}
```

接着，我们可以在"关于"页面使用 route 对象获取 query 参数。修改 src/pages/About.vue

文件，代码如下所示：

```
<template>
  <div class="about">
    About Page
    <!-- 1.使用 tempalte 直接获取 query 参数-->
    <p>{{$route.query.name}}-{{$route.query.age}}</p>
  </div>
</template>
<script>
import { useRoute } from 'vue-router'
export default {
  name: 'About',
  setup() {
    const route = useRoute();
    console.log(route.name, route.meta) // 其他参数
    console.log(route.query) // 2.通过 route 获取 query 参数,打印{name:'coder',age:
'20'}
    return {}
  }
}
</script>
```

从上述代码中可以看到，我们分别从<template>和 setup 函数中获取了 query 参数。

◎　在<template>中，直接通过$route.query 获取参数。

◎　在 setup 函数中，需要使用 vue-router 提供的 useRoute 这个 hook 获取参数。

保存代码，在浏览器中显示的效果如图 12-17 所示。

图 12-17　使用 query 传递参数

3. 替换当前的位置

使用 push 方法进行页面跳转时，默认会进行压栈操作。当用户单击页面上的返回箭头时，可以回退到上一个页面。但是，如果希望在当前页面进行替换操作，不具备回退功能，可以使用 router 对象的 replace 方法。

replace 方法的使用语法如图 12-18 所示。

声明式	编程式
`<router-link :to="..." replace>`	`router.replace(...)`

图 12-18　replace 方法的使用语法

声明式 replace 方法的用法，代码如下所示：

```
<router-link to="/about" replace>关于</router-link>
```

编程式 replace 方法的用法与 push 方法的用法一样，代码如下所示：

```
const jumpToAbout= ()=>{
  // router.push("/about")
  router.replace("/about")
}
```

4. 页面的前进和后退

若要实现页面的前进和后退功能，可以使用 router.go 方法，代码如下所示：

```
// 1.向前移动一条记录，与 router.forward 相同
router.go(1)
// 2.返回一条记录，与 router.back 相同
router.go(-1)
// 3.前进 3 条记录(记录可理解为页面，即前进 3 个页面)
router.go(3)
// 4.如果没有那么多条记录，则默认失败
router.go(-100)
router.go(100)
```

另外，router 对象还提供了 back 和 forward 方法。

◎ back 方法：通过调用 history.back 方法回溯历史，相当于 router.go(-1)。

◎ forward 方法：通过调用 history.forward 方法在历史中前进，相当于 router.go(1)。

12.3.4 路由内置组件的插槽

在学习了 Vue Router 内置的<router-link>和<router-view>组件之后，下面继续学习它们的高阶 API——作用域插槽（slot）。

1. <router-link>组件的作用域插槽

<router-link>组件通过一个作用域插槽暴露底层的定制能力。这是一个更高阶的 API，主要面向库作者，也可以为开发者提供便利。在 vue-router 3.x 中，<router-link>有一个 tag 属性，可以决定<router-link>到底渲染什么元素。但是从 vue-router 4.x 开始，该属性被移除了，却提供了更具灵活性的 v-slot 的方式，用于定制渲染的内容。v-slot 的使用主要分为两个步骤。

（1）添加 custom 属性，表示整个元素要自定义。如果不添加该属性，那么自定义的内容会被包裹在一个<a>元素中。

（2）使用 v-slot 作用域插槽获取内部传递的值，具体如下。

◎ href：解析后的 URL。

◎ route：解析后规范化的 route 对象。

◎ navigate：触发导航的函数。

◎ isActive：匹配状态。

◎ isExactActive：精准匹配状态。

下面使用<router-link>组件的作用域插槽自定义之前的"首页"按钮。修改/src/App.vue 组件，代码如下所示：

```
<template>
  <div class="nav">
    <!-- 1.为 router-link 添加 custom 属性和 v-slot 指令 -->
    <router-link class="tab" to="/home" custom v-slot="props">
      <strong @click="props.navigate">首页: </strong>
      <span>{{props.href}}</span>
      <span> - {{props.isActive}}</span>
      <!-- todo ...除了以上的元素，还支持插入自定义组件 -->
```

```
    </router-link>
    <router-link class="tab" to="/about">关于</router-link>
    ......
  </div>
  <!-- 2.路由组件占位 -->
  <router-view></router-view>
</template>
```

上述代码主要实现了以下两个功能。

（1）在<router-link>组件上添加 custom 属性（表示整个元素要自定义）和 v-slot 指令。该指令通过 props 接收插槽内部提供的参数，例如 props.navigate、props.href 和 props.isActive 等。

（2）向<router-link>组件的默认插槽中插入<strong>和两个<span>元素。接着，为<strong>元素的 click 事件绑定作用域插槽提供的 navigate 函数。当单击"首页"按钮时，会触发导航函数进行页面跳转。然后，为两个<span>元素分别绑定作用域插槽提供的 href 和 isActive 值，这里仅作为显示使用。

保存代码，在浏览器中显示的效果如图 12-19 所示。

图 12-19　<rouer-link>插槽的使用效果

2. <router-view>组件的 v-slot

<router-view> 组件也提供了一个 v-slot，可以使用<transition>和<keep-alive>组件包裹路由组件。下面使用<router-view>作用域插槽为页面添加过渡动画和缓存的功能。

继续修改/src/App.vue 组件，代码如下所示：

```
<template>
  <div class="nav">......</div>
  <!-- 2.路由组件占位，为 router-view 添加 v-slot 指令 -->
  <router-view v-slot="props">
    <transition name="why">
      <component :is="props.Component"></component>
    </transition>
  </router-view>
</template>
......
<style>
.why-enter-from,
.why-leave-to {
  opacity: 0;
}
.why-enter-active,
.why-leave-active {
```

```
    transition: opacity 1s ease;
  }
</style>
```

从上述代码中可以看到，这里主要实现了以下两个功能。

（1）在<router-view>组件上添加 v-slot 指令，通过 props 接收内部提供的插槽参数。

（2）在<router-view>组件的默认插槽中插入<transition>组件。<transition>组件用于为页面组件添加过渡动画，指定的过渡动画类名为 why，并在 style 标签中编写相应的动画样式。接着，将插槽提供的 props.Component 属性动态绑定到<component>组件的 is 属性上。

保存代码，在浏览器中运行后，再次切换页面就会有过渡效果。

除了添加过渡效果，还可以使用<keep-alive>组件为页面添加缓存功能，代码如下所示：

```
<template>
  ......
  <router-view v-slot="props">
    <keep-alive>
      <component :is="props.Component"></component>
    </keep-alive>
  </router-view>
</template>
```

12.3.5 动态添加路由

前面都是在 routes 选项中提前配置好路由，但是在某些情况下，我们需要在应用程序运行后再动态添加或删除路由。例如，根据登录用户的权限，动态注册不同的路由。这时可以使用 addRoute 方法。

1. addRoute

addRoute 方法可以动态添加一条新的路由规则。如果该路由规则有 name 属性，并且已经存在一个与之相同的名字，则会覆盖原有的规则。

下面演示 addRoute 方法的使用，修改 src/router/index.js 文件，调用 router 对象的 addRoute 方法动态添加 categoryRoute 路由，代码如下所示：

```
......
// 3.商品分类页面的路由配置
const categoryRoute = {
  path: "/category",
  component: ()=> import('../pages/Category.vue')
}
// 4.动态添加顶级路由对象
router.addRoute(categoryRoute)
export default router
```

接着，在 pages 目录下新建 Category.vue 页面，代码如下所示：

```
<template>
  <div class="category"> <h4>Category</h4> </div>
</template>
```

保存代码，在浏览器中运行代码后，在浏览器中输入 http://localhost:8080/category 时，可以正常显示商品分类页面，说明动态注册的路由生效了。

addRoute 方法不仅可以添加顶级路由，还支持添加二级路由。之前首页已经包括"消息通知"和"商品"两个二级页面，下面我们继续添加一个"评论"（HomeComment.vue）二级页面。

在 pages 目录下新建 HomeComment.vue 路由组件，代码如下所示：

```
<template>
  <div class="home-comment">
    <h4>Home Comment 组件</h4>
    <div>评论页面...</div>
  </div>
</template>
```

接着，修改 src/router/index.js 文件，调用 addRoute 方法动态添加评论页面作为二级路由。该方法需要接收两个参数，参数一为现有路由名称，参数二为现有路由的子路由。代码如下所示：

```
const routes = [
  {
    path: '/home',
    name: 'home', // 路由的 name，下面 addRoute 方法需要用到
    ......
  }
  ......
]
......
// 5.为现有路由（home）增加二级路由
router.addRoute("home", {
  path: "comment",
  component: () => import("../pages/HomeComment.vue")
})
export default router
```

注意：router.addRoute 方法在接收一个参数时添加的是一级路由，在接收两个参数时添加的是二级路由。

保存代码，在浏览器中显示的效果如图 12-20 所示。

图 12-20　动态添加评论页面作为二级路由

2. 动态路由补充

Vue Router 还提供了三种动态删除路由的方式。

方式一：添加一个相同名字（name）的路由，会覆盖之前同一名字的路由。

```
router.addRoute({ path: '/about', name: 'about', component: About }) // 添加路由
// 1.添加相同名字的路由时，会删除之前同一名字的路由
router.addRoute({ path: '/other', name: 'about', component: Other })
```

方式二：使用 removeRoute 方法，传入路由的名称。

```
router.addRoute({ path: '/about', name: 'about', component: About }) // 添加
路由
router.removeRoute('about') // 2.删除 about 路由
```

方式三：调用 router.addRoute 返回的回调函数。

```
const removeRoute = router.addRoute(routeRecord) // 添加路由
removeRoute() // 3.删除添加的路由
```

除此之外，Vue Router 的实例还提供很多常用的方法，列举如下。

◎ router.hasRoute：检查路由是否存在。

◎ router.getRoutes：获取一个包含所有路由记录的数组。

12.3.6 路由守卫

在 Vue Router 中，可以通过<router-link>组件实现路由导航（页面跳转），也可以通过代码实现。在某些情况下，我们希望能拦截路由导航。比如在进入某个路由之前，先判断用户是否已登录，如登录则放行，否则导航到登录页面。

其实，Vue Router 已经为我们提供了该功能，并将拦截路由称为"导航守卫"（也称为"路由守卫"）。导航守卫，顾名思义就是专门用于守卫导航，可以灵活控制路由的跳转或取消等。导航守卫通常有三种实现方式：全局路由守卫、单个路由独享的守卫、组件内的守卫。在开发中用得最多的是全局路由守卫中的全局前置守卫。

1. 全局前置守卫

我们可以用 router.beforeEach 方法注册一个路由的全局前置守卫，代码如下所示：

```
const router = createRouter({ ... })
......
router.beforeEach((to, from) => {
/**
 * 返回值的作用
 *   1.false: 取消当前导航
 *   2.undefined 或不返回: 进行默认导航
 *   3.字符串: 一个路由路径
 *   4.对象: 如{path: "/login", query: ....}对象
 */
  return false
})
export default router
```

可以看到，beforeEach 函数需要接收一个回调函数，该回调函数有两个参数。

◎ to：将进入的路由 Route 对象。

◎ from：将离开的路由 Route 对象。

另外，beforeEach 回调函数支持返回值的类型如下。

◎ false：取消当前导航。

◎ undefined 或不返回：进行默认导航。

◎ 字符串：一个路由路径，如"/about"。

◎ 对象：如 {path: '/login', query:{}, params: {}} 对象。

下面演示 router.beforeEach 方法的使用。继续为 01_learn_vuerouter 项目添加一个新的功能：用户只有登录后才能看到其他页面，否则跳转到登录页面。

修改 src/router/index.js 文件，添加 router.beforeEach 函数来拦截路由导航，代码如下所示：

```
......
// 6.全局前置守卫
router.beforeEach((to, from) => {
  if (to.path !== '/login') { // 如果不是登录页面
    const token = window.sessionStorage.getItem('token')
    if (!token) { // 通过 token 判断用户是否登录，没登录则导航到/login 页面
      return {
        path: '/login'
      }
    }
  }
})
export default router
```

可以看到，在 router.beforeEach 方法的回调函数中，先判断当前访问的路径是否为登录页。如果不是登录页，则继续判断本地是否有 token。如果没有 token，代表用户未登录，则直接导航到登录页，否则进入默认导航。

接着，在 pages 目录下新建一个 Login.vue 登录页面。当用户单击"登录"按钮时，先把 token 存到 sessionStorage 中，代表用户已经登录，然后跳转到首页，代码如下所示：

```
<template>
  <div class="login"> <button @click="loginClick">登录</button> </div>
</template>
<script>
  import { useRouter } from 'vue-router';
  export default {
    setup() {
      const router = useRouter();
      const loginClick = () => { // 1.模拟登录功能
        window.sessionStorage.setItem("token", "why") // 2.存储登录信息
        router.push("/home") // 3.跳转到首页
      }
      return { loginClick }
    }
  }
</script>
```

修改 src/router/index.js 文件，在 routes 数组中注册登录页面，代码如下所示：

```
const routes = [
  ......
  {
    path: "/login",
    component: () => import("../pages/Login.vue")
  },
  ......
]
```

保存代码，在浏览器中显示的效果如图 12-21 所示。由于页面尚未登录，sessionStorage 中也没有存储 token 信息，因此，导航守卫会直接将用户导航到登录页面。这时，如果单击"登录"按钮，并将 token 信息存储到 sessionStorage 中，就可以成功导航到首页。

图 12-21　显示登录页面

2. 其他导航守卫

除了上述 beforeEach 导航守卫方法，Vue Router 还提供了许多其他导航守卫方法，用于在某个时刻让我们回调，以更好地控制程序的流程或功能。

感兴趣的读者可参考官方文档，如链接 12-1 所示。

12.4　本章小结

本章内容如下。

◎ 前端路由实现有两种方式：hash 模式和 history 模式。

- hash 模式通过监听 URL 中 hash 值的变化实现前端路由，而无须刷新页面。当 URL 中的 hash 值发生变化时，Vue Router 会根据 hash 值切换显示内容。
- history 模式通过 HTML5 新增的接口实现前端路由，而无须刷新页面。当 URL 发生变化时，Vue Router 会根据 URL 切换显示内容。

◎ Vue Router 基本使用：首先需要通过 createRouter 函数创建路由对象，该函数需要接收一个包含 routes 配置和 history 路由模式的对象。然后使用 app.use 函数安装该路由对象。最后，在页面中添加 router-view 占位，用于显示路由组件。

◎ Vue Router 进阶使用：除了基本使用，Vue Router 还提供了进阶功能，包括动态路由、嵌套路由、编程式导航、动态添加路由和导航守卫等。这些功能可以帮助我们更好地管理前端路由。

13

Vuex状态管理

在 Vue.js 3 中，组件的数据通常定义在 data 或 setup 中。当组件间需要通信时，可通过传递 props 或触发 emit 事件实现通信。然而，对于深度嵌套的组件，传递 props 会变得非常烦琐，并且不能实现数据全局共享。

为了更好地解决这些问题，Vue.js 3 官方提供了一个状态管理插件——Vuex。Vuex 是 Vue.js 3 应用程序的状态管理库，它可以从组件中提取共享状态，并将其放在全局单例中进行管理。这些共享状态依然是响应式的，因此当状态发生变化时，所有依赖该状态的组件都会自动更新。在学习 Vuex 前，先看看本章源代码的管理方式，目录结构如下：

```
VueCode
├── ......
├── chapter13
│     └── 01_learn_vuex
│     └── 02_learn_vuex_project # 提供一个空的 Vue.js 3 项目
```

13.1　认识 Vuex 状态管理

13.1.1　认识状态管理

在开发中，应用程序需要处理各种各样的数据，这些数据需要保存在应用程序中的某一个位置。对这些数据的管理，我们就称为状态管理。

实际上，Vue.js 3 组件内部的数据以单向数据流的形式进行管理。具体来说，Vue.js 3 组件的数据定义在 State（即 data 或 setup）中，在 View 层（即 template）使用 State 中的数据，View 层中会产生一些 Actions（比如单击事件），而这些 Actions 可能会修改 State 的数据。

这就是以单向数据流的形式进行状态管理，如图 13-1 所示。

如今 JavaScript 开发的应用程序变得越来越复杂，需要管理的状态也越来越多。比如，服务器返回的数据、缓存数据、用户操作产生的数据等；还有一些 UI 状态，比如元素是否被选中、是否显示加载动效等。通常，这些状态也需要在多个组件之间共享。

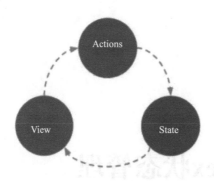

图 13-1　单向数据流

　　然而，如果还是通过 Props 传递或 Provide 等方式来共享这些复杂且需要在多个组件中共享的数据，状态就会变得非常难以控制和追踪，也难以实现在兄弟组件之间共享数据。比如，状态之间相互存在依赖、一个状态的变化会引起另一个状态的变化、状态需要在多个组件之间共享等。

　　因此，我们可以考虑将组件内部状态抽离出来，以一个全局单例的方式进行管理。这样，我们可以通过插件的形式将该单例挂载到 Vue.js 3 实例上，任何组件都能从该单例上获取状态或触发行为。这种方式能够更好地控制和追踪状态的变化，同时能够更好地实现兄弟组件之间共享数据。这就是 Vuex 背后的基本思想。

　　下面来看看 Vuex 状态管理流程，如图 13-2 所示。

　　（1）在 State 中定义全局状态（变量）。

　　（2）在 Vue Components 组件树中使用 State 定义的状态。

　　（3）Vue Components 组件树通过 Dispatch 分发 Actions（也可直接通过 Commit 提交到 Mutations）。

　　（4）Actions 支持编写异步逻辑，可将异步请求的数据提交到 Mutations 中。

　　（5）Mutations 以同步的方式修改 State 状态，并且 State 的状态只能在 Mutations 中修改。

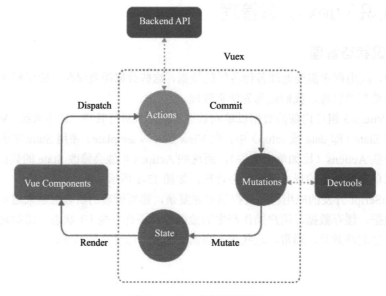

图 13-1　Vuex 状态管理流程

13.1.2　Vuex 的基本使用

以下是 Vuex 的具体使用步骤。

第一步：安装 Vuex 库。

在 VS Code 中打开 01_learn_vuex 项目，接着打开 VS Code 的 Termimal 终端，然后在终端执行如下命令。

```
npm install vuex@4.0.2 --save # 推荐安装与本书一样的版本
# or
npm install vuex@next --save # 安装 Vuex 最新版本
```

第二步：创建 Store。

在 Vue.js 3 中，Vuex 的核心是 Store（仓库）。仓库本质上是一个容器，用于存储应用程序大部分的状态。仓库中存储的状态具有以下特点。

（1）状态是响应式的。当组件从仓库中读取状态时，如果仓库中的状态发生变化，那么相应的组件也会更新。

（2）不能直接改变仓库中的状态。改变仓库中的状态的唯一途径是显式提交 mutation。这样可以方便地跟踪每个状态的变化，从而让我们能够通过一些工具（如 Vue.js devtools）更好地管理应用状态。

下面创建第一个仓库。在 01_learn_vuex 项目的 src 目录下新建一个 store 文件夹，接着在该目录下新建 index.js 文件，代码如下所示：

```
import { createStore } from 'vuex'
const store = createStore({
  state() { // 1.定义全局共享的状态
    return {
      counter: 0
    }
  }
})
export default store
```

可以看到，该文件主要实现了三个功能。

（1）从 vuex 中导入 createStore 函数，该函数用于创建 store 对象。

（2）调用 createStore 函数创建 store 对象，并在该函数的对象参数中定义一个 state 函数。该函数需要返回一个对象，在该对象中定义一个全局变量 counter，并赋值为 0。

（3）默认导出 store 对象。

第三步：将 Vuex 插件安装到 Vue.js 3 框架中。

安装 Vuex 插件和安装 Vue Router 插件类似。修改 src/main.js 的入口文件，先导入 store 对象，然后调用 app.use 函数来安装 Vuex 插件，代码如下所示：

```
......
import store from './store/index'
const app = createApp(App)
app.use(store) // 1.安装 Vuex 插件
app.mount('#app')
```

第四步：使用 store。

经过以上三个步骤，项目已经成功引用了 Vuex 状态管理库，并定义了一个全局变量 counter。接下来，我们将通过一个计数器案例来演示如何读取和修改 store 中的数据。

下面演示读取 store 中定义的 counter 变量。修改 src/App.vue 组件，直接在模板中使用 $store.state 来访问 counter 变量，代码如下所示：

```
<template>
  <div>当前计数：{{ $store.state.counter }}</div>
</template>
......
```

保存代码，在终端执行 npm run serve，运行在浏览器中的效果如图 13-3 所示，可以正常显示 counter 的值。

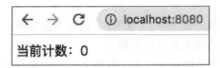

图 13-3　使用 Vuex 读取 counter

下面继续演示修改 store 中的 counter 变量（注意：修改 store 中的变量必须在 mutations 中进行）。

修改 store/index.js 文件，在 mutations 中增加修改 store 变量的函数，代码如下所示：

```
import { createStore } from 'vuex'
const store = createStore({
  // 1.定义全局共享的状态
  state() {
    return {
      counter: 0
    }
  },
  // 2.在 mutations 中修改全局状态
  mutations: {
    increment(state) { // 3.定义 increment 函数，参数 state 是 state()函数返回的对象
      state.counter++ // 4.修改全局的 counter
    },
    decrement(state) {
      state.counter--
    }
  }
})
export default store
```

可以看到，在 createStore 函数的对象类型参数中添加了 mutations 属性，并在该属性中定义 increment 和 decrement 两个函数来修改全局的 counter 变量。

需要注意的是：在 mutations 中定义的函数，第一个参数默认会获取 state()函数中返回的对象（state）。

接着，需要通过 commit 函数触发执行 mutations 中定义的 increment 和 decrement 两个函数。修改 src/App.vue 组件，代码如下所示：

```
<template>
  <div>当前计数：{{ $store.state.counter }}</div>
  <button @click="increment">+1</button>
  <button @click="decrement">-1</button>
```

```
</template>
<script>
import { useStore } from 'vuex' // 2.导入 vuex 提供的 useStore 这个 Hook 函数
export default {
  name: 'App',
  components: {},
  methods: {
    increment() {
      this.$store.commit('increment') // 1.Options API 语法触发调用 mutations 的方
法
    }
  },
  setup() {
    const store = useStore() // 3.setup 不能用 this，所以调用 useStore 函数获取全局
store 对象
    const decrement = () => {
      store.commit('decrement') // 4.Composition API 语法触发调用 mutations 的方法
    }
    return { decrement }
  }
}
</script>
```

可以看到，这里在模板中添加了两个<button>按钮，分别用于实现计数器的加 1 和减 1 操作。

（1）当单击“+1”按钮时，会回调 increment 方法（Options API 语法）。在 increment 方法中，通过 this.$store.commit('increment')触发 mutations 中 increment 函数的调用，从而实现在 mutations 层修改 counter。

（2）当单击“-1”按钮时，会回调 decrement 方法（Composition API 语法）。在 decrement 方法中，先调用 useStore 获取 store 对象，接着通过 store.commit('decrement')触发 mutations 中 decrement 函数的调用，从而实现在 mutations 层对修改 counter。

保存代码，在浏览器中显示的效果如图 13-4 所示，可以正常显示 counter 的值。

图 13-4　使用 Vuex 实现计数器

13.1.3　Vue.js devtools 插件安装

Vue.js devtools 是一款 Vue.js 的开发者工具，用于帮助开发人员调试和检查 Vue.js 应用。它允许开发人员查看组件的结构、状态和数据流，支持实时调试和修改组件状态，以及捕获和分析 Vue.js 应用的性能。

因此，Vue.js devtools 可以帮助开发人员快速定位和解决问题。该工具有如下两种安装方式：通过 Chrome 商店在线安装；手动下载代码，编译、安装（推荐）。

下面分别详细讲解这两种安装方式。

1. 通过 Chrome 商店在线安装

单击 Chrome 浏览器右上角的三个点，依次单击"更多工具"→"扩展程序"打开 Chrome 网上应用商店，在输入框中搜索"Vue.js devtools"，如图 13-5 所示。

图 13-5　通过 Chrome 商店在线安装插件

如果 Chrome 商店无法访问，那么可以选择第二种安装方式。

2. 手动下载代码，编译、安装

◎ 下载源代码：https://github.com/vuejs/devtools/releases。默认下载最新版本，这里以 devtools-6.1.3.zip 为例。

◎ 下载后，解压 devtools-6.1.3.zip 源码包，进入根目录执行 yarn install，安装相关的依赖。

◎ 安装完相关依赖之后，在根目录执行 yarn run build 进行打包。

◎ 打包后的该插件会存放在 devtools-6.1.3/packages/shell-chrome 路径下。

接着，单击 Chrome 浏览器右上角的三个点，依次单击"更多工具"→"扩展程序"，打开扩展程序页面，然后单击"加载已解压的扩展程序"按钮，选择打包好的 shell-chrome 文件夹执行安装，如图 13-6 所示。

图 13-6　通过代码编译和安装插件

然后，再次打开 Chrome 扩展程序页面，即可看到 Vue.js devtools 插件已安装完成，如图 13-7 所示。

图 13-7　安装完成的 Vue.js devtools 插件

最后，重新启动浏览器和 Vue.js 3 项目，打开控制台并选择 Vue 选项卡。这样就可以正常使用 Vue.js devtools 来调试组件或 Vuex 了。如图 13-8 所示，在 Vue.js devtools 中查看 Vuex 中存储的 counter 状态。

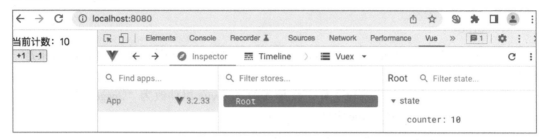

图 13-8   在 Vue.js devtools 中查看 counter 状态

13.2   Vuex 的核心概念

Vue.js 3 的响应式系统和双向数据绑定是 Vuex 底层原理的基础。Vuex 的核心概念包括以下内容。

（1）state：即存储数据的地方，所有组件都可以访问和使用 store 中的状态。

（2）getters：可以理解为 store 中的计算属性，用于从 store 中的 state 中派生一些状态。

（3）mutations：用于同步修改 store 中的状态，必须是同步函数。

（4）actions：用于异步提交 mutations，可以包含任意异步操作。

（5）modules：用于将 store 分割成多个模块，每个模块可以维护自己的 state、getter、mutation、action。

下面详细讲解这五个核心概念。

13.2.1   state

state 表示应用的状态，即存储数据的地方。Vuex 通过"单一状态树"来管理应用层级的全部状态，将应用的所有状态存储在一个单独的 store 中，而不是分散在多个 store 对象或各个组件的 data 属性中。这种设计模式可以方便地对数据进行全局状态的管理，避免组件间状态共享带来的复杂性，也更容易追踪状态的变化等。

下面来看看如何使用 state。

1. 使用计算属性读取状态

对于存储在 store 中的状态，除了可以在模板中使用$store.state 来读取，也可以使用计算属性来读取。

在 01_learn_vuex 项目的 src 目录下新建 pages 文件夹，然后在该文件夹下新建 01_mapState_compunted.vue 组件，代码如下所示：

```
<template>
  <div>
    <h4>Home:{{ $store.state.counter }}</h4>
    <h4>Home:{{ counter }}</h4>
  </div>
</template>
<script>
  export default {
```

```
    computed: {
      counter() { // 1.使用计算属性读取状态
        return this.$store.state.counter
      }
    }
  }
</script>
```

可以看到，模板中的$store.state.counter 表达式也可以被抽取到计算属性中编写，效果是一样的。

最后，修改 main.js 程序入口文件，将导入的 App.vue 组件改为 "./pages/01_mapState_compunted.vue" 路径下的 App.vue 组件。

保存代码，在浏览器中显示的效果如图 13-9 所示。

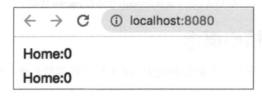

图 13-9　使用计算属性读取状态

在计算属性中，尽管可以读取状态，但是一旦读取的状态过多，代码就会变得烦琐。为了简化状态的获取过程，Vuex 提供了 mapState 辅助函数。mapState 辅助函数有两种使用方式：mapState 函数，接收对象类型参数；mapState 函数，接收数组类型参数。

下面详解讲解这两种方式。

（1）mapState 函数，接收对象类型参数。

mapState 函数可以接收对象类型参数，并返回一个对象。为了更好地演示 mapState 函数的使用，我们在 src/store/index.js 的 state 函数返回值中多定义了 name 和 age 两个全局变量，代码如下所示：

```
import { createStore } from 'vuex'
const store = createStore({
  state() { // 1.定义全局共享的状态
    return {
      counter: 0,
      name: 'why',
      age: 18
    }
  },
  ......
})
export default store
```

接着，修改 01_mapState_compunted.vue 组件，代码如下所示：

```
<template>
  <div>
    <h4>Home: {{ $store.state.counter }}</h4>
    <h4>Home: {{ counter }}</h4>
    <h4>Name: {{ name }}</h4>
    <h4>Age: {{ hyAge }}</h4>
  </div>
</template>
```

```
<script>
  import { mapState } from 'vuex'
  export default {
    data() {
      return {
        firstName: 'coder'
      }
    },

    computed: mapState({ // 1.mapState 函数接收对象类型参数
      counter: (state) => {
        return state.counter // 2.这里的箭头函数不绑定 this
      },
      name(state) { // 3.普通函数会绑定 this，这里的 this 是组件的实例
        return this.firstName + state.name
      },
      hyAge: 'age', // 4.key 可自定义，这里自定义为 hyAge
    })
  }
</script>
```

可以看到，首先在 vuex 中导入 mapState 函数。接着，使用 mapState 函数获取 state 中的数据。向该函数传递一个包含 counter 函数、name 函数和 hyAge 属性的对象作为参数。

◎ counter 为箭头函数（不绑定 this），该函数会接收一个 state 参数，并直接返回 state 中的 counter。

◎ name 为普通函数（会绑定 this），也会接收 state 参数，该函数返回了 Vue 实例中的 firstName 与 state 中的 name 拼接后的结果。

◎ hyAge 属性直接映射 state 中的 age 变量。

最后，将 mapState 函数的返回值（返回值是一个对象）赋给 computed 计算属性，这样就完成了在计算属性中对 state 中变量的读取和映射。保存代码，在浏览器中显示的效果如图 13-10 所示。

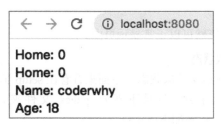

图 13-10　使用 mapState 函数读取状态

（2）mapState 函数，接收数组类型参数。

mapState 函数还可以接收数组类型参数，并返回一个对象。修改 01_mapState_compunted.vue 组件，代码如下所示：

```
<template>
  <div>
    <h4>Home: {{ $store.state.counter }}</h4>
    <h4>Home: {{ counter }}</h4>
    <h4>Name: {{ name }}</h4>
  </div>
</template>
<script>
```

```
import { mapState } from 'vuex'
export default {
  computed: mapState(['counter','name']) // 3.mapState 函数接收数组类型参数
}
</script>
```

可以看到，这里 mapState 函数接收了数组类型参数，数组中的每个属性会自动映射到 state 中的属性。

保存代码，在浏览器中依然可以正常显示页面。

mapState 函数在计算属性中支持解构，这样我们就可以在计算属性中同时包含自己的计算属性和从 state 映射过来的属性。修改 01_mapState_compunted.vue 组件，代码如下所示：

```
<template>
  <div>
    <h4>Home: {{ $store.state.counter }}</h4>
    <h4>Home: {{ counter }}</h4>
    <h4>Name: {{ name }}</h4>
    <h4>Age: {{ hyAge }}</h4>
  </div>
</template>
<script>
  import { mapState } from 'vuex'
  export default {

    computed: {
      counter() {
        return this.$store.state.counter
      },
      ...mapState(['name']),// 4.mapState 函数的解构
      ...mapState({ // 5.mapState 函数的解构
        hyAge: 'age'
      })
    }
  }
</script>
```

保存代码，在浏览器中依然可以正常显示页面。

2. 在 setup 函数中读取状态

前面是使用 Options API 语法读取状态，下面来看看在 setup 函数中应该如何读取状态。

在 01_learn_vuex 项目的 src 目录下新建 pages 文件夹，然后在该文件夹下新建 02_mapState_setup.vue 组件，代码如下所示：

```
<template>
  <div>
    <h4>Setup: {{ $store.state.counter }}</h4>
    <h4>Setup: {{counter}}</h4>
    <h4>Name: {{name}}</h4>
    <h4>Age: {{age}}</h4>
  </div>
</template>
<script>
  import { mapState, useStore } from 'vuex'
  import { computed } from 'vue'
  export default {
    setup() {
      const store = useStore()
```

```
    // 1.在 computed 中通过 store 读取状态
    const counter = computed(() => store.state.counter)
    const name = computed(() => store.state.name)
    const hyAge = computed(() => store.state.age)
    return { counter, name, hyAge }
  }
 }
</script>
```

可以看到，该案例和前面的案例一样，只是这里在 setup 函数中实现。store 对象由 this.$store 改为从 useStore 函数获取，计算属性改成 computed 函数。

最后，修改 main.js 程序入口文件，将导入的 App.vue 组件改为 "./pages/02_mapState_setup.vue" 路径下的 App.vue 组件。

保存代码，在浏览器中显示的效果如图 13-11 所示。

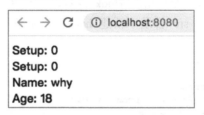

图 13-11　在 setup 函数中读取 state

可以发现，在 setup 函数中读取单个状态是非常简单的，即直接通过 useStore 获取 store 后再读取某个状态即可。下面看看如何在 setup 函数中使用 mapState 辅助函数。

修改 02_mapState_setup.vue 组件，代码如下所示：

```
<template>
  <div>
    <h4>Setup: {{ $store.state.counter }}</h4>
    <h4>Setup: {{counter}}</h4>
    <h4>Name: {{name}}</h4>
    <h4>Age: {{age}}</h4>
  </div>
</template>
<script>
  import { mapState, useStore } from 'vuex'
  import { computed } from 'vue'
  export default {
    setup() {
      const store = useStore()
      const storeStateFns = mapState(["counter", "name", "age"])
      // storeStateFns 打印为: {name: function, age: function, ......}
      const storeState = {}
      Object.keys(storeStateFns).forEach(fnKey => {
        const fn = storeStateFns[fnKey].bind({$store: store}) // 1.绑定 this 为
{$store:store}
        storeState[fnKey] = computed(fn) // 2.将普通函数转换为计算属性函数
      })
      // storeState 打印为: {name: ref, age: ref, ......}
      return { ...storeState }
    }
  }
</script>
```

可以看到，这里使用 mapState 辅助函数对 state 中的 counter、name 和 age 变量进行映射。由于这里使用的是 setup 语法，mapState 函数返回的对象赋值给了 storeStateFns 变量，而不是 computed 选项。

因此，我们需要将 storeStateFns 对象里的函数转换成计算属性，以便在 template 中使用。接着，遍历 storeStateFns 对象，取出对象中的每个函数，并为函数绑定 this（即绑定 {$store:store} 对象）。然后，将这些函数转换成计算属性函数，并赋值给 storeState 对象。最后，在 return 语句中将 storeState 对象解构并返回。

保存代码，运行在浏览器中的效果和上面案例一样。

3. mapState 的封装

在 setup 语法中，虽然 Vuex 并没有提供更方便的使用 mapState 函数的方式，但我们可以将 mapState 的使用方式封装成一个通用的 Hook 函数，以方便在 setup 中使用。

在 01_learn_vuex 项目的 src 目录下新建 hooks 文件夹，然后在该文件夹下分别新建 useState.js 和 index.js 文件。

useState.js 文件，代码如下所示：

```
import { computed } from 'vue'
import { mapState, useStore } from 'vuex'
// 1.自定义一个 useState Hook 函数
export function useState(mapper) {
  // 2.获取 store 对象
  const store = useStore()
  // 3.获取映射后的对象
  const storeStateFns = mapState(mapper)
  // 4.将普通函数转成计算属性函数
  const storeState = {}
  Object.keys(storeStateFns).forEach(fnKey => {
    const fn = storeStateFns[fnKey].bind({$store: store})
    storeState[fnKey] = computed(fn)
  })
  return storeState
}
```

可以看到，这里将上述案例 setup 中的代码复制到 useState 这个 Hook 函数中。该函数需要接收一个 mapper 参数，并将该参数传递给 mapState 函数的参数。

index.js 文件，代码如下所示：

```
import { useState } from './useState';
export { useState }
```

可以看到，该文件主要用于统一导出项目中所有的 Hook 函数，旨在规范导出方式。

接着，在 pages 文件夹下新建 "03_useState 封装后使用.vue" 组件，代码如下所示：

```
<template>
  <div>
    <h4>useState: {{ $store.state.counter }}</h4>
    <h4>useState: {{counter}}</h4>
    <h4>Name: {{name}}</h4>
    <h4>Age: {{age}}</h4>
  </div>
</template>
<script>
  import { useState } from '../hooks' // 1.导入自定义 Hook
```

```
export default {
  setup() {
    const storeState = useState(["counter"]) // 2.使用自定义 Hook
    const storeState2 = useState({ // 3.使用自定义 Hook
      name: state => state.name,
      age: state => state.age
    })
    return { ...storeState, ...storeState2 }
  }
}
</script>
```

可以看到，首先导入 useState Hook 函数，然后使用该函数获取 state 中的 counter 变量。useState 函数会返回一个 storeState 对象，该对象中的函数都是计算属性。

因此，在 return 语句中，我们可以直接解构 storeState 对象并返回。接下来，再次使用 useState 这个 Hook 函数获取 state 中的 name 和 age，但这次传递给 useState 函数的是一个对象，而不是数组。

保存代码，运行在浏览器中的效果和上面案例一样。

13.2.2　getters

在组件中，可以通过计算属性获取组件的状态。当多个组件需要用到同一个计算属性时，通常有两种方案实现：第一种是直接复制一份代码，第二种是封装成一个 Hook 函数。然而，这两种方式都不是很理想。

为了解决这个问题，Vuex 允许我们在 store 中定义 getters。getters 可以理解为 Vuex 的计算属性，可以从 store 中的 state 中派生出一些状态。这样，我们就可以在任意组件中直接使用 getters 中定义的方法了。

1. getters 的基本使用

下面通过一个案例来演示 getters 的基本使用，该案例的功能是：计算购物车中的书籍总价。

在 src/store/index.js 文件的 state 函数的返回值中再多定义 books 和 discount 变量，并在 getter 属性中定义 totalPrice 方法，代码如下所示：

```
const store = createStore({
  state() {
    return {
      ......
      books: [ // 1.购物车书籍列表
        {name: "Vue.js", count: 10, price: 10},
        {name: "React", count: 5, price: 20},
        {name: "webpack", count: 4, price: 25}
      ],
      discount: 0.9 // 书籍打 9 折，该变量暂时没用到，在下一个案例中会用到
    }
  },
  ......
  // 2.getters 的基本使用
  getters: {
    totalPrice(state){ // 3.计算购买的书籍总价
      let totalPrice = 0;
      for (const book of state.books) {
        totalPrice += book.count * book.price
      }
```

```
      return totalPrice
    }
  }
})
```

可以看到，在 getters 中，我们定义了一个名为 totalPrice 的方法，该方法的第一个参数会获取 state 对象。接着，遍历 state.books，计算购买书籍的总价并返回。

然后，在 pages 文件夹下新建"04_mapGetters_computed.vue"组件，在模板中通过 $store.getters 获取 getters 对象，并通过 getters 对象访问前面定义的 totalPrice 方法，代码如下所示：

```
<template>
  <div>
    <h4>书籍总价: {{ $store.getters.totalPrice }}</h4>
  </div>
</template>
<script>
  export default {}
</script>
```

最后，修改 main.js 程序入口文件，将导入的 App.vue 组件改为"./pages/04_mapGetters_computed.vue"路径下的 App.vue 组件。

保存代码，在浏览器中显示的效果如图 13-12 所示。

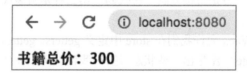

图 13-12 使用 getters 计算书籍总价

2. getters 中方法的参数

在 getters 中定义的方法可以接收两个参数，分别为 state 对象和 getters 对象（更多的参数见 13.2.5 节）。

修改 src/store/index.js 文件，代码如下所示：

```
const store = createStore({
  state() {
    return {
      ......
      discount: 0.9 // 书籍打 9 折，该案例需要用到该变量
    }
  },
  ......
  // 2.在 getters 中定义方法
  getters: {
    totalPrice(state, getters){ // 参数一: state 对象，参数二: getters 对象
      let totalPrice = 0;
      for (const book of state.books) {
        totalPrice += book.count * book.price
      }
      return totalPrice * getters.currentDiscount // 通过 getters 访问当前的折扣
    },
    currentDiscount(state) { // 3.获取当前的折扣
      return state.discount
```

```
        }
      }
    }
  })
```

可以看到，上面为 totalPrice 方法增加了第二个参数，用于接收一个 getters 对象，然后通过该对象访问在 getters 中添加的 currentDiscount 方法。

保存代码后，在浏览器中运行代码，可以看到购买书籍总价打 9 折后为 270 元。

3. getters 中定义的方法返回函数类型

在 getters 中定义的方法不仅可以返回值，还支持返回一个函数。如果返回的是函数，那么在使用时相当于调用这个函数。同时，我们可以向该函数传递参数，以实现数据的传递。

继续修改 src/store/index.js 文件，在 getters 中添加 totalPriceByName 方法，用于计算某本书的总价。该方法接收了一个 state 对象，但是返回的值是一个函数，该函数接收一个 bookName 参数，代码如下所示：

```
const store = createStore({
  ......
  getters: {
    totalPrice(state, getters){......},
    currentDiscount(state) {......},
    totalPriceByName(state) {
      return (bookName) => { // 1.返回一个函数，该函数接收一个 bookName 参数
        let totalPrice = 0;
        for (const book of state.books) {
          if(bookName === book.name){ // 2.只计算当前那本书的总价
            totalPrice += book.count * book.price
          }
        }
        return totalPrice
      }
    }

  }
})
```

接着，修改 04_mapGetters_computed.vue 组件，添加一个 <h4> 元素，并使用 $store.getters.totalPriceByName 获取 getters 对象中 totalPriceByName 方法返回的函数。然后，调用该函数并传递一个 Vue.js 字符串，以计算只包含 Vue.js 书籍的总价，代码如下所示：

```
<template>
  <div>
    <h4>书籍总价：{{ $store.getters.totalPrice }}</h4>
    <h4>Vue.js 书籍总价：{{ $store.getters.totalPriceByName('Vue.js') }}</h4>
  </div>
</template>
<script>
  export default {}
</script>
```

保存代码，在浏览器中显示的效果如图 13-13 所示。

图 13-13　使用 getters 中的方法返回函数计算书籍总价

4. mapGetters 辅助函数

Vuex 同样提供了 mapGetters 辅助函数，用于简化获取 getters 的操作，其语法与 mapState 函数类似。下面是 mapGetters 函数在 computed 属性和 setup 函数中的使用示例。

（1）在 computed 属性中使用 mapGetters 函数。

修改 04_mapGetters_computed 组件，在 computed 属性中使用 mapGetters 函数，代码如下所示：

```html
<template>
  <div>
    <h4>书籍总价: {{ $store.getters.totalPrice }}</h4>
    <h4>Vue.js 书籍总价: {{ $store.getters.totalPriceByName('Vue.js') }}</h4>

    <h4>mapGetters 书籍总价: {{ totalPrice }}</h4>
    <h4>mapGetters 书籍折扣: {{ discount }}</h4>
  </div>
</template>
<script>
  import { mapGetters } from 'vuex' // 1.导入 mapGetters 辅助函数
  export default {
    computed: {
      ...mapGetters(['totalPrice']), // 2.mapGetters 函数接收数组的语法
      ...mapGetters({ // 3.接收对象的语法
        discount: 'currentDiscount'
      })
    }
  }
</script>
```

可以看到，mapGetters 用法和 mapState 类似，这里不再叙述。保存代码，在浏览器中便可查看效果。

（2）在 setup 函数中使用 mapGetters 函数。

与 mapState 类似，mapGetters 函数返回对象中的属性并不是计算属性，因此不能直接在页面中展示。下面封装一个 useGetters 函数来统一处理，新建 "src/hooks/useGetters.js" 文件，代码如下所示：

```javascript
import { useStore, mapGetters } from 'vuex';
import { computed } from 'vue';
export function useGetters(mapper) {
  const store = useStore();
  const stateFns = mapGetters(mapper)  // 1.mapGetters 辅助函数
  const state = {}
  Object.keys(stateFns).forEach(fnKey => {
    // 2.将普通函数转成计算属性函数，并绑定一个包含$store 属性的对象
    state[fnKey] = computed(stateFns[fnKey].bind({$store: store}))
  })
```

```
    return state
}
```

可以看到，代码和前面的 hooks/useState.js 类似，目的是将普通函数转换成计算属性函数。
接着，在 src/hooks/index.js 统一导出 useGetters 这个 Hook 函数。

```
import { useState } from './useState';
import { useGetters } from './useGetters';
export { useState, useGetters } // 1.导出 useGetters 函数
```

然后，修改 04_mapGetters_computed.vue 组件，代码如下所示：

```
<template>
  <div>
    <h4>书籍总价: {{ $store.getters.totalPrice }}</h4>
    <h4>vuejs 书籍总价: {{ $store.getters.totalPriceByName('vuejs') }}</h4>

    <h4>mapGetters Vue.js 书籍总价: {{ totalPriceByName('vuejs') }}</h4>
  </div>
</template>
<script>
  import { useGetters } from '../hooks' // 1.导入自定义 Hook
  export default {
    setup() {
      const  stateGetters = useGetters(['totalPriceByName']) // 2.调用自定义 Hook
      return { ...stateGetters }
    }
  }
</script>
```

保存代码，在浏览器中便可查看效果。

13.2.3 mutations

在 Vuex 状态管理模式中，mutations 是一个重要的概念，用于更改 store 中的状态。需要
注意的是，mutations 必须是同步的，因为它是直接更改 store 中状态的唯一方法。

1. mutations 的基本使用

Vuex 中的 mutations 与事件十分相似：mutations 中的每个函数都有一个字符串的事件类型
（type）和一个回调函数（handler）。该回调函数就是实际进行状态更改的地方，并且它会接收
state 作为第一个参数。

下面通过计数器案例来演示 Mutations 的基本使用，修改 src/store/index.js 文件，代码如下
所示：

```
const store = createStore({
  state() {
    return {
      counter: 0,
      ......
    }
  },
  // 2.mutations 的基本使用
  mutations: {
    increment(state) { // 3.定义 increment 函数，该函数可获取 state()返回的对象
      state.counter++ // 4.通过 state 对象修改全局 counter
    },
```

```
    decrement(state) {
      state.counter--
    }
  },
  getters: {......}
})
export default store
```

可以看到，在 mutations 中定义了两个函数：increment 和 decrement。这两个函数不能直接调用，因为 mutations 中定义的选项更像事件注册。需要调用$store.commit 方法提交一个类型为 increment 的 mutation 函数，才能调用 increment 函数。

注意：在 setup 函数中无法使用 this 关键字，因此不能直接调用$store.commit 方法。相反，我们需要使用 useStore 函数获取 store 对象，然后调用 store.commit 方法。具体的代码见 13.1.2 节。

在 pages 文件夹下新建"05_mutation 的基本使用.vue"组件，代码如下所示：

```
<template>
  <div>
    <h4>当前计数：{{ $store.state.counter }}</h4>
    <button @click="$store.commit('increment')">+1</button>
    <button @click="$store.commit('decrement')">-1</button>
  </div>
</template>
```

可以看到，当单击"+1"按钮时，会调用$store.commit('increment') 方法提交一个类型为 increment 的 mutation 函数，即上面 mutations 中定义的 increment 函数。当单击"-1"按钮时也执行类似的操作。

另外，需要注意的是：$store.commit 方法的参数就是提交函数类型的名称（即 mutations 中定义函数的名称）。

最后，修改 main.js 程序入口文件，将导入的 App.vue 组件改为"./pages/05_mutation 的基本使用.vue"路径下的 App.vue 组件。

保存代码，在浏览器中显示的效果如图 13-14 所示，计数器可以正常使用。

图 13-14　使用 mutations 实现计数器

2. mutations 接收参数

在 mutations 中定义的 mutation 函数可以接收两个参数：state 对象和 payload 对象。其中，payload 用于接收提交（commit）时传递过来的参数。例如，为上面的计数器添加一个"+10"的功能。

修改 src/store/index.js 的代码，在 mutations 中添加一个 incrementN 函数，该函数会接收一个 payload 参数（通常是对象类型，也支持其他类型），接着在函数中修改 counter 变量的值，代码如下所示：

```
const store = createStore({
  mutations: {
    ......
    decrement(state) {......},
    // 1.定义类型为 incrementN 的 mutation 函数, 这里的 payload 是对象类型
    incrementN(state, payload) {
      state.counter+=payload.num // 2.修改 counter 值
    }
  },
  ......
})
```

然后, 继续修改 "05_mutation 的基本使用.vue" 文件, 添加一个 "+10" 按钮, 并在 addTen 方法中调用$store.commit, 触发一个类型为 incrementN 的 mutation 函数。

```
<template>
  <div>
    <h4>当前计数: {{ $store.state.counter }}</h4>
    <button @click="$store.commit('increment')">+1</button>
    <button @click="$store.commit('decrement')">-1</button>
    <button @click="addTen">+10</button>
  </div>
</template>
<script>
  export default {
    methods: {
      addTen() {
        // 1.向 mutations 中 incrementN 函数的 payload 参数传递一个对象(也支持传递 number
类型)
        this.$store.commit('incrementN', { num: 10, name: "why", age: 18 } )
      }
    }
  }
</script>
```

保存代码, 在浏览器中显示的效果如图 13-15 所示。计数器的 "+10" 功能可以正常使用。

图 13-15　使用 mutations 携带参数实现 "+10" 功能的计数器

另外, $store.commit 还支持对象的方式, 代码如下所示:

```
this.$store.commit('incrementN', { num: 10, name: "why", age: 18 } )
// 1.commit 接收对象的语法, 等同于上面的写法
this.$store.commit({
  type: "incrementN", // 2.指定触发一个类型为 incrementN 的 mutation 函数
  // 3.将下面的属性都传递给 payload 参数
  num: 10,
  name: "why",
  age: 18
})
```

3. mutations 常量类型

从上面的案例中可以看出，为了触发 mutations 中的回调函数，$store.commit 提交的 type 值必须与 mutations 中定义的函数名称相同。为了确保 type 值与函数名称一一对应，我们通常会将 type 值提取为一个常量，这样可以避免在工作中出现不必要的错误。

新建 src/store/mutation-types.js 文件，并定义 INCREMENT_N 常量，代码如下所示：

```
export const INCREMENT_N = "incrementN"
```

接着，将 src/store/index.js 文件中的 mutations 中的 incrementN 函数名称改为用一个 INCREMENT_N 常量表示，代码如下所示：

```
import { INCREMENT_N } from './mutation-types'
const store = createStore({
  mutations: {
    ......
    decrement(state) {......},
    [INCREMENT_N](state, payload) { // 1.使用一个常量作为函数名
      state.counter+=payload.num
    }
  }
})
```

然后，将"05_mutation 的基本使用.vue"文件中 $store.commit 函数的第一个参数改为 INCREMENT_N 常量，代码如下所示：

```
......
<script>
  import { INCREMENT_N } from '../store/mutation-types'
  export default {
    methods: {
      addTen() {
        // this.$store.commit('incrementN', .....)
        this.$store.commit(INCREMENT_N, {num: 10, name: "why", age: 18})
      }
    }
  }
</script>
```

保存代码，在浏览器运行，计数器的"+10"功能可以正常使用。

4. mapMutations 辅助函数

在 Vuex 中，不仅提供 mapState 函数来简化状态获取，还提供 mapMutations 辅助函数用于简化触发 mutation 函数的操作。mapMutations 函数的语法与 mapState 函数类似。下面来看看如何使用它。

新建"06_mutations 的辅助函数.vue"组件，代码如下所示：

```
<template>
  <div>
    <h4>当前计数: {{ $store.state.counter }}</h4>
      <!-- 单击"+1"按钮，会回调下面映射好的 increment 函数 -->
    <button @click="increment">+1</button>
    <button @click="decrement">-1</button>
    <button @click="incrementN({num: 20})">+20</button>
  </div>
</template>
```

```
<script>
  import { mapMutations } from 'vuex'
  import { INCREMENT_N } from '../store/mutation-types'

  export default {
    methods: {
      // 1.将 this.increment() 映射为 this.$store.commit('increment')
      ...mapMutations(["increment"]), // 数组语法, 解构出一个个方法
      // 2.将 this.incrementN() 映射为 this.$store.commit(INCREMENT_N)
      ...mapMutations({ // 对象语法
        incrementN : INCREMENT_N
      }),
    },
    setup() {
      const storeMutations = mapMutations(["decrement"]) // setup 语法
      return {...storeMutations}
    }
  }
</script>
```

可以看到，mapMutations 函数使用的语法和 mapState 类似。首先，分别在 methods 和 setup 中调用 mapMutations 方法，简化触发 mutation 函数的回调，这两种方式只是语法不同而已。

由于 mapMutations 函数返回的对象中包含了对应映射好的函数，当我们为 methods 和 setup 解构返回值时，在模板上就可以直接使用这些映射好的函数。

在 Vuex 中，mutations 必须是同步的。这是因为 Vue.js devtools 工具会记录 mutations 函数的日志，每条 mutation 被记录时，Vue.js devtools 都需要捕捉到前一次状态和后一次状态的快照。如果在 mutation 中执行异步操作，就无法追踪到数据的变化。

13.2.4 actions

在 Vuex 状态管理模式中，actions 是一个重要的概念。与 mutations 不同，actions 用于异步更改 Store 中的状态。它类似于 mutations，但是负责提交 mutation 函数，而不是直接变更状态，可以用于执行异步操作。

1. actions 的基本使用

下面通过一个计数器案例来演示 actions 的基本使用。

首先，修改 src/store/index.js 文件，在 actions 中添加 incrementAction 和 decrementAction 两个 action 函数。在这两个函数中，调用 context.commit 函数提交对应的 mutation。需要注意的是，incrementAction 函数中使用了 setTimeout 来模拟异步操作，比如网络请求。代码如下所示：

```
const store = createStore({
  state() {......},
  mutations: {......},
  getters: {......},
  // 4.actions 的基本使用
  actions: {
    incrementAction(context) {
      // 5.setTimeout 模拟异步
      setTimeout(()=>{
        context.commit('increment') // 6.提交一个 type 为 increment 的 mutation
      })
    },
```

```
    decrementAction(context) {
      // 7.ES6 解构 context 对象
      let {commit, dispatch, state, rootState, getters, rootGetters} = context
      commit('decrement') // 8.提交一个 type 为 decrement 的 mutation
    }
  }
})
```

可以看到，incrementAction 和 decrementAction 两个 action 函数都有一个非常重要的参数
——context。context 是一个与 store 实例具有相同方法和属性的上下文对象。

提示：为什么不直接提供 store 对象，而是提供 context 上下文对象？详见 13.2.5 节。

因此，我们可以从 context 中获取 commit 方法，提交一个 mutation，或通过 context.state 和
context.getters 获取 state 对象和 getters 对象等。

另外，context 参数也支持 ES6 解构写法，代码如下所示：

```
actions: {
  incrementAction ({ commit, dispatch }) {
    commit('increment')
    commit('increment') // 1.actions 中也支持提交多个 mutation
  }
}
```

接着，新建"07_actions 的使用和细节补充.vue"组件，代码如下所示：

```
<template>
  <div>
    <h4>当前计数: {{ $store.state.counter }}</h4>
    <button @click="increment">+1</button>
    <button @click="decrement">-1</button>
  </div>
</template>

<script>
  import { useStore } from 'vuex'
  export default {
    methods: {
      increment() { // 1.Options API 语法
        this.$store.dispatch("incrementAction") // 分发 action
      }
    },
    setup() {
      // 2.setup 语法
      const store = useStore()
      const decrement = ()=>{
        store.dispatch("decrementAction") // 分发 action
      }
      return { decrement }
    }
  }
</script>
```

可以看到，当单击"+1"按钮时，会回调 increment 函数，在该函数中会调用$store.dispatch
函数分发一个 type 为 incrementAction 的 action，从而触发 actions 定义的 incrementAction 函数。
当单击"-1"按钮时，执行的操作一样，这里只是换成了 setup 语法而已。

注意：我们在 increment 和 decrement 函数中分发 action，而不是提交 mutation。它们的区别是 mutation 必须是同步函数，而 action 函数不受这种约束，因此我们可以在 action 函数中执行异步操作。

最后，修改 main.js 程序入口文件，将导入的 App.vue 组件改为"07_actions 的使用和细节补充.vue"路径下的 App.vue 组件。

保存代码，在浏览器中显示的计数器可以正常使用。

2. actions 接收参数

与 mutations 类似，在 actions 中定义的 action 函数也可以接收两个参数：context 和 payload。其中，context 是一个与 store 实例具有相同方法和属性的对象，payload 用于接收分发 action 时传递过来的参数。下面为计数器添加一个"+10"的功能。

在"07_actions 的使用和细节补充.vue"组件中添加一个"+10"的 \<button\>组件，代码如下所示：

```
<template>
  <div>
    ......
    <button @click="addTen">+10</button>
  </div>
</template>
<script>
  export default {
    setup() {
      ......
      const addTen = ()=>{
        // 1.分发 action, 并传递对象参数
        store.dispatch("incrementNAction", {num: 10})
      }
      return { decrement, addTen}
    }
  }
</script>
```

需要注意的是，store.dispatch 还支持分发对象的语法，代码如下所示：

```
store.dispatch("incrementNAction", {num: 10})
// 上面的写法等同于下面的写法
store.dispatch({
    type: "incrementNAction",
    num: 10
})
```

在 src/store/index.js 文件中的 actions 属性中，新增一个 incrementNAction 函数。该函数的第一个参数为 context，第二个参数接收 dispatch 分发时传递的 payload 参数，代码如下所示：

```
import { INCREMENT_N } from './mutation-types'
const store = createStore({
  ......
  actions: {
    ......
    incrementNAction(context, payload) { // 1.payload 接收 dispatch 传递过来的参
数
      context.commit(INCREMENT_N, payload) // 2.payload 值为{num:10}, 提交给
mutation
```

```
    }
  }
})
```

3. mapActions 辅助函数

Vuex 同样提供 mapActions 辅助函数用于简化分发 action。下面来看看如何使用 mapActions 函数。新建 "08_actions 的辅助函数.vue" 组件，代码如下所示：

```
<template>
  <div>
    <h4>当前计数: {{ $store.state.counter }}</h4>
    <!-- 单击"+1"按钮会回调下面映射好的 incrementAction 函数 -->
    <button @click="incrementAction">+1</button>
    <button @click="decrement">-1</button>
    <button @click="addTen({num:20})">+10</button>
  </div>
</template>

<script>
  import { mapActions } from 'vuex'
  export default {
    methods: {
      // 1.将 this.incrementAction() 映射为
this.$store.dispatch('incrementAction')
      ...mapActions(['incrementAction']) // Options API 语法
    },
    setup() {
      // 2.将 this.decrement() 映射为 this.$store.dispatch('decrementAction')
      const actionsFuncs = mapActions({ // setup 语法
        decrement: "decrementAction",
        addTen: 'incrementNAction'
      })
      return { ...actionsFuncs }
    }
  }
</script>
```

可以看到，mapActions 函数的使用方式与 mapMutations 类似。由于 mapActions 函数返回的对象中已经包含对应映射好的函数，因此当我们直接将其解构赋值给 methods 和 setup 的返回值时，在模板中可以直接使用这些映射好的函数。

4. action 返回 Promise 对象

Action 通常用于处理异步操作。如果想在分发时知道 action 何时结束，可以让 action 函数返回一个 Promise 对象，并在 then 中监听 action 的结束。下面通过一个案例来演示如何使用 action 函数返回 Promise 对象，该案例的功能是获取 uuid 的网络请求。

修改 src/store/index.js 文件，代码如下所示：

```
const store = createStore({
  state() {
    return {
      ......
      uuid: null
    }
  },
  mutations: {
    ......
    addUUID(state, payload) {
```

```
      state.uuid = payload // 存储网络获取到的 uuid
    }
  },
  getters: {......},
  // 4.actions 的基本使用
  actions: {
    .....
    // 5.编写一个获取 uuid 的 action
    getUUIDAction( { commit } ) {
      // 6.直接返回 Promise 对象，作为 dispatch 函数的返回值
      return new Promise((resolve, reject)=>{
        // 6.1.发起网络请求，该 URL 是一个免费获取 uuid 的接口
        fetch('https://httpbin.org/uuid')
          // 6.2.将 res 解析为 JSON 格式的 Promise 对象
          .then(res=>res.json())
          .then((data)=>{
            // 6.3.将请求获取的数据存到 Vuex 中
            commit('addUUID', data.uuid)
            // 6.4.调用 resolve 完成异步操作
            resolve(data)
          }).catch((err)=>{
            reject(err) // 6.5.错误处理
          })
      })
    }
  }
})
```

可以看到，首先在 state 中定义 uuid 变量，接着在 mutations 中定义 addUUID 函数来修改 uuid，然后在 actions 中定义 getUUIDAction 函数，在该函数中，做了以下五件事情。

（1）直接返回一个 Promise 对象，在 Promise 中编写异步代码逻辑。

（2）在 Promise 中调用 fetch 发起网络请求，获取 uuid。https://httpbin.org 是一个测试 HTTP 请求和响应的服务。

（3）在第一个 then 中将 res 解析为 JSON 格式的 Promise 对象。

（4）第二个 then 获取已解析的 JSON 格式对象，然后将 data.uuid 提交到 mutation 中。

（5）在异步请求成功时调用 resolve 函数，失败时调用 reject 函数。

编写完 action 函数后，在 pages 文件夹下新建"09_actions 的返回 Promise.vue"组件，代码如下所示：

```
<template>
  <div><h4>uuid: {{ $store.state.uuid }}</h4></div>
</template>
<script>
  import { onMounted } from 'vue'
  import { useStore } from 'vuex'
  export default {
    setup() {
      const store = useStore()
      onMounted(()=>{
        // 1.分发一个 getUUIDAction，并返回一个 Promise 对象
        const promise = store.dispatch("getUUIDAction")
        promise.then((res)=>{ // 2.then 函数处理异步请求成功的结果
          console.log(res)
        })
      })
```

```
      return {  }
    }
  }
}
</script>
```

可以看到，在 onMounted 函数中调用 dispatch 函数分发一个 type 为 getUUIDAction 的 action，而 dispatch 函数会返回一个 Promise 对象（即 getUUIDAction 函数返回的对象）。当网络请求成功之后，Promise 对象的 then 函数便会触发回调，这里直接打印了响应结果（res）。

最后，修改 main.js 程序入口文件，将导入的 App.vue 组件改为 "./pages/09_actions 的返回 Promise.vue" 路径下的 App.vue 组件。

保存代码，在浏览器中显示的效果如图 13-16 所示，页面正常显示 uuid，当网络请求完后控制台会打印出 uuid。

图 13-16　使用 actions 函数处理异步操作，获取 uuid 的网络请求

13.2.5　modules

Vuex 通过 "单一状态树" 来管理应用层级的全部状态。然而，当 store 中的状态数据变得越来越多时，会难以维护和管理。

为了解决这个问题，我们可以使用 modules 将状态数据模块化，将 store 分割成多个模块（module）。每个模块都拥有自己的 state、mutation、action、getter，甚至嵌套子模块。这样就可以更好地组织和管理状态数据，使代码更加清晰和易于维护，代码如下所示：

```
const moduleA = { // 2.模块 A
  state: () => ({ ... }),
  mutations: { ... },
  actions: { ... },
  getters: { ... }
}
const moduleB = { // 3.模块 B
  state: () => ({ ... }),
  mutations: { ... },
  actions: { ... }
}

const store = createStore({ // 1.根模块
  state: () => ({ ... }),
  mutations: { ... },
  actions: { ... }
  // other modules
  modules: {
    a: moduleA, // 指定 a 为 moduleA 模块的名称
    b: moduleB
  }
})

store.state.a //4.获取 moduleA 的状态
store.state.b //5.获取 moduleB 的状态
```

1. modules 的基本使用

下面为 Vuex 的 store 增加 home 和 user 两个子模块（下面统称为 home 子模块和 user 子模块），这样就可以分模块存储数据，无须将所有的数据都存到根 store 上。比如，将 home 页面的数据存到 home 子模块中，将 user 页面的数据存到 user 子模块中，存储到子模块中的数据依然可以实现全局共享。

在 src/store 文件夹下新建 modules 文件夹，接在该文件夹中新建 home.js 和 user.js 文件。

home.js 子模块，在该模块中定义一个 homeCounter 全局变量，代码如下所示：

```
const homeModule = {
  state() { // home 模块的 state
    return {
      // 在 home 模块中定义一个 homeCounter 全局变量
      homeCounter: 100
    }
  },
  getters: { },
  mutations: { },
  actions: { }
}
export default homeModule
```

user.js 子模块，在该模块中定义一个 userCounter 全局变量，代码如下所示：

```
const userModule = {
  state() { // user 模块的 state
    return {
      // 在 user 模块中定义一个 userCounter 全局变量
      userCounter: 1000
    }
  },
  getters: { },
  mutations: { },
  actions: { }
}
export default userModule
```

接着，将 home 和 user 两个子模块引入根模块中。修改 src/store/index.js 文件，代码如下所示：

```
......
import home from './modules/home'
import user from './modules/user'
const store = createStore({
  state() { //  根模块 state
    return {
      counter: 0, // 根模块的变量
      ......
    },
  mutations: {...},
  getters: {...},
  actions: {...},
  // 5.引入 home 和 user 两个子模块
  modules: {
    home: home, // 6.key 指定模块的名称，value 指定引入的模块
    user // 7.ES6 简写语法，相当于 user: user
  }
})
```

```
export default store
```

可以看到，首先导入名为 home 和 user 的两个子模块，接着将这两个子模块添加到 modules 选项中。其中，home 子模块的名称为"home"，user 子模块的名称为"user"。

然后，在 pages 目录下新建"10_module 的基本使用.vue"组件，代码如下所示：

```
<template>
  <div>
    <h4>root state 根模块的状态: {{ $store.state.counter }}</h4>
    <h4>home state 子模块的状态: {{ $store.state.home.homeCounter }}</h4>
    <h4>user state 子模块的状态: {{ $store.state.user.userCounter }}</h4>
  </div>
</template>
<script>
  export default {}
</script>
```

上述代码非常简单，通过$store.state 获取根模块的 state 对象，通过$store.state.home 获取 home 子模块的 state 对象，通过$store.state.user 获取 user 子模块的 state 对象。然后，将各自模块在 state 中定义的变量显示在对应的<h4>元素上。

最后，修改 main.js 程序入口文件，将导入的 App.vue 组件改为"./pages/10_module 的基本使用.vue"路径下的 App.vue 组件。

保存代码，在浏览器中显示的效果如图 13-17 所示。可以看到，根模块的 counter 为 0，home 模块的 homeCounter 为 100，user 模块的 userCounter 为 1000。

图 13-17　使用 modules 分模块存储数据

2. modules 的局部状态

子模块会拥有自己的状态，包括 state、mutation、action、getter，以及嵌套的子模块。以下是子模块的一些特点。

◎ 子模块定义的 state 属于子模块的状态，称为局部状态。

◎ 在子模块内部，mutation 和 getter 函数接收的第一个参数 state 也是局部状态。

◎ 在子模块内部，对于 action 函数，局部状态可以通过 context.state 暴露出来，而根节点状态则通过 context.rootState 暴露出来。

◎ 在子模块内部，getter 函数的根节点状态（rootState）会作为第三个参数暴露出来。

下面看看 user 子模块的局部状态，代码如下所示：

```
const userModule = {
  state() { // 1.state 属于 user 模块的状态，称为局部状态
    return {
      userCounter: 1000
    }
  },
  getters: {
    // 2.user 模块的 mutation 和 getter 函数接收的第一个参数是局部状态（state）
    doubleUserCount(state) {
```

```
      return state.userCounter * 2
    },
    // 4.user 模块的 getter 函数，根节点状态（rootState）作为第三个参数暴露出来
    userCountAddRootCount(state, getters, rootState) {
      return state.userCounter + rootState.counter
    }
  },
  mutations: {
    increment (state) { // 2.state 是 user 模块的局部状态
      state.userCounter++
    }
  },
  actions: {
    // 3.在 action 函数中，局部状态通过 context.state 暴露出来，根节点状态通过
context.rootState 暴露出来
    incrementAction ({ state, commit, rootState }) {
      commit('increment')
    }
  }
}
export default userModule
```

然后，在 pages 目录下新建 "11_module 的局部状态.vue" 组件，代码如下所示：

```
<template>
  <div>
    <h4>root state 根模块的状态：{{ $store.state.counter }}</h4>
    <h4>root state 根模块 currentDiscount:
{{ $store.getters.currentDiscount }}</h4>
    <!-- 1.访问子模块的 state 和 getters -->
    <h4>user state 子模块 userCounter 的状
态:{{$store.state.user.userCounter}}</h4>
    <h4>user state 子模块
doubleUserCount:{{$store.getters['doubleUserCount']}}</h4>
    <h4>user state 子模块
userCountAddRootCount:{{$store.getters.userCountAddRootCount}}</h4>
    <button @click="incrementAction">+1</button>
  </div>
</template>
<script>
  import { useStore } from 'vuex'
  export default {
    setup() {
      const store = useStore()
      const incrementAction =()=>{
        // 2.会触发 root 模块的 incrementAction 函数和 user 子模块的 incrementAction 函数
        store.dispatch('incrementAction')
      }
      return { incrementAction }
    }
  }
</script>
```

可以看到，在模板中，通过$store.state 可以获取根模块的 state 对象，通过$store.state.user 可以获取 user 子模块的 state 对象，通过$store.getters 可以获取所有模块的 getters 对象。

通过 getters 对象的 currentDiscount 属性即可获取根模块对应的 getter 的值，通过 getters 对象的 doubleUserCount 和 userCountAddRootCount 属性可获取 user 子模块对应 getter 函数返回的

值。

另外，当单击 "+1" 按钮时，会分发 type 为 incrementAction 的 action，触发根模块和 user 子模块 incrementAction 函数回调。

最后，修改 main.js 程序入口文件，将导入的 App.vue 组件改为 "./pages/11_module 的局部状态.vue" 路径下的 App.vue 组件。

保存代码，在浏览器中显示的效果如图 13-18 所示。

图 13-18　user 子模块的局部状态

3. modules 命名空间

上述案例存在一个问题，多个模块可以对同一个 action 作出响应。例如，当单击 "+1" 按钮，分发 type 为 incrementAction 的 action 时，会触发根模块和 user 子模块的 incrementAction 函数回调。这是因为在默认情况下，子模块内部的 action、getter 和 mutation 仍然注册在全局的命名空间中，使得多个模块可以对同一个 action 或 mutation 作出响应。

为了解决这个问题，我们希望子模块具有更高的封装度和复用性，因此可以添加 namespaced: true 使其成为带有命名空间的模块。这样当子模块被注册后，它的所有 getter、action 及 mutation 都会自动根据模块注册的路径调整命名。

下面修改 home 子模块，为 home 模块添加 namespaced: true 命名空间。这样在使用该模块的 action、getter、mutation 时，就需要添加对应的模块名称的前缀。

例如 store.dispatch('home/incrementAction')，其中的 home/就是模块的前缀，代码如下所示：

```
const homeModule = {
  namespaced: true, // 1.为 home 模块添加命名空间，其他代码和 user 模块一样
  state() {
    return {
      homeCounter: 100
    }
  },
  getters: {
    doubleHomeCount(state) {
      return state.homeCounter * 2
    },
    homeCountAddRootCount(state, getters, rootState) {
      return state.homeCounter + rootState.counter
    }
  },
  mutations: {
    increment (state) {
      state.homeCounter++
    }
  },
  actions: {
    incrementAction ({ state, commit, rootState }) {
      commit('increment')
    }
```

```
  }
}
export default homeModule
```

然后，在 pages 目录下新建"12_module 的命名空间.vue"组件，代码如下所示：

```
<template>
  <div>
    ......
    <!-- 1.访问子模块的 state 和 getters(这次添加了模块的前缀) -->
    <h4>home 子模块 homeCounter 的状态: {{ $store.state.home.homeCounter }}</h4>
    <h4>home 子模块 doubleHomeCount:
{{ $store.getters['home/doubleHomeCount'] }}</h4>
    <h4>home 子模块 homeCountAddRootCount:
{{ $store.getters['home/homeCountAddRootCount'] }}</h4>
    <button @click="incrementAction">+1</button>
  </div>
</template>
<script>
  import { useStore } from 'vuex'
  export default {
    setup() {
      const store = useStore()
      const incrementAction =()=>{
        store.dispatch('home/incrementAction') // 1.只会触发 home 模块的
incrementAction 函数
      }
      return { incrementAction }
    }
  }
</script>
```

可以看到，当为 home 子模块添加了命名空间后，对该模块的操作都需要添加模块名（home/）前缀。接着，通过 getters 对象的 home/doubleHomeCount、home/homeCountAddRootCount 属性获取 home 子模块对应 getter 函数返回的值。当单击"+1"按钮时，会分发 type 为 home/incrementAction 的 action，这次只会触发 home 子模块 incrementAction 函数回调。

最后，修改 main.js 程序入口文件，将导入的 App.vue 组件改为"./pages/12_module 的命名空间.vue"路径下的 App.vue 组件。

保存代码，在浏览器中显示的效果如图 13-19 所示。

图 13-19　为子模块添加命名空间后的局部状态

4. 带命名空间的子模块访问根模块

如果希望在子模块中使用根 state 和 getter，那么可以将 rootState 和 rootGetters 作为 getter 函数的第三个和第四个参数传入，也可以通过 context 对象的属性进行访问。

在子模块中，如果想要分发全局命名空间内的 action 或提交 mutation，只需将 { root: true } 作为第三个参数传递给 dispatch 或 commit。代码如下所示：

```
const homeModule = {
  namespaced: true, // 1.命名空间
  state() {....},
  getters: {
    // 2.home 模块：state、getters；根模块：rootState、rootGetters
    homeCountAddRootCount(state, getters, rootState, rootGetters) {
      return state.homeCounter + rootState.counter
    }
  },
  actions: {
    // 3.home 模块：state、commit、dispatch、getters；根模块：rootState、rootGetters
    incrementAction ({ state, commit, dispatch, getters, rootState, rootGetters })
{
      commit('increment') // 4.提交到当前模块的 mutation 中
      commit('increment', null, { root: true }) // 5.提交到根模块的 mutation 中
      dispatch("incrementAction", null, {root: true}) // 6.分发到根模块的 action
中
    }
  }
}
export default homeModule
```

5. modules 辅助函数

在子模块中，Vuex 提供了以下 4 种使用辅助函数的常见方式。

方式一：映射时指定模块名前缀。

在 pages 目录下新建 "13.modules 辅助函数.vue" 组件，代码如下所示：

```
<template>
  <div>
    <h4>home 子模块 homeCounter 的状态：{{ homeCounter }}</h4>
    <h4>home 子模块 doubleHomeCount: {{ doubleHomeCount }}</h4>
    <button @click="homeIncrementCommit">+1</button>
    <button @click="incrementAction">+1</button>
  </div>
</template>
<script>
  import { mapState, mapGetters, mapMutations, mapActions } from "vuex";
  export default {
    computed: { // 方式一
      ...mapState({
        homeCounter: state => state.home.homeCounter
      }),
      ...mapGetters({
        doubleHomeCount: "home/doubleHomeCount"
      })
    },
    methods: { // 方式一
      ...mapMutations({
        homeIncrementCommit: "home/increment"
      }),
      ...mapActions({
        incrementAction: "home/incrementAction"
      }),
    }
  }
</script>
```

可以看到，在使用有命名空间的 home 子模块的 state、getter、mutation 和 action 时，需要

添加对应的模块名前缀。

最后，修改 main.js 程序入口文件，将导入的 App.vue 组件改为 "./pages/13.modules 辅助函数.vue" 路径下的 App.vue 组件。

保存代码，在浏览器中显示的效果如图 13-20 所示。

图 13-20　在 modules 中使用辅助函数后子模块的状态

方式二：辅助函数第一个参数作为模块名前缀。

修改 "13.modules 辅助函数.vue" 组件，代码如下所示：

```
......
<script>
  import {mapState, mapGetters, mapMutations, mapActions } from "vuex";
  export default {
    computed: { // 方式二
      ...mapState('home', ['homeCounter']),
      ...mapGetters('home', ['doubleHomeCount'])
    },
    methods: { // 方式二
      ...mapMutations('home', {
        homeIncrementCommit: 'increment'
      }),
      ...mapActions('home', ['incrementAction']),
    }
  }
</script>
```

可以看到，这次将模块名前缀作为辅助函数的第一个参数。保存代码，在浏览器中显示的效果和前面一样。

方式三：借助辅助函数统一添加模块名前缀（推荐）。

修改 "13.modules 辅助函数.vue" 组件，代码如下所示：

```
......
<script>
  import { createNamespacedHelpers} from "vuex";
  // 方式三
  const { mapState, mapGetters, mapMutations, mapActions } =
createNamespacedHelpers("home")
  export default {
    computed: { // 方式三
      ...mapState(['homeCounter']),
      ...mapGetters(['doubleHomeCount'])
    },
    methods: { // 方式三
      ...mapMutations({
        homeIncrementCommit: 'increment'
      }),
      ...mapActions(['incrementAction']),
    }
```

```
  }
</script>
```

可以看到，这次借助 createNamespacedHelpers 函数统一为辅助函数添加模块名前缀。在浏览器中显示的效果和前面一样。

方式四：在 setup 中统一添加模块名前缀（推荐）。

修改"13.modules 辅助函数.vue"组件，代码如下所示：

```
<script>
  import { computed } from 'vue'
  import { createNamespacedHelpers} from "vuex";
  import { useMapper } from '../hooks/index' // 1.导入自定义 Hook
  const { mapState, mapGetters, mapMutations, mapActions } =
createNamespacedHelpers("home")
  export default {
    setup() { // 方式四
      const stateFunc = useMapper(mapState, ['homeCounter']) // 2.使用自定义 Hook
      const gettersFunc = useMapper(mapGetters, ['doubleHomeCount'])
      const mutationFuncs = mapMutations({
        homeIncrementCommit: 'increment'
      })
      const actionsFuncs = mapActions(['incrementAction'])
      return { ...stateFunc, ...gettersFunc, ...mutationFuncs, ...actionsFuncs }
    }
  }
</script>
```

可以看到，在 setup 中也借助 createNamespacedHelpers 函数统一为辅助函数添加模块名前缀。我们还编写了一个 useMapper Hook 函数，用于将 mapState 和 mapGetters 返回结果中的函数统一转换为计算属性函数。

接着，在 src/hooks 目录下新建 useMapper.js 文件，代码如下所示：

```
import { computed } from 'vue'
import { useStore } from 'vuex'
export function useMapper(mapFn, mapper) {
  // 1.获取 store 对象
  const store = useStore()
  // 2.获取映射的结果，如 functions: {name: function, age: function}
  const storeStateFns = mapFn(mapper)
  // 3.将普通函数转换为计算属性函数
  const storeState = {}
  Object.keys(storeStateFns).forEach(fnKey => {
    const fn = storeStateFns[fnKey].bind({$store: store})
    storeState[fnKey] = computed(fn)
  })
  return storeState
}
```

可以看到，由于 mapState 和 mapGetters 返回对象中的属性并不是计算属性，因此不能直接在页面展示。所以，这里封装一个 useMapper 函数进行统一处理。该函数需要接收两个参数，参数一是某个辅助函数，参数二是某个辅助函数对应的参数。

接着，调用 mapFn(mapper)获取某个辅助函数返回映射后的对象，然后遍历返回对象中的每个属性，将其转换成计算属性，并在 setup 函数中返回转换后的 storeState 对象。

保存代码，在浏览器中显示的效果和前面一样。

13.3　本章小结

本章内容如下。

◎　state：可通过$store.state 或 useStore 获取状态，也可通过 mapState 辅助函数获取。

◎　getters：类似 store 的计算属性，可通过$store.getters 或 mapGetters 辅助函数获取。

◎　mutations：更改 store 状态的唯一方法是提交 mutation，可通过$store.commit 或 mapMutations 辅助函数触发提交 mutation。

◎　actions：action 提交的是 mutation，并支持异步操作，可通过$store.dispatch 或 mapActions 辅助函数触发 action。

◎　modules：Vuex 允许将 store 分割成多个模块。每个模块拥有自己的 state、mutation、action、getter，甚至嵌套子模块，这样可以更好地组织和管理状态。

TypeScript的基础详解

TypeScript 是微软开发的开源编程语言，它是 JavaScript 的超集，这意味着所有 JavaScript 代码都是合法的 TypeScript 代码。TypeScript 增加了一些新特性，例如静态类型检查、类和接口等，可以帮助我们更好地编写可维护和可扩展的代码。

本章将学习 TypeScript 的数据类型、变量声明、函数声明，以及类型缩小等基本知识，并通过示例代码使读者深入了解 TypeScript 的应用。同时，还会介绍如何配置 TypeScript 编译器，以及如何在项目中集成 TypeScript 等。在学习之前，先看看本章源代码的管理方式，目录结构如下：

```
VueCode
├── ......
├── chapter14
│   └── 01_learn_typescript  # 是一个普通文件夹，不是 Vue.js 3 工程化项目
```

14.1　认识 JavaScript

14.1.1　优秀的 JavaScript

JavaScript 是一种优秀的编程语言吗？或许每个人的看法不尽相同，但从多个角度来看，它确实是一种非常优秀的编程语言。事实上，在很长一段时间内，JavaScript 都不会被取代，并且将在更多领域被广泛使用。

Stack Overflow 的创立者之一的 Jeff Atwood 在 2007 年提出了著名的 Atwood 定律："Any application that can be written in JavaScript, will eventually be written in JavaScript."。意思是：任何可以使用 JavaScript 实现的应用最终都会使用 JavaScript 实现。

我们可以看到这句话正在逐步成为事实，例如：

◎　在 Web 开发中，一直使用 JavaScript。

◎　移动端开发可以通过使用框架如 React Native、Weex、uni-app 等实现跨平台开发。

◎　在小程序开发中，JavaScript 也是必不可少的。

◎　可以使用 Electron 开发计算机桌面应用程序。

◎　可以在 Node.js 环境下使用 JavaScript 进行服务器端开发。

随着近年来前端领域的快速发展，JavaScript 被越来越广泛地应用，并受到越来越多开发

人员的喜爱。JavaScript 本身强大的功能，也让使用 JavaScript 的开发人员越来越多。

然而，JavaScript 也存在一些缺点。

◎ 由于历史因素，JavaScript 在语言设计方面存在一些缺陷，例如 ES5 及之前版本中使用的 var 关键字存在作用域问题。

◎ 最初 JavaScript 设计的数组类型并不是连续的内存空间。

◎ 直到今天，JavaScript 也没有加入类型检测这一机制，这会在一定程度上影响开发者的编码效率和代码质量。

但是，随着 ES6、ES7、ES8 等版本的推出，JavaScript 正在慢慢变得越来越好。这些新特性让 JavaScript 更加现代、安全、方便。尽管在类型检测方面依然没有取得进展，但是不可否认的是，JavaScript 正在朝着更好的方向发展。

14.1.2 类型引发的问题

在编程开发中，有一个共识：错误越早发现，就越容易解决。例如：

◎ 能在代码编写时发现错误，就不要等到代码编译时才发现（这也是 IDE 的优势之一）。

◎ 能在代码编译时发现错误，就不要在代码运行时才发现（类型检测可以帮助我们在这方面做得很好）。

◎ 能在开发阶段发现错误，就不要在测试期间发现错误。

◎ 能在测试期间发现错误，就不要在上线后发现错误。

现在，我们想探究的是如何在代码编译期间发现错误。JavaScript 能做到吗？答案是否定的。我们来看以下的例子。

在 01_learn_typescript 目录下新建 "01-类型检测问题/01-JavaScript 类型引发的问题.html" 文件。

接下来，编写如下代码，我们可以看到一个常见的由缺失类型引发的问题。

```
<script>
  function getLength(str) {
    return str.length;
  }

  console.log("1.正在执行的代码");
  console.log("2.开始调用函数");
  getLength("abc"); // 正确地调用 getLength 函数
  getLength(); // 错误地调用 getLength 函数，但是 IDE 并不会提示报错

  // 当上面的代码报错后，后续所有的代码都无法继续正常执行
  console.log("3.调用结束");
</script>
```

在浏览器中运行代码，如图 14-1 所示。

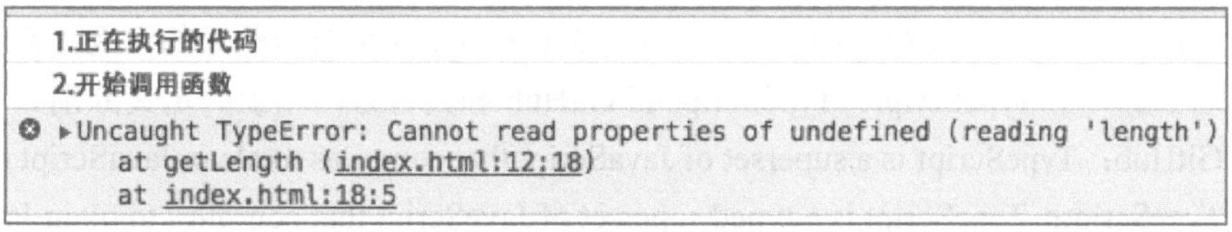

图 14-1 缺失类型引发的问题

这是一个常见的错误，很大程度上是因为 JavaScript 在传入参数时没有进行任何限制，只能在运行期间发现错误。一旦出现这个错误，会影响后续代码的执行，甚至导致整个项目崩溃。

或许你会认为：我怎么可能犯这么低级的错误呢？在编写简单的示例代码时，避免这种错误很容易，一旦发现错误也很容易进行修复。但是在开发大型项目时呢？你能保证自己绝不会出现这样的问题吗？如果我们调用别人的类库，如何知道所传递的参数是什么类型呢？

然而，如果我们能在 JavaScript 中添加很多限制，就可以很好地避免这种问题，例如：

◎ 可以要求函数 getLength 中的 str 参数是必需的，如果调用者未传递该参数，则在编译期间就会报错。

◎ 还可以要求 str 必须是 String 类型的，如果传入其他类型的值，也会在编译期间直接报错。这样，我们就可以在编译期间发现许多错误，不必等到运行时才去修复。

14.1.3　缺少类型约束

在 JavaScript 编程中，缺少类型约束是一个普遍存在的问题。由于 JavaScript 最初在设计时并未考虑类型约束问题，导致前端开发人员常常不关心变量和参数的类型。在必须确定类型的情况下，我们往往需要使用各种判断和验证。同时，从其他领域转到前端开发领域的人员也常常感到代码不够稳定、不够健壮，这也是由 JavaScript 缺少类型约束导致的。

正因为这种宽松的类型约束，我们常常会说 JavaScript 不适合开发大型项目。在一个庞大的项目中，缺少类型约束会带来很多安全隐患，并且不同的开发人员之间也无法建立良好的类型契约。

◎ 比如，当我们需要实现一个核心类库时，如果没有类型约束，就需要对传入的参数进行各种验证，以确保代码的健壮性。

◎ 又比如，如果我们需要调用别人编写的函数，但对方并没有对函数进行注释，那么我们只能通过阅读函数内部的逻辑来理解它需要传入哪些参数，以及返回值的类型。

为了弥补 JavaScript 类型约束的缺陷，许多公司推出了自己的方案。其中，Facebook 在 2014 年推出了 Flow，微软则推出了 TypeScript 1.0 版本。它们都旨在为 JavaScript 提供类型检查，增加类型约束。

如今，TypeScript 已经成为最受欢迎的方案。Vue.js 2 采用 Flow 做类型检查，但 Vue.js 3 已全面转向 TypeScript，98.3%的代码已经重构为 TypeScript。Angular 也早在项目初期就采用 TypeScript 进行开发，甚至连 Facebook 自己的一些产品也在使用 TypeScript。通过学习 TypeScript，我们不仅能够为代码增加类型约束，还能够培养自己的类型思维。

14.2　认识 TypeScript

14.2.1　什么是 TypeScript

虽然我们已经知道 TypeScript 可以用于解决 JavaScript 缺少类型约束的问题，但我们还需要更全面地了解一下 TypeScript。TypeScript 在 GitHub 和其官方网站上的定义分别如下。

◎ GitHub：TypeScript is a superset of JavaScript that compiles to clean JavaScript output.

◎ TypeScript：TypeScript is a typed superset of JavaScript that compiles to plain JavaScript.
更通俗易懂的理解如下。

◎ TypeScript 是 JavaScript 的超集，它带有类型并编译出干净的 JavaScript 代码。

◎ TypeScript 支持 JavaScript 的所有特性，并跟随 ECMAScript 标准的发展，因此支持 ES6、ES7、ES8 等新语法标准。

◎ 除了类型约束，TypeScript 还增加了一些语法扩展，例如枚举类型、元组类型等。

◎ TypeScript 总是与 ES 标准保持同步甚至领先，最终编译成 JavaScript 代码，不存在兼容性的问题，不需要依赖 Babel 等工具。

因此，我们可以将 TypeScript 理解为一种功能强大的 JavaScript 超集，它不仅可以使 JavaScript 代码更加安全，还提供了许多实用的特性和工具，例如类型约束、语法扩展等。

14.2.2 TypeScript 的特点

TypeScript 官方对其特点给出了以下描述，非常到位，供读者参考。

（1）始于 JavaScript，归于 JavaScript。

◎ TypeScript 从今天数以百万计的 JavaScript 开发者所熟悉的语法和语义开始，能够使用现有的 JavaScript 代码和流行的 JavaScript 库，并从 JavaScript 代码中调用 TypeScript 代码。

◎ TypeScript 可以编译出纯净、简洁的 JavaScript 代码，并且可以在任何浏览器、Node.js 环境，以及任何支持 ECMAScript 3（或更高版本）的 JavaScript 引擎中运行。

（2）用于构建大型项目的强大工具。

◎ TypeScript 的类型允许 JavaScript 开发者在开发 JavaScript 应用程序时使用高效的开发工具和常用操作，比如静态检查和代码重构。

◎ 类型是可选的，通过类型推断可以使代码的静态验证有很大的不同。类型让用户可以定义软件组件之间的接口，洞察现有 JavaScript 库的行为。

（3）拥有先进的 JavaScript。

◎ TypeScript 提供最新的和不断发展的 JavaScript 特性，包括那些来自 2015 年的 ECMAScript 和未来提案中的特性，例如异步功能和装饰器（Decorator），有助于构建健壮的组件。

◎ 这些特性为高可靠应用程序开发提供支持，但是会被编译成简洁的 ECMAScript 3（或更新版本）的 JavaScript。

（4）目前，TypeScript 已经在很多地方被应用。

◎ Vue.js 3 和 Angular 已经使用 TypeScript 进行重构。

◎ 目前最流行的编辑器 VS Code 也是使用 TypeScript 编写的。

◎ Element Plus 和 Ant Design 这些 UI 库也是使用 TypeScript 编写的。

◎ 微信小程序开发也支持使用 TypeScript 编写。

14.3 搭建 TypeScript 的运行环境

14.3.1 TypeScript 的编译环境

前面提到 TypeScript 最终会被编译成 JavaScript 来运行，因此我们需要为其搭建相应的开发环境。

首先在计算机上安装 TypeScript，这样就可以使用 TypeScript 的编译器将 TypeScript 代码转换为 JavaScript 代码，如图 14-2 所示。

图 14-2　TypeScript 的编译

以下是全局安装 TypeScript 的命令行工具，如图 14-3 所示。

```
# 安装 TypeScript 命令行工具
npm install typescript@4.7.4 -g

# 安装好 TypeScript，便可查看 tsc 版本
tsc --version
```

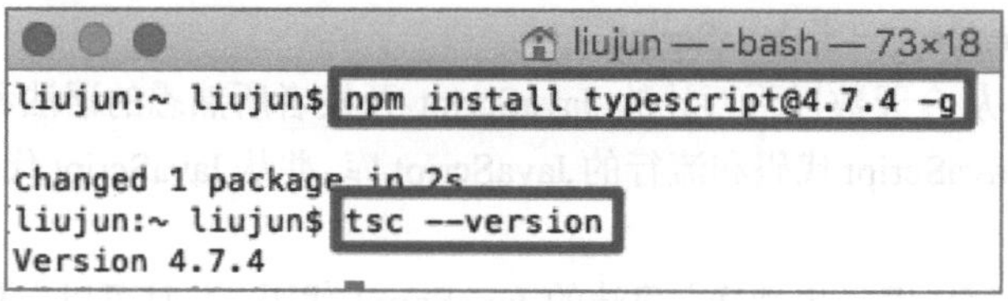

图 14-3　全局安装 TypeScript 编译器

安装好 TypeScript 编译器之后，可以通过 tsc 命令对 TypeScript 代码进行编译，例如：

```
// math.ts
function sum(num1: number, num2: number) {
  return num1 + num2;
}
```

在终端执行以下编译命令：

```
tsc math.ts
```

上面的 TypeScript 代码最终被编译成以下 JavaScript 代码：

```
// main.js
function sum(num1, num2) {
    return num1 + num2;
}
```

14.3.2　TypeScript 的运行环境

1. 运行环境的介绍

默认情况下，如果我们想查看 TypeScript 代码的运行效果，需要手动将 ts 文件编译成 js 文件，然后在 HTML 页面中引入该 js 文件，步骤如下。

（1）通过 tsc 将 TypeScript 编译为 JavaScript 代码。

（2）在浏览器或者 Node 环境下运行 JavaScript 代码。

上述两个步骤可以简化成以下步骤。

（1）编写 TypeScript 之后，可直接运行在浏览器上。

（2）编写 TypeScript 之后，直接通过 Node.js 命令来执行。

其实，可以通过以下两种解决方案来简化上述过程。

（1）使用 webpack：使用 webpack 配置本地的 TypeScript 编译环境，并开启一个本地服务。这样就可以直接在浏览器中运行 TypeScript 代码。

（2）使用 ts-node 库：使用 ts-node 库为 TypeScript 的运行提供执行环境。这样就可以通过 Node.js 命令直接执行 TypeScript 代码，无须手动编译成 JavaScript 文件。

2. 为 webpack 搭建 TypeScript 运行环境

如果你不了解如何使用 webpack 搭建 TypeScript 的运行环境，可以查看链接 14-1 中的文章，其中有详细的介绍。

3. 使用 ts-node 库搭建 TypeScript 运行环境（推荐）

（1）全局安装 ts-node 工具库：

```
npm install ts-node@v10.8.1 -g
```

（2）ts-node 库需要依赖 tslib 和@types/node 两个包：

```
npm install tslib @types/node -g
```

（3）现在，我们可以直接通过 ts-node 命令运行 TypeScript 代码，如图 14-4 所示。

```
ts-node main.ts
```

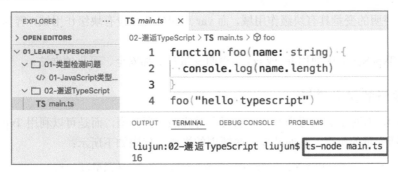

图 14-4　用 ts-node 命令运行 TypeScript 代码

14.4　声明变量的方式

14.4.1　声明变量的格式

在 TypeScript 中定义变量时需要指定标识符的类型。因此，完整的声明变量格式的代码如下所示：

var/let/const 标识符：数据类型 = 赋值；

举个例子，在 01_learn_typescript 下新建"03-变量定义和 JS 数据类型/01-变量的定义格式.ts"文件，在该文件中声明一个 message 变量，代码如下所示：

let message: string = "Hello World";

需要注意的是：string 是小写的，它与 String 有区别。string 是 TypeScript 中定义的字符串类型，String 是 ECMAScript 中定义的一个包装类。

这时如果为 message 赋其他类型的值，就会报错，如图 14-5 所示。

图 14-5 将 message 赋值为 number 类型会报错

14.4.2 声明变量的关键字

在 TypeScript 中定义变量（标识符）的方法与 ES6 及之后的版本一致，可以使用 var、let、const，代码如下所示：

```
var myname: string = "coderwhy";
let myage: number = 18;
const myheight: number = 1.88;
```

在 tslint 和 TypeScript 中都不建议使用 var 关键字，主要原因如下。
◎ ES6 之后引入 let 和 const 来取代 var。
◎ let 声明的变量具有块级作用域，而 var 声明的变量没有块级作用域，容易引起一些问题。
◎ 在 TypeScript 中使用 let 或 const 声明变量是更加安全、可靠的做法。

14.4.3 变量的类型推导

在开发中，有时不必为每个变量声明写上对应的数据类型，而是可以利用 TypeScript 自身的特性来推断变量的类型，从而减少一些烦琐的操作，代码如下所示：

```
let message = "Hello World"; // TypeScript 会推断出类型为 string
```

在上述代码中，TypeScript 会推断出 message 的类型为 string。如果将 message 赋值为 123，则会报错，如图 14-5 所示。这是因为变量在第一次赋值时，会根据后面的赋值内容的类型来推断出变量的类型。

在这个例子中，由于后面赋值的是一个 string 类型的值，因此 TypeScript 会自动将 message 推断为一个 string 类型的变量，无须显式指定类型。

14.5 JavaScript 的数据类型

JavaScript 数据类型和 TypeScript 数据类型存在一一对应的关系，只不过在 TypeScript 中编写代码时多了类型声明。

14.5.1 number 类型

number 数字类型是开发中经常使用的类型。与 JavaScript 一样，TypeScript 不区分整数型（int）和浮点型（double），而是统一使用 number 类型。

在"03-变量定义和 JS 数据类型"目录下新建"01-变量的定义格式.ts"文件，代码如下所示：

```
// 1.定义整数型和浮点型
let num1: number = 100;
let num2: number = 6.66;
console.log(num1, num2)
```

在 ES6 中可用二进制、八进制、十进制、十六进制来表示数字，TypeScript 也支持这些表示方式，代码如下所示：

```
// 2.其他进制表示
let num3: number = 100; // 十进制
let num4: number = 0b110; // 二进制
let num5: number = 0o555; // 八进制
let num6: number = 0xf23; // 十六进制
```

最后，在 VS Code 中打开终端，进入"03-变量定义和 JS 数据类型"目录，执行"ts-node 02_number 类型的使用.ts"，即可运行该 TypeScript 代码，如图 14-6 所示。

```
OUTPUT    TERMINAL    DEBUG CONSOLE    PROBLEMS

liujun:03-变量定义和JS数据类型  liujun$ ts-node 02_number类型的使用.ts
100 6.66
100 6 365 3875
```

图 14-6　运行 TypeScript 代码

14.5.2　boolean 类型

布尔（boolean）类型只有两个取值：true 和 false。

在"03-变量定义和 JS 数据类型"目录下新建"03_boolean 类型的使用.ts"文件，代码如下所示：

```
// 1.boolean 类型表示
let flag: boolean = true;
flag = false;
flag = 20 > 30;
console.log(flag)  // false
```

在 VS Code 终端中进入"03-变量定义和 JS 数据类型"目录，执行"ts-node 03_boolean 类型的使用.ts"，即可运行该 TypeScript 代码。

注意：由于 TypeScript 代码的执行步骤基本一致，下面将不再重复讲解代码的执行过程。

14.5.3　string 类型

字符串（string）类型，可以使用单引号或者双引号表示。

在"03-变量定义和 JS 数据类型"目录下新建"04_string 类型的使用.ts"文件，代码如下所示：

```
// 1.string 类型表示
let message: string = "Hello World";
message = 'Hello TypeScript';
```

注意：如果 VS Code 安装了 TSLint 插件，那么在默认情况下推荐使用双引号。

另外，字符串类型也支持 ES6 的模板字符串来拼接变量和字符串。

```
// 2.下面的 TypeScript 都可以自动推导出对应标识符的类型，一般情况下可以不加声明
const name = "coder";
const age = 18;
const height = 1.88;
const info = `my name is ${name}, age is ${age}, height is ${height}`;
console.log(info);
```

```
export {} // export{} 可以把该 TypeScript 文件当成一个模块处理,防止与全局变量冲突(例
如 name 变量)
```

14.5.4 array 类型

数组（array）类型的定义通常有两种方式。

（1）直接使用方括号，例如 const arr = []。

（2）使用 Array 构造函数，例如 const arr = new Array()。

在"03-变量定义和 JS 数据类型"目录下新建"05_array 类型的使用.ts"文件，代码如下所示：

```
const names1: string[] = ["abc", "cba", "cba"] // 推荐
const names2: Array<string> = ["abc", "cba", "nba"] // 不推荐,会与 React、JSX
产生冲突
names1.push("why")
names2.push("why")
```

这时，如果向上面数组中添加其他类型的数据，但会报错，因为上面定义的数组仅支持一种数据类型。

```
names1.push(123) // 会报错,数组中存放的数据类型是固定 string
names2.push(123) // 会报错,因为数组中存放的数据类型是固定 string
export {}
```

14.5.5 object 类型

对象（object）类型可以用于描述一个对象。

在"03-变量定义和 JS 数据类型"目录下新建"06_object 类型的使用.ts"文件，代码如下所示：

```
// 1.object 类型表示。但是不推荐使用,因为推导不出明确的属性
// const info: object = {
//   name: "why",
//   age: 18
// }

// 2.TypeScript 会自动进行类型推导(推荐)
const info = {
  name: "why",
  age: 18
}
console.log(info.name)
export {}
```

14.5.6 null 和 undefined 类型

在 JavaScript 中，null 和 undefined 是两个基本数据类型。在 TypeScript 中对应的类型也是 null 和 undefined，这意味着它们既是实际的值，也是自己的类型。

在"03-变量定义和 JS 数据类型"目录下新建"07_null 和 undefined 类型.ts"文件，代码如下所示：

```
let n1: null = null;
let n2: undefined = undefined;
```

```
let n3 = null;        // TypeScript 会自动推导为 any 类型
let n4 = undefined;   // TypeScript 会自动推导为 any 类型
console.log(n1, n2);
console.log(n3, n4);
export {}
```

14.5.7　symbol 类型

在 ES5 中，不可以在对象中添加相同名称的属性，例如：

```
const person = {
  identity: "程序员",
  identity: "老师",
}
```

通常的做法是定义两个不同的属性名字，例如 identity1 和 identity2。但是，我们可以使用 symbol 定义相同的属性名字，因为 symbol 函数返回的值是独一无二的。

在"03-变量定义和 JS 数据类型"目录下新建"08_symbol 类型.ts"文件，代码如下所示：

```
const s1 = Symbol("identity");
const s2 = Symbol("identity"); // TypeScript 会自动推导类型，无须手动指定

const person = {
  [s1]: "程序员",
  [s2]: "老师",
};
console.log(person)
export {}
```

以上代码是 symbol 的用法之一，更多 symbol 的用法请查看官方文档，见链接 14-2。

14.6　TypeScript 的数据类型

14.6.1　any 类型

在某些情况下，我们难以确定变量的类型，且类型可能会发生变化。这时可以使用 any 类型（类似于 Dart 语言中的 dynamic 类型）。any 类型相当于一种讨巧的 TypeScript 手段，它具有以下特点。

◎　可以对 any 类型的变量进行任何操作，包括获取不存在的属性和方法。

◎　可以为一个 any 类型的变量赋任意值，如数字或字符串的值。

在"01_learn_typescript"目录下新建"04_TypeScript 数据类型/01_any 类型的使用.ts"文件，代码如下所示：

```
// 如不想为某些 JavaScript 添加具体数据类型，可使用 any 类型，即和原生 JS 写法一样支持任意类型
let message: any = "Hello World"

// message 可以赋值任意类型
message = 123
message = true
message = {}
console.log(message)

const arr: any[] = [] // 数组可存任意类型的数据，但是不推荐
```

```
export {}
```

另外，如果在某些情况下需要处理的类型注解过于烦琐，或者在引入第三方库时缺少类型注解，也可以使用 any 进行类型适配。在 Vue.js 3 源码中，也会使用 any 进行某些类型的适配。

14.6.2 unknown 类型

unknown 是 TypeScript 中比较特殊的一种数据类型，用于描述类型不确定的变量。

举个例子，在"04_TypeScript 数据类型"目录下新建"02_unknown 类型的使用.ts"文件，代码如下所示：

```
function foo() { return "abc" }
function bar() { return 123 }
// 1.unknown 类型：只能赋值给 any 和 unknown 类型
// 2.any 类型：可以赋值给任意类型
let flag = true
let result: unknown // 可接收类型
if (flag) {
  result = foo() // 接收 string 类型
} else {
  result = bar() // 接收 number 类型
}
console.log(result) // abc

// 下面两个赋值会报错，因为 unknown 类型只能赋值给 any 和 unknown 类型
let message: string = result
let num: number = result

export {}
```

14.6.3 void 类型

void 通常用于指定一个函数没有返回值，因此其返回值类型为 void。如果函数返回 void 类型，则可以将 null 或 undefined 赋值给该函数，即函数可以返回 null 或 undefined。

在"04_TypeScript 数据类型"目录下新建"03_void 类型的使用.ts"文件，代码如下所示：

```
function sum(num1: number, num2: number) {
  console.log(num1 + num2)
}
```

这个 sum 函数没有指定任何返回类型，因此默认返回类型为 void。

另外，也可以显式指定 sum 函数返回类型为 void，代码如下所示：

```
function sum(num1: number, num2: number): void {// 函数返回值为 void 类型，即可以
返回 null 和 undefined
  console.log(num1 + num2)
}
```

14.6.4 never 类型

never 表示永远不会有返回值的类型，举例如下。
◎ 如果一个函数陷入死循环或者抛出一个异常，那么这个函数将不会有任何返回值。
◎ 如果一个函数确实没有返回值，那么使用 void 类型或其他类型作为返回值类型都不合适，这时就可以使用 never 类型。

在"04_TypeScript 数据类型"目录下新建"04_never 类型的使用.ts"文件，代码如下所示：

```
function loopFoo(): never { // never 类型，说明该函数不会返回任何内容
  while(true) {
    console.log("123")
  }
}

function loopBar(): never {
  throw new Error()
}
```

下面来看 never 类型的应用场景，代码如下所示：

```
function handleMessage(message: number|string) {
  switch (typeof message) {
    case 'string':
      console.log('foo')
      break
    case 'number':
      console.log('bar')
      break
    default:
      // 当执行这里的代码时，将 message 赋值给 never 类型的 check 会报错
      // 这样就可以保证，当修改参数的类型之后，一旦出现 case 没有处理到的情况，就会报错
      // 例如，参数增加对 boolean 类型的支持时，必须在 case 中编写对应的处理情况，否则报错
      const check: never = message
  }
}
handleMessage(123)
handleMessage("abc")
```

可以看到，当向 handleMessage 函数传递 boolean 类型时，由于 case 语句中没有处理 boolean 类型的情况，会执行 default 语句将 message 赋值给 never 类型的 check 变量，这时会报错。因此，我们需要在 switch 语句中添加 case 语句来处理 boolean 类型的情况，避免出现运行时错误。handleMessage 函数的 message 参数是联合类型的，有关联合类型的内容见 14.7.3 节。

14.6.5 tuple 类型

元组（tuple）类型，即多个元素的组合。许多编程语言中有这种数据类型，例如 Python 和 Swift 等。

```
const info: [string, number, number] = ["why", 18, 1.88]; // 元组可以指定数组中
每个元素的类型
const name = tInfo[0]; // 获取 why，并且指定类型是 string 类型
const age = tInfo[1]; // 获取 18，并且指定类型是 number 类型
```

以下是元组和数组类型的区别。
◎ 数组中通常建议只存放相同类型的元素，不推荐存放不同类型的元素。
◎ 元组中的每个元素都有自己独特的类型，对于通过索引值获取到的值，可以确定其对应的类型。

在"04_TypeScript 数据类型"目录下新建"05_tuple 类型的使用.ts"文件，代码如下所示：

```
// 1.数组的弊端：数组中的每个元素都为任意类型
// const info: any[] = ["why", 18, 1.88]
// const name = info[0]  // 使用 name 时，提示类型为 any
```

```
// 2.元组的特点：可指定数组中每个元素的类型
const info: [string, number, number] = ["why", 18, 1.88]
const name = info[0] // 使用 name 时，提示类型为 string
console.log(name.length)
const age = info[1] // 使用 age 时，提示类型为 number
// console.log(age.length) // 将 age 当作 string 类型使用时，会报错
export {}
```

在开发中，元组类型通常可以作为函数返回值使用，非常方便。

举个例子，在"04_TypeScript 数据类型"目录下新建"06_tuple 的应用场景.ts"文件，代码如下所示：

```
function useState(state: any) {
  let currentState = state
  const changeState = (newState: any) => {
    currentState = newState
  }
  const tuple: [any, (newState: any) => void] = [currentState, changeState]
  return tuple // 返回元组类型：[ any, (newState: any) => void ]
}
const [counter, setCounter] = useState(10); // 解构出来的 counter、setCounter 是
有类型提示的
export {}
```

需要注意的是，还可以使用泛型进一步优化该应用场景。可以将 **any** 类型替换为泛型参数（T），这样解构出来的变量就会有更具体的类型提示。有关泛型的内容见 15.4 节。

14.7 TypeScript 类型的补充

14.7.1 函数的参数和返回值

函数是 JavaScript 中非常重要的组成部分，TypeScript 允许我们指定函数的参数和返回值的类型。

1. 参数的类型注解

在声明函数时，可以在每个参数后添加类型注解，以声明函数接收的参数类型。

在"01_learn_typescript"目录下新建"05_TypeScript 类型补充/01_函数的参数和返回值类型.ts"文件，代码如下所示：

```
// 1.为参数加上类型注解 num1: number, num2: number
function sum(num1: number, num2: number){
  return num1 + num2
}
sum(123, 321)
export {}
```

当调用 sum 函数时，如果传入的参数类型或数量不正确，就会报错，代码如下所示：

```
sum(123); // Expected 2 arguments, but got 1.ts(2554)
sum('123', '321'); // Argument of type 'string' is not assignable to parameter
of type 'number'
```

2. 返回值的类型注解

我们也可以在函数参数后面添加返回值的类型注解，代码如下所示：

```
// 1.为返回值加上类型注释(): number
function sum(num1: number, num2: number): number{
  return num1 + num2
}
```

在 TypeScript 中，返回值的类型注解和变量的类型注解相似，通常不需要显式地指定返回类型。

TypeScript 会根据函数内部的 return 语句推断函数的返回类型。不过，为了增加代码的可读性，有些第三方库会显式指定函数的返回类型。

3. 匿名函数的参数类型

在 TypeScript 中，匿名函数和函数声明之间存在一些不同之处。当 TypeScript 能够确定函数在哪里被调用以及如何被调用时，会自动推断出该函数的参数类型。

在"05_TypeScript 类型补充"目录下新建"02_匿名函数的参数类型.ts"文件，代码如下所示：

```
const names = ["abc", "cba", "nba"]
names.forEach(item => { // 将鼠标放在 item 上，会出现类型提示
  console.log(item.toUpperCase())
})
export {}
```

上述代码没有明确指定 item 的类型，但是根据推断，item 应该是字符串类型的。因为在 TypeScript 中，根据 forEach 函数和数组的类型，可以推断出 item 的类型。这个过程被称为上下文类型（Contextual Typing），函数的执行上下文可以帮助我们确定参数和返回值的类型。

14.7.2　对象类型

如果希望限定一个函数接收的参数为对象类型，可以用对象类型作为参数。

在"05_TypeScript 类型补充"目录下新建"03_对象类型.ts"文件，代码如下所示：

```
// 1.为参数 point 指定对象类型 {x: number, y: number}
function printPoint(point: {x: number, y: number}) {
  console.log(point.x);
  console.log(point.y);
}
printPoint({x: 200, y: 100})
export {}
```

在这里，我们使用一个对象{x: number, y: number}作为类型。

◎ 可以向对象中添加属性，并告知 TypeScript 该属性的类型。

◎ 属性之间可以使用,或;分隔，最后一个分隔符是可选的。

◎ 每个属性的类型也是可选的。如果不指定，那么默认为 any 类型。

在对象类型中，我们可以通过在属性名后面添加问号（?）的方式来指定某些属性为可选属性。

在"05_TypeScript 类型补充"目录下新建"04_可选类型.ts"文件，代码如下所示：

```
// 1.为参数 point 指定对象类型: {x: number, y: number, z?: number}
function printPoint(point: {x: number, y: number, z?: number}) {
  console.log(point.x)
  console.log(point.y)
  console.log(point.z)
```

```
}
printPoint({x: 123, y: 321}) // 没有传递 z 属性也可以，因为 z 属性是可选的
printPoint({x: 123, y: 321, z: 111})
export {}
```

14.7.3　联合类型

TypeScript 的类型系统允许我们使用多种运算符，从现有类型中构建新类型。

下面使用一种组合类型的方法——联合类型（Union Type）。

◎　联合类型由两个或多个其他类型组成。

◎　表示该类型可以是这些类型中的任何一个值。

◎　联合类型中的每个类型被称为联合成员（Union Member）。

在"05_TypeScript 类型补充"目录下新建"05_联合类型.ts"文件，代码如下所示：

```
// 1.将参数 id 指定为联合类型：number|string|boolean
function printID(id: number | string | boolean) {
  console.log("你的 id 是:", id)
}
printID(123)
printID("abc")
printID(true)
export {}
```

可以看出，在为联合类型的参数传入值时，只需要确保传入的是联合类型中的某一种类型的值即可。

但是，我们获取的这个值可能是联合类型中的任何一种类型，例如 string、number 或 boolean。由于无法确定具体类型，因此不能直接调用 string 类型的方法等。

例如，下面的写法就是错误的：

```
function printID(id: number | string | boolean) {
  // 报错信息: Property 'toUpperCase' does not exist on type 'number'
  console.log("你的 id 是:", id.toUpperCase()) // 因为 id 不一定是 string 类型的
}
```

这时可以缩小（Narrow）联合类型，TypeScript 会根据缩小的代码结构，推断出更具体的类型。

例如，下面是正确的写法，采用了类型缩小：

```
function printID(id: number|string|boolean) {
  // 1.使用联合类型的值时，需要特别小心。通常，需要进行类型缩小
  if (typeof id === 'string') {
    // 2.类型缩小，TypeScript 会帮助确定 id 一定是 string 类型
    console.log(id.toUpperCase())
  } else {
    console.log(id)
  }
}
```

14.7.4　类型别名

前面介绍了在类型注解中编写对象类型和联合类型，如果需要在多个地方重复使用这些类型，就需要多次编写相同的代码。

为了解决这个问题，可以使用类型别名（Type Alias）为某个类型起一个名字。

在 "05_TypeScript 类型补充" 目录下新建 "07_类型别名.ts" 文件，代码如下所示：

```
// 1.type 用于定义类型别名
type PointType = {
  x: number
  y: number
  z?: number
}
// 2.PointType 是对象类型的别名
function printPoint(point: PointType) {  }
export {}
```

接着，再为联合类型起一个别名，代码如下所示：

```
......
// 3.IDType 是联合类型 string、number、boolean 的别名
type IDType = string | number | boolean
function printId(id: IDType) {  }
export {}
```

14.7.5　类型断言

有时 TypeScript 无法获取具体的类型信息，这时需要用到类型断言（Type Assertion）。下面介绍常见的类型断言语法。

1. 类型断言 as

在 TypeScript 中，我们可以使用 as 关键字进行类型断言。

举个例子，通过 document.getElementById 获取 <img> 元素，但是 TypeScript 只知道该函数会返回 HTMLElement，并不知道它具体的类型。

在 "05_TypeScript 类型补充" 目录下新建 "08_类型断言 as.ts" 文件，代码如下所示：

```
// 1.类型断言 as（案例 1）
const myEl = document.getElementById("my-img")
// 报错：Property 'src' does not exist on type 'HTMLElement'
myEl.src = "图片地址"
```

这时，可以使用 as 关键字进行类型断言，代码如下所示：

```
const myEl = document.getElementById("my-img") as HTMLImageElement
myEl.src = "图片地址" // 不会报错，因为明确断定 myEl 是 HTMLImageElement
```

比如，在下面的案例中，在 sayHello 函数中使用 as 关键字对 p 进行类型断言，代码如下所示：

```
// 2.类型断言 as（案例 2）
class Person {}
class Student extends Person {
  studying() {  }
}
function sayHello(p: Person) {
  // 使用类型断言 as，将 p 断言为 Student
  (p as Student).studying() // 可以调用 studying 方法
}
const stu = new Student()
sayHello(stu)
```

需要注意的是，TypeScript 只允许将类型断言转换为更具体或者不太具体的类型版本，此

规则可以防止不合理的强制转换。例如，将一个 string 类型断言为 number 类型时会报错，代码如下所示：

```
// 不合理的类型强制转换会报错：Conversion of type 'string' to type 'number' may be
a mistake ....
const message = "Hello World" as number
```

如果希望上述代码编译通过，可以将 message 的类型转换为 any 或 unknown 类型，代码如下所示：

```
// 3.类型断言 as （案例 3）
const message = "Hello World"
// const num1: number = message // 报错：Type 'string' is not assignable to type
'number'
const num2: number = (message as unknown) as number // 未报错
const num3: number = (message as any) as number // 未报错
console.log(num2, num3)
export {}
```

2. 非空类型断言

在 JavaScript 中，经常使用 if 语句进行非空判断。而在 TypeScript 中，除了 if 语句，还可以使用非空类型断言进行非空判断。

在"05_TypeScript 类型补充"目录下新建"09_非空类型断言.ts"文件，代码如下所示：

```
// 1.参数 message 是可选的，值可能为 undefined 或 string
function printMessageLength(message?: string) {
  console.log(message.length) // 编译报错：error TS2532: Object is possibly
'undefined'
}
printMessageLength("coder")
```

上述代码在执行 TypeScript 编译时可能会出现错误，因为传入的 message 可能为 undefined 类型，这时就无法访问 length 属性。

为了解决这个问题，可以使用 if 语句进行非空判断，也可以使用非空类型断言。非空类型断言（!）表示可以确定某个标识符一定是有值的，可以跳过 TypeScript 在编译阶段对它的检测，改进的代码如下所示：

```
function printMessageLength(message?: string) {
  // 2.使用 if 进行非空判断
  // if (message) {
  //   console.log(message.length)
  // }
  // 3.或用非空类型断言。例如，message 为 undefined 时，运行会报错，因为跳过了 TypeScript
在编译阶段对它的检测
  console.log(message!.length) // 这里断言 message 一定有值
}
printMessageLength("coder")
```

3. 可选链的使用

可选链是在 ES11（ES2020）中新增的特性，并不是 TypeScript 独有的。该特性使用可选链操作符（?.），通常在定义属性或获取值时使用。以下是可选链的作用。

◎ 当对象的属性不存在时，会发生短路，直接返回 undefined。

◎ 当对象的属性存在时，才会继续执行，例如 info.friend?.age。

尽管可选链是 ECMAScript 提出的特性，但在 TypeScript 中的使用效果更佳。

在"05_TypeScript 类型补充"目录下新建"10_可选链的使用.ts"文件，代码如下所示：

```ts
// 1.为对象类型起一个 Person 别名
type Person = {
  name: string
  friend?: {
    name: string
    age?: number,
    girlFriend?: {
      name: string
    }
  }
}

// 2.定义一个对象，指定类型为 Person 类型
const info: Person = {
  name: "why",
  friend: {
    name: "kobe",
    girlFriend: {
      name: "lily"
    }
  }
}

// 3.获取 info 对象的属性，用到了可选链 ?.
console.log(info.name)
// console.log(info.friend!.name) // 断言 firend 不为空，当为空时，运行程序会报错
console.log(info.friend?.age) // 当 friend 不为空，才取 age。类似 if 语句判空
console.log(info.friend?.girlFriend?.name) // 当 friend、grilFriend 都不为空时，
才取 name
export {}
```

4. !! 操作符

!!操作符可以将一个其他类型的元素转换成 boolean 类型，类似于 Boolean（变量）这种函数转换的方式。

在"05_TypeScript 类型补充"目录下新建"11_!!运算符.ts"文件，代码如下所示：

```ts
const message = "Hello World"
// 1.以前转换 boolean 类型的方式
// const flag = Boolean(message)
// console.log(flag) // true
// 2.使用 !! 操作符转成 boolean 类型
const flag = !!message
console.log(flag) // 打印为 true
export {}
```

5. ?? 操作符

??操作符是 ES11 新增的空值合并操作符，用于判断一个值是否为 null 或 undefined。具体来说，当左侧操作数为 null 或 undefined 时，返回右侧操作数，否则返回左侧操作数。该操作符可以简化代码，并提高代码的可读性。

在"05_TypeScript 类型补充"目录下新建"11_!!运算符.ts"文件，代码如下所示：

```ts
let message: string|null = 'Hello World'
// 1.以前的方式是使用三元运算符判空，赋默认值(会判断 null、undefined、''、false 为假)
```

```
const content1 = message ? message: "你好啊, 李银河 1"

// 2.使用 || 操作符判空,赋默认值(会判断 null、undefined、''、false 为假)
const content2 = message || "你好啊, 李银河 2"

// 3.使用 ?? 操作符判空,赋默认值(只判断 null 或 undefined 为假)
const content3 = message ?? "你好啊, 李银河 3"
console.log(content1, content2, content3)
export{}
```

14.7.6 字面量类型

在 TypeScript 中,除了上述类型,还可以使用字面量类型(Literal Type)。

在"05_TypeScript 类型补充"目录下新建"13_字面量类型.ts"文件,代码如下所示:

```
// 1."Hello World" 也可作为一种类型, 叫作字面量类型
let message: "Hello World" = "Hello World"
message = 'coder' // 报错: Type '"coder"' is not assignable to type '"Hello World"'
message = 'Hello World' // 只能赋值 Hello World

// 2. 123 也可作为一种类型, 叫作字面量类型
let num: 123 = 123
```

在进行字面量类型赋值时,只能赋字面量类型的值。一般情况下,这样做没有太大的意义,但是如果将多个类型联合在一起,就可以获得更有意义的结果,代码如下所示:

```
......
// 3.要体现字面量类型的意义,必须结合联合类型
type Alignment = 'left' | 'right' | 'center'
let align: Alignment = 'left'// ok
align = 'right'// ok
align = 'center' // ok
align = 'bottom' // 报错: Type '"bottom"' is not assignable to type
export {}
```

在上述代码中,指定 align 为 Alignment 类型,该类型是由多个字面量类型联合在一起形成的联合字面量类型。

这样我们就可以限制 align 变量的取值范围为 left、right 和 center,如果赋其他值,将会报错。

在 TypeScript 中,除了自定义字面量类型,还可以利用 TypeScript 的字面量推理功能。

在"05_TypeScript 类型补充"目录下新建"14_字面量推理.ts"文件,代码如下所示:

```
type Method = 'GET' | 'POST'
function request(url: string, method: Method) {}

const options = {
  url: "https://www.coderwhy.org/abc",
  method: "POST"
}
// 参数二报错: Argument of type 'string' is not assignable to parameter of type
'Method'
request(options.url, options.method) // options.method 推导出了 string 类型, 但需
要是 Method 类型
export {}
```

上述代码在调用 request 函数时会报错,这是因为 options 对象进行自动类型推导时,推导

出了一个{url: string, method: string}类型，所以无法将一个 string 类型的 options.method 赋值给
一个字面量类型的 Method，从而导致报错。

我们可以使用以下三种方式来解决该问题，代码如下所示：

```
// 方式一：使用类型断言 as
request(info.url, options.method as Method)

// 方式二：为 options 指定类型
type Request = { url: string, method: Method }
const options: Request= {......}

// 方式三：使用字面量推理 as const
const options = {
  url: "https://coderwhy.org/abc",
  method: "GET"
} as const // 将 options 对象的类型推导为字面量类型
```

14.7.7　类型缩小

在 TypeScript 中，缩小类型的过程被称为类型缩小（Type Narrowing）。我们可以使用类似
typeof padding === "number"的条件语句改变 TypeScript 的执行路径。在特定的执行路径中，可
以缩小变量的类型，使其比声明时更为精确。

我们编写的 typeof padding === "number"这种缩小类型的代码就是一种类型保护（Type
Guard）代码。

常见的类型保护如下。

◎　typeof：如 typeof padding === "number"。

◎　平等缩小：如===、==、!==、!=、switch。

◎　instanceof：如 d instanceof Date。

◎　in：如'name' in { name:"coder" }。

下面详细讲解这四种类型保护的使用。

1. typeof

JavaScript 支持 typeof 运算符，可以使用该运算符来检查值的类型。在 TypeScript 中，可
以通过检查值的类型来缩小不同分支中的类型，这种检查值的类型称为类型保护。

在"05_TypeScript 类型补充"目录下新建"15_类型缩小.ts"文件，代码如下所示：

```
type IDType = number | string
function printID(id: IDType) {
  // 1.用 typeof 实现类型缩小，将 id 从联合类型缩小为 string 类型
  if (typeof id === 'string') {
    console.log(id.toUpperCase())
  } else {
    console.log(id)
  }
}
export {}
```

可以看到，这里使用 typeof 检查 id 的类型。如果 id 的类型是字符串（string），则调用
toUpperCase 方法。通过使用 typeof 进行类型判断，我们可以将联合类型的 id 缩小为更具体的
字符串类型。

2. 平等缩小

可以使用 switch、===、==、!==、!=等运算符来表达相等性，进而实现类型缩小，代码如下所示：

```
// 2.平等的类型缩小
type Direction = "left" | "right" | "top" | "bottom"
function printDirection(direction: Direction) {
  // 1.if 判断，缩小类型
  if (direction === 'left') {
    console.log(direction) // 类型缩小为 left 字面量类型
  } else if (direction === 'right'){
    console.log(direction)
  }
  // 2.switch 判断，缩小类型
  switch (direction) {
    case 'top':
      console.log(direction)
      break;
    default:
      console.log(direction)
      break
  }
}
```

3. instanceof

JavaScript 中有一个 instanceof 运算符，用于检查一个值是否为另一个值的实例。

下面演示 instanceof 运算符的使用，代码如下所示：

```
class Student {
  studying() {}
}
class Teacher {
  teaching() {}
}
function work(p: Student | Teacher) {
  // 判断 p 是否为 Student 类型的实例，进行类型缩小
  if (p instanceof Student) {
    p.studying()
  } else {
    p.teaching()
  }
}
const stu = new Student()
work(stu)
```

可以看到，在 work 函数中通过判断变量 p 是否为 Student 类型的实例，将联合类型的 p 缩小为更具体的 Student 类型。

4. in

JavaScript 中有一个 in 运算符，用于判断对象是否具有指定名称的属性。如果指定的属性存在于该对象或其原型链中，那么 in 运算符将返回 true。下面来看一个例子，代码如下所示：

```
// 1.定义 Fish 和 Dog 为对象类型
type Fish = {
  swimming: () => void // swimming 是函数类型
}
type Dog = {
```

```
    running: () => void
}

function walk(animal: Fish | Dog) {
  // 2.判断 swimming 是否为 animal 对象中的属性，进行类型缩小
  if ('swimming' in animal) {
    animal.swimming()
  } else {
    animal.running()
  }
}
// 3.创建 fish 对象，该对象的类型为 Fish 类型
const fish: Fish = {
  swimming() {
    console.log("swimming")
  }
}
walk(fish)
```

可以看到，在 walk 函数中通过判断 swimming 是否为 animal 对象中的属性，将 animal 的联合类型缩小为更具体的 Fish 类型。

14.8　TypeScript 函数类型详解

14.8.1　函数的类型

在 JavaScript 开发中，函数是重要的组成部分，并且可以作为一等公民（例如函数可以作为参数，也可以作为返回值进行传递等）。在使用函数的过程中，可以编写函数类型的表达式（Function Type Expression）来表示函数类型。

在 "01_learn_typescript" 目录下新建 "06_TypeScript 函数详解/01_函数的类型.ts" 文件，代码如下所示：

```
// 1.add 函数，未编写函数类型
const add = (a1: number, a2: number) => {
  return a1 + a2
}

// 2.为 add 函数编写函数类型
const add: (num1: number, num2: number) => number = (a1: number, a2: number)
=> {
  return a1 + a2
}
export {}
```

上述语法 (num1: number, num2: number) => number 表示一个函数类型的定义。该函数类型定义了以下特征。

◎　该函数接收两个参数：num1 和 num2，它们的类型均为 number。

◎　该函数返回值的类型为 number。

需要注意的是，在 TypeScript 中，参数名称 num1 和 num2 是不可省略的，如图 14-7 所示。

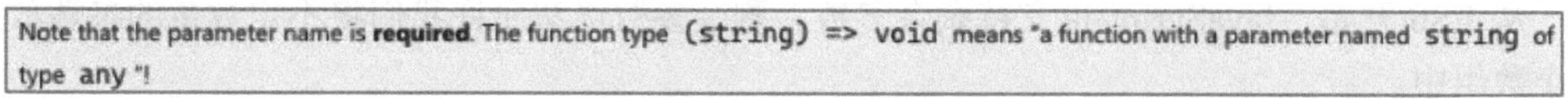

Note that the parameter name is **required**. The function type (`string`) => `void` means "a function with a parameter named `string` of type `any`"!

图 14-7　函数类型的参数名称不可省略

可以使用类型别名让函数变得更具可读性，优化后的代码如下所示：

```
// 3.使用类型别名优化函数
type AddFnType = (num1: number, num2: number) => number
const add: AddFnType = (a1: number, a2: number) => {
  return a1 + a2
}
```

当函数作为另一个函数的参数时，也可以编写相应的函数类型，代码如下所示：

```
// 4.fn 函数作为 bar 函数参数时，为 fn 函数编写类型
type FooFnType = () => void
function bar(fn: FooFnType ) {
  fn()
}
```

14.8.2 函数参数的类型

1. 可选参数

函数不仅可以接收参数，而且可以指定某些参数是可选的。

在"06_TypeScript 函数详解"目录下新建"02_可选参数.ts"文件，代码如下所示：

```
// 1.参数 y 是可选参数，y 的类型可以为 undefined | number
function foo(x: number, y?: number) { console.log(x, y) }
foo(20, 30) // 这时 y 为 30
foo(20) // 这时 y 为 undefined
export {}
```

在上述代码中，y 是可选参数，可以接收 number 或 undefined 类型的数据。如果没有向 y 传递数据，那么 y 的值就为 undefined。

注意，在函数参数列表中，可选类型参数必须放在必选类型参数的后面。

2. 默认参数

从 ES6 开始，JavaScript 和 TypeScript 都支持默认参数。

在"06_TypeScript 函数详解"目录下新建"03_参数的默认值.ts"文件，代码如下所示：

```
// 1.y 参数设默认值为 20，y 的类型可以为 number 或 undefined
function foo(x: number, y: number = 20) { console.log(x, y) }
foo(30) // 这时 y 的值为 20
export {}
```

可以看到，参数 y 有一个默认值 20，因此 y 的类型实际上是 undefined 和 number 类型的联合。

◎ 如果向 y 传入了值，则使用传入的值。

◎ 如果向 y 传入 undefined 或没有传递值，则使用默认值 20。

注意：在函数参数中，参数的顺序应该是先写必传参数，然后写有默认值的参数，最后写可选参数。

3. 剩余参数

从 ES6 开始，JavaScript 也支持剩余参数。剩余参数语法允许我们将不定数量的参数放到一个数组中。

在"06_TypeScript 函数详解"目录下新建"04_剩余参数.ts"文件，代码如下所示：

```
// 1. ...nums 为剩余参数
function sum(initalNum: number, ...nums: number[]): number{
  let total: number = initalNum
  for (const num of nums) { total += num }
  return total
}
console.log(sum(20, 30)) // 这里将 30 传递给 nums
console.log(sum(20, 30, 40)) // 这里将 30 和 40 传递给 nums
```

可以看到，...nums 就是剩余参数。当调用 sum 函数时，除了第一个参数，其他的参数都会传递给 nums。

14.8.3　this 的类型

JavaScript 中的 this 是一个比较难理解的概念。简单来说，this 表示当前函数的执行上下文，但是在不同的情况下，它所绑定的值是不同的。

◎　在一个对象中使用 this 时，它会绑定到该对象上。

◎　在全局环境中使用 this 时，它会绑定到全局对象上。

因此，对于 this 类型的把握也比较困难。如果你想深入学习 this，推荐看链接 14-3 中的这篇文章。

在 TypeScript 中，this 类型会被分两种情况来处理。

◎　TypeScript 可以默认推断出 this 的类型。

◎　如果需要，可以手动编写 this 的类型。

1. this 的默认推导

下面演示 TypeScript 会自动推断出 this 的类型。在 "06_TypeScript 函数详解" 目录下新建 "05_this 的默认推导.ts" 文件，代码如下所示：

```
// 1.this 可以被 TypeScript 推导为 info 对象
const info = {
  name: "why",
  eating() {
    console.log(this.name + " eating")
  }
}
info.eating()
export {}
```

上述代码可以正常编译和运行。在 TypeScript 中，函数的 this 类型可以被推断出来。对于 eating 函数，TypeScript 会默认推断出其外部对象 info 作为 this 类型。

2. this 的类型不明确

在某些情况下，TypeScript 默认无法推断出 this 的类型。如果没有为 this 编写类型，那么代码将在编译时报错。

在 "06_TypeScript 函数详解" 目录下新建 "06_this 的类型不明确.ts" 文件，代码如下所示：

```
function eating(message: string) {
  // this 报错：'this' implicitly has type 'any' because it does not have a type
annotation.
  console.log(this.name + " eating", message);
}
const info = {
  name: "why",
```

```
  eating: eating, // 赋值一个 eating 函数
};
// 隐式绑定 this
info.eating("哈哈哈");
// 使用 call 函数显式绑定 this
eating.call({name: "kobe"}, "呵呵呵")
export {};
```

当执行"ts-node 06_this 的类型不明确.ts"运行上述代码时，在打印 this.name 处会报错，并提示 this 没有编写类型注解。因为 TypeScript 默认推导不出 this 的类型，所以编译时会报错。

这时可以为 this 编写类型，代码如下所示：

```
type ThisType = { name: string };
function eating(this: ThisType, message: string) { ...... }
```

可以看到，这里为 eating 函数的第一个参数添加了一个 this 参数，并将其指定为 ThisType 对象类型。这样就为 this 编写了具体的类型，再次编译并执行代码，代码可以正常运行。

14.8.4 函数重载

在编写 JavaScript 函数时，如果函数名称相同但参数的数量或类型不同，则称其为函数重载。

在 JavaScript 中，我们可以编写非常灵活的函数，代码如下所示：

```
function sum(a1, a2) { return a1 + a2 }
```

但是上述代码非常容易出错，例如传入两个对象，代码如下所示：

```
sum({name: "why"}, {age: 18})
```

在 TypeScript 中，如果编写一个 sum 函数，希望对字符串和数字类型进行相加，可能会尝试以下的写法：

```
function sum(a1: number | string, a2: number | string): number | string {
  // a1 + a2 报错: error: Operator '+' cannot be applied to types 'string | number'
and 'string | number'
  return a1 + a2
}
```

这种写法实际上是错误的，不过可以改用以下两种方案来实现函数重载。

1. 使用联合类型实现函数重载

在 TypeScript 中，可以使用联合类型实现函数重载。但是，联合类型有以下两个缺点。

（1）需要进行大量的逻辑判断，以缩小类型。

（2）返回值类型仍然不确定，因此一般不推荐使用联合类型。

下面通过联合类型对 sum 函数进行重构，在"06_TypeScript 函数详解"目录下新建"07_函数的重载（联合类型）.ts"文件，代码如下所示：

```
// 1.函数重载，使用联合类型实现
function add(a1: number | string, a2: number | string) {
  if (typeof a1 === "number" && typeof a2 === "number") { // 类型缩小
    return a1 + a2
  } else if (typeof a1 === "string" && typeof a2 === "string") {
    return a1 + a2
```

```
  }
}
// 2.调用 add 函数，可以使字符串和数字类型相加
console.log(add(10, 20))
console.log(add('coder', 'why'))
export {}
```

2. 使用重载签名实现函数重载

在 TypeScript 中，为了实现函数重载，还可以编写不同的重载签名（Overload Signature），表示函数可以以不同的方式进行调用。通常情况下，需要编写两个及以上的重载签名，再编写一个通用的函数。

下面使用重载签名的方式继续对 sum 函数进行重构，在"06_TypeScript 函数详解"目录下新建"08_函数的重载（函数重载）.ts"文件，代码如下所示：

```
function sum(a1: number, a2: number): number; // 1.函数重载签名
function sum(a1: string, a2: string): string;
// 2.通用函数体
function sum(a1: any, a2: any): any {
  return a1 + a2
}
// 3.调用 sum 函数，可以使字符串和数字类型相加
console.log(sum(20, 30))
console.log(sum("coder", "why"))
export {}
```

可以看到，首先定义两个函数的重载签名，接着编写通用的 sum 函数并实现相加逻辑。在调用 sum 函数时，它会根据传入的参数类型决定在执行函数体时到底执行哪一个函数的重载签名。

14.9　本章小结

本章内容如下。

◎　介绍 JavaScript 的优缺点，以及 TypeScript 的特点和环境的搭建。

◎　详细讲解 TypeScript 变量声明的方式、变量的关键字和类型的推导。

◎　JavaScript 数据类型：number、boolean、string、array、object、null、undefined 和 symbol。

◎　TypeScript 数据类型：any、unknown、void、never、tuple。

◎　TypeScript 类型补充：函数参数、返回值、对象类型、联合类型、类型断言、字面量类型和类型缩小。

◎　TypeScript 函数：函数的类型、函数的参数、可选参数、默认参数、剩余参数、this 的类型和函数重载。

TypeScript的进阶详解

在前面的章节中，我们已经详细讲解了 TypeScript 的基础知识。现在，我们将进一步学习 TypeScript 的进阶语法。在学习之前，先看看本章源代码的管理方式，目录结构如下：

```
VueCode
├── ......
├── chapter15
│   └── 01_learn_typescript_advanced   # 是一个普通文件夹
```

15.1 TypeScript 类的使用

在早期的 JavaScript（ES5）开发中，需要使用函数和原型链实现类和继承。从 ES6 开始，引入了 class 关键字，我们可以更加方便地定义和使用类。

作为 JavaScript 的超集，TypeScript 同样支持使用 class 关键字，并且可以对类的属性和方法等进行静态类型检测。然而，在 JavaScript 开发中，更倾向于使用函数式编程。

◎ 在 React 开发中，目前更常用函数组件及与之相配合的 Hook 开发模式。

◎ 在 Vue.js 3 开发中，更推荐使用 Composition API。

但是，在封装某些业务时，类具有更强的封装性，因此我们也需要掌握类的知识。

15.1.1 类的定义

在面向对象编程中，类是描述一切事物的基础，包括特有的属性和方法。

具体的类定义方式如下。

◎ 通常使用 class 关键字来定义类。

◎ 类内部可以声明各种属性，包括类型声明和初始值设定。

 • 如果没有类型声明，则默认为 any 类型。

 • 属性可以有初始化值。

 • 在默认的 strictPropertyInitialization 模式下，属性必须初始化，否则编译时会报错。

◎ 类可以有自己的构造函数（constructor），当使用 new 关键字创建实例时，构造函数会被调用。另外，构造函数不需要返回任何值，它默认返回当前创建的实例。

◎ 类可以有自己的函数，这些函数称为方法。

下面定义一个 Person 类。在"01_learn_typescript_advanced"文件夹下新建"01_TypeScript 类的使用/01_类的定义.ts"文件，代码如下所示：

```
// 1.定义一个 Person 类
class Person {
  // 2.定义属性，需初始化，否则编译报错
  name: string = 'coder'
  age: number = 18
  // 3.定义方法
  eating() { console.log(this.name + " eating") }
}
const p = new Person() // 4.新建一个类
console.log(p.name, p.age) // 5.访问对象的属性
p.eating()
export {}
```

可以看到，首先使用 class 关键字定义 Person 类，为该类定义了 name、age 属性并初始化，接着定义 eating 方法。然后，创建 Person 的对象，以及访问对象中的属性和调用 eating 方法。需要注意的是：在 TypeScript 中定义类的属性没有初始化值会报错。

其实，上述代码是存在缺陷的，比如创建了多个 Person 对象，每个对象的 name 和 age 初始值都一样。这样显然不符合我们的需求，这时可以将属性初始化的过程放到构造器中，代码如下所示：

```
class Person {
  name: string // 定义属性
  age: number
  // 1.添加构造器，对属性进行初始化
  constructor(name: string, age: number) {
    this.name = name // 属性初始化
    this.age = age
  }
  eating() { console.log(this.name + " eating") }
}
const p = new Person("why", 18) // 传递 name 和 age
console.log(p.name, p.age)
p.eating()
export {}
```

15.1.2　类的继承

面向对象编程中的一个重要特性就是继承。继承不仅可以减少代码量，而且是多态的使用前提。在 JavaScript 中，使用 extends 关键字实现继承，然后在子类中使用 super 访问父类。

下面是一个 Student 类继承自 Person 类的例子，在"01_TypeScript 类的使用"目录下新建"02_类的继承.ts"文件，代码如下所示：

```
class Person {
  name: string
  age: number
  constructor(name: string, age: number) {
    this.name = name
    this.age = age
  }
  eating(): void{ console.log("eating") }
}
```

```typescript
// 1.Student 继承 Person
class Student extends Person {
  sno: number
  constructor(name: string, age: number, sno: number) {
    super(name, age) // 2.super 调用父类的构造器
    this.sno = sno
  }
  studying(): void{ console.log("studying") }
}

const stu = new Student('why', 18, 10100)
console.log(stu.name, stu.age) // 访问继承父亲的属性
stu.eating() // 调用继承父亲的方法
export {}
```

可以看到，在定义 Student 类时，使用 extends 关键字继承 Person 类，这样 Student 类可以拥有自己的属性和方法，也会继承 Person 的属性和方法。在 Student 构造器中，可以使用 super 关键字调用父类的构造方法，对父类中的属性进行初始化。

在实现类的继承时，也可以在子类中对父类的方法进行重写。比如，Student 类可以重写 Person 类中的 eating 方法，代码如下所示：

```typescript
class Student extends Person {
  ......
  // 3.重写父类的方法
  eating() {
    console.log("student eating")
    super.eating() // 4.super 调用父类的 eating 方法
  }
}
......
stu.eating() // 调用子类的 eating 方法
```

可以看到，在 Student 类中定义一个与 Person 类一模一样的 eating 方法，这就属于对方法的重写。当我们调用 Student 的 eating 方法时，会调用子类 Student 中的 eating 方法，而不是直接调用父类 Person 的 eating 方法。

如果想调用父类的 eating 方法，需要使用 super 关键字，例如调用 super.eating 方法。

15.1.3 类的多态

面向对象编程中的三大特性是：封装、继承和多态。维基百科对多态的定义是：多态（polymorphism）指为不同数据类型的实体提供统一的接口，或使用一个单一的符号表示多个不同的类型。

维基百科的定义比较抽象，也不太容易理解。作者对多态的理解是：不同的数据类型在进行同一个操作时表现出不同的行为，这就是多态的体现。

在 "01_TypeScript 类的使用" 目录下新建 "03_类的多态.ts" 文件，代码如下所示：

```typescript
class Animal {
  action() {
    console.log("animal action")
  }
}
class Dog extends Animal { // 继承是多态的前提
  action() { // 子类重写父类的 action 方法
```

```
      console.log("dog running!!!")
    }
}
class Fish extends Animal {
  action() {
    console.log("fish swimming")
  }
}

// 1.多态是为了写出更具通用性的代码
function makeActions(animals: Animal[]) {
  animals.forEach(animal => {
    // 2.animals 是父类的引用, 指向子类对象
    animal.action() // 3.调用子类的 action 方法
  })
}
makeActions([new Dog(), new Fish()])
export {}
```

可以看到，继承是多态的前提。在 makeActions 函数中，接收的 animals 数组包含 dog 和 fish 对象，它们都是 Animal 类的子类，即父类的引用指向了子类的对象。

当调用 animal.action 方法时，实际上调用的是子类的 action 方法。这就是多态的体现，即对不同的数据类型进行同一个操作时，表现出不同的行为。

15.1.4　成员修饰符

在 TypeScript 中，可以使用三种修饰符来控制类的属性和方法的可见性，分别是 public、private 和 protected。

◎ public：默认的修饰符，它表示属性或方法是公有的，可以在类的内部和外部被访问。
◎ private：表示属性或方法是私有的，只能在类的内部被访问，外部无法访问。
◎ protected：表示属性或方法是受保护的，只能在类的内部及其子类中被访问，外部无法访问。

使用 private 和 protected 修饰符可以增强类的封装性，避免属性和方法被外部访问和修改。下面演示 private 和 protected 修饰符的使用。

1. private 修饰符

在"01_TypeScript 类的使用"目录下新建"04_成员的修饰符-private.ts"文件，代码如下所示：

```
class Person {
  // 1.私有属性不能被外部访问, 需要封装方法来操作 name 属性
  private name: string = ""

  getName() { // 默认是 public 方法
    return this.name // 2.获取 name
  }
  setName(newName) {
    this.name = newName // 3.设置 name
  }
}
const p = new Person()
// console.log(p.name) // 4.直接访问私有的 name 属性会报错
console.log(p.getName()) // ok
```

```
p.setName("why") // ok
export {}
```

可以看到，私有的 name 属性不能被外界直接访问，需要编写 getName 和 setName 方法来获取和设置 name。

2. protected 修饰符

在"01_TypeScript 类的使用"目录下新建"05_成员的修饰符-protected.ts"文件，代码如下所示：

```
class Person {
  // 1.protected 的属性，在类内部和子类中可以访问
  protected name: string = "123"
}
class Student extends Person {
  getName() {
    // 2.子类可以访问父类的 protected 属性
    return this.name
  }
}

const stu = new Student()
// console.log(stu.name) // 3.直接访问受保护的 name 属性会报错
console.log(stu.getName()) // ok
export {}
```

可以看到，受保护的 name 属性不能被外界直接访问，但是在自身类和子类中可以被访问。

15.1.5 只读属性

如果我们不希望外部随意修改某一个属性，而是希望在确定值后直接使用，那么可以使用 readonly。

在"01_TypeScript 类的使用"目录下新建"06_属性的只读-readonly.ts"文件，代码如下所示：

```
type FriendType = { name: string }
class Person {
  // 1.只读属性可以在构造器中赋值，赋值之后就不可以修改
  readonly name: string
  // 2.属性本身不能进行修改，但如果它是对象类型的，则对象中的属性可以修改
  readonly friend?: FriendType

  constructor(name: string, friend?: FriendType) {
    this.name = name
    this.friend = friend
  }
}

const p = new Person("why", { name:'kobe'} )
// 3.直接修改只读的 name 会报错：Cannot assign to 'name' because it is a read-only
// p.name = 'liujun'
console.log(p.name, p.friend) // ok

// p.friend = { name: 'evan' } // 4.直接修改只读的 friend 会报错
if (p.friend) {
  p.friend.name = 'evan' // 5. friend 对象中的 name 属性是可以修改的
}
```

可以看到，只读属性在外界是不能被修改的，但是可以在构造器中赋值，赋值之后也不可以修改。

另外，如果只读属性是对象类型（如 friend），那么对象中的属性是可以修改的。例如，p.friend 是不能修改的，但是 p.friend.name 是可以修改的。

15.1.6　getter/setter

对于一些私有属性，我们不能直接访问，或者对于某些属性，我们想要监听其获取和设置的过程。这时，可以使用 getter 和 setter 访问器。

在"01_TypeScript 类的使用"目录下新建"07_getters-setter.ts"文件，代码如下所示：

```
class Person {
  private _name: string // 1.私有属性一般习惯以下画线开头命名
  constructor(name: string) {
    this._name = name
  }
  set name(newName) { // 2.setter 访问器
    this._name = newName
  }
  get name() { // 3.getter 访问器
    return this._name
  }
}
const p = new Person("why")
p.name = "coderwhy" // 4.调用 setter 访问器为_name 设置值
console.log(p.name) // 5.调用 getter 访问器获取_name 的值
export {}
```

可以看到，通过在 Person 类中定义 getter 和 setter 访问器，实现对_name 私有属性的获取和存储。

15.1.7　静态成员

在类中定义的属性和方法都属于对象级别的。但在开发中，有时也需要定义类级别的属性和方法，也就是类的静态成员。在 TypeScript 中，可以使用关键字 static 来定义类的静态成员。

在"01_TypeScript 类的使用"目录下新建"08_类的静态成员.ts"文件，代码如下所示：

```
class Student {
  static time: string = "24:00:00" // 1.定义静态属性
  static attendClass() { // 2.定义静态方法
    console.log("去学习~")
  }
}
console.log(Student.time) // 3.访问静态属性
Student.attendClass() // 4.调用静态方法
export {}
```

可以看到，这里为 Student 类添加了静态属性 time 和静态方法 attendClass。

15.1.8　抽象类

在面向对象编程中，继承和多态是密切相关的。为了定义通用的调用接口，我们通常会让调用者传入父类，通过多态实现更加灵活的调用方式。父类本身可能不需要对某些方法进行具体实现，这时可以将这些方法定义为**抽象方法**。

抽象方法是指没有具体实现的方法，即没有方法体。在 TypeScript 中，**抽象方法必须存在于抽象类中**。抽象类使用 abstract 关键字声明，**包含抽象方法的类就称为抽象类**。

下面定义一个抽象类，在"01_TypeScript 类的使用"目录下新建"09_抽象类 abstract.ts"文件，代码如下所示：

```typescript
// 1.抽象类 Shape
abstract class Shape {
  abstract getArea(): number // 2.抽象方法，没有具体实现
}

class Rectangle extends Shape { // 3.继承抽象类
  private width: number
  private height: number

  constructor(width: number, height: number) {
    super() // 在类的继承中，构造器必须调用 super 函数
    this.width = width
    this.height = height
  }
  getArea() { // 4.实现抽象类中的 getArea 抽象方法
    return this.width * this.height
  }
}
class Circle extends Shape {
  private r: number
  constructor(r: number) {
    super()
    this.r = r
  }
  getArea() { // 5.实现抽象类中的 getArea 抽象方法
    return this.r * this.r * 3.14
  }
}
function makeArea(shape: Shape) {
  return shape.getArea() // 6.多态的应用
}

const rectangle = new Rectangle(20, 30)
const circle = new Circle(10)
console.log(makeArea(rectangle))
console.log(makeArea(circle))
export {}
```

可以看到，抽象类 Shape 具有以下特点。

◎ Shape 抽象类不能被实例化，也就是说，无法通过 new 关键字创建对象。

◎ Shape 中的 getArea 抽象方法必须由子类 Rectangle 和 Circle 实现，否则该类必须也是一个抽象类。

15.1.9 类作为数据类型使用

类不仅可以用于创建对象，还可以用作一种数据类型。

在"01_TypeScript 类的使用"目录下新建"10_类作为类型.ts"文件，代码如下所示：

```typescript
class Person {
```

```
  name: string = "coder"
  eating() {}
}
const p = new Person() // 用类创建对象
const p1: Person = { // 1.类作为一种数据类型使用
  name: "why",
  eating() {}
}
function printPerson(p: Person) { // 2.类作为数据类型使用
  console.log(p.name)
}

printPerson(new Person())
printPerson({name: "kobe", eating: function() {}})
export {}
```

可以看到，Person 类不仅可以用于创建 Person 对象，还可以用作数据类型。

15.2 TypeScript 接口的使用

面向对象编程具有封装、继承、多态三大特性，而接口是封装实现的最重要的概念之一。

◎ 接口是在应用程序中定义一种约定的结构，在定义时要遵循类的语法。

◎ 从接口派生的类必须遵循其接口提供的结构，并且 TypeScript 编译器不会将接口转换为 JavaScript。

◎ 接口是用关键字 interface 定义的，并将 class 改成 interface。格式为 interface 接口名 {......}。

◎ 接口中的功能没有具体实现，接口不能实例化，也不能使用 new 关键字创建对象。

15.2.1 接口的声明

下面以接口的方式为对象声明类型。

在 "01_learn_typeScript_advanced" 目录下新建 "02_TypeScript 接口的使用/01_声明对象类型.ts" 文件，代码如下所示：

```
// 1.方式一：通过类型别名(type)声明对象类型
// type IInfoType = { readonly name: string, age?: number, height: number}

// 2.方式二：通过接口(interface)声明对象类型
interface IInfoType {
  readonly name: string // 只读属性
  age?: number, // 可选类型
  height: number
}
// 指定对象的类型
const info: IInfoType = {
  name: "why",
  age: 18,
  height: 1.68
}
console.log(info.name)
// info.name = "123" // 只读属性不能修改
info.age = 20 // 可以修改
export {}
```

可以看到，这里使用两种方式声明对象类型，这两种方式只是语法不一样，但功能相同。

（1）使用类型别名（type），在第 14 章介绍过。

（2）使用关键字 interface 定义一个 IInfoType 接口。我们在该接口中规定对象中有一个只读的 name 属性、一个可选的 age 属性和一个 height 属性。另外，我们也可以用接口声明函数类型等。

15.2.2 索引类型

使用 interface 定义对象类型时，要求对象的属性名、方法以及类型都是确定的。但有时会遇到一些特殊情况，例如所有的 key 或者 value 的类型都是相同的，这时可以使用索引类型。

在"02_TypeScript 接口的使用"目录下新建"02_索引类型.ts"文件，代码如下所示：

```
const frontLanguage = {
  0: "HTML",
  1: "CSS",
  2: "JavaScript",
  3: "Vue"
}
const languageYear = {
  "C": 1972,
  "Java": 1995,
  "JavaScript": 1996,
  "TypeScript": 2014
}
```

上面的对象有一个共同点——key 的类型或者 value 的类型是相同的。在这种情况下，需要使用索引签名来约束对象中属性和值的结构及类型，代码如下所示：

```
// 1.用 interface 定义索引类型
interface IndexLanguage {
  [index: number]: string
}
const frontLanguage: IndexLanguage = {......}

// 2.用 interface 定义索引类型
interface ILanguageYear {
  [name: string]: number
}
const languageYear: ILanguageYear = {......}
```

从上述代码中可以看到，我们使用 interface 定义了两个索引类型：IndexLanguage 和 ILanguageYear。在 IndexLanguage 接口中，通过计算属性的方式约定对象的属性的 key 是 number 类型，value 是 string 类型，计算属性中的 index 是支持任意命名的。另一个索引类型同理。

具体的属性可以和索引签名混合在一起使用，但是属性的类型必须是索引值的子集，代码如下所示：

```
interface LanguageBirth {
  [name: string]: number
  Java: number // Java 属性的类型必须是索引值的子集(与顺序无关)
}

const language: LanguageBirth = {
  "Java": 1995,
  "JavaScript": 1996,
```

```
    "C": 1972
}
```

15.2.3 函数类型

Interface 不仅可以定义对象中的属性和方法，实际上 interface 还可以用于定义函数类型。在"02_TypeScript 接口的使用"目录下新建"03_函数类型.ts"文件，代码如下所示：

```
// 1.方式一：用 type 定义函数类型
// type CalcFn = (n1: number, n2: number) => number

// 2.方式二：用 interface 定义函数类型
interface CalcFn {
  (n1: number, n2: number): number
}
// 4.指定 add 函数的类型
const add: CalcFn = (num1, num2) => {
  return num1 + num2
}
// 5.指定参数 calcFn 函数的类型
function calc(num1: number, num2: number, calcFn: CalcFn) {
  return calcFn(num1, num2)
}
calc(20, 30, add)
export {}
```

可以看到，定义函数的类型有两种方案：一种是使用类型别名，另一种是使用接口。如果只是定义一个普通的函数，推荐使用类型别名，这样可以提高代码的可读性。但是，如果需要更强的扩展性，就需要函数具有使用接口来定义函数的类型，代码如下所示：

```
// 6.方式三：用 interface 定义函数的类型，该函数还有 get 和 post 属性
interface FakeAxiosType {
  (config: any): Promise<any>;
  get(url: string): string;
  post: (url: string) => string;
}
const FakeAxios: FakeAxiosType = function(config: any) {
  return Promise.resolve(config)
}
FakeAxios.get = function(url: string): string{ return 'liujun' }
FakeAxios.post = function(url: string): string{ return 'coderwhy' }
```

15.2.4 接口的继承

在 TypeScript 中，接口和类一样可以实现继承。接口的继承同样使用 extends 关键字，接口支持多继承，而类不支持多继承。

在"02_TypeScript 接口的使用"目录下新建"04_接口的继承.ts"文件，代码如下所示：

```
interface ISwim {
  swimming: () => void // 接口定义的方法
}
interface IFly {
  flying: () => void
}
// 1.接口的多继承
interface IAction extends ISwim, IFly {}
```

```
const action: IAction = {
  swimming() {}, // 2.必须实现接口中的方法
  flying() {}
}
export {}
```

可以看到，IAction 接口继承了 ISwim 和 IFly 两个接口。将 action 对象指定类型为 IAction，这意味着该对象必须实现 IAction 接口中定义的所有属性和方法。

15.2.5 交叉类型

前面我们已经了解了联合类型，它表示满足多个类型中的任意一个，代码如下所示：

```
type Alignment = 'left' | 'right' | 'center'
```

其实，还有一种类型合并方式——交叉类型（Intersection Type），它表示需要同时满足多个类型的条件，使用符号&连接。

例如，下面的交叉类型 MyType 表示需要同时满足 number 和 string 类型。然而，实际上这种类型是不存在的，因此 MyType 实际上是一个 never 类型。

```
type MyType = number & string
```

在开发中，交叉类型通常用于合并对象类型。在"02_TypeScript 接口的使用"目录下新建"05_交叉类型.ts"文件，代码如下所示：

```
interface ISwim {
  swimming: () => void
}
interface IFly {
  flying: () => void
}
type MyType1 = ISwim | IFly
type MyType2 = ISwim & IFly
// 1.联合类型
const obj1: MyType1 = {
  flying() {}
}
// 2.交叉类型。MyType2 类型是 ISwim 和 IFly 类型的合并
const obj2: MyType2 = {
  swimming() {},
  flying() {}
}
export {}
```

可以看到，交叉类型 MyType2 是 ISwim 和 IFly 类型的合并。

15.2.6 接口的实现

接口除了可以被继承，还可以被类实现。如果一个类实现了该接口，那么在需要传入该接口的地方，都可以传入该类对应的对象，这就是面向接口编程的思想。

在"02_TypeScript 接口的使用"目录下新建"06_接口的实现.ts"文件，代码如下所示：

```
interface ISwim {
  swimming: () => void
}
interface IEat {
  eating: () => void
```

```
}
class Animal {}

// 1.继承(extends): 只能实现单继承
// 2.实现接口(implements): 类可以实现多个接口
class Fish extends Animal implements ISwim, IEat {
  swimming() { // 3.实现 ISwim 接口对应的 swimming 方法
    console.log("Fish Swmming")
  }
  eating() { // 4.实现 IEat 接口对应的 eating 方法
    console.log("Fish Eating")
  }
}
class Person implements ISwim {
  swimming() {
    console.log("Person Swimming")
  }
}

// 5.编写一些公共的 API。下面是面向接口编程, 即 swimAction 函数接收的是 ISwim 接口
function swimAction(swimable: ISwim) {
  swimable.swimming()
}
// 6.只要实现了 ISwim 接口的类对应的对象, 都可以传给 swimAction 函数
swimAction(new Fish())
swimAction(new Person())
export {}
```

可以看到, Fish 类继承了 Animal 类, 并且实现了 ISwim 和 IEat 接口, Person 类也实现了 ISwim 接口。

接着, 我们编写一个 swimAction 函数, 该函数需要接收一个 ISwim 接口, 这意味着它可以接收所有实现了 ISwim 接口的类对应的对象, 也就是常说的面向接口编程。

15.2.7　interface 和 type 的区别

在实际开发中, interface 和 type 都可以用于定义对象类型, 主要有以下选择方式。

◎　在定义非对象类型时, 通常推荐使用 type。比如 Direction、Alignment 以及一些 Function。

◎　定义对象类型时, interface 和 type 有如下区别。

- interface: 可以重复地对某个接口定义属性和方法。
- type: 定义的是别名, 别名不能重复。

在 "02_TypeScript 接口的使用" 目录下新建 "07_interface 和 type 的区别.ts" 文件, 代码如下所示:

```
interface IFoo {
  name: string
}
interface IFoo {
  age: number
}
// 1.IFoo 类型是上面两个 IFoo 接口的合并
const foo: IFoo = {
  name: "why",
  age: 18
}
```

可以看到，interface 可以重复对某个接口进行定义。比如，当我们想为 window 扩展额外的属性时，可以重复定义 window 的类型。

下面来看看不能重复定义类型别名的情况，代码如下所示：

```
// 2.类型别名不能重复
type IBar = { // 报错：Duplicate identifier 'IBar'
  name: string
}
type IBar = { // 报错，不能重复定义
  age: number
}
export {}
```

可以看到，类型别名 IBar 是不能重复定义的。

15.2.8　字面量赋值

前面已经介绍过，接口可以为对象声明类型。在"02_TypeScript 接口的使用"目录下新建"08_字面量赋值.ts"文件，代码如下所示：

```
interface IPerson {
  name: string
}
const info: IPerson = {
  name: "why", // ok
  age: 18 // 报错：Type '{ name: string; age: number; }' is not assignable to type
'IPerson'
}
export{}
```

可以看到，这里使用 interface 定义一个 IPerson 对象的类型，接着将该类型指定给 info 对象。由于 info 对象中多出一个 age 属性，而该属性没有在 IPerson 中声明过，因此会提示报错。

针对这个报错有多种解决方案，比如：增加 IPerson 中的 age 属性、使用索引类型或交叉类型等。这里介绍另一种方案：使用字面量赋值。代码如下所示：

```
interface IPerson {
  name: string
}
const info = {
  name: "why", // ok
  age: 18 // ok
}
// 1.字面量赋值。TypeScript 会擦除（freshness）IPerson 类型之外的类型检查
const p: IPerson = info
```

可以看到，这里将 info 字面量对象赋值给类型为 IPerson 的 p 变量。在字面量赋值的过程中，TypeScript 在类型检查时会保留 IPerson 类型，同时擦除（freshness）其他类型。如果将字面量对象直接赋值给函数的参数，也是同样的道理，代码如下所示：

```
......
function printInfo(person: IPerson) {
  console.log(person)
}
// 2.将字面量对象直接传给函数的参数
printInfo({
  name: "why",
```

```
  age: 18 // 报错
})
// 3.对字面量对象的引用，传递给函数参数
printInfo(info) // ok
```

15.3　TypeScript 枚举类型

15.3.1　认识枚举

在前端开发中，已经介绍了 JavaScript 和 TypeScript 的多种类型，但其实 TypeScript 中还有一种枚举类型。枚举不是 JavaScript 中的类型，而是 TypeScript 的少数功能之一。

◎　枚举是指将一组可能出现的值逐个列举出来并定义在一个类型中，这个类型就是枚举类型。

◎　开发者可以使用枚举定义一组命名常量，这些常量可以是数字或字符串类型。

◎　枚举类型使用 enum 关键字来定义。

在 "01_learn_typescript_advanced" 文件夹下新建 "03_TypeScript 枚举的使用/01_枚举类型的使用.ts" 文件，代码如下所示：

```
// 1.定义 Direction 枚举
enum Direction {
  LEFT,
  RIGHT
}
// 2.指定 direction 参数为 Direction 枚举类型
function turnDirection(direction: Direction) {
  switch (direction) {
    case Direction.LEFT:
      console.log("改变角色的方向向左")
      break;
    case Direction.RIGHT:
      console.log("改变角色的方向向右")
      break;
    default:
      const foo: never = direction; // 确保枚举的每个成员都被处理过
      break;
  }
}
// 3.使用枚举。调用 turnDirection 函数时传入对应的枚举项
turnDirection(Direction.LEFT)
turnDirection(Direction.RIGHT)
```

可以看到，这里使用 enum 关键字定义了 Direction 枚举类型，该枚举定义了 LEFT 和 RIGHT 两个成员。接着，将 turnDirection 函数的参数指定为 Direction 枚举类型。

当调用 turnDirection 函数时，传入对应枚举的成员，这就是枚举的定义和简单的使用过程。

15.3.2　枚举的值

枚举类型的成员默认是有值的，代码如下所示：

```
enum Direction {
  LEFT, // 默认值为 0
  RIGHT // 默认值为 1
}
```

```
// 获取枚举成员的值
console.log(Direction.LEFT) // 打印 0
console.log(Direction.RIGHT) // 打印 1
```

可以看到，如果没有指定枚举成员的值，则默认从零开始自增长。我们也可以为枚举成员重新赋其他的值，代码如下所示：

```
enum Direction {
  LEFT = 100,
  RIGHT  // 自增长
}
// 获取枚举成员的值
console.log(Direction.LEFT) // 打印 100
console.log(Direction.RIGHT) // 打印 101
```

我们还可以将枚举成员赋值为字符串类型，代码如下所示：

```
enum Direction {
  LEFT,
  RIGHT = "RIGHT"
}
// 获取枚举成员的值
console.log(Direction.LEFT) // 打印 0
console.log(Direction.RIGHT) // 打印 RIGHT
```

15.4　TypeScript 泛型的使用

15.4.1　认识泛型

在软件工程中，构建明确和一致的 API，且 API 具有可复用性是非常重要的。为了实现这一点，可以使用函数来封装 API。通过传入不同的函数参数，函数可以帮助我们完成不同的操作。

但是，是否可以将参数的类型也进行参数化呢？答案是肯定的。将参数的类型也进行参数化，这就是通常所说的类型参数化，也称为泛型。

为了更好地理解类型参数化，下面来看一个需求：封装一个函数，传入一个参数，并且返回这个参数。

在"01_learn_typescript_advanced"文件夹下新建"04_TypeScript 泛型的使用/01_枚举类型的使用.ts"文件，代码如下所示：

```
function foo(arg: number): number {
  return arg
}
```

可以看到，foo 函数的参数和返回值类型应该一致，都为 number 类型。虽然该代码实现了功能，但是不适用于其他类型，如 string、boolean 等。有人可能会建议将 number 类型改为 any 类型，但这样会丢失类型信息。例如传入的是一个 number，我们希望返回的不是 any 类型，而是 number 类型。因此，在函数中需要捕获参数的类型为 number，并将其用作返回值的类型。

这时，我们需要使用一种特殊的变量——类型变量（Type Variable），用于声明类型，代码如下所示：

```
function foo<Type>(arg: Type): Type {
  return arg
}
```

可以看到，使用<>语法在 foo 函数中定义了一个类型变量 Type，接着该类型变量用于声明 arg 变量的类型和函数返回值的类型，这就是泛型的定义。

在 foo 函数中定义好类型变量 Type 之后，接下来在调用 foo 函数时，也可以使用<>语法为类型变量 Type 传递具体的类型，这就是泛型的使用。代码如下所示：

```
// 调用方式一：向类型变量 Type 传递具体的类型
foo<number>(20) // 这时，Type 为 number 类型
foo<{name: string}>({name: "why"})

// 调用方式二：TypeScript 会自动推导出 Type 具体的类型
foo(50)
foo("abc") // 这时，Type 为 string 类型
```

需要注意的是，foo 函数上可以定义多个类型变量，代码如下所示：

```
function foo<T, E>(a1: T, a2: E) { }
foo<number, string>(20, 'abc')
```

在 foo 函数中定义了两个类型变量 T 和 E，这两个变量的名称可以任意命名。

在开发中，通常会使用以下名称来定义类型变量。

◎ T：Type 的缩写，表示类型。

◎ K、V：key 和 value 的缩写，表示键值对。

◎ E：Element 的缩写，表示元素。

◎ O：Object 的缩写，表示对象。

15.4.2　泛型接口

泛型的应用非常广泛，不仅可以在函数中使用，还可以在定义接口时使用。

在 "04_TypeScript 泛型的使用" 目录下新建 "02_泛型接口的使用.ts" 文件，代码如下所示：

```
// 1.定义接口，在接口中定义 T1 和 T2 两个类型变量，并且都有默认值
interface IPerson<T1 = string, T2 = number> {
  name: T1 // name 的类型是 T1，需要调用者决定
  age: T2
}
// 2.将 p1 和 p2 指定为 IPerson 类型
const p1: IPerson = { name: "why", age: 18 }
const p2: IPerson<string, number> = { name: "why", age: 18 }
export {}
```

可以看到，在 IPerson 接口中定义了 T1 和 T2 两个类型变量，T1 的默认类型为 string，T2 的默认类型为 number。也就是说，该接口中的 name 属性的默认类型为 string，age 属性的默认类型为 number。

然后，将 p1 和 p2 都指定为 IPerson 类型，其中在指定 p2 时，又为 T1 和 T2 类型变量传递了具体的类型，这就是泛型在接口中的用法。

15.4.3　泛型类

在定义类时也可以使用泛型。举个例子，在 "04_TypeScript 泛型的使用" 目录下新建 "03_泛型类的使用.ts" 文件，代码如下所示：

```
// 1.在 Point 类上定义 T 类型变量
class Point<T> {
  x: T
  y: T
  z: T
  constructor(x: T, y: T, z: T) {
    this.x = x
    this.y = y
    this.z = y
  }
}
// 2.TypeScript 会自动推导 T 类型变量的具体类型
const p1 = new Point("1.33.2", "2.22.3", "4.22.1")
// 3.向 Point 类的 T 类型变量传递具体的 string 类型
const p2 = new Point<string>("1.33.2", "2.22.3", "4.22.1")
const p3: Point<string> = new Point("1.33.2", "2.22.3", "4.22.1")
export {}
```

可以看到，在 Point 类中定义了一个 T 类型变量。

◎ 在创建 p1 对象时，TypeScript 会自动推导出 T 类型变量的具体类型。

◎ 在创建 p2 对象时，向 T 类型变量传递了具体的 string 类型。

◎ 在声明 p3 对象类型时，也向 T 类型变量传递了具体的 string 类型。

以上就是泛型在类中的用法。

15.4.4　泛型约束

有时我们希望传入的类型有某些共性，但是这些共性可能不在同一种类型中。

例如，string 和 array 都有 length 属性，或者某些对象也会有 length 属性。这意味着只要是拥有 length 属性的类型，都可以作为参数类型。这时，需要使用泛型约束来定义类型。

在 "04_TypeScript 泛型的使用" 目录下新建 "03_泛型类的使用.ts" 文件，代码如下所示：

```
// 1.接口定义对象类型
interface ILength {
  length: number
}
// 2.在 getLength 函数中定义 T 类型变量，并添加类型的约束
//    T 类型必须包含 ILength 接口中定义的 length 属性
function getLength<T extends ILength>(arg: T) {
  return arg.length
}

// 3.泛型约束的使用
getLength("abc") // TypeScript 会自动推导出 string 类型(string 有 lenght 属性)
// 向 T 类型变量传递 string[]类型（该类型有 lenght 属性）
getLength<string[]>(["abc", "cba"])
// 向 T 类型变量传递{length: number}对象类型（有 lenght 属性）
getLength<{length: number}>({length: 100})
// getLength<number>(1000) // 报错：Type 'number' does not satisfy the constraint
'ILength'
export {}
```

可以看到，在 getLength 函数中定义了 T 类型变量，并且通过 extends 关键字为该类型添加了约束，约束 T 类型必须包含 ILength 接口中定义的 length 属性。

在调用 getLength 函数时，传入的参数类型必须包含 length 属性，这就是泛型约束的用法。

15.5 模块和命名空间

TypeScript 支持以下两种组织方式来编写代码（即控制代码的作用域）。

（1）模块化开发：每个文件可以是一个独立的模块，既支持 ES Module，也支持 CommonJS。

（2）命名空间：通过 namespace 声明一个命名空间。

下面详细讲解这两种组织代码的方式。

15.5.1 模块化开发

模块化开发是指将每个 TypeScript 文件都视为一个独立的模块。下面以封装一个 math.ts 模块为例。

在"01_learn_typescript_advanced"文件夹下新建"05_TypeScript 模块和命名空间 /utils/math.ts"文件，代码如下所示：

```
// math.ts
export function add(num1: number, num2: number) {
  return num1 + num2
}
export function sub(num1: number, num2: number) {
  return num1 - num2
}
```

可以看到，在 math.ts 文件中定义了 add 和 sub 两个函数，并使用 ES Module 的规范声明将其导出。因此，math.ts 文件就是一个独立的模块。如果其他文件要使用该模块的功能，就需要先导入该模块的两个函数。

接着，使用 math.ts 模块中定义的两个函数，在"05_TypeScript 模块和命名空间"目录下新建"main.ts"文件，代码如下所示：

```
// main.ts
import { add, sub } from "./utils/math";
console.log(add(20, 30));
console.log(sub(20, 30));
```

可以看到，在 main.ts 文件中首先导入了 math.ts 模块的 add 和 sub 函数，然后分别打印调用 add 和 sub 函数返回的结果，这就是模块化开发。

15.5.2 命名空间

在 TypeScript 早期，命名空间被称为内部模块，主要用于在一个模块内部进行作用域的划分，防止一些命名冲突的问题。

在"05_TypeScript 模块和命名空间"目录下新建"utils/format.ts"文件，代码如下所示：

```
// 1.声明一个命名空间：Time
export namespace Time {
  // 在 Time 命名空间中定义属性和方法
  export function format(time: string[]) { return time.join('-') }
  export let name: string = "coder"
}
// 1.声明一个命名空间：Price
export namespace Price {
  export function format(price: number) { return price.toFixed(2) }
}
```

可以看到，我们声明了 Time 和 Price 两个命名空间并将其导出。

◎ 在 Time 命名空间中定义 name 属性和 format 方法，并进行导出。

◎ 在 Price 命名空间中定义 format 方法，并进行导出。

修改新建的 main.ts 文件，代码如下所示：

```
......
// 2.导入命名空间: Time 和 Price
import { Time, Price } from './utils/format'
// 3.调用命名空间定义的属性和方法
console.log(Time.name) // coder
console.log(Time.format(['2022', '07', '10'])) // 2022-07-10
console.log(Price.format(2999.7834)) // 2999.78
```

可以看到，首先导入了 Time 和 Price 命名空间，接着分别调用命名空间中定义的属性和方法。这就是在 TypeScript 中使用命名空间的方式。

15.6 类型的声明

15.6.1 类型的查找

前面介绍的 TypeScript 类型几乎都是我们自己编写的，但是也使用了一些其他的类型。代码如下所示：

```
const imageEl = document.getElementById("image") as HTMLImageElement
```

为什么在 TypeScript 中可以使用 HTMLImageElement 类型？这其中就涉及了 TypeScript 的类型管理和查找规则。

为了更好地管理类型，TypeScript 提供了另一种文件类型，即.d.ts 文件（d 是 declare 的缩写）。

我们之前编写的 TypeScript 文件都是.ts 文件，它们在经过构建工具打包之后，最终会输出.js 文件。.d.ts 文件用于声明（declare）类型。它仅用于做类型检测，告知 TypeScript 有哪些类型。

在 TypeScript 中，有三种声明类型的位置。

（1）内置类型声明（如 lib.dom.d.ts）。

（2）外部定义类型声明（如@types/xxx、axios/index.d.ts）。

（3）自定义类型声明（如 src/shims-vue.d.ts、global.d.ts）。

下面来详细介绍它们。

1. 内置类型声明

在 TypeScript 中，内置类型声明是 TypeScript 自带的，它内置了 JavaScript 运行时的一些标准化 API 的声明文件，其中包括 Math、Date 等内置类型，以及 DOM API，如 Window、Document 等。

通常情况下，在安装 TypeScript 时，TypeScript 的环境中会自带内置类型声明文件（如 lib.dom.d.ts 文件）。此外，我们也可以在链接 15-1 的 GitHub 地址中查看内置类型声明文件。

2. 外部定义类型声明

外部类型声明通常在使用一些库（如第三方库）时会用到。

这些第三方库通常有两种类型声明方式。

（1）在自己的库中进行类型声明，比如 axios 的 index.d.ts 文件。

（2）使用社区的公有库 DefinitelyTyped 存放类型声明文件。DefinitelyTyped 的 GitHub 地址见链接 15-2。当我们需要某个库类型文件时，可执行 npm i @types/xxxx --save-dev 对其进行安装。

比如，当需要安装 React 类型声明时，可以在终端执行如下命令。

```
npm i @types/react --save-dev
```

注意：该命令可在 npm 仓库获取，见链接 15-3。

3. 自定义类型声明

在开发中，有两种情况需要自定义声明文件。

（1）使用的第三方库是一个纯 JavaScript 库，没有对应的声明文件，比如 Vue.js 3 中常用的 lodash。

（2）我们需要在自己的代码中声明一些类型，以便在其他地方直接使用。

另外，需要注意的是：自定义的声明文件命名可以随便起，该文件一般放在 src 目录下，也可以放到其他目录下，但必须是.d.ts 文件，例如 shims-vue.d.ts、hy-type.d.ts、global.d.ts 等。

15.6.2　创建 Vue.js 3 + TypeScript 项目

前面编写的 TypeScript 代码都是使用 ts-node 运行的，下面介绍 TypeScript 代码如何在浏览器中运行。在浏览器中运行 TypeScript 代码，需要借助 webpack 搭建 TypeScript 的运行环境。

为了简化搭建过程，可以直接使用前面学习过的 Vue CLI 脚手架来搭建 TypeScript 运行环境。下面创建一个 Vue.js 3 + TypeScript 的项目，步骤如下所示。

（1）在终端中进入"01_learn_typescript_advanced"目录，执行"vue create　06_typescript_declare"命令。

（2）选择"Manually select features"。

（3）选择"Choose Vue Version、Babel、TypeScript"三个功能。（注意：要选择 TypeScript。）

（4）选择 Vue.js 3 版本。

创建好项目后，修改并删除暂时没有用到的文件，最终的项目目录结构如下所示：

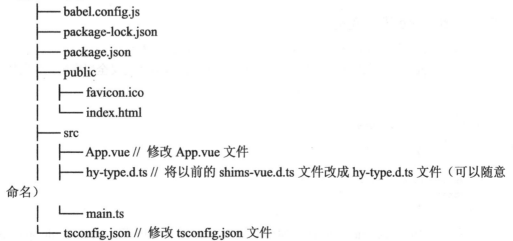

```
06_typescript_declare
    ├── babel.config.js
    ├── package-lock.json
    ├── package.json
    ├── public
    │   ├── favicon.ico
    │   └── index.html
    ├── src
    │   ├── App.vue // 修改 App.vue 文件
    │   ├── hy-type.d.ts // 将以前的 shims-vue.d.ts 文件改成 hy-type.d.ts 文件（可以随意
命名）
    │   └── main.ts
    └── tsconfig.json // 修改 tsconfig.json 文件
```

提示：我们也会提供名为"06_typescript_declare_project"的空项目，读者只需在该项目的根目录执行 npm install 即可。如果 Vue CLI 脚手架版本不同，那么创建的项目结构可能会略有不同。

App.vue 文件，代码如下所示：

```
<template>
  <div>Hello TypeScript</div>
</template>
<script lang="ts">
import { defineComponent } from 'vue';
export default defineComponent({
  name: 'App'
});
</script>
```

main.ts 文件，代码如下所示：

```
import { createApp } from 'vue'
import App from './App.vue'

createApp(App).mount('#app')
```

tsconfig.ts 文件，代码如下所示：

```
{
  // TypeScript 编译器的配置项
  "compilerOptions": {
    "target": "es5", // 目标代码
    "module": "commonjs", // 生成代码使用的模块化
    "strict": true, // 启用严格模式
    "esModuleInterop": true,  // 让 ES Module 和 commonjs 相互调用
    "skipLibCheck": true, // 跳过整个库进行类型检查，只检查用到的类型
    "forceConsistentCasingInFileNames": true //强制使用大小写一致的文件名
  }
}
```

修改完该项目后，可以进入该项目的根目录，然后在命令行中输入"npm run serve"，即可在浏览器中运行该项目。

15.6.3　declare 声明变量

在 TypeScript 中，为了声明全局变量，需要使用 declare 关键字。

在"06_typescript_declare"项目的"public/index.html"文件中定义全局变量，代码如下所示：

```
......
<div id="app"></div>
<script>
  // 1.定义全局变量
  const appName = 'Vue.js 3+TS'
  const appVersion = '1.0.0'
</script>
<!-- built files will be auto injected -->
```

接着，在"06_typescript_declare"项目中的"src/main.ts"中使用 appName 和 appVersion

两个全局变量，代码如下所示：

```
import { createApp} from 'vue'
import App from './App.vue'
createApp(App).mount('#app')

// 1.使用全局变量
console.log(appName) // 报错: Cannot find name 'appName'
console.log(appVersion) // 报错: Cannot find name 'appVersion'
```

可以看到，在 main.ts 中直接使用 appName 和 appVersion 两个全局变量会提示报错，因为这两个变量并没有全局声明类型。

为了让这两个全局变量能够全局使用而不报错，我们需要对这两个变量进行全局声明。修改 "06_typescript_declare" 项目中的 "src/hy-type.d.ts" 文件（自定义声明文件），代码如下所示：

```
......
// 1.声明全局变量,告诉编译器该变量已声明了
declare const appName: string
declare const appVersion: string
```

这时，之前 src/main.ts 文件中报错的代码不会再报错了。

15.6.4　declare 声明函数

在 TypeScript 中，声明全局函数也需要用到 declare 关键字。

在 public/index.html 文件中定义全局函数，代码如下所示：

```
<script>
  // 1.定义全局变量
  ......
  // 2.定义全局函数
  function getAppName() { return appName }
</script>
```

接着，修改 src/hy-type.d.ts 文件，对 getAppName 函数进行全局声明，代码如下所示：

```
......
// 2.声明全局函数,告诉编译器该函数已声明了
// declare const getAppName: () => void
declare function getAppName(): void
```

然后，在 src/main.ts 中使用 getAppName 全局函数，代码如下所示：

```
......
// 2.使用全局函数
console.log(getAppName()) // ok
```

15.6.5　declare 声明类

在 TypeScript 中，声明全局类也需要使用到 declare 关键字。在 public/index.html 文件中定义全局类，代码如下所示：

```
<script>
  ......
  // 3.定义全局类
  function Person(name, age) {
    this.name = name
```

```
      this.age = age
  }
</script>
```

接着，修改 src/hy-type.d.ts 文件，对 Person 类进行全局声明，代码如下所示：

```
......
// 3.声明全局类
declare class Person {
  name: string
  age: number
  constructor(name: string, age: number)
}
```

然后，在 src/main.ts 中使用 Person 全局类，代码如下所示：

```
......
// 3.使用全局类
const p = new Person("why", 18) // ok
console.log(p)
```

15.6.6　declare 声明文件

在前端开发中，需要导入各种文件，例如图片、Vue.js 3 文件等。为了正确地声明导入的文件，需要用到 declare 关键字。

在"src/img"文件夹中添加一张 nhIt.jpg 图片，接着修改"src/hy-type.d.ts"文件，对需要导入的.jpg、.jpeg、.png 等文件进行全局声明，代码如下所示：

```
......
// 4.声明导入.jpg、.jpeg、.png 等文件
declare module '*.jpg'
declare module '*.jpeg'
declare module '*.png'
declare module '*.svg'
declare module '*.gif'
```

然后，在"src/main.ts"中导入 nhIt.jpg 文件，代码如下所示：

```
import App from './App.vue'
// 4.导入文件
import nhItImg from './img/nhlt.jpg' // ok
createApp(App).mount('#app')
......
```

15.6.7　declare 声明模块

TypeScript 支持通过模块化和命名空间这两种方式来组织代码。在使用模块化时，需要使用 declare 关键字声明导入的模块。

下面来看导入 lodash 模块的例子。首先需要在"06_typescript_declare"项目的根目录下执行"npm install lodash --save"命令，安装 lodash 模块，接着在 main.ts 中导入使用，代码如下所示：

```
......
import nhItImg from './img/nhlt.jpg'
// 5.导入 lodash 模块
import lodash from 'lodash' // 报错: Could not find a declaration file for module
'lodash'
```

可以看到，安装完 lodash 模块后，在 main.ts 导入 lodash 时会提示找不到该模块的声明文件的错误。

这是因为安装 lodash 模块并没有对应的声明文件。此时，可以执行 "npm i @types/lodash --save-dev" 命令，安装它的声明文件，或手动编写该模块的声明文件。

下面讲解如何手动编写 lodash 模块的声明。声明模块的具体语法如下：

```
declare module '模块名' { export xxx }
```

意思是用 declare module 声明一个模块。在模块内部，需要使用 export 导出对应库的类、函数等。

接着，修改 src/hy-type.d.ts 文件，添加对 lodash 模块的全局声明，代码如下所示：

```
// 5.声明导入的模块
declare module "lodash" {
  export function join(args: any[]): any; // 声明模块中有一个 join 函数，即
lodash.join()
  // 可以继续导出 lodash 的其他方法
}
```

这时，之前 src/main.ts 文件中报错的代码就不会再报错了。

15.6.8 declare 声明命名空间

在 TypeScript 中声明命名空间和声明模块的方式与 TypeScript 类似，也需要使用 declare 关键字。在 "public/index.html" 文件中导入 jQuery 库，代码如下所示：

```
<div id="app"></div>
<!-- 执行下面的代码会在 window 上添加 jQuery 和$属性，它们都是 jQuery 函数 -->
<script
src="https://cdn.bootcdn.net/ajax/libs/jquery/3.6.0/jquery.js"></script>
......
```

接着，为了在全局中直接使用$函数，可以对$函数进行命名空间的声明。代码如下所示：

```
......
// 6.声明$命名空间
declare namespace $ {
  function ajax(settings: any): void
}
```

这样就可以在 main.ts 中直接使用$全局函数了。代码如下所示：

```
// 6.全局使用$函数不会提示报错
$.ajax({
  url: "https://httpbin.org/get",
  success: (res: any) => {
    console.log(res);
  },
});
```

15.7 tsconfig.json 文件解析

前面已经提到，所有 TypeScript 代码最终都会被编译成 JavaScript 代码来运行。这个编译的过程需要使用 TypeScript 编译器，我们可以为该编译器配置一些编译选项。

例如，在 TypeScript 项目的根目录下执行"tsc –init"命令，快速创建一个 tsconfig.json 文件。该文件用于配置 TypeScript 编译项目时编译器所需的选项。下面是该配置文件中比较常见的属性：

```
{
  "compilerOptions": {
    // 编译生成的目标版本代码
    "target": "esnext",
    // 生成代码使用的模块化
    "module": "esnext",
    // 打开所有的严格模式检查
    "strict": true,
    // 允许在项目中导入 JavaScript 文件
    "allowJs": false,
    // 在隐含 any 类型的表达式和声明上引发错误
    "noImplicitAny": false,
    // jsx 的处理方式(保留原有的 jsx 格式)
    "jsx": "preserve",
    // 是否帮助导入一些需要的功能模块
    "importHelpers": true,
    // 按照 node 的模块解析规则
    // https://www.typescriptlang.org/docs/handbook/
module-resolution.html#module-resolution-strategies
    "moduleResolution": "node",
    // 跳过对整个库的类似检测，而仅检测你用到的类型
    "skipLibCheck": true,
    // 支持 es module 和 commonjs 混合使用
    "esModuleInterop": true,
    // 允许合成默认模块导出
    // import * as react from 'react': false
    // import react from 'react': true
    "allowSyntheticDefaultImports": true,
    // 是否要生成 sourcemap 文件
    "sourceMap": true,
    // 文件路径在解析时的基本 url
    "baseUrl": ".",
    // 指定需要加载哪些 types 文件(默认都会进行加载)
    // "types": [
    //    "webpack-env"
    // ],
    // 路径的映射设置,类似于 webpack 中的 alias
    "paths": {
      "@/*": ["src/*"]
    },
    // 指定我们需要用到的库，也可以不配置，直接根据 target 来获取
    "lib": ["esnext", "dom", "dom.iterable", "scripthost"]
  },
  // 指定编译时包含的文件
  "include": [
    "src/**/*.ts",
    "src/**/*.tsx",
    "src/**/*.vue",
    "tests/**/*.ts",
    "tests/**/*.tsx"
  ],
  // 指定编译时应跳过的文件
  "exclude": ["node_modules"]
}
```

关于 tsconfig.json 文件更多的配置选项可查看官方文档，见链接 15-4。

15.8　本章小结

本章内容如下。

◎ TypeScript 类的使用：包括类的定义、类的继承、多态、成员修饰符、只读属性、访问器等。

◎ TypeScript 接口的使用：包括接口的声明、索引类型、函数类型、接口继承、交叉类型等。

◎ TypeScript 枚举和泛型：包括枚举类型的使用、认识泛型、泛型接口、泛型类、泛型约束等。

◎ TypeScript 模块和命名空间：包括模块化开发、模块化的使用、认识命名空间、命名空间的使用。

◎ TypeScript 类型声明：包括类型查找规则、声明变量、声明函数、声明类、声明模块等。

◎ TypeScript 编译器的配置：包括 tsconfig.json 文件的创建、tsconfig 文件常见属性的详解。

16

第三方库的集成与使用

在前端开发中，你可能经常听到"Vue.js 3 全家桶"和"React 全家桶"等术语，它们代表的是 Vue.js 3 和 React 的技术栈。一个项目通常有一套完整的技术栈，例如 Vue.js 3 技术栈可能包括 Vue.js 3、Vue Router、Vuex、Element Plus、Axios、Scss、ECharts、Git 等。本章介绍如何将这些第三方库集成到 Vue.js 3+TypeScript 项目中。在学习之前，先看看本章源代码的管理方式，目录结构如下：

```
VueCode
├── ......
├── chapter16
│   └── 01_learn_integrating_libs
│   └── 02_learn_integrating_libs_project # 提供一个空的 Vue.js 3 项目
```

16.1　Vue CLI 新建项目

如果想要在 Vue.js 3 项目中集成第三方库，必须先创建一个 Vue.js 3 项目。使用 Vue CLI 脚手架创建 Vue.js 3 + TypeScript 项目的具体步骤如下（创建项目的具体步骤详见第 6 章）。

（1）进入 chapter16 文件夹中，在终端执行"vue create 01_learn_integrating_libs"命令，创建项目。

（2）选择"Manually select features"，即手动选择所需功能。

（3）选择"Babel"和"TypeScript"两个选项（注意：这里选择 TypeScript）。

（4）选择 Vue.js 3 版本。

（5）选择其他的配置。

（6）在 VS Code 中打开 01_learn_integrating_libs 项目，在终端执行"npm run serve"命令即可运行项目。

16.2　Vue Router 的集成

第 12 章中已经详细讲解了路由插件（Vue Router），如果你对此比较模糊，强烈建议先阅读 12.2 节。因为下面案例的目录结构与 12.2 节的 Vue Router 基本相同，集成 Vue Router 的步骤也相同，唯一不同的是本节使用了 TypeScript 语法。

下面来看在 Vue.js 3 + TypeScript 项目中如何集成 Vue Router。

第一步：安装 Vue Router。

```
npm install vue-router@4.1.1 --save # 安装和本书一样的版本
```

第二步：创建路由对象。

在 src/router/index.ts 文件中创建路由对象，代码如下所示。

```
import { createRouter, createWebHashHistory } from 'vue-router'
// 1.纯类型的导入，即从 vue-router 包的 vue-router.d.ts 文件中导入
import type { RouteRecordRaw, Router } from 'vue-router'

// 2.声明 routes 的类型
const routes: RouteRecordRaw[] = [
  {
    path: '/',
    redirect: '/home'
  },
  {
    path: '/home',
    component: () => import('../pages/home.vue')
  },
  {
    path: '/about',
    component: () => import('../pages/about.vue')
  }
]
// 3.声明 router 的类型
const router: Router = createRouter({
  routes,
  history: createWebHashHistory()
})
export default router
```

可以看到，该案例和 12.2 节中的案例功能基本一致，不同之处在于这里使用了 TypeScript 文件，并增加了类型声明。

◎ 使用 TypeScript 3.8 新增的 import type 语法导入类型。从 vue-router 中导入 RouteRecordRaw 和 Router 类型，最终会在 node_modules/vue-router/package.json 中的 types 或 typings 属性指定的 dist/vue-router.d.ts 文件中导入类型。

◎ 分别为 routes 和 router 添加对应的类型声明。

其他步骤详见 12.2 节。最后，在浏览器中显示的效果如图 16-1 所示。

图 16-1 在 Vue.js 3 + TypeScript 中集成 Vue Router

16.3 Vuex 的集成

第 13 章中已经详细讲解了全局状态管理插件（Vuex），如果你对此比较模糊，强烈建议先

阅读 13.1.2 节。因为下面案例的目录结构与 13.1.2 节讲的 Vuex 基本相同，集成 Vuex 的步骤也相同，唯一不同的是本节使用了 TypeScript 语法。

下面来看在 Vue.js 3 + TypeScript 项目中如何集成 Vuex。

第一步：安装 Vuex 库。

```
npm install vuex@4.0.2 --save # 安装和本书一样的版本
# or
npm install vuex@next --save # 安装最新的版本
```

第二步：创建 store 对象。

在 src/store/index.ts 文件中创建 store 对象，代码如下所示：

```
import { createStore } from 'vuex'
import type { Store } from 'vuex' // 导入 Store 类型
// 1.用 interface 定义一个对象类型
export interface IRootState {
  counter: number
}
// 2.指定 state 返回值的对象类型为 IRootState（支持下面两种写法）
// const store: Store<IRootState> = createStore({
const store = createStore<IRootState>({
  state() {
    return {
      counter: 0
    }
  },
  mutations: {
    // 可以手动指定参数类型
    increment(state: IRootState) {
      state.counter++
    },
    // 参数 state 类型，TypeScript 会自动推导，可省略
    decrement(state) {
      state.counter--
    }
  }
})
export default store
```

可以看到，该案例和 13.1.2 节中的案例功能基本一致，不同之处在于这里使用了 TypeScript 文件，并增加了类型声明，例如：首先，使用 interface 定义一个名为 IRootState 的对象类型，并将其导出；接着，将该类型传递给 createStore<S>函数的 S 类型变量。这样我们就可以指定 state 返回对象的类型为 IRootState 类型（这就是泛型的应用）。

第三步：在 App.vue 中使用 store。

修改 src/App.vue 文件，代码如下所示。

```
<template>
 <!-- Vue Router -->
  <router-link class="tab" to="/home">首页</router-link>
  <router-link class="tab" to="/about">关于</router-link>
  <router-view></router-view>
  <!-- Vuex -->
  <div>当前计数：{{ $store.state.counter }}</div>
```

```
  <button @click="increment">+1</button>
  <button @click="decrement">-1</button>
</template>

<script lang="ts">
import { defineComponent } from 'vue';
import { useStore } from 'vuex'
// 1.导入自定义的 IRootState 类型
import type { IRootState } from './store/index'
export default defineComponent({
  name: 'App',
  setup() {
    // 2.指定 store 的类型，这里应用了泛型
    const store = useStore<IRootState>()
    const decrement = () => { store.commit('decrement') }
    const increment = () => { store.commit('increment') }
    return {decrement, increment}
  }
});
</script>
......
```

可以看到，该案例和 13.1.2 节中的案例功能相同，不同之处在于这里将 useStore<S>函数的 S 类型变量指定为 IRootState 类型，这样就可以将 state 返回对象的类型指定为 IRootState 类型。其中，IRootState 类型是从 store/index.ts 文件中导入的。

其他步骤详见 13.1.2 节。最后，在浏览器中显示的效果如图 16-2 所示。

图 16-2　在 Vue.js 3 + TypeScript 中集成 Vuex

16.4　Element Plus 的集成

在前端开发中，我们经常会听到"组件化"这个概念，无论是 Vue.js、React，还是 Angular，组件化都是它们的核心思想。将一个页面拆分成多个组件，每个组件都只关注自己的独立功能，这样不仅方便代码的组织和管理，也提高了代码的可复用性和扩展性。

当多个应用程序都需要用到这些组件时，可以将这些组件封装到一个单独的组件库中，这个组件库就是我们常说的 UI 框架。

目前，在前端社区中已经有非常多优秀的组件库，比如 Element Plus、Vant、Ant Design、Element UI、Ant Design Vue、Naïve UI 等。这些组件库提供了丰富的 UI 组件和工具，可以帮助我们快速构建高质量的前端应用。

16.4.1　Element Plus 的介绍和安装

Element Plus 是一套面向开发者、设计师和产品经理的基于 Vue.js 3 的组件库。

在 Vue.js 2 中，Element UI 是最受欢迎的组件库之一，Element Plus 则是 Element UI 团队

专为 Vue.js 3 开发的组件库。使用 Element Plus 的方法与使用其他组件库类似，一旦掌握了 Element Plus，那么学习 Vant、Ant Design、Ant Design Vue 等组件库也会变得容易。

需要注意的是，由于 Vue.js 3 不再支持 IE11，因此 Element Plus 也不再支持 IE 浏览器。

以下是在项目中安装 Element Plus 的命令（建议安装与本书一样的版本，因为不同版本在使用时会有差别）：

```
npm install element-plus@2.2.8 –save # 安装和本书一样的版本
# or
npm install element-plus --save # 安装最新的版本
```

在项目中引入 Element Plus 时，通常有以下三种方式可供选择。

（1）全局引入：将 Element Plus 的所有组件都注册到项目中，即使某些组件没有被使用，也会被打包到项目中。

（2）按需引入（推荐）：将需要使用的组件注册到项目中，因此未使用的组件不会被打包到项目中。

（3）手动导入：与按需引入类似，不同的是需要手动局部注册要使用的组件，未使用的组件也不会被打包到项目中。

下面分别详细讲解这三种方式。

16.4.2　Element Plus 的全局引入

如果你不太关心打包后的文件大小，那么使用完整导入会更加方便（推荐在学习时使用这种方式）。

修改 src/main.ts 文件，直接全局引入组件库，代码如下所示：

```
import { createApp } from 'vue'
import App from './App.vue'
import router from './router'
import store from './store/index'

// 3.全局引入 Element Plus 组件库
import ElementPlus from 'element-plus'
// 3.全局引入 Element Plus 组件库的样式
import 'element-plus/dist/index.css'

createApp(App)
  .use(router)
  .use(store)
  .use(ElementPlus) // 3.安装 Element Plus 组件库
  .mount('#app')
```

可以看到，首先全局引入 Element Plus，并通过 app.use 函数安装 Element Plus 组件库。接着，全局引入该组件库的样式。

如果你使用 Volar 插件，那么需要在 tsconfig.json 中通过 compilerOptions.type 指定全局组件类型。

```
// tsconfig.json
{
  "compilerOptions": {
    // ...
    "types": ["element-plus/global"]
  }
}
```

然后，在 src/App.vue 中使用 Element Plus 组件库的按钮组件（<el-button>），代码如下所示：

```
<template>
  ......
  <!-- ElementPlus -->
  <el-button>Default</el-button>
  <el-button type="primary">Primary</el-button>
  <el-button type="success">Success</el-button>
</template>
......
```

最后，在浏览器中显示的效果如图 16-3 所示。

图 16-3 使用 Element Plus 的按钮组件

此时，在 VS Code 终端执行"npm run build"，控制台输出打包后文件的大小，如下所示：

```
File                              Size            Gzipped
dist/js/chunk-vendors.2917589c.js  925.13 KiB       280.17 KiB
dist/js/app.3d5831bd.js            4.78 KiB         2.23 KiB
dist/js/119.dfd99415.js            0.38 KiB         0.28 KiB
dist/js/729.cba74fc9.js            0.38 KiB         0.28 KiB
dist/css/chunk-vendors.9241cf00.css 300.74 KiB      41.59 KiB
dist/css/app.83863c2e.css          0.08 KiB         0.09 KiB
```

查看 dist/js/chunk-vendors.2917589c.js 文件，会发现该文件不仅包含 Element Plus 中 <el-button>组件的内容，还包含其他组件的内容，比如<el-tag>、<el-icon>、<el-input>等。

16.4.3 Element Plus 的按需引入

按需引入组件需要使用额外的插件自动导入所需的组件（正式开发时推荐这种方式）。因此，需要安装 unplugin-vue-components 和 unplugin-auto-import 这两个插件，具体方式如下。

```
npm install -D unplugin-vue-components@0.9.2 unplugin-auto-import@0.21.1 # 安
装和本书一样的版本
# or
npm install -D unplugin-vue-components unplugin-auto-import # 安装最新的版本
```

修改 vue.config.js 文件，为 webpack 的 plugins 选项添加两个插件，代码如下所示：

```
const { defineConfig } = require('@vue/cli-service')
// 1.按需自动导入组件的插件
const AutoImport = require('unplugin-auto-import/webpack')
const Components = require('unplugin-vue-components/webpack')
const { ElementPlusResolver } = require('unplugin-vue-components/resolvers')

module.exports = defineConfig({
```

```
    transpileDependencies: true,
  configureWebpack: {
    // 2.为 webpack 添加两个插件
    plugins: [
      AutoImport({
        resolvers: [ElementPlusResolver()],
      }),
      Components({
        resolvers: [ElementPlusResolver()],
      })
    ]
  }
})
```

取消 main.ts 中全局引入的代码，代码如下所示：

```
......
// 3.全局引入 Element Plus 组件库
// import ElementPlus from 'element-plus'
// 3.全局引入 Element Plus 组件库的样式
// import 'element-plus/dist/index.css'
createApp(App)
  ......
  // .use(ElementPlus) // 3.安装 Element Plus 组件库
  .mount('#app')
```

最后，重新运行，在浏览器中显示的效果和全局引入的效果一样，如图 16-3 所示。

此时，在终端执行"npm run build"，控制台会输出打包后文件的大小，如下所示：

```
File                        Size                    Gzipped
dist/js/app.252d1c15.js     145.73 KiB               51.79 KiB
dist/js/804.06ca2620.js     0.38 KiB                 0.28 KiB
dist/js/202.0f3cbcd8.js     0.38 KiB                 0.28 KiB
dist/css/app.96cdbe9a.css   23.09 KiB                3.69 KiB
```

可以发现，打包后的文件大幅缩小，而且在查看 dist/js/app.252d1c15.js 文件时，会发现该文件中只包含我们使用到的<el-button>组件的内容，而不包含其他组件的内容。

16.4.4 Element Plus 的手动引入

全局引入和按需引入这两种引入方式都是将组件全局注册，手动引入方式则支持全局和局部注册组件（在 Nuxt3 中推荐这种方式）。也就是说，只有在项目中需要时才会注册该组件，这种方式可以支持 Tree Shaking 功能。

需要注意的是，手动引入方式需要使用 unplugin-element-plus 插件自动导入样式。插件的安装方式如下：

```
npm i unplugin-element-plus@0.4.1 -D # # 安装和本书一样的版本
# or
npm i unplugin-element-plus -D # 安装最新的版本
```

修改 vue.config.js 文件，删除之前按需引入的插件，代码如下所示：

```
const { defineConfig } = require('@vue/cli-service')
module.exports = defineConfig({
  transpileDependencies: true,
  configureWebpack: {
    plugins: [
```

```
    // 自动导入样式
    require('unplugin-element-plus/webpack')({})
  ]
 }
})
```

在页面上局部注册组件，代码如下所示：

```
<template>
  ......
  <!-- ElementPlus -->
  <el-button>Default</el-button>
  <el-button type="primary">Primary</el-button>
  <el-button type="success">Success</el-button>
</template>

<script lang="ts">
......
// 手动导入 ElButton 组件
import { ElButton } from 'element-plus'
export default defineComponent({
  name: 'App',
  components: {
    ElButton // 局部注册 ElButton 组件
  },
  ......
});
</script>
```

可以看到，上述代码完成了手动导入 Element Plus 组件，并局部注册。这里就不再演示全局注册组件了，因为手动引入并全局注册组件就相当于按需引入。

注意：当使用了 unplugin-element-plus 插件，并且只使用组件的 API 时，我们还需手动导入样式。举例如下：

```
import 'element-plus/es/components/message/style/css' // 手动导入样式
import { ElMessage } from 'element-plus'
ElMessage(options)  // 只使用组件的 API
```

最后，重新运行代码，在浏览器中显示的效果如图 16-3 所示。

此时执行"npm run build"，控制台会输出打包后文件的大小，如下所示：

```
File                        Size              Gzipped
dist/js/app.91393cfe.js     145.78 KiB        51.85 KiB
dist/js/657.cd1bc2c6.js     0.38 KiB          0.28 KiB
dist/js/983.c28d7def.js     0.38 KiB          0.28 KiB
dist/css/app.96cdbe9a.css   23.09 KiB         3.69 KiB
```

这时会发现，打包后的文件大幅缩小了。查看 dist/js/app.91393cfe.js 文件，会发现该文件中只包含我们使用到的\<el-button>组件的内容，而不包含其他组件的内容。

16.5 axios 的集成和使用

16.5.1 axios 的介绍和安装

axios 是一个基于 Promise 的网络请求库，既可以在 Node.js 环境下使用，也可以在浏览器环境下使用。在 Node.js 中，axios 使用原生的 HTTP 模块来发送请求；在浏览器中，则使用

XMLHttpRequests。

axios 的特点如下。

◎ 支持在浏览器中创建 XMLHttpRequests 请求。

◎ 支持在 Node.js 中创建 HTTP 请求。

◎ 支持 Promise API。

◎ 支持拦截请求和响应。

◎ 支持转换请求和响应数据的格式。

◎ 支持取消请求。

◎ 自动转换 JSON 数据格式。

◎ 支持防御 XSRF 攻击的客户端实现。

使用 axios 可以方便地完成网络请求，并且具有高度的可定制性和灵活性，因此 axios 是开发中常用的网络请求库之一。

axios 的安装方式如下所示：

```
npm install axios@0.27.2 --save # 强烈推荐安装和本书一样的版本，因为不同版本与本书用
的类型会有区别
```

16.5.2　axios 的 GET 请求

安装完成 axios 后，下面来看看 axios 的基本使用。在"01_learn_integrating_libs"项目的 src 目录下新建 service 文件夹，然后在该文件夹下新建"01-learn-axios-get.ts"文件。

以下是 axios 发起 GET 请求的例子，代码如下所示：

```typescript
import axios from 'axios'
const API_GET = 'http://httpbin.org/get' // 测试 GET 请求的 URL

// 1.方式一：发起一个 GET 请求
axios.get(API_GET + '?id=100400')
  .then((res) => {
    console.log(res.data) // 1.2.处理响应结果
  })

// 2.方式二：发起一个 GET 请求
axios.get(API_GET,{params: { id: 100400} })
  .then((res) => {
    console.log(res.data) // 1.2.处理响应结果
  })

// 3.方式三：发起一个 GET 请求
axios.request({
  method: 'get',
  url: API_GET,
  params: { id: 100400}
  })
  .then((res) => {
    console.log(res.data) // 1.2.处理响应结果
  })
```

可以看到，这三种方式实现的功能都是相同的，只是调用的函数和语法略有不同。无论是调用 axios.get，还是 axios.request，都会返回一个 Promise 对象。此外，params 中的数据最终会拼接到 URL 的查询字符串上。

注意：链接 16-1 提供了一个免费测试 HTTP 请求和响应的服务，下面会用到该服务的 GET
接口。

接着，在 src/main.ts 中导入"01-learn-axios-get.ts"文件，代码如下所示：

```
......
// 5.导入 learn-axios.ts 文件
import './service/01-learn-axios'
createApp(App)
  ......
  .mount('#app')
```

保存代码，在浏览器中显示的效果如图 16-4 所示。

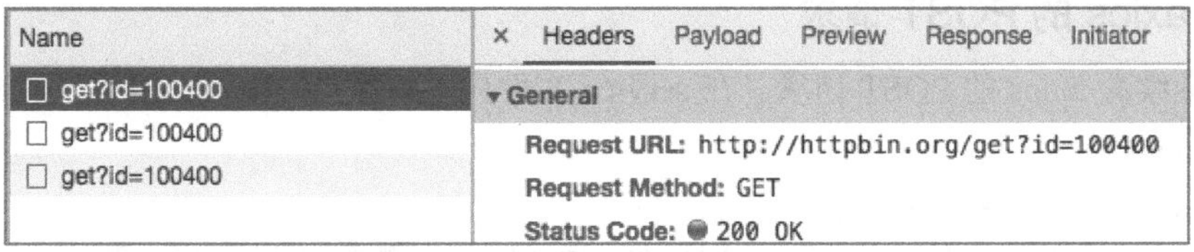

图 16-4　使用 axios 发起 GET 请求

发起 GET 请求成功后，服务器会返回 JSON 格式的数据，如下所示：

```
// res.data 的数据格式
{
  args: {...};
  headers: {....};
  origin: 'xxx'
  url: 'xxx'
}
```

这时，如果想为 axios.get 或 axios.request 请求的返回结果添加类型声明，可以使用泛型来
指定返回结果的类型。在 service 文件夹下新建"02-learn-axios-get-ts.ts"文件，代码如下所示：

```
// 1.定义 GET、POST 请求响应 res.data 对象的类型
interface IResponseData{
  args: any;
  headers: any;
  origin: string;
  url: string;
}

// 2.指定响应结果(res.data)的类型为 IResponseData
axios.get<IResponseData>, any>(API_GET + '?id=100400')
  .then((res) => {
    // TypeScript 会自动推导 res 类型为 AxiosResponse; res.data 类型为 IResponseData
    console.log(res.data)
  })

// 3.指定响应结果(res.data)的类型为 IResponseData
axios.request<IResponseData>({
  method: 'get',
  url: API_GET,
  params: { id: 100400 }
  })
  .then((res) => {
    console.log(res.data)
  })
```

可以看到，首先用 interface 定义了响应结果 res.data 对象的类型为 IResponseData。查看 axios 类型声明文件可以发现，get<T = any, R = AxiosResponse<T>, D = any>和 request<T = any, R = AxiosResponse<T>, D = any>函数都支持接收类型变量。

◎ T 类型变量：代表响应结果 res.data 的类型。

◎ R 类型变量：代表响应结果 res 的类型。

◎ D 类型变量：代表 post 请求提交 data 参数的类型。

上面只为 T 类型变量传递了 IResponseData 类型，即指定了 res.data 响应结果的类型为 IResponseData 类型。

16.5.3　axios 的 POST 请求

下面继续看 axios 的 POST 请求。在 service 文件夹下新建"03-learn-axios-post.ts"文件，代码如下所示：

```
import axios from 'axios'
const API_POST = 'http://httpbin.org/post' // 测试 POST 请求的 URL

// 1.方式一：发起一个 POST 请求
axios.post(API_POST,{ id: 100400})
  .then((res) => {
    console.log(res.data) // 处理响应结果
  })

// 2.方式二：发起一个 POST 请求
axios.request({
  method: 'post',
  url: API_POST,
  data: { id: 100400}
  })
  .then((res) => {
    console.log(res.data) // 处理响应结果
  })
```

可以看到，这两种方式所实现的功能都是一样的，只是调用的函数不一样而已，它们都会返回 Promise 对象。其中，data 的数据会加到请求体中发送给服务器。

提示：POST 请求添加类型声明和 GET 请求添加类型声明是类似的，这里就不赘述了。

接着，在 src/main.ts 中导入"03-learn-axios-post.ts"文件，代码如下所示：

```
......
// 5.导入 learn-axios.ts 文件
import './service/03-learn-axios-post'
createApp(App)
......
```

保存代码，在浏览器中显示的效果如图 16-5 所示。

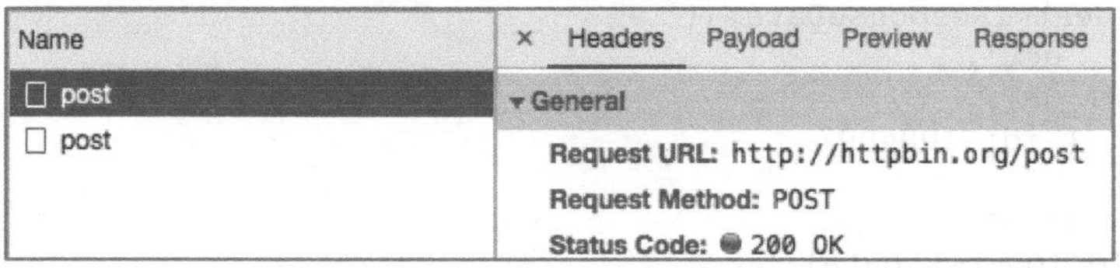

图 16-5　使用 axios 发起 POST 请求

16.5.4　axios 的配置选项

axios 可以指定全局配置，并作用于每个请求。

在 service 文件夹下新建"04-learn-axios-config.ts"文件，代码如下所示：

```
import axios from 'axios'
const API_POST = '/post' // 测试 POST 请求的 URL

// 1.axios 的全局配置，将作用于每个请求
axios.defaults.baseURL = 'http://httpbin.org' // 每个请求基础的 URL，即 URL 前缀
axios.defaults.timeout = 10000

axios.post(API_POST,{ id: 100400}, { // 最终的 URL = baseURL + API_POST
  // 2.每个请求单独配置，优先级最高
  timeout: 5000, // 比全局配置优先级高
  headers: {
    'Content-Type': 'application/json',
    accessToken: 'aabbccdd'
  }
})
.then((res) => {
  console.log(res.data)
})
```

可以看到，axios 可以通过 axios.defaults 属性来添加全局配置。例如，baseURL 和 timeout 分别表示每个请求基础 URL 和请求超时时间，该配置会作用于每个请求。

我们也可以为每个请求单独配置，如上面为 axios.post 请求单独配置了 timeout 和 headers 属性，该属性的优先级别比全局配置要高。

最后，在 src/main.ts 中导入"04-learn-axios-config.ts"文件，即可执行该代码。

关于 axios 的更多配置项，可以查看官方文档，见链接 16-2。

16.5.5　axios 的并发请求

axios 也支持并发请求，需要使用 all 函数实现。只有等到 all 函数中的所有请求结束之后，才会触发 then 回调。在 service 文件夹下新建"05-learn-axios-all.ts"文件，代码如下所示：

```
import axios from 'axios'
axios
  .all([
    axios.get('http://httpbin.org/get', { params: { name: 'why', age: 18 } }),
    axios.post('http://httpbin.org/post', { data: { name: 'why', age: 18 } })
  ])
  .then((res) => {
    console.log(res[0].data) // 第一个请求的结果
    console.log(res[1].data) // 第二个请求的结果
  })
```

最后，在 src/main.ts 中导入"05-learn-axios-all.ts"文件，即可执行该代码。

16.5.6　axios 的拦截器

axios 请求库的一大特征就是拦截器，它不但可以拦截请求，还可以拦截响应，并且支持编写多个拦截器。

在 service 文件夹下新建"05-learn-axios-all.ts"文件，代码如下所示：

```typescript
import axios from 'axios'
const API_POST = 'http://httpbin.org/post' // 测试 POST 请求的 URL

// 1.axios 的请求拦截
axios.interceptors.request.use(
  // fn1：请求发送成功会执行的函数
  (config) => {
    console.log('请求成功的拦截')
    // 可进行统一操作，例如：为请求添加 accessToken，isLoading 加载进度动画等
    if(config.headers){
      config.headers['accessToken'] = 'aabbcc'
    }
    return config
  },
  // fn2：请求发送失败会执行的函数
  (err) => {
    console.log('请求发送错误')
    return err
  }
)
// 2.axios 的响应拦截
axios.interceptors.response.use(
  // fn1：数据响应成功，即 2xx 范围内的状态码
  (res) => {
    console.log('响应成功的拦截')
    return res
  },
  // fn2：数据响应失败，即超出 2xx 范围的状态码
  (err) => {
    console.log('服务器响应失败')
    return err
  }
)

// 3.发起 POST 请求
axios.post(API_POST,{ id: 100400})
  .then((res) => {
    console.log(res.data)
  })
```

可以看到，这里用 interceptors.request.use(fn1,fn2)和 interceptors.response.use(fn1,fn2)两个函数实现请求拦截和响应拦截。每当用户发起网络请求时，都会先回调请求拦截中的 fn1 函数。

比如，上面我们拦截到每个请求之后，会为每个请求头部都添加自定义的 accessToken，而在拦截响应处只是做了简单的打印操作。

最后，在 src/main.ts 中导入"06-learn-axios-interceptors.ts"文件，即可执行该代码。

16.5.7　axios 的实例

除了可以直接使用 axios，我们还可以创建一个新的 axios 实例。比如，当需要单独为 axios 自定义配置时，就要新建一个 axios 实例。在实际开发中，通常都是这样做的。

下面演示如何创建一个 axios 实例，在 service 文件夹下新建"07-learn-axios-instance.ts"文件，代码如下所示：

```
import axios from 'axios'
const API_POST = '/post' // 测试 POST 请求的 URL

// 1.新建一个 axios 实例。下面是该实例的默认配置
const instance = axios.create({
  baseURL: 'http://httpbin.org',
  timeout: 10000
});

instance.post(API_POST,{ id: 100400}, {
  // 2.每个请求单独配置，优先级最高
  timeout: 5000, // 比 axios 实例的配置优先级高
  headers: {
    'Content-Type': 'application/json',
    accessToken: 'aabbccdd'
  }
})
.then((res) => {
  console.log(res.data)
})
```

可以看到，这次并没有直接调用 axios.post 函数，而是调用 axios.create 函数新建一个 axios 实例，并赋值给 instance 变量。

其中，create 函数的参数就是新创建 axios 实例的配置。当然，用该实例发起的每个请求依然支持单独进行配置，每个请求单独配置的优先级要比创建 axios 实例时配置的优先级高。

最后，在 src/main.ts 中导入"07-learn-axios-instance.ts"文件，即可执行该代码。

16.5.8　axios + TypeScript 的封装

在实际开发中，我们会对网络请求进行二次封装，以提高代码的可复用性和可维护性，也便于统一处理所有的请求、响应及异常等。下面介绍一下如何封装 axios，在 service 文件夹下新建 index.ts 和 request/index.ts 文件。

1. HYRequest 类的封装

request/index.ts 文件，主要用于定义 HYRequest 类，代码如下所示：

```
import axios from "axios";
import type { AxiosInstance, AxiosRequestConfig, AxiosResponse } from "axios";

interface HYRequestConfig extends AxiosRequestConfig {
  // 可扩展自己的类型
}

class HYRequest {
  instance: AxiosInstance; // 1.声明 instance 的类型
  constructor(config: HYRequestConfig) {
    // 2.创建 axios 实例
    this.instance = axios.create(config);
  }

  // 3.编写 request 函数，request 中的 T 用于指定响应结果 res.data 的类型
  request<T>(config: HYRequestConfig): Promise<AxiosResponse<T>> {
    return new Promise((resolve, reject) => {
      this.instance
        .request<T>(config) // 4.调用的 instance.request
        .then((res) => {
```

```
      // 5.将结果 resolve 返回出去
      resolve(res);
    })
    .catch((err) => {
      reject(err);
      return err;
    });
  });
  }
}
export default HYRequest;
```

可以看到，上述代码主要做了 3 件事情。

（1）在构造器中创建 axios 实例，并赋值给 instance 变量。

（2）编写 request 请求函数，其中 T 指定了响应结果 res.data 的数据类型，HYRequestConfig 指定了请求参数 config 的类型，Promise<AxiosResponse<T>>指定了 request 函数返回值的类型。

（3）在 request 函数中调用 instance.request 发起网络请求获取数据，并最终返回一个 Promise 对象。

接着，在 service/index.ts 文件中统一导出 HYRequest 类的实例对象，并添加两个默认配置，代码如下所示：

```
import HYRequest from "./request"; // 导入 HYRequest 类
let BASE_URL = "http://httpbin.org"; //  默认基础的 URL
const TIME_OUT = 10000; // 默认超时时间

// 1.创建 HYRequest 类的实例对象 hyRequest
const hyRequest = new HYRequest({
  baseURL: BASE_URL,
  timeout: TIME_OUT,
});
export default hyRequest;
```

然后，在 service 文件夹下新建"08-learn-hy-request.ts"文件，测试 request 请求，代码如下所示：

```
import hyRequest from "./index";
// 1.定义响应 res.data 对象的类型
interface IResponseData {
  args: any;
  headers: any;
  origin: string;
  url: string;
}
// 2.发起网络请求，<IResponseData>用于指定 res.data 对象的类型
hyRequest
  .request<IResponseData>({
    url: "/get",
    method: "get",
  })
  .then((res) => {
    console.log(res.data); // TypeScript 会自动推导出 res.data 的类型为
IResponseData
  });
```

最后，在 src/main.ts 中导入"08-learn-hy-request.ts"文件。运行项目，控制台能正常获取到数据。

2. HYRequest 全局拦截器封装

修改 request/index.ts 文件，在 HYRequest 类的构造函数中添加全局拦截器，代码如下所示：

```
class HYRequest {
  instance: AxiosInstance;
  constructor(config: HYRequestConfig) {
    this.instance = axios.create(config); // 创建 axios 实例
    // 1.为所有实例添加全局拦截器
    this.instance.interceptors.request.use(
      (config) => {
        console.log("所有的实例都有的拦截器：请求成功拦截");
        return config;
      },
      (err) => {
        console.log("所有的实例都有的拦截器：请求失败拦截");
        return err;
      }
    );
    this.instance.interceptors.response.use(
      (res) => {
        console.log("所有的实例都有的拦截器：响应成功拦截");
        // todo ......
        return res.data;  // 注意：这里返回 res.data 而不是 res
      },
      (err) => {
        console.log("所有的实例都有的拦截器：响应失败拦截");
        // 例子：判断不同的 HttpErrorCode 显示不同的错误信息
        if (err.response.status === 404) {
          console.log("404 的错误~");
        }
        return err;
      }
    );
  }
  // 这次 request 函数的返回值类型为 Promise<T>
  request<T>(config: HYRequestConfig): Promise<T> {
    return new Promise((resolve, reject) => {
      this.instance
        .request<T, T>(config)
        // then 在这里获取的 res 类型是 T，而不是 AxiosResponse<T>，因为在拦截中修改了返回值
        .then((res) => {
          resolve(res);
        })
        .catch((err) => {
          reject(err);
          return err;
        });
    });
  }
}
```

可以看到，在构造器中首先创建 axios 实例，接着就为实例添加了全局拦截器，这里只有响应拦截修改了返回的数据类型，其他的只做简单的打印而已。因为响应拦截器返回的类型被修改了，那么 request 函数的返回结果也需要改成 Promise<T>。

保存代码，在浏览器中运行后，控制台会输出如下内容：

所有的实例都有的拦截器：请求成功拦截
所有的实例都有的拦截器：响应成功拦截
......

3. HYRequest 单个实例拦截器封装

前面添加的拦截器是针对每个实例的，属于全局拦截器。如果想为单个实例添加拦截器，请看下面的例子。

继续优化 request/index.ts 文件，在 HYRequest 类的构造函数中添加单个实例的拦截器，代码如下所示：

```typescript
import axios from "axios";
import type { AxiosInstance, AxiosRequestConfig, AxiosResponse } from "axios";

// 1.定义拦截器的类型，T 是响应结果（res.data）的类型
interface HYRequestInterceptors<T = any> {
  requestInterceptor?: (config: AxiosRequestConfig) => AxiosRequestConfig;
  requestInterceptorCatch?: (error: any) => any;
  responseInterceptor?: (
    res: AxiosResponse<T>
  ) => AxiosResponse<T> | Promise<AxiosResponse<T>>;
  responseInterceptorCatch?: (error: any) => any;
}

interface HYRequestConfig<T = any> extends AxiosRequestConfig {
  // 2.这里可以扩展自己的类型
  interceptors?: HYRequestInterceptors<T>;
}

class HYRequest<T = any> {
  instance: AxiosInstance;
  interceptors?: HYRequestInterceptors; // 3.指定拦截器的类型

  constructor(config: HYRequestConfig<T>) {
    this.instance = axios.create(config); // 创建 axios 实例

    // 4.从 config 中取出对应实例的拦截器
    this.interceptors = config.interceptors
    // 5.如果某个实例的 config 中有定义拦截的回调函数，那么将这些函数添加到实例的拦截器中
    this.instance.interceptors.request.use(
      this.interceptors?.requestInterceptor,
      this.interceptors?.requestInterceptorCatch
    );
    this.instance.interceptors.response.use(
      this.interceptors?.responseInterceptor,
      this.interceptors?.responseInterceptorCatch
    );

    // 为所有实例添加全局拦截器
    ......
  }
  ......
}
export default HYRequest;
```

可以看到，这里通过 5 个步骤完成了为单个实例添加拦截器。

（1）用 interface 接口定义拦截器的类型 HYRequestInterceptors。

（2）在 HYRequestConfig 接口中扩展 interceptors 拦截器属性，并指定类型为 HYRequestInterceptors。

（3）为 HYRequest 类添加一个 interceptors 属性，并声明类型为 HYRequestInterceptors。

（4）在 HYRequest 类的构造器中，通过 config.interceptors 取出每个实例的拦截器对象。

（5）将 config.interceptors 取出的对应拦截函数添加到 axios 实例的拦截器中。

下面为单个实例添加拦截的功能，修改 service/index.ts 文件，代码如下所示：

```
import HYRequest from "./request";

let BASE_URL: string = "http://httpbin.org"; //  基础的 URL
const TIME_OUT: number = 10000; // 超时时间

const hyRequest = new HYRequest({
  baseURL: BASE_URL,
  timeout: TIME_OUT,
  // 为单个实例添加的拦截器
  interceptors: {
    requestInterceptor: (config) => {
      const token = "";
      if (token) {
        // 例子：统一为 header 添加 Authorization 属性
        config.headers!.Authorization = `Bearer ${token}`;
      }
      console.log("单个实例-请求成功的拦截");
      return config;
    },
    requestInterceptorCatch: (err) => {
      console.log("单个实例-请求失败的拦截");
      return err;
    },
    responseInterceptor: (res) => {
      console.log("单个实例-响应成功的拦截");
      return res;
    },
    responseInterceptorCatch: (err) => {
      console.log("单个实例-响应失败的拦截");
      return err;
    },
  },
});
export defaut hyRequest;
```

最后，保存代码，在浏览器中运行后，控制台会输出如下内容：

```
所有的实例都有的拦截器：请求成功拦截
单个实例-请求成功的拦截
单个实例-响应成功的拦截
所有的实例都有的拦截器：响应成功拦截
......
```

4. HYRequest 其他的请求方法

封装完拦截器之后，下面为 HYRequest 类添加其他的请求方法。

继续优化 request/index.ts 文件，在 HYRequest 类中添加 get、post、delete、patch 方法，代码如下所示：

```
class HYRequest<T = any> {
  ......
  request<T = any>(config: HYRequestConfig): Promise<T> {......}
```

```
// 发起 get 请求，T 代表响应结果（res.data）的类型
get<T = any>(config: HYRequestConfig<T>): Promise<T> {
  return this.request<T>({ ...config, method: "GET" });
}
post<T = any>(config: HYRequestConfig<T>): Promise<T> {
  return this.request<T>({ ...config, method: "POST" });
}
delete<T = any>(config: HYRequestConfig<T>): Promise<T> {
  return this.request<T>({ ...config, method: "DELETE" });
}
patch<T = any>(config: HYRequestConfig<T>): Promise<T> {
  return this.request<T>({ ...config, method: "PATCH" });
}
}
export default HYRequest;
```

可以看到，上面的每个请求方法最终调用的仍是 request 方法，并且为每个方法都指定了响应结果的类型为 T，请求参数 config 的类型为 HYRequestConfig，返回结果的类型为 Promise<AxiosResponse<T>>。

至此，对 axios 封装的介绍就结束了，完整的代码可在本书提供的源代码中查看。

16.6 ECharts 的集成和使用

16.6.1 认识前端可视化

数据可视化是一种通过图表、图形和信息图表等工具，将数据进行视觉展示的方式。通过使用点、线、条等元素，对数字数据进行编码，将数据以形象化的方式展示出来，从而帮助人们更加清晰地认识、理解和表达数据。

比如，在股票分析中，图形可以帮助我们清晰地分析很多数据。

前端进行数据可视化的工具非常多，列举如下。

◎ 常见的框架：ECharts、D3.js、Highcharts 等。

◎ ECharts 框架封装：vue-echarts、echarts-for-react 等。

◎ 地理可视化：ECharts、L7、高德的 Loca 等。

◎ 3D 可视化：Three.js。

本书主要介绍 ECharts。

16.6.2 ECharts 介绍

ECharts 是一个基于 JavaScript 的开源可视化图表库，由百度团队开源。

◎ 2018 年年初，它被捐赠给 Apache 软件基金会（Apache Software Foundation，ASF），成为孵化级项目。

◎ 2021 年 1 月 26 日，Apache 基金会官方宣布 ECharts 项目正式"毕业"，成为 Apache 顶级项目。

◎ 2021 年 1 月 28 日，ECharts 5 线上发布会举行。

ECharts 图表库的特点如下。

◎ 丰富的图表类型：提供开箱即用的 20 余种图表和 10 余种组件，并且支持各种图表及组件的任意组合。

◎ 强劲的渲染引擎：Canvas、SVG 双引擎一键切换，支持增量渲染、流加载等技术，可实现千万级数据的流畅交互。

◎ 专业的数据分析：通过数据集管理数据，支持数据过滤、聚类、回归，可实现同一份数据的多维度分析。

◎ 优雅的可视化设计：默认设计遵从可视化原则，支持响应式设计，并且提供了灵活的配置项，方便开发者定制。

◎ 活跃的开源社区：活跃的社区用户保证了项目的健康发展，也贡献了丰富的第三方插件，以满足不同场景的需求。

16.6.3 ECharts 的基本使用

ECharts 图表库的具体使用步骤如下。

第一步：获取 ECharts。

我们可以通过以下方式获取 ECharts。

◎ 从 Apache ECharts 官网中获取官方源码包，见链接 16-3。

◎ 在 ECharts 的 GitHub 仓库中获取，见链接 16-4。

◎ 通过 npm 获取 ECharts。例如，执行 "npm install echarts --save" 命令安装。

◎ 通过 jsDelivr 等 CDN 地址引入网页，见链接 16-5。

第二步：引入 ECharts。

这里使用 npm 的方式，在项目的根目录执行以下命令：

```
npm install echarts --save # 推荐安装和本书一样的版本 5.3.3
```

第三步：绘制简单图表。

在 Vue.js 3 项目中，如果想要使用 ECharts 来绘制图表，需要先新建一个组件，然后在组件中绘制图表。

在 "01_learn_integrating_libs" 项目的 src 目录下新建 base-ui 文件夹，然后在该文件夹下新建 echart-demo.vue 组件，代码如下所示：

```
<template>
  <div class="base-echart">
    <div ref="echartDivRef" :style="{ width: '100%', height: '360px' }"></div>
  </div>
</template>

<script lang="ts">
import { ref, onMounted, defineComponent } from 'vue'
// 1.导入 echarts
import * as echarts from 'echarts'
// 2.导入 echarts 对应的类型
import type { ECharts, EChartsOption } from 'echarts'
export default defineComponent({
  name: 'EchartDemo',
  setup() {
    // 3.定义变量，同时指定变量的类型为 HTMLElement
    const echartDivRef = ref<HTMLElement>()
```

```
    // 4.组件加载完成
    onMounted(() => {
      // 5.初始化 echart 实例，这里用 as 类型断言明确具体类型
      const echartInstance:ECharts = echarts.init(echartDivRef.value as
HTMLElement)
      // 6.echart 柱状图表的配置，指定类型为 EChartsOption
      const options: EChartsOption = {
        title: {
          text: "ECharts 入门示例",
        },
        tooltip: {},
        legend: {
          data: ["销量"],
        },
        xAxis: {
          type: 'category',
          data: ["衬衫", "羊毛衫", "雪纺衫", "裤子", "高跟鞋", "袜子"],
        },
        yAxis: {},
        series: [
          {
            name: "销量",
            type: "bar",
            data: [5, 20, 36, 10, 10, 20],
          }
        ]
      }
      // 7.为 echart 实例添加图表配置
      echartInstance.setOption(options)
    })
    return { echartDivRef }
  }
})

</script>
```

可以看到，上述代码主要做了 3 件事情。

（1）导入 echarts 及其对应的类型声明（例如 ECharts 和 EChartsOption 类型）。

（2）使用 ref 定义 echartDivRef 变量，并将该变量绑定到 div 的 ref 属性上，用于获取 div 元素对象。

（3）当组件加载完成后，调用 echarts.init 方法初始化 echarts 实例对象，然后调用 echarts.setOption 生成一个简单的柱状图。

接着，在 src/App.vue 中引入并注册该组件，代码如下所示：

```
<template>
  ......
  <!-- ECharts -->
  <echart-demo></echart-demo>
</template>

<script lang="ts">
......
import EchartDemo from './base-ui/echart-demo.vue'
export default defineComponent({
  name: 'App',
  components: {
    ......
```

```
    EchartDemo
  }
});
</script>
```

保存代码，在浏览器中显示的效果如图 16-6 所示。

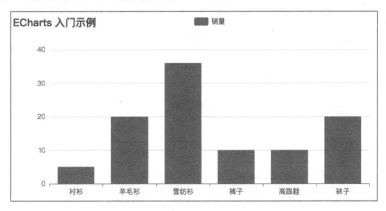

图 16-6　使用 ECharts 绘制柱状图

需要注意的是，我们还可以在 echarts.init 函数的其他参数中设置主题颜色和渲染模式。

◎　主题颜色：ECharts 默认内置了两个主题颜色——light 和 dark，也可以加载其他的主题。

◎　渲染模式：ECharts 提供了两种渲染模式——Canvas 和 SVG，代码如下所示。

```
const echartInstance = echarts.init(containerDom, "dark", {renderer:
'canvas'});
```

16.6.4　ECharts 的渲染引擎

ECharts 4.x 之后提供了两种渲染引擎，分别是 Canvas 和 SVG，它们可以相互替换。但在某些场景下，它们的表现和能力有所不同，需要根据实际情况来选择。

◎　一般来说，Canvas 适合绘制图形元素数量非常大的图表，比如数据量大的热力图、地理坐标系或平行坐标系上的大规模线图或散点图等。此外，Canvas 也能够实现一些视觉特效。

◎　在一些场景中，SVG 更具优势。SVG 占用内存更少，这对移动端来说尤为重要，SVG 渲染性能也略高。当用户使用浏览器内置的缩放功能时，SVG 的图表不会模糊，这也是它受欢迎的原因之一。

以下是有关选择 ECharts 渲染器的一些建议。

◎　在软硬件环境较好、数据量不大的情况下（如在 PC 端做商务报表），可选择任意一种渲染器，无须纠结。

◎　在环境较差、需要优化性能的场景下，可以通过试验来确定使用哪种渲染器。

◎　例如，当需要创建很多 ECharts 实例且手机浏览器易崩溃时，可以选择使用 SVG 渲染器来改善情况。这是因为使用 Canvas 渲染器容易导致内存占用超出手机的承受能力。

◎　当图表运行在低端的安卓系统或使用一些特定图表（比如水球图）时，SVG 渲染器可能表现更好。

◎　当数据量很大或需要进行较多交互时，可以选择 Canvas 渲染器。

16.6.5　ECharts 的配置选项

调用 echarts.setOption 函数可生成一个简单的柱状图，该函数需接收一个类型为 EChartsOption 的 options 参数。在 options 选项中，可以编写 title、tooltip、legend、xAxis 和 series 等属性信息。这些属性就是 ECharts 的配置选项，用于配置图表的类型、样式、布局、标题、坐标轴等信息。

下面介绍 ECharts 常见的配置选项，代码如下所示：

```
const options: EChartsOption = {
  // 1.标题相关的属性
  title: {
    text: "ECharts 入门示例", // 标题的内容
    textStyle: { .... } // 标题的样式
  },
  // 2.提示框组件
  tooltip: {
    // 'item': 数据项图形触发显示提示框，主要在散点图、饼图等无类目轴的图表中使用
    // 'axis': 坐标轴触发显示提示框，主要在柱状图、折线图等会使用类目轴的图表中使用
    trigger: 'item',
  },
  // 3.图例组件
  legend: {
    // 图例中的数据通常是一个数组字符串（比如将 series 属性中的 name 值填入）
    // 如果不设置，那么会默认提取
    data: ["销量"],
  },
  // 4.在直角坐标系内绘图网格的位置
  grid: {
    // 是否显示直角坐标系的网格
    show: true,
    // 设置下面的值时，是否包含 babel
    containLabel: false,
    // 上下左右的距离
    left: '3%',
    right: '4%',
    bottom: '3%',
  }
  // 5.x 轴相关的属性（支持对象和数组类型）
  xAxis: {
    // 'value' 数值轴，适用于连续数据
    // 'category' 类目轴，适用于离散的类目数据
    type: 'category', // 坐标轴类型，这里为类目轴
    data: ["衬衫", "羊毛衫", "雪纺衫", "裤子", "高跟鞋", "袜子"], // x 轴上的数据
  },
  // 5.y 轴相关的属性
  yAxis: {},
  // 6.图表具体的数据
  series: [
    {
      name: "销量", // 数据对应的名称
      type: "bar", // 以柱状图的形式展示（支持 bar、line、pie、map 等）
      label: { .... } // 图形上的文本标签，可用于说明图形的一些数据信息
      emphasis: { .... } // 配置高亮的图形样式和标签样式
      data: [5, 20, 36, 10, 10, 20], // 图表的各个数据项（支持 number、string、object
等类型）
    }
```

```
      ]
   }
```

提示：有关 ECharts 更多的配置项可查看官方文档，见链接 16-6。

16.6.6 BaseEchart 组件的封装

ECharts 图表库可以绘制各种图表，例如柱状图、饼图、折线图、地图等。在绘制这些图表时，往往会有一些相同的逻辑，例如 ECharts 初始化、设置图表配置和宽高等信息。

既然有这么多的逻辑是可以复用的，那么我们就封装一个公共的 BaseEChart 组件，来提高代码的复用性和可维护性。

在 base-ui 文件夹下新建"echart/src/base-echart.vue"组件和"echart/index.ts"文件。

base-echart.vue 组件，代码如下所示：

```
<template>
  <div class="base-echart">
    <div ref="echartDivRef" :style="{ width: width, height: height }"></div>
  </div>
</template>

<script lang="ts" setup>
// 1.导包
import { ref, onMounted, watchEffect } from 'vue'
import * as echarts from 'echarts'
import type { EChartsOption } from 'echarts'

interface BaseEChartsProps{
  options: EChartsOption
  width?: string
  height?: string
}

// 2.定义 props
const props = withDefaults(
  defineProps<BaseEChartsProps>(),
  {
    width: '100%',
    height: '360px'
  }
)
// 3.定义变量
const echartDivRef = ref<HTMLElement>()
// 4.组件加载完成
onMounted(() => {
  // 5.初始化 echart 实例
  const echartInstance = echarts.init(echartDivRef.value!) // 也可用 as 类型断言

  // 7.窗口变化，echart 重新计算图表尺寸
  window.addEventListener('resize', () => {
    echartInstance.resize()
  })

  const setOptions = (options: echarts.EChartsOption) => {
    echartInstance.setOption(options)
  }
  watchEffect(() => {
    // 6.为 echart 设置一个图表配置信息
```

```
      setOptions(props.options)
  })
})
</script>
```

可以看到，这里用到了<script setup>的语法，代码逻辑和 ECharts 的基本使用类似，不同的是使用 watchEffect 函数收集依赖，即当 props 中的 options 发生变化时，会再次触发执行 watchEffect 回调函数。

同时，我们还增加了监听窗口变化的事件（resize），一旦窗口发生变化，就会调用 echartInstance.resize 函数重新计算图表的尺寸。

接着，在 echart/index.ts 文件中统一导出组件（这是开发中常见的编码规范），代码如下所示：

```
import BaseEchart from './src/base-echart.vue'
export default BaseEchart
```

然后，在 src/App.vue 中导入并注册该组件，代码如下所示：

```
<template>
  ......
  <!-- <echart-demo></echart-demo> -->
  <base-echart :options="options"></base-echart>
</template>

<script lang="ts">
......
import type { EChartsOption } from 'echarts'
import BaseEchart from './base-ui/echart'
export default defineComponent({
  name: 'App',
  components: {
    ......
    BaseEchart,
  },

  setup() {
  ......
  // Echart 图表的配置选项
  const options = computed<EChartsOption>(()=>{
    return {
      title: {
        text: "ECharts 入门示例", // 标题的内容
      },
      tooltip: {}, // 提示框组件
      legend: { // 图例组件
        data: ["销量"],
      },
      xAxis: {
        // 各个数据项
        data: ["衬衫", "羊毛衫", "雪纺衫", "裤子", "高跟鞋", "袜子"],
      },
      yAxis:
      // 图表具体的数据
      series: [
        {
          name: "销量",
          type: "bar", // 以柱状图的形式展示
```

```
        data: [5, 20, 36, 10, 10, 20], // 各个数据项
      },
    ],
  };
})
return {
  ......
  options
}
}
});
</script>
```

保存代码，在浏览器中显示的效果与图 16-7 相同。

其实，base-echart.vue 组件还可以继续优化，将 onMounted 中的部分逻辑抽取到 Hook 中。

在 base-ui 文件夹下新建 "echart/hooks/useEchart.ts" 文件，代码如下所示：

```
import * as echarts from 'echarts'

// 1.这里为 echarts 注册了地图数据（如需展示地图，则应添加这两行代码，否则可删除）
import chinaMapData from '../data/china.json' // 该数据比较大，详见本书提供的源码
echarts.registerMap('china', chinaMapData)

export default function (el: HTMLElement) {
  const echartInstance = echarts.init(el) // 初始化 echart 实例

  const setOptions = (options: echarts.EChartsOption) => {
    echartInstance.setOption(options) // 为 echart 设置图表配置项
  }
  // 2.对外提供手动修改图表尺寸的函数
  const updateSize = () => {
    echartInstance.resize()
  }
  window.addEventListener('resize', () => {
    echartInstance.resize() // 窗口变化，重新计算图表尺寸
  })

  return { echartInstance, setOptions, updateSize }
}
```

可以看到，这里首先为 echarts 注册了地图数据（额外增加的功能），接着在 useEchart 函数中初始化 echart 实例，并将该实例返回。另外，还返回了 setOptions 和 updateSize 函数（额外增加的功能）。

然后，修改 base-echart.vue 组件，在该组件中引入 useEchart 并使用，代码如下所示：

```
<script lang="ts" setup>
......
import useEchart from '../hooks/useEchart'
// 3.定义变量
const echartDivRef = ref<HTMLElement>()
// 4.组件加载完成
onMounted(() => {
  const { setOptions } = useEchart(echartDivRef.value!)
  watchEffect(() => {
    setOptions(props.options)
  })
})
</script>
```

保存代码，在浏览器中显示的效果和图 16-7 相同。

16.6.7　ECharts 绘制饼图

在封装好 BaseEchart.vue 组件后，可以直接使用该组件来绘制饼图。

第一步：在 App.vue 的模板中添加 BaseEchart.vue 组件。

```
<base-echart :options="pieOptions"></base-echart>
```

第二步：在 setup 函数中返回 pieOptions 饼图的配置选项。

```
// ECharts 的 pie 配置选项
const pieOptions = computed<EChartsOption>(()=>{
  return {
    // 提示框组件
    tooltip: {
      trigger: 'item' // 提示框触发的类型，item 为数据项图形触发
    },
    // 图例组件
    legend: {
      top: '5%',
      left: 'center'
    },
    // 图表具体的数据
    series: [
      {
        name: 'Access

From',
        type: 'pie', // 选择图表类型为饼图
        radius: ['40%', '70%'], // 内半径，外半径
        label: {
          show: false, // 默认 label 隐藏
          position: 'center'
        },
        emphasis: {
          label: { // 高亮时 label 显示
            show: true,
            fontSize: '40',
            fontWeight: 'bold'
          }
        },
        labelLine: { show: false }, // 隐藏 labelLine
        data: [
          // 饼图的各项数据
          { value: 1048, name: 'Search Engine' },
          { value: 735, name: 'Direct' },
          { value: 580, name: 'Email' },
          { value: 484, name: 'Union Ads' },
          { value: 300, name: 'Video Ads' }
        ]
      }
    ]
  }
})
```

保存代码，在浏览器中显示的效果如图 16-7 所示。

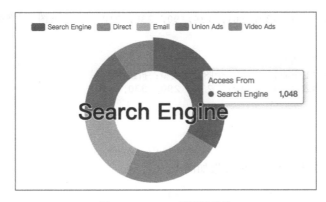

图 16-7　ECharts 饼图的效果

16.6.8　ECharts 绘制折线图

下面使用 BaseEchart.vue 组件绘制折线图。

第一步：在 App.vue 的模板中添加 BaseEchart.vue 组件。

```
<base-echart :options="lineOptions"></base-echart>
```

第二步：在 setup 函数中返回 lineOptions 折线图的配置选项。

```
// ECharts 的 line 配置选项
const lineOptions = computed<EChartsOption>(()=>{
  return  {
    // 标题
    title: {
      text: '折线图-案例'
    },
    // 提示框组件
    tooltip: {
      trigger: 'axis' // 提示框触发的类型，axis 为坐标轴触发
    },
    // 图例组件（需和 series 每项的 name 对应）
    legend: {
      data: ['邮件', '广告']
    },
    // 直角坐标系内绘图网格的位置
    grid: {
      left: '3%',
      right: '4%',
      bottom: '3%'
    },
    xAxis: {
      type: 'category',
      data: ['星期一', '星期二', '星期三', '星期四', '星期五', '星期六', '星期日']
    },
    yAxis: {
      type: 'value'
    },
    // 图表的具体数据
    series: [
      {
        name: '邮件',
        type: 'line', // 第一个图表的类型：折线图 1
```

```
        data: [120, 132, 101, 134, 90, 230, 210] // 折线图1的各个数据项
      },
      {
        name: '广告',
        type: 'line', // 第二个图表的类型：折线图2
        data: [220, 182, 191, 234, 290, 330, 310]
      }
    ]
  };
})
```

保存代码，在浏览器中显示的效果如图 16-8 所示。

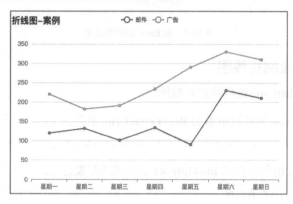

图 16-8　ECharts 折线图的效果

16.7　本章小结

本章内容如下。

◎　Vue CLI 脚手架：使用 Vue CLI 脚手架创建 Vue.js 3 + TypeScript 项目。

◎　Vue Router：将 Vue Router 集成到 Vue.js 3 + TypeScript 项目中，并添加 TypeScript 类型声明。

◎　Vuex：将 Vuex 集成到 Vue.js 3 + TypeScript 项目中，并添加 TypeScript 类型声明。

◎　Element Plus：包括 Element Plus 组件库的全局引入、按需引入和手动引入 3 种引入方式。

◎　axios 请求库：包括 GET 与 POST 请求、配置、拦截器、创建实例，以及类型编写等。

◎　ECharts 图表库：包括 ECharts 的基本使用、渲染引擎、常见配置项，以及各种图表等。

后台管理系统

随着互联网的发展，越来越多的企业和组织需要建立自己的后台管理系统，用于管理业务流程、用户信息、数据分析和用户权限等。后台管理系统可以帮助企业更加高效地管理资源和开展业务，提升运营效率和用户满意度。

在本章中，我们将探讨如何使用现代化的技术和工具来开发后台管理系统，包括登录认证、权限管理、信息管理、路由注册等核心功能的实现。在开始之前，先看看本章源代码的管理方式，目录结构如下：

```
VueCode
├── ......
├── chapter17
│   └── vue3-ts-cms
│   └── vue3-ts-cms-project # 提供一个空的 Vue.js 3+TypeScript 项目
```

17.1 Vue.js 3 + TypeScript 项目介绍

本章将介绍如何使用 Vue.js 3 和 TypeScript 开发一款后台管理系统。在企业中，后台管理系统非常常见，几乎所有系统都需要一个后台管理系统。该项目使用的技术栈包括 Vue.js 3、Vue Router、Vuex、axios、Element Plus、TypeScript、Less、Vue CLI、ESLint 和 Git 等。

在本项目中，将实现以下功能模块。

（1）用户登录模块：包括表单验证和提交、用户信息加密传输、登录成功数据的处理等。

（2）路由注册模块：包括路由的配置、动态注册路由、路由权限管理等。

（3）网络请求的库：包括网络请求库 axios 封装、统一添加请求头、统一进行异常处理等。

（4）全局状态管理：包括 Vuex 全局状态管理存储数据、全局状态模块的拆分与封装等。

（5）系统首页模块：包括顶部导航栏、面包屑组件、菜单组件、菜单的权限管理等。

（6）用户管理模块：包括高级表单组件、高级表格组件、高级查询、分页查询等。

由于涉及的功能模块比较多，代码量会很大，因此本书不会完整展示所有代码的细节。针对某些功能的实现，只展示核心代码。建议读者根据封底"读者服务"中的说明，下载源码并使用 VS Code 软件来阅读代码，这比阅读书中的代码更容易理解。

最后，强烈建议大家在学习时，使用与本书所用版本一致的开发环境、脚手架、第三方库等，因为不一样的版本可能在使用上会有一定的差别。

17.2 Vue CLI 新建项目

创建项目过程和第 16 章基本一样，只是配置选项会多一些，具体步骤如下。

第一步：进入 chapter17 文件夹中，在终端执行"vue create vue3-ts-cms"命令，创建项目，如图 17-1 所示。

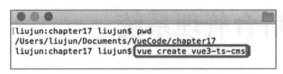

```
[liujun:chapter17 liujun$ pwd
/Users/liujun/Documents/VueCode/chapter17
liujun:chapter17 liujun$ vue create vue3-ts-cms
```

图 17-1　创建 Vue.js 3 + TypeScript 项目

第二步：选择"Manually select features"，即手动选择所需的功能。

第三步：选择"Babel、TypeScript、Vue Router、Vuex、CSS Pre-processors、Linter / Formatter"六个选项，如图 17-2 所示。

```
? Please pick a preset: Manually select features
? Check the features needed for your project: (Pr
  to proceed)
  ● Babel
  ● TypeScript
  ○ Progressive Web App (PWA) Support
 )● Router
  ● Vuex
  ● CSS Pre-processors
  ● Linter / Formatter
  ○ Unit Testing
  ○ E2E Testing
```

图 17-2　选择所需功能

第四步：选择"3.x"，即选择 Vue.js 3 版本。

第五步：选择其他配置选项，如图 17-3 所示。

◎　Use class-style component syntax：是否使用 class-style 的组件语法，这里选"No"。

◎　Use Babel alongside TypeScript：是否在使用 TypeScript 的同时使用 Babel，这里选"Yes"。

◎　Use history mode for router：是否使用 history 模式的路由，这里选"Yes"。

◎　Pick a CSS pre-processor：选择使用的 CSS 预处理器，这里选"Less"。

◎　Pick a linter / formatter config：选择代码格式化的工具，这里选"ESLint + Prettier"。

◎　Pick additional lint features：选择在什么情况下触发代码格式化，这里选"Lint on save"。

◎　选择"In dedicated config files"：意思是将 Babel、ESLint 等配置信息放到独立的文件中。

```
? Please pick a preset: Manually select features
? Check the features needed for your project: Babel, TS, Router, Vuex, CSS Pre-processors, Linter
? Choose a version of Vue.js that you want to start the project with 3.x
? Use class-style component syntax? No
? Use Babel alongside TypeScript (required for modern mode, auto-detected polyfills, transpiling JSX)? Yes
? Use history mode for router? (Requires proper server setup for index fallback in production) Yes
? Pick a CSS pre-processor (PostCSS, Autoprefixer and CSS Modules are supported by default): Less
? Pick a linter / formatter config: Prettier
? Pick additional lint features: Lint on save
? Where do you prefer placing config for Babel, ESLint, etc.? In dedicated config files
? Save this as a preset for future projects? (y/N) ▊
```

图 17-3　选择其他配置选项

第六步：用 VS Code 打开 vue3-ts-cms 项目，项目目录结构如图 17-4 所示。

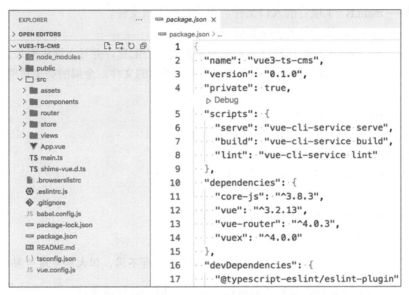

图 17-4　打开项目

通过 Vue CLI 脚手架创建的项目，目录结构比较复杂，下面详细介绍各个目录和文件的作用。

Vue3-ts-cms # 后台管理系统项目的名称 "Vue3-ts-cms"。

├── node_modules # 项目依赖的所有 npm 包，即 npm install xx 安装的包都会放到该目录下。

├── README.md　# 参考手册，通常编写项目相关的信息，比如项目的运行、打包、部署、版本、规范等。

├── babel.config.js # babel-loader 配置文件，单独生成一个配置。

├── package-lock.json # 锁定项目配置信息文件，即依赖最终安装的版本。

├── package.json # 项目的描述文件，比如项目名称、版本、脚本、生产依赖包、开发依赖包等。

├── .browserslistrc # 指定打包需兼容哪些目标浏览器。

├── .eslintrc.js # ESLint 代码检查的配置文件。例如，可以对 ESLint 的检查规则进行修改。

├── .gitignore # 用于配置需 Git 忽略跟踪哪些文件。

├── public # 项目公共资源文件夹（该文件夹下的文件不会参与 webpack 打包）。

│　├── favicon.ico # 站点图标。

│　└── index.html # 项目的 index.html 首页。

├── src # 项目存放代码的目录。

│　├── App.vue # 2.根组件，会在 main.ts 中使用。

│　├── assets # 资源存放目录，比如图片、字体、字体图标等。

│　│　└── logo.png

│　├── components # 组件目录，封装的组件一般放到这里，也可以自己新建一个文件夹存放组件。

```
|     |     └── HelloWorld.vue   # HellWorld 组件。
|     ├── main.ts # 1.项目的入口文件，也是打包入口文件。
|     ├── router #  集成好的 Vue Router。
|     |     └── index.ts # 创建路由对象和路由映射的配置，并导出路由对象。
|     ├── shims-vue.d.ts # 全局声明 TypeScript 类型的文件。全局的类型声明都可以写在
这里。
|     ├── store #  集成好的 Vuex。
|     |     └── index.ts # 创建 store 对象，并导出。
|     └── views #  页面组件（路由组件）。
|           ├── AboutView.vue # 关于页面。
|           └── HomeView.vue #  首页。
├── tsconfig.json # TypeScript 编译器的配置信息。
└── vue.config.js # Vue CLI 脚手架的配置文件。
```

注意：不同版本 Vue CLI 脚手架创建的目录结构稍有不同，但大部分是一样的。

第七步：在 VS Code 终端执行 "npm run serve"，即可运行该项目。

第八步：将代码提交到本地的 Git 仓库（可选）。

Git 是一个免费和开源的分布式版本控制系统，目前大部分企业采用 Git 进行项目的版本管理。在使用 Git 管理项目代码版本前，需要在计算机中安装 Git 软件。Git 软件下载地址见链接 17-1。

提示：本书会详细介绍用到的 Git 命令，关于更多的 Git 命令和语法，读者可以自行学习。

创建一个 Git 仓库，通常有以下三种方式（本书不会详细讲解 Git 知识，读者可以自行学习）。

（1）执行初始化命令，创建一个空的 Git 仓库。

```
git init # 初始化 Git 仓库
```

（2）从其他服务器克隆（clone）一个已存在的 Git 仓库。

```
git clone https://github.com/coderwhy/hy-react-web-music.git # 克隆一个远程的
Git 仓库到本地
```

（3）脚手架在创建项目时会默认创建一个 Git 仓库。

```
vue create vue3-ts-cms # 脚手架创建项目时，自动初始化 Git 仓库
```

由于本项目是使用 Vue CLI 脚手架创建的，所以在创建项目时默认会将 Git 仓库新建好，我们只需要将项目的文件添加到 Git 仓库即可。比如，在项目的根目录执行如下命令，即可将项目的文件添加到 Git 仓库中。

```
git add . # 将当前目录下所有未被 Git 忽略的文件添加到暂存区
git commit -m "vue3-ts-cms 后台系统项目的初始化" # 将暂存区中的文件提交到 Git 仓库中。
-m 是添加描述信息
```

第九步：VS Code 需要安装 Vue Language Features（Volar）插件，用于对单文件组件提供

代码高亮以及语法支持。

另外，官网也推荐使用 Volar 插件，因为 Volar 不仅实现了 Vetur 插件的功能，还增加了许多其他功能。例如在组件中，不需要唯一的<template>标签，并且可以让编辑器快速分割和追踪 class。需要注意的是，Vetur 插件和 Volar 插件不能同时使用，必须选择其中之一。

17.3 项目开发规范

读者可根据自身的项目情况，选择性阅读本节。在企业项目开发中，通常由多人一起协作完成开发任务，每个人编写的代码风格可能不统一。为了避免出现的问题，一般会制定一些规范来约束整个项目的编码风格，包括编辑器规范、代码格式规范、编写代码规范、Git 提交规范、命名规范等。

这些规范可以帮助团队保持一致的代码风格，提高代码的可读性和可维护性。因此，在开始编写代码之前，了解并遵守这些规范是非常重要的。

17.3.1 统一 IDE 编码格式

使用不同的 IDE 编辑器编写代码时，由于各编辑器的默认配置不同，可能会导致同一项目的代码风格不一致。为了解决这个问题，可以使用 EditorConfig 工具来统一项目中的代码格式，具体的使用步骤如下。

（1）在项目的根目录下新建.editorconfig 文件，代码如下所示：

```
# http://editorconfig.org

root = true

[*] # 表示所有文件适用
charset = utf-8 # 设置文件字符集为 utf-8
indent_style = space # 缩进风格（tab | space）
indent_size = 2 # 缩进大小
end_of_line = lf # 控制换行类型(lf | cr | crlf)
trim_trailing_whitespace = true # 去除行首的任意空白字符
insert_final_newline = true # 始终在文件末尾插入新行

[*.md] # 表示仅 md 文件适用以下规则
max_line_length = off
trim_trailing_whitespace = false
```

（2）VS Code 需要安装一个插件：EditorConfig for VS Code。

（3）在任意文件中添加内容后，查看是否始终在文件末尾插入新行，如果是，则代表统一了 IDE 编码风格。

17.3.2 Prettier 格式化代码

Prettier 是一款强大的代码格式化工具，支持大部分前端开发中用到的文件格式，包括 JavaScript、TypeScript、CSS、Scss、Less、JSX、JSON、Angular、Vue.js 和 React 等。

Prettier 能够自动识别代码的格式，并将其转换为一致的风格。目前，Prettier 是前端领域最受欢迎的代码格式化工具之一。以下是在项目中集成 Prettier 工具的步骤。

第一步：安装 Prettier。

```
npm install prettier@2.7.1 -D # 本书安装的版本是 2.7.1
```

第二步：配置.prettierrc 文件。

在项目的根目录下新建.prettierrc 文件，代码如下所示：

```
{
  "useTabs": false,
  "tabWidth": 2,
  "printWidth": 80,
  "singleQuote": true,
  "trailingComma": "none",
  "semi": false
}
```

该配置文件中各个选项的作用如下。

◎ useTabs：是否使用 Tab 缩进，选择 false 表示使用空格缩进。

◎ tabWidth：当使用空格缩进时，一个 Tab 占几个空格，选择 2。

◎ printWidth：一行字符的最大长度，推荐设置为 80，也有人习惯设置为 100 或者 120。

◎ singleQuote：使用单引号还是双引号，选择 true，表示使用单引号。

◎ trailingComma：是否添加多行输入的尾逗号。

◎ semi：语句末尾是否加分号，默认为 true，表示添加。

第三步：创建.prettierignore 文件。

在项目根目录下新建.prettierignore 文件，用于指定哪些文件无须用 Prettier 进行格式化，代码如下所示：

```
/dist/*
.local
.output.js
/node_modules/**

**/*.svg
**/*.sh

/public/*
```

第四步：VS Code 需要安装 Prettier 中的 Code formatter 插件。

第五步：验证 Prettier 是否生效。

（1）保存代码，观察 JavaScript 中的双引号是否会被转成单引号。如果会，则代表配置成功；如果不会，那么可以在 settings.json 文件中增加如下配置：

```
"editor.formatOnSave": true
"editor.defaultFormatter": "esbenp.prettier-vscode",
"[javascript]": {
  "editor.defaultFormatter": "esbenp.prettier-vscode"
}
```

（2）配置一次性格式化所有代码的命令。

在 package.json 文件的 scripts 属性中添加一个"一次性格式化所有代码"的脚本：

```
"scripts": {
  ......
  "prettier": "prettier --write ."
}
```

执行"npm run prettier"命令，查看是否会格式化所有的代码，如果会，则代表配置成功。

17.3.3 ESLint 检测代码

ESLint 是一款 JavaScript 代码检查工具，可以帮助开发者避免编写低质量代码，制定适合自己团队的规范，并能检测代码中的潜在错误和不安全的写法。

以下是在项目中集成 ESLint 工具的步骤。

（1）配置 ESLint 环境。在创建项目时选择 ESLint，这样 Vue CLI 会默认配置好 ESLint 环境。

（2）VS Code 需要安装 ESLint 插件。

（3）解决 Eslint 和 Prettier 冲突的问题，需要安装两个插件。其实，在创建项目时，我们已选择了 Prettier，因此下面这两个插件会自动安装好。

```
npm i eslint-plugin-prettier@4.0.0 eslint-config-prettier@8.3.0 -D # 已默认安装
```

（4）在项目根目录的.eslintrc 文件的 extends 属性中添加 Prettier 插件，代码如下所示：

```
extends: [
  ......
  'plugin:prettier/recommended' # 该插件解决 ESLint 和 Prettier 的冲突，如默认有，
则无须添加
],
```

17.3.4 项目编码规范

1. 文件命名的规范

◎ 文件夹：统一为小写，多个单词使用短横线（-）分隔。

◎ 文件（.ts .vue .json .d.ts）：统一为小写，多个单词使用短横线分隔。

2. Vue.js 组件编写规范

◎ 组件的文件：统一为小写，多个单词使用短横线分隔。

◎ 组件的目录结构：例如，button 组件目录 button/src/index.vue，统一由 button/index.ts 导出。

◎ 组件导包顺序：依次为 Vue.js 技术栈、第三方工具函数、本地组件、本地工具函数。

◎ 组件的名称：统一以大写开头，即驼峰命名。

◎ 组件属性顺序：name →components→props→ emits → setup 等。

◎ template 标签：统一为小写，多个单词使用短横线分隔，例如<case-panel/>。

◎ template 标签属性顺序：v-if→v-for→ ref →class→ style→......→事件。

◎ 组件的 props：以小写开头，即驼峰命名。必须编写类型与默认值。

◎ 组件的样式：添加作用域 scoped，类名统一为小写，多个单词使用短横线分割。

17.4 快速集成第三方库

17.4.1 vue.config.js 的配置

在项目中使用第三方库时，可能需要修改 webpack 的配置，以满足需求。在使用 Vue CLI 创建的项目中，可以在 vue.config.js 文件中编写相关配置。

下面介绍如何在 vue.config.js 中修改 webpack 的配置，代码如下所示：

```
const { defineConfig } = require('@vue/cli-service')
const path = require('path')

module.exports = defineConfig({
  transpileDependencies: true,
  // 1.方式一：使用 Vue CLI 提供的属性
  outputDir: './build', // 应用打包输出的目录
  publicPath: '/',  // 应用打包时的基本 URL

  // 2.方式二：和 webpack 属性完全一致，最后与 webpack 的配置进行合并
  configureWebpack: {
    resolve: {
      alias: { // 配置别名
        '@': path.resolve(__dirname, 'src'), // Vue CLI 5.x 后默认已配置
        components: '@/components'
      }
    }
  }
  // 2.方式二：使用函数的语法
  // configureWebpack: (config) => {
  //   config.resolve.alias = {
  //     // '@': path.resolve(__dirname, 'src'), // 无须配置
  //     components: '@/components'
  //   }
  // }

  // 3.方式三:使用链式调用配置 webpack 的属性
  // chainWebpack: (config) => {
  //   // 配置别名
  //   config.resolve.alias
  //     // .set('@', path.resolve(__dirname, 'src')) // 无须配置
  //     .set('components', '@/components')
  // }
})
```

可以看到，这里分别使用以下 3 种方式来修改 webpack 的配置。

（1）直接通过 CLI 提供的选项进行配置。

◎ publicPath：配置应用程序部署的子目录（默认是 /，相当于部署在 https://www.my-app.com/中）。

◎ outputDir：修改应用打包输出的目录。

（2）使用 configureWebpack 属性。

◎ 如果为该属性赋值一个对象，那么该对象会直接与 webpack 的配置进行合并。

◎ 如果为该属性赋值一个函数，那么该函数会接收一个 config 对象，可通过该对象修改 webpack 的配置。

（3）使用 chainWebpack 属性。

◎ 该属性需接收一个函数，该函数会接收一个基于 webpack-chain 的 config 对象，可通过该对象修改 webpack 的配置。

17.4.2　Vue-Router 的集成

在 Vue.js 3 + TypeScript 项目中集成 Vue-Router，具体的步骤如下。

第一步：新建页面组件。

　　在新建页面组件之前，先删除默认的 HomeView.vue 和 AboutView.vue 组件。接着，在 src/views 目录下分别新建 main/main.vue、login/login.vue、not-found/not-found.vue 三个页面组件。

　　main.vue 组件代表首页，代码如下所示：

```
<template>
  <div>Main</div>
</template>
<script lang="ts">
import { defineComponent } from 'vue'
export default defineComponent({
  setup() {
    return {}
  }
})
</script>
```

　　login.vue 组件代表登录页面，代码如下所示：

```
<template>
  <div class="login">login</div>
</template>
<script lang="ts">
import { defineComponent } from 'vue'
export default defineComponent({
  setup() {
    return {}
  }
})
</script>
```

　　not-found.vue 组件代表匹配不到对应路由时显示的页面，代码如下所示：

```
<template>
  <div><h2>Not Found Path</h2></div>
</template>
<script lang="ts">
import { defineComponent } from 'vue'
export default defineComponent({
  setup() {
    return {}
  }
})
</script>
```

第二步：关闭 ESLint 的 vue/multi-word-component-names 规则检查。

　　当新建 main.vue 和 login.vue 组件时，由于 ESLint 中默认要求组件命名必须由多个单词组成。如果不是，就会提示 vue/multi-word-component-names 的错误。例如：Component name "main" should always be multi-word.eslint vue/multi-word-component-names。

　　如果想继续使用单个单词来命名组件，那么可以修改 .eslintrc 文件，关闭该规则。

```
module.exports = {
  ......
  rules: {
    ......
    'vue/multi-word-component-names': ['off', { ignores: [] } ]
  }
}
```

第三步：配置路由映射和创建路由对象。

修改 src/router/index.ts 的路由配置文件，代码如下所示：

```
import { createRouter, createWebHistory, RouteRecordRaw } from 'vue-router'
const routes: Array<RouteRecordRaw> = [
  {
    path: '/',
    redirect: '/login' // 访问默认路由时，重定向到登录页面
  },
  {
    path: '/login', // 登录页面的路由
    name: 'login', // 该页面的名称
    component: () => import('@/views/login/login.vue') // 懒加载页面组件
  },
  {
    path: '/main', // 首页的路由
    name: 'main',
    component: () => import('@/views/main/main.vue')
  },
  {
    path: '/:pathMatch(.*)*', // 没有匹配的路径时显示该页面
    name: 'notFound',
    component: () => import('@/views/not-found/not-found.vue')
  }
]
const router = createRouter({
  history: createWebHistory(process.env.BASE_URL),
  routes
})
export default router
```

可以看到，在 routes 数组中注册（配置）了 main.vue、login.vue、not-found.vue 三个页面组件，它们都用了路由懒加载技术；还注册了一个默认路由（/），当访问默认路径时，会重定向到登录页面。

17.4.3　Vuex 的集成

在创建项目时，由于我们选择了 Vuex 状态管理库，所以 Vue CLI 会默认集成好 Vuex。因此，在 src/store/index.ts 文件中已经创建好并导出了 store 对象。代码如下所示：

```
import { createStore } from 'vuex'
export default createStore({
  state() {
    return {}
  },
  getters: {},
  mutations: {},
  actions: {},
  modules: {}
})
```

17.4.4　Element Plus 的按需导入

按需导入 Element Plus 组件库的具体步骤如下。

第一步：安装 Element Plus 组件库。

```
npm install element-plus@2.2.9 --save # 本书安装的版本是 element-plus 2.2.9
```

注意：强烈建议安装与本书一样的版本，因为不同版本的集成方式不同。

第二步：安装插件和编写配置。

（1）安装按需导入所需的插件。

```
npm install -D unplugin-vue-components@0.9.2 unplugin-auto-import@0.21.1
```

注意：安装完该插件后，项目根目录下会自动生成 components.d.ts 和 auto-imports.d.ts 两个
声明文件。

（2）将插件配置到 webpack 的 plugins 中，修改 vue.config.js 文件，代码如下所示：

```
......
// 1.按需自动导入组件的插件
const AutoImport = require('unplugin-auto-import/webpack')
const Components = require('unplugin-vue-components/webpack')
const { ElementPlusResolver } = require('unplugin-vue-components/resolvers')

module.exports = defineConfig({
  ......
  configureWebpack: {
    resolve: { ...... },
    // 2.为 webpack 添加插件
    plugins: [
      AutoImport({
        resolvers: [ElementPlusResolver()]
      }),
      Components({
        resolvers: [ElementPlusResolver()]
      })
    ]
  }
})
```

第三步：验证 Element Plus 是否成功导入。

在 App.vue 中添加以下组件，代码如下所示：

```
<template>
  <nav>
    <!-- ElementPlus -->
    <el-button>Default</el-button>
    <el-button type="primary">Primary</el-button>
    <el-button type="success">Success</el-button>
    <br />
    <router-link to="/">Main</router-link> |
    <router-link to="/about">Login</router-link>
  </nav>
  <router-view />
</template>
......
```

第四步：重新运行项目，在浏览器中的效果如图 17-5 所示。

图 17-5 成功导入 Element Plus 组件

17.4.5 axios 的集成与封装

以下是集成 axios 的具体步骤。

第一步：安装 axios。

```
npm install axios@0.27.2 --save
```

第二步：封装 axios 请求库。

在 16.5.7 节的基础上继续对 axios 进行封装，主要对文件进行拆分管理，同时增加在发起网络请求时是否显示进度条。新建 service 的目录结构如图 17-6 所示。

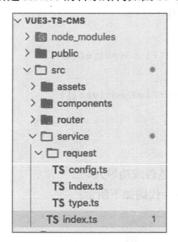

图 17-6 service 的目录结构

首先，在 service/request/config.ts 文件中编写请求库公共的配置信息，代码如下所示：

```
const BASE_URL = 'http://httpbin.org' //  基础的 URL
const TIME_OUT = 10000 // 超时时间
export { BASE_URL, TIME_OUT }
```

接着，在 service/index.ts 文件中统一导出 HYRequest 类的实例对象，代码如下所示：

```
import HYRequest from './request'
import { BASE_URL, TIME_OUT } from './request/config'
const hyRequest = new HYRequest({
  baseURL: BASE_URL,
  ...... // 参考16.5.7节中的代码
})
export default hyRequest
```

HYRequest 类的实现代码如下所示：

```
......
// 1.导入 ElLoading 组件和样式
import 'element-plus/es/components/loading/style/css'
import { ElLoading } from 'element-plus'
const DEAFULT_LOADING = true

class HYRequest<T = any> {
  ......
  showLoading?: boolean //2. 是否显示 loading
  loading?: any // 3.loading 的组件实例
  constructor(config: HYRequestConfig<T>) {
    ......
    // 4.是否显示加载进度
    this.showLoading =
      config.showLoading === undefined ? DEAFULT_LOADING : config.showLoading
// 默认为 true
    // 从 config 中取出对应实例的拦截器
    ......
    // 为所有实例添加全局拦截器
    this.instance.interceptors.request.use(
      (config) => {
        if (this.showLoading) {
          // 5.以服务的方式调用。由于创建的 loading 是单例，因此调用多次也不会创建多个
          this.loading = ElLoading.service({
            lock: true,
            text: 'Loading',
            background: 'rgba(0, 0, 0, 0.2)',
            fullscreen: true
          })
        }
        return config
      },
      (err) => {......}
    )

    this.instance.interceptors.response.use(
      (res) => {
        this.loading?.close() // 6.将 loading 单例关闭
        return res.data
      },
      (err) => {
        this.loading?.close() // 7.将 loading 单例关闭
        ......
        return err
      }
    )
  }

  request<T = any>(config: HYRequestConfig): Promise<T> {
    return new Promise((resolve, reject) => {
      // 8.判断某个请求是否需要显示 loading
      if (config.showLoading === false) {
        this.showLoading = config.showLoading
      }
      this.instance
        .request<T, T>(config)
        .then(......)
```

```
            .catch(......)
            .finally(() => {
              // 9.将 showLoading 设置 true，这样不会影响下一个请求
              this.showLoading = DEAFULT_LOADING
            })
        })
    }
    ......
}
export default HYRequest
```

可以看到，HYRequest 类的内容与 16.5.7 节中基本一样，不一样的是这里添加了显示加载进度的功能。

（1）首先导入\<el-loading\>组件和对应的样式。

（2）在 HYRequest 类中声明 showLoading，用于控制显示加载进度；声明 loading，用于存放\<el-loading\>组件实例。

（3）在初始化 constructor 时为 showLoading 赋值（默认 true），即所有请求默认会显示 loading 加载图层。

（4）在全局请求拦截器中判断 this.showLoading 若为 true，则显示 loading 加载图层，在请求响应之后关闭。

（5）在 request 请求函数中，判断某个请求是否需要显示 loading 加载图层，并在响应后恢复为默认值。

注意：上述代码在使用类型声明时，有些默认类型用到了 any 类型。由于 ESLint 默认不推荐使用 any，所以只要在代码中出现了 any 关键字，就会出现警告 warning。可以在.eslintrc.js 文件的 rules 中添加'@typescript-eslint/no-explicit-any': 'off'规则来关闭该警告。

service/request/type.ts 文件用于编写类型，代码如下所示：

```
import type { AxiosRequestConfig, AxiosResponse } from 'axios'
// 1.定义拦截器的类型，T 是响应 res.data 的类型
export interface HYRequestInterceptors<T = any> {......}
export interface HYRequestConfig<T = any> extends AxiosRequestConfig {
  // 2.这里可以扩展自己的类型
  interceptors?: HYRequestInterceptors<T>
  showLoading?: boolean
}
```

最后，可以在 src/main.ts 文件中引入 hyRequest 进行测试，代码如下所示：

```
import { createApp } from 'vue'
import App from './App.vue'
import router from './router'
import store from './store'
// 1.导入 hyRequest 实例
import hyRequest from './service'
createApp(App).use(store).use(router).mount('#app')
// 2.测试 hyRequest 的功能
hyRequest.request({
  url: '/get',
  method: 'GET',
  showLoading: false  // 通过改变 false 和 true 选择是否显示加载进度
})
```

保存代码，在浏览器中显示的效果如图 17-7 所示。

图 17-7　显示加载进度

17.4.6　区分开发和生成环境

全局配置是项目中一个非常重要的组成部分。在不同的环境下，全局配置也会有所不同。例如，在开发环境中，使用局域网 IP 地址作为 URL；而在生产环境中，则使用域名作为 URL。

为了满足不同环境的需求，需要编写不同的配置，通常采用以下三种方式来区分环境。

（1）手动切换环境，即通过手动注释代码的方式实现切换。

```
// export const API_BASE_URL = 'https://coderwhy/org/dev'
// export const API_BASE_URL = 'https://coderwhy/org/prod'
export const API_BASE_URL = 'https://coderwhy/org/test'

export const TIME_OUT = 10000
```

（2）根据 process.env.NODE_ENV 环境变量的值来区分环境。

process.env.NODE_ENV 环境变量的值是通过 webpack 中的 DefinePlugin 插件注入的。在开发环境中注入的值为 development，在生产环境中注入的值为 production，在测试环境中注入的值为 test。

```
let baseURL = ''
if (process.env.NODE_ENV === 'production') {
  baseURL = 'https://coderwhy/org/prod'
} else if (process.env.NODE_ENV === 'development') {
  baseURL = 'https://coderwhy/org/dev'
} else {
  baseURL = 'https://coderwhy/org/test'
}

export const API_BASE_URL = baseURL
```

（3）编写对应的配置文件来区分环境，代码如下所示：

```
.env                # 在所有的环境中被载入
.env.local          # 在所有的环境中被载入，但会被 Git 忽略
.env.[mode]         # 只在指定的模式中被载入
.env.[mode].local   # 只在指定的模式中被载入，但会被 Git 忽略
```

下面我们采用第三种方式来区分环境。

在项目根目录下分别新建 .env.development、.env.production、.env.test 三个配置文件。需要注意的是：在这些配置文件中，除了可直接定义 BASE_URL 和 NODE_ENV 的 key，其他的 key 必须以 VUE_APP 开头。

例如 .env.development 配置文件会在开发环境中被自动载入，代码如下所示：

```
// 代表在开发环境中使用如下两个配置，注意：下面定义的 key 必须以 VUE_APP 开头
VUE_APP_BASE_URL=https://coderwhy/org/dev
VUE_APP_ENV=development
```

例如 .env.production 配置文件会在生产环境中被自动载入，代码如下所示：

```
// 代表在生产环境中使用如下两个配置
VUE_APP_BASE_URL=https://coderwhy/org/prod
VUE_APP_ENV=production
```

例如 .env.test 配置文件会在测试环境中被自动载入，代码如下所示：

```
// 代表在测试环境中使用如下两个配置
VUE_APP_BASE_URL=https://coderwhy/org/test
VUE_APP_ENV=test
```

接着，在 main.ts 中测试开发环境是否可以获取该全局配置，代码如下所示：

```
......
createApp(App).use(store).use(router).mount('#app')
// 获取不同环境下变量的值
console.log(process.env.NODE_ENV) // development
console.log(process.env.VUE_APP_BASE_URL) // https://coderwhy/org/dev
console.log(process.env.VUE_APP_ENV) // development
```

保存代码，在浏览器中运行，控制台打印输出的内容如下所示：

```
development
https://coderwhy/org/dev
development
```

完成以上的工作后，意味着项目的前期工作已准备完毕。下面就可以开始正式编写业务代码了。

将前面所写的代码提交到 Git 仓库中，并用一个 Tag 标签标记该版本。在项目根目录中执行以下命令：

```
git add . # 添加代码到暂存区
git commit -m "完成的功能:1.集成了项目的开发规范 2.集成了第三方库" # 提交代码到 Git 仓库
git branch vue3-ts-cms-17.4.6 # 新建一个名为"vue3-ts-cms-17.4.6"的分支
git branch # 查看已创建的分支
```

提示：提交代码到 Git 仓库的命令都是一样的，读者自行操作即可。

17.5 tsconfig.json 文件的解析

TypeScript 项目的根目录中一般会有 tsconfig.json 文件，该文件指定了项目的编译选项和项目需要编译的文件。以下是对 tsconfig.json 文件的说明：

```
{
  "compilerOptions": {
```

```
    // 编译生成的目标版本代码，esnext 代表生成 ES6 以后的语法。
    "target": "esnext",
    // 生成代码时使用的模块化方案
    "module": "esnext",
    // 打开所有的严格模式检查
    "strict": true,
    // jsx 的处理方式(保留原有的 jsx 格式)
    "jsx": "preserve",
    // 是否帮助导入一些需要的功能模块
    "importHelpers": true,
    // 按照 node 的模块解析规则
    "moduleResolution": "node",
    // 跳过对整个库进行类似检测，而仅检测你用到的类型
    "skipLibCheck": true,
    // 支持 es module 和 commonjs 混合使用
    "esModuleInterop": true,
    // 允许合成默认模块导出
    "allowSyntheticDefaultImports": true,
    // 文件名强制使用一致的大小写
    "forceConsistentCasingInFileNames": true,
    // 支持类字段使用 Define 定义
    "useDefineForClassFields": true,
    // 是否要生成 sourcemap 文件
    "sourceMap": true,
    // 文件路径在解析时的基本 url
    "baseUrl": ".",
    // 指定具体要解析使用的类型
    "types": ["webpack-env"],
    // 路径的映射设置，类似于 webpack alias
    "paths": {
      "@/*": ["src/*"],
      "components/*": ["src/components/*"]
    },
    // 指定需要用到的库，也可以不配置，直接根据 target 来获取
    "lib": ["esnext", "dom", "dom.iterable", "scripthost"]
  },
  // 指定编译时包含的文件
  "include": [
    "src/**/*.ts",
    "src/**/*.tsx",
    "src/**/*.vue",
    "tests/**/*.ts",
    "tests/**/*.tsx"
  ],
  // 指定编译时应跳过的文件
  "exclude": ["node_modules"]
}
```

17.6　vue 文件的类型声明

在项目中，直接导入.png 等图片文件会提示"Cannot find module"错误，但是直接导入.vue 文件时并不会提示该错误。导入图片报错是因为我们导入了一个从来没有被声明过类的模块，导入.vue 文件不会报错是因为在 shims-vue.d.ts 文件中声明过了该类型，其代码如下所示：

```
declare module '*.vue' {
  // 1.导入 DefineComponent 类型
  import type { DefineComponent } from 'vue'
```

```
    // 2.指定 component 组件的类型为 DefineComponent 类型
    const component: DefineComponent<{}, {}, any>
    export default component
}
```

17.7　defineComponent 函数的作用

为了让 TypeScript 能够正确推断组件选项中的类型，需要调用 defineComponent 函数来定义组件，代码如下所示：

```
import { defineComponent } from 'vue'
export default defineComponent({
  // 使用 defineComponent 函数定义组件，编写下面的属性会有提示
  props: {
    name: String,
    msg: { type: String, required: true }
  },
  data() {
    return {
      count: 1
    }
  },
  mounted() {
    this.name // TypeScript 会自动推断出类型为 string | undefined
    this.msg // TypeScript 会自动推断出类型为 string
    this.count // TypeScript 会自动推断出类型为 number
  }
})
```

提示：调用 defineComponent 函数定义组件时，该函数会返回一个 DefineComponent 类型的组件。

17.8　登录模块

以下是登录（login）模块的接口文档。

◎　请求 URL：BASE_URL + /login。
◎　请求方法：POST。
◎　必选参数：{name: 'coderwhy', password: '123456'}。
◎　BASE_URL：http://codercba.com:5000。（注意：后面所有的请求都使用这个 BASE_URL。）

17.8.1　搭建登录页面

以下是搭建登录页面的具体步骤。

第一步：重置页面样式和编写全局样式。

安装 normalize.css，它是一个现代的重置 CSS 的工具包。

```
npm install normalize.css -S # 安装的版本是 8.0.1
```

新建 src/assets/css/base.less 和 src/assets/css/index.less 文件，用于编写全局样式。

base.less 文件，代码如下所示：

```
/* base.less 编写全局样式 */
body {
  padding: 0;
  margin: 0;
}

html,
body,
#app {
  width: 100%;
  height: 100%;
}
```

index.less 文件，代码如下所示：

```
/* index.less 统一导出 less 样式 */
@import './base.less';
```

接着，在 main.ts 文件中引入 normalize.css 和 index.less 文件，代码如下所示：

```
......
import 'normalize.css'
import './assets/css/index.less'
createApp(App).use(store).use(router).mount('#app')
```

第二步：编写登录页面。

新建登录页面组件的目录结构如下所示：

```
views
├── login
│    ├── cpns # 用于存放属于该模块的所有业务子组件
│    │    └── login-panel.vue # 登录页面中的登录面板组件
│    └── login.vue # 登录页面
App.vue # 根组件
```

login-panel.vue 登录面板组件使用 script setup 语法编写，代码如下所示：

```
<template>
  <div class="login-panel">
    <h1 class="title">后台管理系统</h1>
    <el-tabs type="border-card" stretch>
      <el-tab-pane>
        <template #label>
          <span>
            <el-icon><UserFilled /></el-icon> 账号登录
          </span>
        </template>
        <!-- todo add login form 1 /> -->
      </el-tab-pane>
      <el-tab-pane>
        <template #label>
          <span>
            <el-icon><Iphone /></el-icon> 手机登录
          </span>
        </template>
        <!-- todo add login form 2 /> -->
      </el-tab-pane>
```

```
    </el-tabs>

    <div class="account-control">
      <el-checkbox v-model="isKeepPassword">记住密码</el-checkbox>
      <el-link type="primary">忘记密码</el-link>
    </div>

    <el-button type="primary" class="login-btn" @click="handleLoginClick"
      >立即登录</el-button
    >
  </div>
</template>

<script lang="ts" setup>
import { ref } from 'vue'
const isKeepPassword = ref(true)
const handleLoginClick = () => {
  console.log(isKeepPassword.value, '单击登录')
}
</script>

<style scoped lang="less">
.login-panel {
  margin-bottom: 150px;
  width: 320px;
  .title {
    text-align: center;
  }
  .account-control {
    margin-top: 10px;
    display: flex;
    justify-content: space-between;
  }
  .login-btn {
    width: 100%;
    margin-top: 10px;
  }
}
</style>
```

可以看到，该组件的布局用到了 Element Plus 组件库中的<el-tabs>、<el-tab-pane>、<el-checkbox>、<el-link>、<el-button>组件，这些以 el-开头的都是 Element Plus 提供的组件。由于前面配置过按需导入，所以这里可以直接使用。<el-icon>、<UserFilled>和<Iphone>是字体图标组件。

登录页面会用到的 Element Plus 组件及其介绍如下。

（1）<el-tabs>：标签页组件，type 属性用于指定标签页的风格类型，stretch 用于指定标签的宽度是否自动撑开。

（2）<el-tab-pane>：选项卡组件，作为<el-tabs>的子组件使用，通过 label 插槽名可自定义标题内容。

（3）<el-checkbox>：表单输入组件，用于记录用户是否单击了"记住密码"，并用 v-model 实现数据的双向绑定。

（4）<el-link>：连接组件，这里只显示"忘记密码"文本。

（5）<el-button>：按钮组件，单击"立即登录"按钮时会回调 handleLoginClick 方法。

（6）<el-icon>、<UserFilled>、<Iphone>：字体图标组件，需要安装 Element Plus 的字体图标库。

提示：有关 Element Plus 组件更详细的语法，可以查阅官网文档，见链接 17-2。

下面安装 Element Plus 的字体图标库：

```
npm install @element-plus/icons-vue@2.0.6 -S  # 安装的版本为 2.0.6
```

在 main.ts 文件中，全局注册所有字体图标：

```
......
import * as ElementPlusIconsVue from '@element-plus/icons-vue'
import 'normalize.css'
import './assets/css/index.less'

const app = createApp(App)
// 1.从 @element-plus/icons-vue 中导入所有图标，并进行全局注册
for (const [key, component] of Object.entries(ElementPlusIconsVue)) {
  app.component(key, component)
}
app.use(store).use(router).mount('#app')
```

接着，使用 setup 函数编写 login.vue 登录页面组件，而不是<script setup>语法，目的是演示两种语法的用法区别。代码如下所示：

```
<template>
  <div class="login">
    <login-panel />
  </div>
</template>
<script lang="ts">
import { defineComponent } from 'vue'
import LoginPanel from './cpns/login-panel.vue'
export default defineComponent({
  components: {
    LoginPanel // 局部注册 LoginPanel 组件，并在 template 中使用
  },
  setup() {
    return {}
  }
})
</script>
<style scoped lang="less">
.login {
  display: flex;
  justify-content: center;
  align-items: center;
  width: 100%;
  height: 100%;
  background: url('../../assets/img/login-bg.svg');
}
</style>
```

可以看到，这里导入了 login-panel.vue 组件，并在<template>中使用它，然后为登录页面添加了一个背景图片。

最后，在 App.vue 组件中删除多余的测试代码。代码如下所示：

```
<template>
  <div class="app">
```

```
    <router-view></router-view>
  </div>
</template>
<style lang="less">
.app {
  height: 100%;
}
</style>
```

保存代码，在浏览器中显示的登录页面的效果如图 17-8 所示。

图 17-8　登录页面

17.8.2　登录表单的实现

前面实现的是登录页面中的登录面板，下面实现该面板中的登录表单，即添加用户名和密码的输入框，我们将该功能封装到一个独立的组件中。新增组件的目录结构如下所示：

```
views
├── login
│   ├── cpns
│   │   └── login-account.vue  # 1 登录面板组件中的账号登录组件
│   │   └── login-phone.vue     # 2.登录面板组件中的手机登录组件
│   │   └── login-panel.vue     # 3.登录页面中的登录面板组件
```

login-account.vue 账号登录组件，使用 script setup 语法编写，代码如下所示：

```
<template>
  <div class="login-account">
    <el-form label-width="60px" :model="account" ref="formRef">
      <el-form-item label="账号">
        <el-input v-model="account.name" />
      </el-form-item>
      <el-form-item label="密码">
        <el-input v-model="account.password" />
      </el-form-item>
    </el-form>
  </div>
</template>

<script lang="ts" setup>
```

```
import { reactive, ref } from 'vue'
import type { ElForm } from 'element-plus'
// 1.定义响应式数据，保存用户输入的用户名（账号）和密码
const account = reactive({
  name: '',
  password: ''
})
// 2.获取 form 组件对象，其中 InstanceType<typeof ElForm> 用于声明 form 实例类型
const formRef = ref<InstanceType<typeof ElForm>>()
// 3.提交表单和表单验证
const loginAction = () => {
  formRef.value?.validate((valid) => {
    if (valid) {
      console.log('真正执行登录逻辑')
    }
  })
}
// 4.将该组件暴露出去
defineExpose({ loginAction })
</script>
```

可以看到，这里使用\<el-form\>、\<el-form-item\>、\<el-input\>组件编写了一个账号登录表单布局，具体步骤如下。

（1）定义 account 响应式变量，用于保存用户输入的用户名（账号）和密码，并绑定到\<el-form\>的 model 的属性上，同时将 account 中的 name 和 password 双向绑定到\<el-input\>组件上。

（2）通过为\<el-form\>组件绑定 ref 属性来获取该组件的实例对象 formRef，并通过 InstanceType\<typeof ElForm\>语法指定该实例类型。

◎　typeof：是 TypeScript 的关键字，用于获取 ElForm 组件的类型。

◎　InstanceType：用于构造拥有 ElForm 构造函数的实例类型。

（3）定义一个提交和验证表单的方法 loginAction，并在该方法中调用表单组件实例的 validate 来验证表单。

（4）使用 defineExpose 编译器宏将该方法暴露给外部调用。

注意：如果在使用 defineExpose 编译器宏时，ESLint 提示 "'defineExpose' is not defined"，那么可以在.eslintrc.js 文件的 env 对象中追加 "'vue/setup-compiler-macros': true"，启用编译宏环境。

接下来，在 login-panel.vue 中导入并使用该组件，代码如下所示：

```
<template>
  <div class="login-panel">
    <h1 class="title">后台管理系统</h1>
    <el-tabs type="border-card" stretch>
      <el-tab-pane>
        <template #label>
          <span><el-icon><UserFilled /></el-icon> 账号登录</span>
        </template>
        <login-account ref="accountRef" />
      </el-tab-pane>
      ......
    </el-tabs>
    ......
```

```
    </div>
</template>
<script lang="ts" setup>
import { ref } from 'vue'
import LoginAccount from './login-account.vue'
......
</script>
```

保存代码，在浏览器中显示的登录表单的效果如图 17-9 所示。

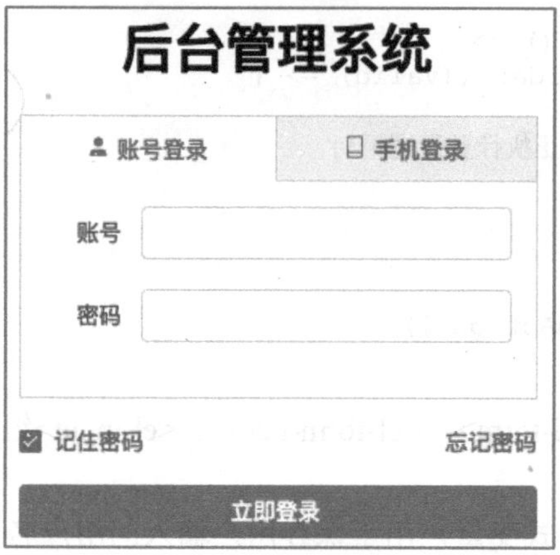

图 17-9　登录表单

17.8.3　表单规则的校验

下面优化 login-access.vue 组件，添加表单验证的功能。在<el-form>组件中绑定 rules 表单验证规则属性，在<el-form-item>组件中添加 prop 属性，该属性的值为:model 绑定对象（account）属性的键名，如下面的 name 和 password。代码如下所示：

```
<template>
  <div class="login-account">
    <el-form label-width="60px" :model="account" :rules="rules" ref="formRef">
      <el-form-item label="账号" prop="name">
        <el-input v-model="account.name" />
      </el-form-item>
      <el-form-item label="密码" prop="password">....</el-form-item>
    </el-form>
  </div>
</template>

<script lang="ts" setup>
import { rules } from '../config/account-config'
....
</script>
```

接着，新建 src/views/login/config/account-config.ts 作为该页面的配置文件，在该文件中编写表单验证规则，代码如下所示：

```
// 编写表单验证规则
export const rules = {
  // key 需与 :model 绑定对象（account）属性的键名一样
  name: [
    {
      required: true,                    // 必传项
```

```
      message: '用户名是必传内容~',           // 错误提示
      trigger: 'blur'                        // 失去焦点触发验证
    },
    {
      pattern: /^[a-zA-Z0-9]{5,10}$/,   // 通过正则来验证表单
      message: '用户名必须是 5~10 个字母或者数字~',
      trigger: 'blur'
    }
  ],
  password: [
    {
      required: true,
      message: '密码是必传内容~',
      trigger: 'blur'
    },
    {
      pattern: /^[a-zA-Z0-9]{3,}$/,
      message: '用户名必须是 3 位以上的字母或者数字~',
      trigger: 'blur'
    }
  ]
}
```

可以看到，在 rules 中配置了表单的验证规则。rules 对象的 key 值应为:model 绑定对象属性的键名，即 rules 中的 key 需与\<el-form-item\>组件绑定的 prop 的值，以及\<el-input\> 中 v-model 绑定的键保持一致，比如该案例中的 name 和 password。

然后，编写单击"立即登录"按钮触发的表单提交和验证，优化 login-panel.vue 组件，代码如下所示：

```
<script lang="ts" setup>
......
import LoginAccount from './login-account.vue'
const accountRef = ref<InstanceType<typeof LoginAccount>>() // 获取
login-access 组件对象
const handleLoginClick = () => {
  // 单击"立即登录"按钮，调用 login-access 组件暴露的 loginAction 方法
  accountRef.value?.loginAction()
}
</script>
```

保存代码，在浏览器中显示的表单验证功能如图 17-10 所示。

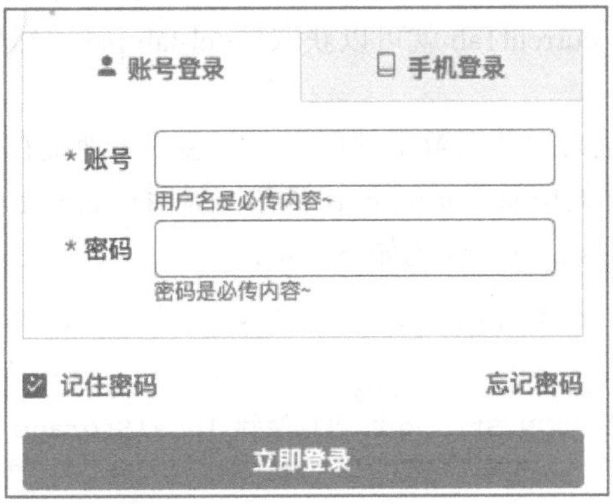

图 17-10　登录时的表单验证功能

17.8.4　登录逻辑的实现

完成登录布局的表单提交和表单验证功能后，下面来实现登录逻辑，具体步骤如下。

第一步：处理单击"立即登录"按钮的逻辑。

优化 login-panel.vue 组件，代码如下所示：

```
<template>
  <div class="login-panel">
    <h1 class="title">后台管理系统</h1>
    <el-tabs type="border-card" stretch v-model="currentTab">
      <el-tab-pane name="account">......</el-tab-pane>
      <el-tab-pane name="phone">......</el-tab-pane>
    </el-tabs>
    ......
  </div>
</template>

<script lang="ts" setup>
......
import localCache from '@/utils/cache'
const currentTab = ref('account')

onMounted(() => {
  // 回显用户名和密码（默认回显：coderwhy 和 123456）
  const name = localCache.getCache('name') || 'coderwhy'
  const password = localCache.getCache('password') || '123456'
  accountRef.value?.setFormFields(name, password)
})
const handleLoginClick = () => {
  // 1.账号登录方式
  if (currentTab.value === 'account') {
    accountRef.value?.loginAction(isKeepPassword.value) // 是否记住密码，传递给
loginAction 方法
  } else {
  // 2.手机登录方法 todo......
  }
}
</script>
```

可以看到，在 handleLoginClick 方法中增加对登录方式的判断，其中 currentTab.value ===
'account'代表用户单击"账号登录"按钮。因为在<el-tabs>组件中双向绑定了 currentTab 属性，
因此当用户切换选项卡时，currentTab 就可以获取到<el-tab-pane>组件绑定 name 属性的值，如
account 和 phone。

接着，在 onMounted 生命周期函数中使用自己封装的本地缓存数据工具（localCache）从
本地读取用户名和密码，并调用 setFormFields 函数回显用户名和密码。

localCache 本地缓存数据工具，代码如下所示：

```
// src/utils/cache.ts 本地缓存工具类，是对 window.localStorage 的封装
class LocalCache {
  setCache(key: string, value: any) {
    // 先将 value 转成 JSON String ，再存储到 localStorage 中
    window.localStorage.setItem(key, JSON.stringify(value))
  }
  getCache(key: string) {
    const value = window.localStorage.getItem(key)
```

```
    if (value) {
      return JSON.parse(value) // 转成 JSON 对象格式
    }
  }
  deleteCache(key: string) {
    window.localStorage.removeItem(key)
  }
  clearCache() {
    window.localStorage.clear()
  }
}
export default new LocalCache()
```

accountRef.value?.loginAction(isKeepPassword.value)方法的具体实现，代码如下所示：

```
<script lang="ts" setup>
......
// 1.获取 useStore Hook 函数
import { useStore } from 'vuex'
const store = useStore()
// 2.获取 form 组件对象，其中 InstanceType<typeof ElForm> 是声明 form 实例类型
const formRef = ref<InstanceType<typeof ElForm>>()
// 3.表单提交和表单验证
const loginAction = (isKeepPassword: boolean) => {
  formRef.value?.validate((valid) => {
    if (valid) {
      // 3.1.判断是否需要记住密码
      if (isKeepPassword) {
        // 本地缓存用户名和密码
        localCache.setCache('name', account.name)
        localCache.setCache('password', account.password)
      } else {
        // 清除本地缓存的用户名和密码
        localCache.deleteCache('name')
        localCache.deleteCache('password')
      }

      // 3.2.发起网络请求，开始进行登录验证
      store.dispatch('login/accountLoginAction', { ...account })
    }
  })
}
// 4.为表单项设置值
const setFormFields = (name: string, password: string) => {
  account.name = name || account.name
  account.password = password || account.password
}
// 5.该组件暴露出去的属性
defineExpose({ loginAction, setFormFields })
</script>
```

在 loginAction 函数中，增加一个 isKeepPassword 参数，用于判断用户登录时是否勾选了
"记住密码"选项。

接着，根据 isKeepPassword 值进行判断，如果选择"记住密码"，那么将用户名和密码存
储在本地，否则删除本地缓存。

然后，执行 store.dispatch('login/accountLoginAction', { ...account })，派发一个登录的 action。

最后，向外部暴露 setFormFields 函数，该函数用于设置表单值，比如回显用户名和密码。

第二步：派发登录的 Action。

当用户登录成功后，就要准备将用户信息存储在 Vuex 中，并把有关网络请求的代码统一编写到 action 中，目的是方便统一管理。

下面看看 Vuex 中的 store 层代码的封装，其中 src/store 目录的文件结构如下所示：

```
src/store
├── login
│   ├── login.ts # 登录模块的 store
│   └── types.ts # 登录模块的类型文件
├── index.ts      # 根 store
└── types.ts      # 根 store 的类型文件
```

根 store 的实现代码如下所示：

```
// src/store/index.ts
import { createStore } from 'vuex'
import login from './login/login'
import type { IRootState } from './types'
export default createStore<IRootState>({
  state() {
    return {
      name: 'coderwhy', // 测试用
      age: 18 // 测试用
    }
  },
  getters: {},
  mutations: {},
  actions: {},
  modules: {
    login // 添加了登录子模块
  }
})
```

可以看到，我们在根 store 中添加了一个 login 作为子模块，并将根模块的 state 指定为 IRootState 类型。

在 src/store/types.ts 文件中定义类型，代码如下所示：

```
export interface IRootState {
  name: string
  age: number
}
```

src/store/login/login.ts 文件，代码如下所示：

```
import { accountLoginRequest } from '@/service/login/login'
import localCache from '@/utils/cache'
// 导入类型
import type { Module } from 'vuex'
import type { IAccount } from '@/service/login/types' // 服务层模块类型
import type { ILoginState } from './types' // 登录模块类型
import type { IRootState } from '../types' // 根模块类型
```

```
const loginModule: Module<ILoginState, IRootState> = {
  namespaced: true,
  state() {
    return {
      token: '',        // 保存登录成功的 token
      userInfo: {},     // 保存用户信息(后面会用到，这里先定义)
      userMenus: [],    // 保存菜单信息(后面会用到，这里先定义)
      permissions: []   // 保存用户权限信息(后面会用到，这里先定义)
    }
  },
  getters: {},
  mutations: {
    changeToken(state, token: string) {
      state.token = token
    }
  },
  actions: {
    // 1.登录的 Action
    async accountLoginAction({ commit, dispatch }, payload: IAccount) {
      // 调用登录的服务，获取登录的结果：loginResult
      const loginResult = await accountLoginRequest(payload)
      const { id, token } = loginResult.data
      // 将结果存起来
      commit('changeToken', token)
      localCache.setCache('token', token)
    }
  }
}
export default loginModule
```

可以看到，在该 login 模块中实现了登录的 action 函数（accountLoginAction）。

◎ 第一个参数：通过解构可获取 login 模块的 commit 和 dispatch 函数。

◎ 第二个参数：payload 获取的是在单击"立即登录"按钮时，传递过来的账号和密码。

提示：如果想触发 login 模块中 accountLoginAction 函数的回调，那么可派发 login/accountLoginAction 这个 action。

接着，在 accountLoginAction 函数中调用 accountLoginRequest 服务实现登录，当获取了服务器返回的结果（loginResult）后，将服务器返回的 token 分别存到 Vuex 和浏览器的本地缓存中。

accountLoginRequest 服务是从 service/login/login 导入的，下面来编写该服务。src/service 目录的文件结构如下所示：

```
service
├── login
│   ├── login.ts    # 1.登录模块的服务
│   └── types.ts    # 2.登录模块的类型文件
├── types.ts        # 3.根模块的类型
├── request
│   ├── ...          # 其他文件
└── index.ts        # 之前统一导出的 hyReqest 对象
```

在 service/login/login.ts 文件中定义一个 accountLoginRequest 服务，该服务会调用 hyRequest. post 方法发起网络请求。其中，**LoginAPI** 枚举用于定义登录所需的接口，代码如下所示：

```
import hyRequest from '../index'
import type { IAccount, ILoginResult } from './types'
import type { IDataType } from '../types'

enum LoginAPI {
  AccountLogin = '/login'  // 登录的接口，默认会加上 BASE_URL 作为前缀
}

// 登录的服务
export function accountLoginRequest(account: IAccount) {
  // 调用 hyRequest.post 方法，并指定 res.data 的数据类型为 IDataType<ILoginResult>
  return hyRequest.post<IDataType<ILoginResult>>({
    url: LoginAPI.AccountLogin,
    data: account // 用户名和密码
  })
}
```

两个 types.ts 类型的定义文件，代码如下所示：

```
// service/login/types.ts
export interface IAccount { // 包含用户名和密码的对象类型
  name: string
  password: string
}
export interface ILoginResult { // 登录成功返回 JSON 对象的类型
  id: number
  name: string
  token: string
}

// service/types.ts
export interface IDataType<T = any> { // 服务器响应结果（res.data）的类型
  code: number
  data: T
}
```

编写完 store 和 service 层的代码后，修改一下 service/request/config.ts 文件中定义的全局配置，将 BASE_URL 改成从 process.env 环境变量中获取。代码如下所示：

```
const BASE_URL = process.env.VUE_APP_BASE_URL //  基础的 URL
const TIME_OUT = 10000 // 超时时间
export { BASE_URL, TIME_OUT }
```

还要修改.env.development 配置文件，将 VUE_APP_BASE_URL 的值改成/api。代码如下所示：

```
VUE_APP_BASE_URL=/api  # 目的是区分路由路径和后台 URL 接口的路径
VUE_APP_ENV=development
```

保存代码，在浏览器中单击"立即登录"按钮后，控制台报错如下：

```
POST http://localhost:8080/api/login 404 (Not Found)
```

报错是因为接口地址不对，本地并没有 http://localhost:8080/api/login 这个接口，而远程的登录接口是 http://codercba.com:5000/login。

这时就要用到 webpack 的 proxy 反向代理的技术了，即将本地的请求代理到远程服务器。

17.8.5 网络请求的反向代理

在项目中，为了实现将 http://localhost:8080/api/login 的请求代理到 http://codercba.com:5000/login，需要在 vue.config.js 中编写 proxy 反向代理的配置。

在 vue.config.js 文件中添加 devServer 属性，具体配置信息的代码如下所示：

```
......
module.exports = defineConfig({
  transpileDependencies: true,
  // 1.配置方式一：Vue CLI 提供的属性
  outputDir: './build',
  publicPath: '/',
  // 开发环境配置 proxy 反向代理
  devServer: {
    proxy: {
      '^/api': {
        target: 'http://codercba.com:5000',
        pathRewrite: {
          '^/api': ''
        },
        changeOrigin: true
      }
    }
  },
  ......
})
```

可以看到，这里添加了一个 devServer 属性，并在该属性中添加了 proxy 的配置。

（1）^/api：表示匹配到请求的路径是以/api 开头的所有 URL。

（2）target：表示指定代理到的目标服务器。这里会将对 http://localhost:8080 的请求转到 http://codercba.com:5000 上。

（3）pathRewrite：表示需要对哪些 URL 路径进行重写。这里会将 URL 中以/api 开头的替换为空，即实现将 http://localhost:8080/api/login 请求转成对 http://codercba.com:5000/login 请求。

（4）changeOrigin:true：将 changeOrigin 设置为 true，那么代理时会改变主机的来源。

保存代码，重新运行 "npm run serve" 指令，打开开发者工具后单击 "立即登录" 按钮，登录成功后服务器会返回该用户的 id、name 和 token，效果如图 17-11 所示。

图 17-11 实现登录的逻辑

◎ 图 17-11（a）是发起登录请求，图 17-11（b）是查看请求的结果。

◎ 图 17-11（c）是查看 Vuex 中 state 保存的状态；图 17-11（d）是查看本地 localStorage 存储的数据。

17.8.6 登录后获取用户信息

登录成功之后，还需要发起网络请求，获取用户信息和当前用户拥有的菜单。

两个接口文档信息如下。

（1）获取用户信息的接口。

◎ 请求方法：GET。

◎ 请求 URL：BASE_URL + /users/:id。

◎ 请求头：Authorization:Bearer ${token}，token 是登录时返回的 token 字符串。

◎ 必选参数：/users/1。

（2）获取用户菜单权限的接口。

◎ 请求方法：GET。

◎ 请求 URL：BASE_URL + /role/:id/menu。

◎ 请求头：Authorization:Bearer ${token}。

◎ 必选参数：role/1/menu。

在 service/login/login.ts 文件中添加获取用户信息和菜单的两个服务，代码如下所示：

```
......
enum LoginAPI {
  AccountLogin = '/login',
  LoginUserInfo = '/users/',    // 用法: /users/1
  UserMenus = '/role/'          // 用法: role/1/menu
}
export function accountLoginRequest(account: IAccount) {....}
// 1.获取用户信息
export function requestUserInfoById(id: number) {
  return hyRequest.get<IDataType>({
    url: LoginAPI.LoginUserInfo + id,
    showLoading: false
  })
}
// 2.获取用户菜单
export function requestUserMenusByRoleId(id: number) {
  return hyRequest.get<IDataType>({
    url: LoginAPI.UserMenus + id + '/menu',
    showLoading: false
  })
}
```

接着，在 store/login/login.ts 文件的 accountLoginAction 函数中增加获取用户信息和菜单的服务，代码如下所示：

```
import {
  accountLoginRequest,
  requestUserInfoById,
  requestUserMenusByRoleId
} from '@/service/login/login'
......
const loginModule: Module<ILoginState, IRootState> = {
```

```
  ......
  mutations: {
    changeToken(state, token: string) {......},
    changeUserInfo(state, userInfo: any) {
      state.userInfo = userInfo    // 保存用户信息
    },
    changeUserMenus(state, userMenus: any) {
      state.userMenus = userMenus // 保存用户菜单
    }
  },
  actions: {
    // 登录的 Action
    async accountLoginAction({ commit, dispatch }, payload: IAccount) {
      // 1.实现登录逻辑
      // 2.请求用户信息
      const userInfoResult = await requestUserInfoById(id)
      const userInfo = userInfoResult.data
      commit('changeUserInfo', userInfo) // 存储在 Vuex
      localCache.setCache('userInfo', userInfo) // 存储在本地
      // 3.请求用户菜单
      const userMenusResult = await requestUserMenusByRoleId(userInfo.role.id)
      const userMenus = userMenusResult.data
      commit('changeUserMenus', userMenus)
      localCache.setCache('userMenus', userMenus)
      // 4.跳转到首页
      router.push('/main')
    }
  }
}
export default loginModule
```

可以看到，在 accountLoginAction 函数中增加了请求用户信息和菜单的代码，并且将服务器返回的用户信息和菜单分别存储在 Vuex 和本地的 localStorage 中。最后，让页面跳转到首页。

保存代码，在浏览器中单击"立即登录"按钮后，控制台报错如下：

```
GET http://localhost:8080/api/users/1 401 (Unauthorized)
```

这是因为在获取用户信息和菜单时，并没有将登录成功后的 token 添加到请求头中。

下面优化一下代码，在 service/index.ts 文件中统一添加请求头，代码如下所示：

```
......
import localCache from '@/utils/cache'
const hyRequest = new HYRequest({
  baseURL: BASE_URL,
  ......
  interceptors: {
    requestInterceptor: (config) => {
      console.log('单个实例-请求成功的拦截')
      // 1.携带 token 的拦截
      const token = localCache.getCache('token')
      if (token && config.headers) {
        config.headers.Authorization = `Bearer ${token}`
      }
      return config
    },
    ......
  }
})
export default hyRequest
```

可以看到，在单个实例的请求拦截器中统一为每个请求的请求头添加 Authorization 属性，并赋值为 Bearer ${token}。token 是直接从本地获取的，因为在登录成功之后，已经将 token 存在了本地。

保存代码，在浏览器中打开开发者工具中的 Vue 选项。当单击"立即登录"按钮后，服务器会返回该用户的信息（userInfo）和菜单（userMenus），如图 17-12 所示，并且此时会跳转到首页。

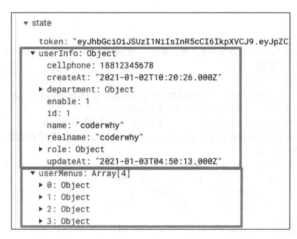

图 17-12　Vuex 中的用户信息和菜单

17.9　首页模块

开发好登录模块后，下面开始开发首页模块。

17.9.1　搭建首页的布局

在集成 Vue Router 时，我们就已经新建了首页组件 main.vue，下面在该组件中搭建首页的布局。代码如下所示：

```ts
<template>
  <div class="main">
    <el-container class="main-content">
      <el-aside :width="'210px'"> 左边菜单 </el-aside>
      <el-container class="page">
        <el-header class="page-header">
          <!-- nav header -->
        </el-header>
        <el-main class="page-content">Main</el-main>
      </el-container>
    </el-container>
  </div>
</template>

<script lang="ts">
import { defineComponent } from 'vue'

export default defineComponent({
  setup() {
    return {}
  }
```

```
})
</script>

<style scoped lang="less">
.main {
  position: fixed;
  top: 0;
  left: 0;
  width: 100%;
  height: 100%;
}
.main-content,
.page {
  height: 100%;
}
.page-content {
  height: calc(100% - 48px);
}
.el-header,
.el-footer {
  display: flex;
  color: #333;
  text-align: center;
  align-items: center;
}
.el-header {
  height: 48px !important;
}
.el-aside {
  overflow-x: hidden;
  overflow-y: auto;
  line-height: 200px;
  text-align: left;
  cursor: pointer;
  background-color: #001529;
  transition: width 0.3s linear;
  scrollbar-width: none; /* firefox */
  -ms-overflow-style: none; /* IE 10+ */

  &::-webkit-scrollbar {
    display: none; /* 隐藏侧边栏布局 */
  }
}
.el-main {
  color: #333;
  text-align: center;
  background-color: #f0f2f5;
}
</style>
```

可以看到，这里直接使用 Element Plus 提供的<el-container>、<el-aside>、<el-header>、<el-main>布局容器组件，快速搭建页面的基本结构。

（1）<el-container>：外层容器组件。当子元素中包含<el-header>或<el-footer>时，全部子元素会垂直上下排列，否则会水平左右排列。

（2）<el-header>：顶栏容器组件，用于显示当前用户的登录信息。

（3）<el-aside>：侧边栏容器组件，用于展示菜单列表，这里暂时指定宽度为210px。

（4）<el-main>：主要区域容器组件，用于存放二级路由页面。

保存代码，在浏览器中显示的首页布局效果如图 17-13 所示。

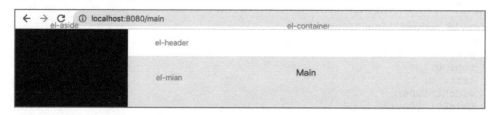

图 17-13　首页布局

17.9.2　封装菜单组件

首页布局搭建完后，我们来编写首页侧边栏布局，可以将其封装成一个菜单导航组件 nav-menu.vue。为了统一公共组件的编写规范，下面每新建一个组件，都需要创建一个组件的文件夹。

例如，在 src/components 目录下新建 nav-menu 组件的文件夹，然后在 nav-menu/src 目录下新建 nav-menu.vue 组件，最后在 nav-menu/index.ts 文件中统一导出组件。该组件的目录结构如下所示：

```
src/components              # 公共组件
└── nav-menu                # nav-menu 组件文件夹
    └── src                 # 在 src 目录下编写组件
        └── nav-menu.vue    # 组件
    ├── index.ts            # 统一导出组件
```

下面来实现 nav-menu.vue 组件，代码如下所示：

```
<template>
  <div class="nav-menu">
    <!-- logo -->
    <div class="logo">
      <img class="img" src="~@/assets/img/logo.svg" alt="logo" />
      <!-- 折叠时隐藏标题 -->
      <span v-if="!collapse" class="title">Vue3+TS{{ collapse }}</span>
    </div>
    <!-- 菜单导航 -->
    <el-menu
      default-active="39"
      class="el-menu-vertical"
      :collapse="collapse"
      background-color="#0c2135"
      text-color="#b7bdc3"
      active-text-color="#0a60bd"
    >
      <!-- 二级菜单可以展开的标题 -->
      <el-sub-menu :index="'38'">
        <template #title>
          <!-- <el-icon><Setting /></el-icon> -->
          <!-- 上面是固定写法，下面是动态写法 -->
          <el-icon><component :is="'Setting'"></component></el-icon>
          <span>系统总览</span>
        </template>
        <!-- 子菜单项 -->
```

```
        <el-menu-item :index="'39'">
          <span>核心技术</span>
        </el-menu-item>
        <el-menu-item :index="'40'">
          <span>商品统计</span>
        </el-menu-item>
      </el-sub-menu>
      <el-menu-item :index="'41'">
        <el-icon><ChatDotRound /></el-icon>
        <span>随便聊聊</span>
      </el-menu-item>
    </el-menu>
  </div>
</template>

<script lang="ts" setup>
interface Props {
  collapse: boolean
}
// 1.定义属性，并且带上默认值
const props = withDefaults(defineProps<Props>(), {
  collapse: true // 菜单默认展开
})
</script>

<style scoped lang="less">
.nav-menu {
  height: 100%;
  background-color: #001529;
  .logo {
    display: flex;
    height: 28px;
    padding: 12px 10px 8px 10px;
    flex-direction: row;
    justify-content: flex-start;
    align-items: center;
    .img {
      height: 100%;
      margin: 0 10px;
    }

    .title {
      font-size: 16px;
      font-weight: 700;
      color: white;
    }
  }
  .el-menu {
    border-right: none;
  }
  // 目录
  .el-submenu {
    background-color: #001529 !important;
    // 二级菜单 (默认背景)
    .el-menu-item {
      padding-left: 50px !important;
      background-color: #0c2135 !important;
    }
  }
  ::v-deep .el-submenu__title {
```

```
    background-color: #001529 !important;
  }

  // hover 高亮
  .el-menu-item:hover {
    color: #fff !important; // 菜单
  }
  .el-menu-item.is-active {
    color: #fff !important;
    background-color: #0a60bd !important;
  }
}
.el-menu-vertical:not(.el-menu--collapse) {
  width: 100%;
  height: calc(100% - 48px);
}
</style>
```

可以看到，上面的代码做了两件事情。

（1）在侧边栏的顶部显示项目的 logo 内容。

（2）在侧边栏 logo 下面显示一个菜单栏。

上述代码中用到了以下 Element Plus 组件。

（1）<el-menu>：菜单组件。

◎ default-active 属性用于指定默认激活菜单的 index。

◎ collapse 属性用于指定是否水平折叠收起菜单。

◎ background-color 属性用于指定菜单的背景颜色。

◎ text-color 属性用于指定菜单的文字颜色。

◎ active-text-color 属性用于指定激活菜单项的文本颜色。

（2）<el-sub-menu>：二级菜单组件。这里绑定了 index 属性，并使用 title 插槽来自定义标题。

（3）<el-menu-item>：菜单项组件。一般放在<el-menu>或<el-sub-menu>组件中，这里绑定了 index 属性。

（4）<el-icon>：字体图标。这里使用动态组件语法，以及<Setting>和<ChatDotRound>字体图标组件。

保存代码，在浏览器中显示的菜单组件效果如图 17-14 所示。

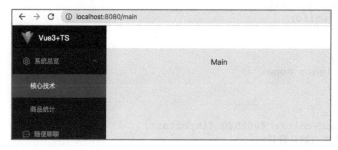

图 17-14　菜单组件

菜单组件虽然已经封装好了，但是我们发现这个菜单是固定的。通常，项目中的菜单是有权限的，即不同的用户登录后看到的菜单不一样。为了实现该功能，需要动态渲染菜单。

在动态渲染菜单前，需要先获取登录用户的菜单数据。在用户登录成功后，我们就已经获取到这些数据了，并且该数据（userMenus）已被存到 Vuex 和本地 localStorage 缓存中了。

登录用户获取的菜单的数据结构如下所示：

```
// 下面是BASE_URL+/role/:id/menu，接口返回的数据，已存到Vuex中的userMenus变量中
[
    {
        "id": 38,                              # 菜单的id
        "name": "系统总览",                     # 菜单名称
        "type": 1,                             # 1代表目录，2是菜单，3是按钮
        "url": "/main/analysis",               # 路由路径
        "icon": "el-icon-monitor",             # 菜单的Icon
        "sort": 1,                             # 菜单的排序
        "children": [                          # 子菜单
            {
                "id": 39,
                "url": "/main/analysis/overview",
                "name": "核心技术",
                "sort": 106,
                "type": 2,
                "children": null,
                "parentId": 38
            },
            {
                "id": 40,
                "url": "/main/analysis/dashboard",
                "name": "商品统计",
                "sort": 107,
                "type": 2,
                "children": null,
                "parentId": 38
            }
        ]
    },
    ......
]
```

下面将该菜单数据动态渲染到菜单组件上，代码如下所示：

```
<template>
  <div class="nav-menu">
    <!-- 1.logo -->
    ......
    <!-- 2.菜单导航 -->
    <el-menu
      default-active="2"
      class="el-menu-vertical"
      :collapse="collapse"
      background-color="#0c2135"
      text-color="#b7bdc3"
      active-text-color="#0a60bd"
    >
      <template v-for="item in userMenus" :key="item.id">
        <!-- 二级菜单 -->
        <template v-if="item.type === 1">
          <!-- 二级菜单可以展开的标题 -->
          <el-sub-menu :index="item.id + ''">
            <template #title>
              <el-icon v-if="item.icon"
                ><component :is="formatIcon(item)"></component
```

```html
        ></el-icon>
        <span>{{ item.name }}</span>
      </template>
      <!-- 遍历里面的 item -->
      <template v-for="subitem in item.children" :key="subitem.id">
        <el-menu-item :index="subitem.id + ''">
          <el-icon v-if="subitem.icon"
            ><component :is="formatIcon(subitem)"></component
          ></el-icon>
          <span>{{ subitem.name }}</span>
        </el-menu-item>
      </template>
    </el-sub-menu>
  </template>
  <!-- 一级菜单 -->
  <template v-else-if="item.type === 2">
    <el-menu-item :index="item.id + ''">
      <el-icon v-if="item.icon"
        ><component :is="formatIcon(item)"></component
      ></el-icon>
      <span>{{ item.name }}</span>
    </el-menu-item>
  </template>
      </template>
    </el-menu>
  </div>
</template>

<script lang="ts" setup>
import { computed } from 'vue'
import { useStore } from 'vuex'
import type { IStoreType } from '@/store/types'
......
// 2.获取登录后的用户菜单
const store = useStore<IStoreType>()
const userMenus = computed(() => store.state.login.userMenus)
// 3.格式化 icon。例如：后台返回的是 el-icon-setting，我们只需 setting 即可
const formatIcon = computed(() => {
  return (item: any) => {
    return item.icon.replace('el-icon-', '')
  }
})
</script>

<style scoped lang="less"> ...... </style>
```

可以看到，首先使用 computed 计算属性，从 Vuex 的 store 中导入 login 模块的用户菜单 userMenus 数据。

接着，在<el-menu>组件中使用 v-for 指令遍历 userMenus 数组，并动态创建菜单。在创建菜单时，这里分别处理了一级菜单和二级菜单两种情况（目前没用到三级菜单）。

保存代码，在浏览器中显示的动态渲染菜单效果如图 17-15 所示。

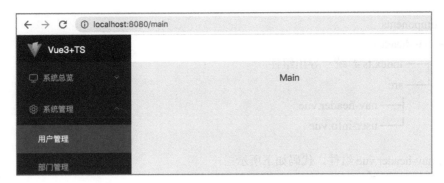

图 17-15　动态渲染菜单

用户菜单的数据存在 Vuex 中，因此当用户刷新浏览器时，usermenus 数据会被清空，从而导致首页菜单显示出现问题。

为了解决该问题，当用户刷新页面时，可以把本地保存的数据全部初始化到 Vuex 中。

修改 store/login/login.ts 文件，代码如下所示：

```
......
const loginModule: Module<ILoginState, IRootState> = {
  ......
  actions: {
    async accountLoginAction({ commit, dispatch }, payload: IAccount) {......},
    // 1.该 action 函数用于初始化 Vuex 中的数据，可派发 login/loadLocalLogin 来触发该函
数的回调
    loadLocalLogin({ commit, dispatch }) {
      const token = localCache.getCache('token')
      if (token) { commit('changeToken', token) }
      const userInfo = localCache.getCache('userInfo')
      if (userInfo) { commit('changeUserInfo', userInfo) }
      const userMenus = localCache.getCache('userMenus')
      if (userMenus) { commit('changeUserMenus', userMenus) }
    }
  }
}
export default loginModule
```

接着，在 store/index.ts 文件中派发 login/loadLocalLogin 这个 action，从而回调 login 模块的 loadLocalLogin action 函数，代码如下所示：

```
......
const store = createStore<IRootState>(......)
export function setupStore() {
  store.dispatch('login/loadLocalLogin')
}
setupStore() // 初始化 login 模块的 store
export default store
```

这时再次单击刷新浏览器页面，菜单的数据就可以正常显示了。

17.9.3　封装头部栏组件

封装好菜单组件后，下面继续封装头部栏组件 nav-header.vue，新建该组件的目录结构如下所示：

```
src/components
├── nav-header
│   ├── index.ts # 统一导出组件
│   └── src
│       ├── nav-header.vue
│       └── user-info.vue
```

编写 nav-header.vue 组件，代码如下所示：

```
<template>
  <div class="nav-header">
    <el-icon class="fold-menu" @click="handleFoldClick">
      <component :is="isFold ? 'expand' : 'fold'"></component>
    </el-icon>
    <div class="content">
      <div>面包屑</div>
      <user-info />
    </div>
  </div>
</template>

<script lang="ts" setup>
import { ref } from 'vue'
import UserInfo from './user-info.vue'
// 1.定义一个 isFold 变量
const isFold = ref(false)
// 2.注册需要触发的 emit 事件
const emit = defineEmits(['foldChange'])
const handleFoldClick = () => {
  isFold.value = !isFold.value
  emit('foldChange', isFold.value)
}
// 3.对外暴露两个属性
defineExpose({ isFold, handleFoldClick })
</script>

<style scoped lang="less">......省略样式</style>
```

可以看到，上述代码主要做了两件事。

（1）在头部栏左边添加一个折叠或展开菜单的字体图标按钮，并为该按钮添加单击事件。当单击该按钮时，会向父组件触发一个 foldChange 事件，将按钮折叠状态 isFold.value 传递给父组件。

（2）在头部栏右边添加一个<user-info/>组件，用于展示当前登录的用户信息，并提供退出登录的功能。<user-info/>组件前面还有一个<div>元素，该元素默认显示"面包屑"文本。

user-info.vue 组件的实现代码如下所示：

```
<template>
  <div class="user-info">
    <el-dropdown>
      <span class="el-dropdown-link">
        <el-avatar
          size="small"
          src="https://cube.elemecdn.com/3/7c/
3ea6beec64369c2642b92c6726f1epng.png"
```

```
    ></el-avatar>
      <span class="username">{{ name }}</span>
    </span>
    <template #dropdown>
      <el-dropdown-menu>
        <el-dropdown-item icon="circle-close">退出登录</el-dropdown-item>
        <el-dropdown-item divided>用户信息</el-dropdown-item>
        <el-dropdown-item>系统管理</el-dropdown-item>
      </el-dropdown-menu>
    </template>
  </el-dropdown>
  </div>
</template>

<script lang="ts" setup>
import { computed } from 'vue'
import { useStore } from 'vuex'
import type { IStoreType } from '@/store/types'
const store = useStore<IStoreType>()
const name = computed(() => store.state.login.userInfo.name)
</script>

<style scoped lang="less"> .... </style>
```

可以看到，这里使用 Element Plus 的<el-dropdown>下拉菜单组件，在该组件中添加一个用户头像组件和显示用户名的<span>元素。其中，用户头像使用一张固定的图片，用户名是从 store 中获取到的 name 变量的值。

此外，使用<el-dropdown>组件具名 dropdown 插槽编写下拉框选项，即当用户单击该组件时，该组件会显示"退出登录""用户信息"和"系统管理"三个下拉选项。

提示：关于<el-dropdown>、<el-dropdown-menu>和<el-dropdown-item>组件的更多用法，可查阅 Element Plus 官网。

最后，在 main.vue 组件中使用 nav-header 组件，代码如下所示：

```
<template>
  <div class="main">
    <el-container class="main-content">
      <!-- 1.控制菜单的宽度 -->
      <el-aside :width="isCollapse ? '60px' : '210px'">
        <nav-menu :collapse="isCollapse" />
      </el-aside>
      <el-container class="page">
        <el-header class="page-header">
          <!-- 2.头部栏 -->
          <nav-header @foldChange="handleFoldChange"></nav-header>
        </el-header>
        <el-main class="page-content">Main</el-main>
      </el-container>
    </el-container>
  </div>
</template>

<script lang="ts" setup>
import { ref } from 'vue'
import NavMenu from '@/components/nav-menu'
import NavHeader from '@/components/nav-header'
const isCollapse = ref(false)
```

```
const handleFoldChange = (isFold: boolean) => {
  isCollapse.value = isFold // 修改 isCollapse 属性的值
}
</script>

<style scoped lang="less">......</style>
```

可以看到，首先导入 nav-header.vue 组件，接着在<template>中添加并使用@foldChange 事件，用于监听该组件中字体图标按钮折叠或展开状态的切换。

当按钮的状态发生变化时，就会修改 isCollapse 属性的值，然后通过该属性控制侧边栏 <el-aside>组件的 width，并将该属性的值传递给<nav-menu>组件，从而控制菜单的折叠或展开。

保存代码，在浏览器中显示的头部栏组件效果如图 17-16 所示。

图 17-16 头部栏组件

17.9.4 新建页面和配置路由

至此，我们已经实现了首页的菜单栏和头部导航栏。当单击菜单时，会发现没有任何反应，这是因为还没有实现单击菜单切换路由。

下面来实现单击菜单切换页面。在 src/views/main 目录下新建页面组件，目录结构如下所示：

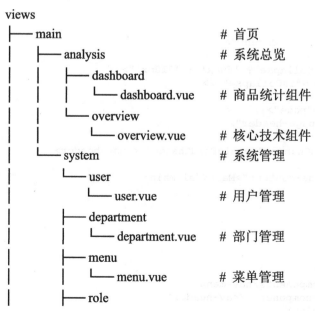

```
views
├── main                              # 首页
│   ├── analysis                      # 系统总览
│   │   ├── dashboard
│   │   │   └── dashboard.vue         # 商品统计组件
│   │   └── overview
│   │       └── overview.vue          # 核心技术组件
│   └── system                        # 系统管理
│       └── user
│       │   └── user.vue              # 用户管理
│       ├── department
│       │   └── department.vue        # 部门管理
│       ├── menu
│       │   └── menu.vue              # 菜单管理
│       ├── role
```

```
|         |         └── role.vue            # 角色管理
|         ├── main.vue                      # 首页组件
```

为了方便代码的组织和管理，在新建页面组件时，应保持目录结构和首页菜单的结构一致，这样也有利于代码的可读性。这些页面组件默认都用<h2>来显示页面名称，比如 user.vue 组件，代码如下所示：

```html
<template>
  <div class="user"> <h2>user 用户</h2> </div>
</template>

<script lang="ts" setup>
import { ref } from 'vue'
</script>
<style scoped lang="less"></style>
```

注意：其他页面组件的代码就不一一展示了，读者可以查看本书提供的源码。

新建好页面组件之后，还需要对这些页面组件进行注册。

注册 user.vue 页面组件，修改 src/router/index.ts 配置文件，代码如下所示：

```ts
const routes: Array<RouteRecordRaw> = [
  ......
  {
    path: '/main', // 首页（一级路由）
    name: 'main',
    component: () => import('@/views/main/main.vue'),
    children: [
      {
        path: 'system/user', // 用户管理页面（二级路由）
        name: 'user',
        component: () => import('@/views/main/system/user/user.vue')
      }
    ]
  },
  ......
]
export default router
```

可以看到，这里使用路由嵌套的技术，将 user.vue 页面组件嵌套在 main.vue 组件中，即将 user 页面的路由注册到 main 页面的路由配置 children 属性中。

接着，在 main.vue 组件中添加<router-view/>组件作为子路由的占位，代码如下所示：

```html
<template>
  <div class="main">
    <el-container class="main-content">
      ......
      <el-container class="page">
        <el-header class="page-header">......</el-header>
        <el-main class="page-content">
          <!-- 1.子路由占位 -->
          <div class="page-info">
            <router-view></router-view>
          </div>
        </el-main>
      </el-container>
    </el-container>
```

```
   </div>
</template>
......
```

另外，我们还需要处理一下菜单的单击事件，比如单击"用户管理"按钮，使菜单跳转到 /main/system/user 路由。

下面优化 nav-menu.vue 组件的代码，为模板中的<el-menu-item>组件添加单击事件，核心代码如下所示：

```
<el-menu-item @click="handleMenuItemClick(subitem)"></el-menu-item>
```

继续在 nav-menu.vue 组件中实现 handleMenuItemClick 函数，代码如下所示：

```
<script lang="ts" setup>
import { useRouter } from 'vue-router'
....
// 4.处理菜单的单击事件
const router = useRouter()
const handleMenuItemClick = (item: any) => {
  router.push({
    path: item.url ?? '/not-found' // item.url 获取到完整的页面路由路径
  })
}
</script>
```

可以看到，当用户单击菜单时，会回调 handleMenuItemClick 函数，该函数接收到的 item 就是当前菜单的信息。然后，在该函数中调用 router.push 函数跳转到 item.url 指定的路由，如果指定的路由为空，则跳转到/not-found 页面。

保存代码，在浏览器中显示的新建页面和注册路由效果如图 17-17 所示。

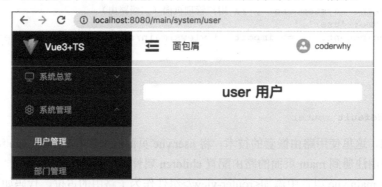

图 17-17　新建页面和注册路由

"部门管理""菜单管理""角色管理"等页面组件的代码和路由注册代码就不一一展示了，新建和路由注册的流程和上面是一模一样的。

17.9.5　动态注册路由

至此，我们已经完成了其他页面新建和路由注册。这种路由注册方式属于静态注册路由，它有一个明显的缺点：无论用户是否拥有该路由的权限，路由都会提前注册好，而不是根据用户角色来动态注册所拥有的路由。

如需根据角色来注册路由，应首先获取登录用户所拥有的路由（即菜单），接着将菜单映射成对应的路由对象，最后调用 router.addRoute 函数来动态注册路由。

动态注册路由的具体步骤如下。

第一步：将菜单树映射成路由配置数组。

如图 17-18 所示。图 17-18（a）是菜单树（userMenus），图 17-18（b）是路由配置数组（routes）。在动态注册路由时，需要根据菜单树映射生成成路由配置数组。

```
[
  {
    "id": 38,
    "name": "系统总览",
    "type": 1,
    "url": "/main/analysis",
    "icon": "el-icon-monitor",
    "sort": 1,
    "children": [
      {
        "id": 39,
        "url": "/main/analysis/overview",
        "name": "核心技术",
        "sort": 106,
        "type": 2,
        "children": null,
        "parentId": 38
      },
      {
        "id": 40,
        "url": "/main/analysis/dashboard",
        "name": "商品统计",
        "sort": 107,
        "type": 2,
        "children": null,
        "parentId": 38
      }
    ]
  },
  ......
]
```
（a）

```
[
  {
    path: '/main/analysis/overview',
    name: 'overview', // 核心技术
    component: () =>
      import('@/views/main/analysis/overview/overview.vue')
  },
  {
    path: '/main/analysis/dashboard',
    name: 'dashboard', // 商品统计
    component: () =>
      import('@/views/main/analysis/dashboard/dashboard.vue')
  },
  ......
```
（b）

图 17-18　将菜单映射为路由

为了将菜单树映射为路由配置数组（即存放路由对象的数组 routes），可以把这个功能封装为一个映射函数 mapMenusToRoutes，例如 const routes = mapMenusToRoutes(userMenus)。

接着，在 src/utils/map-menus.ts 文件中实现该函数，代码如下所示：

```
import type { RouteRecordRaw } from 'vue-router'

export function mapMenusToRoutes(userMenus: any[]): RouteRecordRaw[] {
  const routes: RouteRecordRaw[] = []

  // 1.先加载默认所有的 route
  const allRoutes: RouteRecordRaw[] = []
  const routeFiles = require.context('../router/main', true, /\.ts/)
  routeFiles.keys().forEach((key) => {
    // eslint-disable-next-line @typescript-eslint/no-var-requires
    const route = require('../router/main' + key.split('.')[1])
    allRoutes.push(route.default)
  })

  // 2.根据菜单获取需要添加的 routes
  const _recurseGetRoute = (menus: any[]) => {
    for (const menu of menus) {
      if (menu.type === 2) {
        const route = allRoutes.find((route) => route.path === menu.url)
```

```
      if (route) routes.push(route)
    } else {
      _recurseGetRoute(menu.children) // 递归
    }
  }
}
_recurseGetRoute(userMenus)
return routes
}
```

可以看到，这里使用 request.context 函数加载 src/router/main 目录下的所有路由配置信息，并将这些信息添加到 allRoutes 数组中。

接下来，调用_recurseGetRoute 函数遍历用户登录获取到的 userMenus 菜单。当 menu.type 等于 2 时（代表菜单），查找 allRoutes 数组中与该菜单的 URL 相同的路由对象，如果找到，则将该路由对象存储到 routes 路由对象数组中；如果未找到，则继续递归查找。这就是 mapMenusToRoutes 函数的具体实现过程。

下面来看看 src/router/main 目录下所有的路由配置信息，具体的目录结构如下所示：

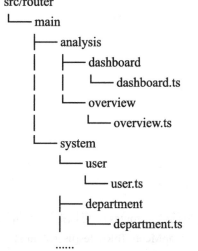

```
src/router
└── main
    ├── analysis
    │   ├── dashboard
    │   │   └── dashboard.ts
    │   └── overview
    │       └── overview.ts
    └── system
        └── user
            └── user.ts
        ├── department
        │   └── department.ts
            ......
```

为了方便代码的组织和管理，在新建路由配置时，采用与菜单相同的目录结构，这样有利于提高代码的可读性。这些路由的配置方式基本一样，比如 user.ts 的路由配置信息，代码如下所示：

```
const user = () => import('@/views/main/system/user/user.vue')
export default {
  path: '/main/system/user',
  name: 'user',
  component: user,
  children: []
}
```

提示：其他路由配置信息就不一一展示了，配置方式和上述代码一样，具体可查看本书提供的源码。

第二步：动态注册路由。

编写好将菜单树映射成路由配置数组的函数后，接下来需要实现动态注册路由。也就是当用户登录成功并获取到菜单时，开始动态注册路由。优化 src/store/login/login.ts 文件，代码如下所示：

```
import { mapMenusToRoutes } from '@/utils/map-menus'
......
const loginModule: Module<ILoginState, IRootState> = { ......
  mutations: { ......
    changeUserMenus(state, userMenus: any) {
      // 1.保存用户菜单
      state.userMenus = userMenus
      // 2.将 userMenus 映射为 routes
      const routes = mapMenusToRoutes(userMenus)
      // 3.动态注册路由
      routes.forEach((route) => {
        router.addRoute('main', route)
      })
    }
  },
  actions: { ...... }
}
export default loginModule
```

可以看到，当获取用户菜单并保存后，开始调用 mapMenusToRoutes 函数，将菜单树映射成路由配置数组（routes）。然后遍历该数组，在 forEach 循环中将每个路由对象添加到 main 路由配置对象的 children 属性中，从而实现动态注册路由。保存代码，在浏览器中显示的效果如图 17-17 所示。

17.9.6 封装面包屑组件

完成了动态注册路由后，下面来快速实现一下头部导航栏的面包屑组件。在 src 目录下新建 base-ui/breadcrumb 文件夹，目录结构如下所示：

```
base-ui                        # 公共组件，这里的组件可供其他项目复用
├── breadcrumb
│   ├── index.ts               # 统一导出该组件：HyBreadcrumb
│   ├── src
│   │   └── breadcrumb.vue     # 面包屑组件
│   └── types
│       └── index.ts           # 类型定义文件
```

breadcrumb.vue 组件，代码如下所示：

```
<template>
  <div class="nav-breadcrumb">
    <el-breadcrumb separator="/">
      <template v-for="item in breadcrumbs" :key="item.name">
        <el-breadcrumb-item :to="{ path: item.path }">{{
          item.name
        }}</el-breadcrumb-item>
      </template>
    </el-breadcrumb>
  </div>
</template>
```

```
<script lang="ts" setup>
import type { IBreadcrumb } from '../types'
interface Props {
  breadcrumbs: IBreadcrumb[]   // 指定类型为 IBreadcrumb
}
// 1.定义属性，并且带上默认值
const props = withDefaults(defineProps<Props>(), {
  // breadcrumbs: [{"name":"系统总览",path:''},{"name":"核心技术",path:''}]
  breadcrumbs: () => []
})
</script>
```

可以看到，该组件会接收一个数组类型的 breadcrumbs 参数，然后在 template 中使用 Element Plus 组件库的<el-breadcrumb>和<el-breadcrumb-item>组件来展示该组件，并为 <el-breadcrumb-item>组件的 to 属性绑定路由路径，这样当单击该组件时，就会跳转到该路由 路径对应的页面。

其中，breadcrumb/types.ts 类型文件，代码如下所示：

```
interface IBreadcrumb {
  name: string
  path?: string
}
```

接着，在 nav-header.vue 组件中导入和使用该面包屑组件，代码如下所示：

```
<template>
  <div class="nav-header">
    ......
    <div class="content">
      <hy-breadcrumb :breadcrumbs="breadcrumbs" />
      <user-info />
    </div>
  </div>
</template>
<script lang="ts" setup>
......
import HyBreadcrumb from '@/base-ui/breadcrumb'
import { useStore } from 'vuex'
import { useRoute } from 'vue-router'
import { pathMapBreadcrumbs } from '@/utils/map-menus'
const store = useStore<IStoreType>()
const route = useRoute()
// 1.获取面包屑数组数据
const breadcrumbs = computed((() => {
  const userMenus = store.state.login.userMenus
  const currentPath = route.path
  // 2.根据菜单和当前路由获取面包屑数组数据
  return pathMapBreadcrumbs(userMenus, currentPath)
})
......
</script>
```

可以看到，这里导入了<hy-bread-crumb>组件，接着在计算属性中根据用户菜单和当前路 由路径获取到面包屑所需的数组数据，然后将该数据绑定到<hy-bread-crumb>组件的 breadcrumbs 属性上。

提示：有关其他未展示的代码，读者可以在本书提供的源码中查看。

保存代码，在浏览器中显示的面包屑组件效果如图 17-19 所示。

图 17-19　面包屑组件

17.10　用户模块

首页模块开发完成后，我们就可以编写用户模块的功能了。下面介绍一下用户列表的接口，获取用户列表的接口文档如下。

◎　请求方法：POST。

◎　用户列表 URL：BASE_URL + /users/list。

◎　提交 JSON 格式参数：{"offset":0, "size":10, "name":"", "enable":"", ...}。

◎　用户列表响应的数据，如下所示：

```
{
    "code": 0,
    "data": {
        "list": [
        {
            "id": 1,
            "name": "coderwhy",
            "realname": "coderwhy",
            "cellphone": 13555556666,
            "enable": 1,
            "departmentId": 4,
            "roleId": 5520,
            "createAt": "2022-07-19T08:51:13.000Z",
            "updateAt": "2022-07-19T08:51:13.000Z"
        },
        {
            "id": 2,
            "name": "liujun",
            "realname": "liujun",
            "cellphone": 13555556666,
            "enable": 1,
            "departmentId": 2,
            "roleId": 3,
            "createAt": "2021-05-02T07:24:12.000Z",
            "updateAt": "2021-08-20T04:07:23.000Z"
        }
        ],
        "totalCount": 2
    }
}
```

17.10.1　高级检索功能

高级检索页面如图 17-20 所示。

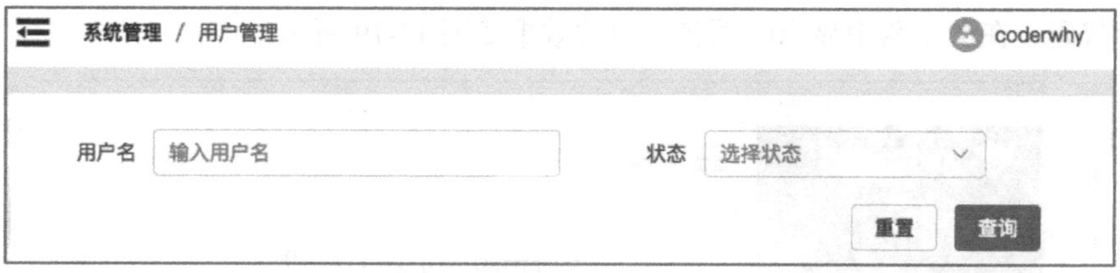

图 17-20　高级检索页面

高级检索功能是指根据用户输入的检索条件，当用户单击"查询"按钮时，发起网络请求，去服务器的数据库中查询相应的数据并返回给客户端显示。这里准备使用 from.vue 和 page-search.vue 两个组件对该功能进行封装。

◎　from.vue 组件：用于编写用户名输入框和状态下拉框。

◎　page-search.vue 组件：作为 from.vue 组件的父组件，同时包含"重置"和"查询"按钮。

该功能的具体实现分为两个部分，步骤如下所示。

1. 搭建搜索框的基本布局

第一步：新建 **form.vue** 组件，目录结构如下所示。

```
src/base-ui
└── form
     ├── index.ts          # 在统一导出时命名为 HyForm 组件
     ├── src
     │    └── form.vue      # 表单组件
```

form.vue 组件，代码如下所示：

```
<template>
  <div class="hy-form">
    <!-- 头部提供插槽 -->
    <div class="header"><slot name="header"></slot></div>
    <el-form :label-width="labelWidth"> <!-- 表单区域 -->
      <el-row>
        <el-col v-bind="colLayout">
          <el-form-item label="用户名">
            <el-input
              :model-value="modelValue.name" placeholder="输入用户名"
              @update:modelValue="handleValueChange($event, 'name')"/>
          </el-form-item>
        </el-col>
        <el-col v-bind="colLayout">
          <el-form-item label="状态">
            <el-select
              :model-value="modelValue.enable" placeholder="选择状态"
              @update:modelValue="handleValueChange($event, 'enable')">
              <el-option label="启用" value="1" />
              <el-option label="禁用" value="0" />
            </el-select>
          </el-form-item>
        </el-col>
      </el-row>
    </el-form>
```

```
    <!-- 尾部提供插槽 -->
    <div class="footer"><slot name="footer"></slot></div>
  </div>
</template>

<script lang="ts" setup>
interface Props {
  modelValue: any
  labelWidth?: string
  colLayout?: any
}
const props = withDefaults(defineProps<Props>(), { // 1.定义属性，并且带上默认值
  modelValue: () => ({}), // 接收 formData 对象，实现数据的双向绑定
  labelWidth: '100px', // 标签名的宽度
  colLayout: () => ({xl: 6, lg: 8, md: 12, sm: 24, xs: 24}) // 网格布局
})
const emit = defineEmits<{ // 2.定义输入框的输入事件
  (e: 'update:modelValue', newFormData: any): void
}>()
const handleValueChange = (value: any, field: string) => {
  emit('update:modelValue', { ...props.modelValue, [field]: value })
}
defineExpose({ handleValueChange }) // 3.对外暴露两个属性
</script>
......
```

针对上述代码的讲解如下。

（1）使用<el-form>、<el-form-item>、<el-input>等表单组件快速搭建一个表单布局。

（2）在表单组件上使用 model-value 属性和 update:modelValue 事件，实现表单数据的双向绑定，这也是 v-model 双向绑定的本质（关于 v-model 的用法，详见 8.5.4 节）。

（3）在表单中使用 Element Plus 提供的<el-row>和<el-col>网格布局组件。这里将每个表单组件都放到对应的<el-col>列中，并且为每列都绑定 colLayout 属性来实现响应式布局。

（4）在 form.vue 组件的头部和尾部分别添加具名的 header 和 footer 插槽。

（5）使用 defineEmits 注册一个事件，并声明该事件函数参数和返回值的类型。

注意：form.vue 组件的样式代码就不展示了，读者可以在本书提供的源码查看完整的代码。

第二步：新建 page-search.vue 组件，目录结构如下所示。

```
src/components
└── page-search
    ├── index.ts              # 在统一导出时命名为 PageSeach 组件
    └── src
        └── page-search.vue   # 页面搜索组件
```

page-search.vue 组件，代码如下所示：

```
<template>
  <div class="page-search">
    <hy-form v-model="formData"> <!-- 使用<hy-form>组件 -->
      <template #footer> <!-- 使用<hy-form> 组件的插槽 -->
        <div class="handle-btns">
          <el-button @click="handleResetClick">重置</el-button>
```

```
          <el-button type="primary" @click="handleQueryClick">查询</el-button>
        </div>
      </template>
    </hy-form>
  </div>
</template>

<script lang="ts" setup>
import { ref } from 'vue'
import HyForm from '@/base-ui/form'
const emit = defineEmits<{
  (e: 'resetBtnClick'): void
  (e: 'queryBtnClick', newFormData: any): void
}>()
const formOriginData: any = {name: null, enable: null}
// 1. formData 表单中的属性
const formData = ref(formOriginData)

// 2.当用户单击"重置"按钮
const handleResetClick = () => {
  formData.value = formOriginData
  emit('resetBtnClick')
}
// 3.当用户单击"查询"按钮
const handleQueryClick = () => {
  emit('queryBtnClick', formData.value)
}
</script>
......
```

针对 page-search.vue 组件代码的讲解如下。

（1）该组件导入并使用<hy-form>组件，并使用 v-model 双向绑定 formData 的数据到 <hy-form>组件中。

（2）使用<hy-form>组件中的 footer 具名插槽，并插入"重置"和"查询"两个按钮。

（3）实现"重置"和"查询"的单击事件，当单击"重置"按钮时，会清空 formData 的数据，即双向绑定到表单组件的数据，同时触发一个 resetBtnClick 事件。当单击"查询"按钮时，会触发一个 queryBtnClick 事件，并且将 formData 的数据传递出去，其中 formData 用于存储用户在表单组件中输入的值。

第三步：在 user.vue 组件中导入和使用 page-search.vue 组件，代码如下所示。

```
<template>
  <div class="user">
    <page-search
      @resetBtnClick="handleResetClick"
      @queryBtnClick="handleQueryClick"
    />
  </div>
</template>
<script lang="ts" setup>
import PageSearch from '@/components/page-search'

const handleResetClick = () => {
  console.log('handleResetClick')
}
const handleQueryClick = (formData: any) => {
  console.log('handleQueryClick', formData) // 监听用户单击"查询"按钮
```

```
}
</script>
```

保存代码，在浏览器中显示的效果如图 17-20 所示。在输入框中输入内容后，当单击"查询"按钮时，即可获取输入的内容。

2. 优化 form.vue 表单组件

前面封装的 form.vue 组件基本可以满足大部分需求，比如，用户要增加密码输入框、日期选择框等，只需要在该组件中继续增加表单组件即可。

但是在后台管理系统中，像 form.vue 等表单组件会被频繁使用。因此，一般将其封装成一个通用的 form.vue 组件，即组件中的表单组件个数和类型都是动态生成的，甚至可根据外部传递进来的配置动态生成。下面看看具体代码是如何实现的。

第一步：优化 form.vue 组件，代码如下所示。

```html
<template>
  <div class="hy-form">
    <div class="header"><slot name="header"></slot></div>
    <el-form :label-width="labelWidth">
      <el-row>
        <template v-for="item in formItems" :key="item.label">
          <el-col v-bind="colLayout">
            <el-form-item
              v-if="!item.isHidden"
              :label="item.label"
              :rules="item.rules"
              :style="itemStyle"
            >
              <template
                v-if="item.type === 'input' || item.type === 'password'"
              >
                <el-input
                  :placeholder="item.placeholder"
                  v-bind="item.otherOptions"
                  :show-password="item.type === 'password'"
                  :model-value="modelValue[`${item.field}`]"
                  @update:modelValue="handleValueChange($event, item.field)"
                />
              </template>
              <template v-else-if="item.type === 'select'">
                <el-select
                  :placeholder="item.placeholder"
                  v-bind="item.otherOptions"
                  style="width: 100%"
                  :model-value="modelValue[`${item.field}`]"
                  @update:modelValue="handleValueChange($event, item.field)"
                >
                  <el-option
                    v-for="option in item.options"
                    :key="option.value"
                    :value="option.value"
                    >{{ option.title }}</el-option
                  >
                </el-select>
              </template>
              <template v-else-if="item.type === 'datepicker'">
                <el-date-picker
                  style="width: 100%"
                  v-bind="item.otherOptions"
```

```
                  :model-value="modelValue[`${item.field}`]"
                  @update:modelValue="handleValueChange($event, item.field)"
                ></el-date-picker>
              </template>
            </el-form-item>
          </el-col>
        </template>
      </el-row>
    </el-form>
    <div class="footer"><slot name="footer"></slot></div>
  </div>
</template>

<script lang="ts" setup>
......
import { IFormItem } from '../types'
interface Props {
  ......
  itemStyle?: any
  formItems: IFormItem[]
}
// 1.定义属性, 并且带上默认值
const props = withDefaults(defineProps<Props>(), {
  ......
  itemStyle: () => ({ padding: '10px 40px' }),
  formItems: () => []
})
</script>
......
```

可以看到, 这里通过遍历参数中的 formItems 数组动态生成表单组件, 并且根据 item.type 属性判断该应用哪种类型的表单组件。同时, 还增加了正则验证、v-bind 动态绑定多个属性和其他特殊的属性。

其中, formItems 数组的类型为 IFormItem[], base-ui/form/types/index.ts 类型文件, 代码如下所示:

```
type IFormType = 'input' | 'password' | 'select' | 'datepicker'
export interface IFormItem {
  field: string
  type: IFormType
  label: string
  rules?: any[]
  placeholder?: any
  // 针对 select
  options?: any[]
  // 针对特殊的属性
  otherOptions?: any
  isHidden?: boolean
}
export interface IForm {
  formItems: IFormItem[]
  labelWidth?: string
  colLayout?: any
  itemStyle?: any
}
```

第二步: 编写动态生成表单的配置。

在 src/views/main/user/config 目录下新建 search.config.ts 配置文件, 代码如下所示:

```
import { IForm } from '@/base-ui/form'
export const searchFormConfig: IForm = {
  ......
  formItems: [
    {
      field: 'id',
      type: 'input',
      label: 'id',
      placeholder: '请输入 id'
    },
    ......
    {
      field: 'enable',
      type: 'select',
      label: '用户状态',
      placeholder: '请选择用户状态',
      options: [
        { title: '启用', value: 1 },
        { title: '禁用', value: 0 }
      ]
    },
    {
      field: 'createAt',
      type: 'datepicker',
      label: '创建时间',
      otherOptions: {
        startPlaceholder: '开始时间',
        endPlaceholder: '结束时间',
        type: 'daterange'
      }
    }
  ]
}
```

第三步：将配置传递给<hy-form>组件。

修改 user.vue 组件的代码，导入 search.config.ts 配置文件并传递给<page-search>组件，代码如下所示：

```
<template>
  <div class="user">
    <page-search :searchFormConfig="searchFormConfig" ...... />
  </div>
</template>
<script lang="ts" setup>
......
import { searchFormConfig } from './config/search.config'
</script>
```

接着，修改 page-search.vue 组件，代码如下所示：

```
<template>
  <div class="page-search">
    <hy-form v-model="formData" v-bind="searchFormConfig">......</hy-form>
  </div>
</template>

<script lang="ts" setup>
......
interface Props {
  searchFormConfig: any
```

```
}
// 定义属性，并且带上默认值
const props = withDefaults(defineProps<Props>(), {
  searchFormConfig: () => ({})
})
// 1. formData 表单中的属性
const formItems = props.searchFormConfig?.formItems ?? []
const formOriginData: any = {}
for (const item of formItems) {
  formOriginData[item.field] = ''
}
const formData = ref(formOriginData)
......
</script>
```

保存代码，在浏览器中显示的优化的表单组件效果如图 17-21 所示。

图 17-21 优化的表单组件

17.10.2 用户列表功能

用户管理页面如图 17-22 所示。

图 17-22 用户管理页面

用户列表可以用于展示查询到用户的结果信息，用户管理页面就是一种用户列表。这里使用 page-content.vue 和 table.vue 两个组件对该功能进行封装。其中，table.vue 作为 page-content.vue 的子组件。

1. 用户列表的基本搭建

第一步：新建 table.vue 组件，目录结构如下所示。

src/base-ui
└── table
　　├── index.ts　　　# 统一导出 HyTable 组件
　　└── src
　　　　└── table.vue

table.vue 组件，代码如下所示：

```html
<template>
  <!-- 1.表格头部 -->
  <div class="hy-table">
    <div class="header">
      <slot name="header">
        <div class="title">{{ title }}</div>
        <div class="handler">
          <slot name="headerHandler"></slot>
        </div>
      </slot>
    </div>
    <!-- 2.表格 -->
    <el-table
      :data="listData"
      border
      style="width: 100%"
      @selection-change="handleSelectionChange"
      v-bind="childrenProps"
    >
      <!-- 2.1.表格列是否显示可勾选 -->
      <el-table-column
        v-if="showSelectColumn"
        type="selection"
        align="center"
        width="60"
      ></el-table-column>
      <!-- 2.2.表格列是否显示行号 -->
      <el-table-column
        v-if="showIndexColumn"
        type="index"
        label="序号"
        align="center"
        width="80"
      ></el-table-column>
      <!-- 2.3.表格列：用户名 -->
      <el-table-column
        prop="name"
        label="用户名"
        align="center"
        show-overflow-tooltip
      >
      </el-table-column>
      <!-- 2.4.表格列：状态 -->
      <el-table-column
        prop="enable"
        label="状态"
        align="center"
        show-overflow-tooltip
      >
```

```
        <!-- 借用插槽自定义列内容 -->
        <template #default="scope">
          <el-button>{{ scope.row.enable ? '启用' : '禁用' }}</el-button>
        </template>
      </el-table-column>
    </el-table>
    <!-- 3.表格尾部 -->
    <div class="footer" v-if="showFooter">
      <slot name="footer">
        <!--表格尾部的分页器 -->
        <el-pagination
          @size-change="handleSizeChange"
          @current-change="handleCurrentChange"
          :current-page="page.currentPage"
          :page-size="page.pageSize"
          :page-sizes="[10, 20, 30]"
          layout="total, sizes, prev, pager, next, jumper"
          :total="listCount"
        >
        </el-pagination>
      </slot>
    </div>
  </div>
</template>

<script lang="ts" setup>
interface Props {
  title?: string
  listData: Array<any>
  listCount?: number
  page?: { currentPage: number; pageSize: number }
  childrenProps?: any
  showIndexColumn?: boolean
  showSelectColumn?: boolean
  showFooter?: boolean
}
// 1.定义属性，并且带上默认值
const props = withDefaults(defineProps<Props>(), {
  title: '',
  listData: () => [],  // 表格的数据
  listCount: 0, // 分页器显示共有多少页
  page: () => ({ currentPage: 0, pageSize: 10 }), // 指定分页器的当前页和每页大小
  childrenProps: () => ({}), // el-table 的属性
  showIndexColumn: true, // 是否显示序号列
  showSelectColumn: true,
  showFooter: true
})

// 2.定义输入框的输入事件
const emit = defineEmits<{
  (e: 'selectionChange', value: any): void
  (e: 'update:page', value: any): void
}>()
const handleSelectionChange = (value: any) => {
  emit('selectionChange', value)
}
const handleCurrentChange = (currentPage: number) => {
  emit('update:page', { ...props.page, currentPage })
}
const handleSizeChange = (pageSize: number) => {
```

```
      emit('update:page', { ...props.page, pageSize })
}
// 3.对外暴露的方法
defineExpose({
  handleSelectionChange,
  handleCurrentChange,
  handleSizeChange
})
</script>
......
```

对上述代码的讲解如下。

（1）table.vue 组件分为三个部分：表格头部、表格和表格尾部。

（2）表格头部用于显示表格标题和按钮操作区，表格尾部用于显示表格的分页器 <el-pagination>，它们都对外提供相应的插槽。

（3）表格使用<el-table>组件布局，表格暂时设置为 4 列，分别为可勾选、行号、用户名和状态。

（4）<el-table>组件中的 data 属性用于绑定表格需要显示的数据，selection-change 用于监听每一行的勾选状态的变化，v-bind 用于动态绑定 childrenProps 对象上所有的属性。

（5）在<el-table-column>组件中，v-if 用于控制该列是否需要显示，type 用于指定列对应的类型。如果设置为 selection，则显示多选框；如果设置为 index，则显示该行的行号（从 1 开始计算）；如果设置为 expand，则显示为一个可展开的按钮。prop 对应列内容的字段名，label 对应列的标题。

（6）"状态"列使用列默认插槽，自定义显示一个按钮。

（7）<el-pagination>组件使用 size-change 和 current-change 事件处理页码大小和当前页变动时触发的事件。current-page 接收一个整数，指定当前显示的页数。page-sizes 接收一个整数，指定每页显示的条目个数。page-sizes 接收一个整数类型的数组，数组元素为展示的选择每页显示的选项个数，[10, 20, 30,] 表示四个选项，每页显示 10 个、20 个、30 个选项。layout 用于指定分页器组件的布局。total 接收一个整数，用于指定表格的总条目数。

第二步：新建 **page-content.vue 组件**，目录结构如下所示。

```
src/components
└── page-content
    ├── index.ts              # 在统一导出时命名为 PageConent 组件
    └── src
        └── page-content.vue  # 页面内容组件
```

page-content.vue 组件，代码如下所示：

```
<template>
  <div class="page-content">
    <hy-table :listData="dataList" :listCount="dataCount"
v-model:page="pageInfo">
      <!-- 1.header 中的插槽 -->
      <template #headerHandler>
        <el-button type="primary" @click="handleNewClick"> 新建用户 </el-button>
      </template>
    </hy-table>
```

```
    </div>
</template>

<script lang="ts" setup>
import { computed, ref } from 'vue'
import HyTable from '@/base-ui/table'
interface Props {
    pageName: string // pageName 是页面名称，将作为 URL 路径使用
}
const props = withDefaults(defineProps<Props>(), { pageName: '' })
// 1.双向绑定 pageInfo 分页器信息
const pageInfo = ref({ currentPage: 1, pageSize: 10 })
// 2.表格数据。由于表格数据以后可能会发生改变，所以这里选择了计算属性
const dataList = computed(() => {
  return [ {name: 'coderwhy',enable: 1}, {name: 'liujun',enable: 0} ]
})
const dataCount = 0 // 总条数
// 3.单击"新建用户"
const emit = defineEmits<{(e: 'newBtnClick'): void}>()
const handleNewClick = () => { emit('newBtnClick') }
</script>
......
```

对该组件代码的讲解如下。

首先导入并使用<hy-table>组件，并为该组件绑定 dataList 数据，供表格展示；双向绑定 pageInfo，供分页器展示当前页和每页的大小。接着为<hy-table>组件的 headerHandler 插槽插入一个新建用户的按钮，并绑定单击事件。

第三步：在 **user.vue** 组件中引入和使用 **page-content.vue** 组件，代码如下所示。

```
<template>
  <div class="user">
    <page-search ...... />
    <!-- pageName 是页面名称，将作为 URL 路径使用 -->
    <page-content pageName="users"
@newBtnClick="handleNewData"></page-content>
  </div>
</template>

<script lang="ts" setup>
......
import PageContent from '@/components/page-content'
// 新建用户
const handleNewData = () => {
  console.log('handleNewData')
}
</script>
```

保存代码，在浏览器中显示的用户列表页面效果如图 17-22 所示。在用户列表中正常显示了两个用户的信息。

2. 获取用户数据

<hy-table>组件虽然可以正常显示用户信息，但是该用户列表的用户信息是固定不变的，这是因为为<hy-table>组件传递的 dataList 是一个固定的数据。如果想要改为动态获取用户信息，就需要根据用户检索条件发起网络请求，向服务查询用户信息。

第一步：在 page-content.vue 组件中编写网络请求的逻辑，代码如下所示。

```
<template>
  <div class="page-content">
    <hy-table
      :listData="dataList"
      :listCount="dataCount"
      v-model:page="pageInfo"
    >
      ......
    </hy-table>
  </div>
</template>

<script lang="ts" setup>
import { computed, ref, watch } from 'vue'
import { useStore } from 'vuex'
......
const pageInfo = ref({ currentPage: 1, pageSize: 10 })
// 1.监听分页器当前页数或者页面显示数量有变化时，就发起网络请求
watch(pageInfo, () => getPageData())

// 2.发送网络请求，查询用户列表
const getPageData = (queryInfo: any = {}) => {
  store.dispatch('system/getPageListAction', {
    pageName: props.pageName, // 页面的名称将会作为 URL 路径
    queryInfo: {
      offset: (pageInfo.value.currentPage - 1) * pageInfo.value.pageSize,
      size: pageInfo.value.pageSize,
      ......queryInfo // 用户的查询条件
    }
  })
}
// 3.首次发起网络请求，获取用户信息
getPageData()

// 4.将表格数据绑定到<hy-table>组件上
const dataList = computed(() =>
  store.getters[`system/pageListData`](props.pageName)
)
const dataCount = computed(() =>
  store.getters[`system/pageListCount`](props.pageName)
)
......
// 5.对外暴露的方法
defineExpose({ getPageData })
</script>
```

对上述代码的讲解如下。

（1）编写用于获取用户列表信息的函数 getPageData 并立即调用一次，该函数接收一个 queryInfo 查询参数。

（2）用 watch 监听分页器 pageInfo 是否发生变化，如发生变化，则调用 getPageData 函数获取用户列表。当 dispatch 函数派发的 system/getPageListAction action 请求到数据时，在计算属性中调用 store 的 getters 来获取请求的结果，并将结果绑定到<hy-table>组件上。

第二步：编写 store 层的代码，在 src/store/main/system 文件夹下新建 system.ts 和 types.ts 文件。

system.ts 文件，代码如下所示：

```typescript
import { Module } from 'vuex'
import { IRootState } from '@/store/types'
import { ISystemState } from './types'
import {
  getPageListData
} from '@/service/main/system/system'

const systemModule: Module<ISystemState, IRootState> = {
  namespaced: true,
  state() {
    return {
      usersList: [],
      usersCount: 0
    }
  },
  mutations: {
    changeUsersList(state, userList: any[]) {
      state.usersList = userList
    },
    changeUsersCount(state, userCount: number) {
      state.usersCount = userCount
    }
  },
  getters: {
    pageListData(state) {
      return (pageName: string) => {
        return (state as any)[`${pageName}List`]
      }
    },
    pageListCount(state) {
      return (pageName: string) => {
        return (state as any)[`${pageName}Count`]
      }
    }
  },
  actions: {
    async getPageListAction({ commit }, payload: any) {
      // 1.获取 pageUrl
      const pageName = payload.pageName
      const pageUrl = `/${pageName}/list` // 如 users/list

      // 2.向页面发送请求
      const pageResult = await getPageListData(pageUrl, payload.queryInfo)

      // 3.将数据存储到 state 中
      const { list, totalCount } = pageResult.data

      // 4.将 pageName 改为首字母大写，例如 users => Users
      const changePageName =
        pageName.slice(0, 1).toUpperCase() + pageName.slice(1)
      commit(`change${changePageName}List`, list)
      commit(`change${changePageName}Count`, totalCount)
    }
  }
}
export default systemModule
```

可以看到，这里定义了 getPageListAction action 函数，并在该函数中调用 getPageListData

函数发起网络请求，获取用户列表数据。接着，将获取到的数据提交到 mutations 中。然后，在 mutations 中将数据存储到 state 中。最后，编写两个 getter，用于获取用户列表和用户信息总数。

types.ts 类型定义文件，代码如下所示：

```
export interface ISystemState {
  usersList: any[]
  usersCount: number
}
```

第三步：编写 **service** 层的代码，在 **src/service/main/system** 文件夹下新建 **system.ts** 文件。

在 system.ts 文件中，编写 getPageListData 函数获取页面列表数据，代码如下所示：

```
import hyRequest from '../../index'
import { IDataType } from '../../types'
// 1.post 请求获取页面列表数据
export function getPageListData(url: string, queryInfo: any) {
  return hyRequest.post<IDataType>({
    url: url, // 例如 pageName+/list => user/list
    data: queryInfo
  })
}
```

第四步：当单击"重置"或"查询"按钮时，发起网络请获取数据。

优化 use.vue 组件，代码如下所示：

```
<template>
  <div class="user">
    <page-search
      :searchFormConfig="searchFormConfig"
      @resetBtnClick="handleResetClick"
      @queryBtnClick="handleQueryClick"
    />
    <!-- pageName 是页面名称，将作为 URL 路径使用 -->
    <page-content
      ref="pageContentRef"
      pageName="users"
      @newBtnClick="handleNewData"
    ></page-content>
  </div>
</template>

<script lang="ts" setup>
......
const pageContentRef = ref<InstanceType<typeof PageContent>>()
// 重置
const handleResetClick = () => {
  pageContentRef.value?.getPageData()
}
// 查询
const handleQueryClick = (formData: any) => {
  pageContentRef.value?.getPageData(formData)
}
</script>
```

保存代码，在浏览器中显示的用户管理页面效果如图 17-23 所示。

图 17-23 用户管理页面

3. 优化 table.vue 组件

我们已经成功地将用户列表的数据动态显示出来了。然而，这里还存在一个问题：表格的列数是固定的 4 列，显然不够灵活，因为表格列数可能需要动态添加，并且可能需要通过一个配置文件进行指定。在实际开发中，这种需求是很常见的。接下来看一下具体的代码实现过程。

第一步：支持动态生成 table.vue 表格组件的列，优化 table.vue 组件，代码如下所示。

```html
<template>
    <!-- 1.表格头部 ......-->
    <!-- 2.表格 -->
    <el-table ......>
      <!-- 2.1.表格列是否显示可勾选 ...... -->
      <!-- 2.2.表格列是否显示行号 ...... -->
      <!-- 动态添加其他列 -->
      <template v-for="propItem in propList" :key="propItem.prop">
        <el-table-column v-bind="propItem" align="center" show-overflow-tooltip>
          <template #default="scope">
            <slot :name="propItem.slotName" :row="scope.row">
              {{ scope.row[propItem.prop] }}
            </slot>
          </template>
        </el-table-column>
      </template>
    </el-table>
    <!-- 3.表格尾部 ......-->
  </div>
</template>

<script lang="ts" setup>
const props = withDefaults(defineProps<Props>(), {
  propList: () => []
  ......
})
</script>
```

可以看到，上述代码主要做了以下三件事情。

◎ 通过遍历 **propList** 数组（一个存放列配置的数组）动态生成表格其他列数

（<el-table-column>），并且动态生成的每一列中的内容都支持自定义，因为动态添加
了具名插槽（slot）。

◎　动态添加插槽的名根据 propItem.slotName 的值动态绑定，并为插槽绑定 row 属性。

◎　用 v-bind 为<el-table-column>批量绑定 propItem 中的属性。

第二步：编写表格列的配置。

新建 src/views/main/system/user/config/content.config.ts 文件，代码如下所示：

```ts
export const contentTableConfig = {
  title: '用户列表',
  // 1.表格列的配置，下面每个配置都会通过 v-bind 绑到<el-table-column>组件上
  propList: [
    { prop: 'name', label: '用户名', minWidth: '80' },
    { prop: 'realname', label: '真实姓名', minWidth: '80' },
    { prop: 'cellphone', label: '手机号码', minWidth: '100' },
    { prop: 'enable', label: '状态', minWidth: '80', slotName: 'status' },
    {
      prop: 'createAt',      // 该列的字段，对应网络返回的字段
      label: '创建时间',      // 该列的标题
      minWidth: '80',        // 该列的最小宽度
      slotName: 'createAt'   // 该列的插槽名称，代表该列内容需要自定义
    },
    {
      prop: 'updateAt',
      label: '更新时间',
      minWidth: '80',
      slotName: 'updateAt'
    },
    { label: '操作', minWidth: '100', slotName: 'handler' }
  ],
  showIndexColumn: true, // 是否显示行号列
  showSelectColumn: true
}
```

接着，在 user.vue 组件中导入并使用 content.config.ts 配置文件，代码如下所示：

```vue
<template>
  <div class="user"> ......
    <page-content
      ......
      :contentTableConfig="contentTableConfig"
    ></page-content>
  </div>
</template>
<script lang="ts" setup>
import { contentTableConfig } from './config/content.config'
</script>
```

然后，在 page-content.vue 组件中接收和使用 contentTableConfig，代码如下所示：

```vue
<template>
  <div class="page-content">
    <hy-table
      ......
      v-bind="contentTableConfig"
    >
      <!-- 1.header 中的插槽 -->
      <template #headerHandler>
        <el-button type="primary" @click="handleNewClick"> 新建用户 </el-button>
```

```
      </template>
      <!-- 2.自定义列的内容 #status 对应配置文件 slotName 的值 -->
      <template #status="scope">
        <el-button plain :type="scope.row.enable ? 'success' : 'danger'">
          {{ scope.row.enable ? '启用' : '禁用' }}
        </el-button>
      </template>
      <template #createAt="scope">
        <span>{{ formatTime(scope.row.createAt) }}</span>
      </template>
      <template #updateAt="scope">
        <span>{{ formatTime(scope.row.updateAt) }}</span>
      </template>
      <template #handler="scope">
        <div class="handle-btns">
          <el-button type="text" @click="handleEditClick(scope.row)">
            编辑
          </el-button>
          <el-button type="text" @click="handleDeleteClick(scope.row)">
            删除
          >
        </div>
      </template>
    </hy-table>
  </div>
</template>

<script lang="ts" setup>
......
import { formatTime } from '@/utils/date-format'
const props = withDefaults(defineProps<Props>(), {
  pageName: '',
  contentTableConfig: () => ({})
})
</script>
```

保存代码，在浏览器中显示配置生成的表格列，如图 17-24 所示。

图 17-24 配置生成的表格列

至此，我们已经把登录模块、首页模块和用户列表模块都开发完了，其他功能以及页面的开发思路与此基本相同，读者可查看本书配套的源码。

17.11 路由守卫和国际化

下面介绍路由守卫和国际化在项目中的应用。

17.11.1 添加路由守卫

在前面编写的路由其实还有一个小问题：无论用户是否登录，当用户在浏览器中输入默认路径时，都会重定向到登录页面。正确的逻辑应该是：当用户没有登录时，重定向到登录页面；当用户登录成功时，重定向到首页页面或用户拥有的某个页面。

下面来解决这个问题。优化 src/router/index.ts 文件，代码如下所示：

```
......
const routes: Array<RouteRecordRaw> = [
  {
    path: '/',
    redirect: '/main' // 1.重定向到 /main 路径
  },
  ......
]

// 2.路由守卫
router.beforeEach((to) => {
  if (to.path !== '/login') {
    const token = localCache.getCache('token')
    if (!token) {
      return '/login' // 用户没有登录，跳转到登录页
    }
  }

  if (to.path === '/main') {
    return '/main/system/user' // 用户登录成功，跳转到用户列表页（注意：最好动态获取页面路径）
  }
})
export default router
```

可以看到，上述代码主要做了两件事情。

（1）当用户访问默认路径（/）时，重定向到/main 路径，即首页。

（2）用 router.beforeEach 注册一个全局前置路由，用于监听路由导航。

◎ 如果路由需导航到非/login 登录页面，那么先读取本地的 token，判断用户是否已登录，如果没登录，就导航到登录页面。

◎ 如果路由需导航到/main 页面，那么将导航到用户列表页面。（注意：这个页面最好是动态获取的，因为不是每个用户都会拥有该页面。）

17.11.2 Element Plus 的国际化

Element Plus 组件库的默认语言是英语，如果要将其切换为其他语言，就需要用到 Element Plus 国际化配置。下面将 Element Plus 的默认语言配置为中文，修改 App.vue 组件，代码如下所示：

```
<template>
  <el-config-provider :locale="locale">
    <div class="app">
```

```
    <router-view></router-view>
  </div>
 </el-config-provider>
</template>

<script lang="ts" setup>
import { ref } from 'vue'
import zhCn from 'element-plus/lib/locale/lang/zh-cn' // 翻译文本对象，zh-cn 表示中文
const locale = ref(zhCn)
</script>
......
```

可以看到，这里用<el-config-provider>组件提供全局的配置选项，这些配置选项在全局都能够被访问到。为该组件绑定 locale 属性，该属性需接收一个中文（zh-cn）的翻译文本对象。

保存代码，在浏览器中查看分页器，可以发现分页器中的文本转成了中文显示。

17.12　本章小结

本章内容如下。

◎　项目介绍和创建：介绍后台管理系统项目，使用 Vue CLI 创建 Vue.js 3+TypeScript 项目。

◎　项目开发规范：包括编辑器规范、prettier 代码格式化、ESLint 代码，以及编码规范检查等。

◎　集成第三方库：包括集成 Vue Router、Vuex、Element Plus 按需引入、axios 封装等。

◎　功能模块开发：包括登录面板、表单验证、菜单组件、动态注册路由、高级检索和表格列表组件等。

自动化部署

当项目开发完后，我们需要将网站部署到线上服务器，使其可以被全世界的人访问。这时需要购买一台云服务器，并将项目部署在服务器上。部署的过程既可以手动进行，也可以采用自动化部署。

目前，许多公司采用自动化部署的方式来部署项目，因为它更加快捷、高效。比如可以使用一些自动化部署工具，如 Jenkins、GitLab CI/CD 等，自动完成部署过程。本章专门讲解项目部署相关的知识，包括手动部署和自动化部署等。

18.1 DevOps 开发模式

18.1.1 传统开发模式

在传统开发模式中，整个开发过程是按部就班进行的，如图 18-1 所示。开发人员开发完项目后，需要对其进行打包构建，然后交给测试人员进行测试，测试完成后再交给项目负责人进行部署，最后交给运维人员进行运维。然而，这种传统开发模式存在很多弊端。

◎ 工作不协调：在开发阶段，测试和运维人员处于等待的状态；在测试阶段，开发人员等待测试人员反馈 bug，也会处于等待状态。

◎ 线上 bug 风险高：项目准备交付时，如果突然出现 bug，那么所有工作人员都需要加班处理问题。

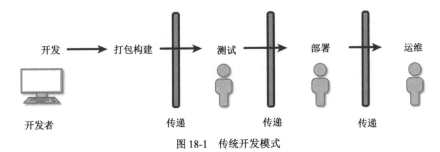

图 18-1　传统开发模式

18.1.2 DevOps 开发模式

DevOps 是 Development 和 Operations 两个词的结合，是一种涉及软件开发和运维的新型工作模式。DevOps 的目标是通过自动化来加速软件开发、测试和部署过程，减少错误和延迟，并提高软件交付质量。这种方式可以打破传统的开发、测试和运营人员工作不协调的情况，实现快速反馈和迭代改进，进而提高软件开发的效率和质量。

与传统开发模式不同，DevOps 将开发、测试和运维结合起来，形成了一个完整的自动化流程，使得软件开发、测试和部署变得更加快速、高效、稳定，如图 18-2 所示。

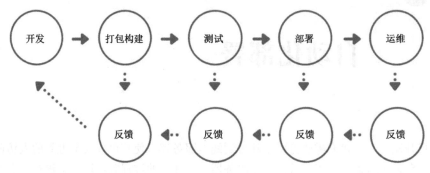

图 18-2　DevOps 开发模式

18.1.3　持续集成和持续交付

伴随 DevOps 一起出现的两个词就是持续集成和持续交付/部署。

◎　持续集成（Continuous Integration，CI）。

◎　持续交付（Continuous Delivery，CD），CD 也可译成 Continuous Deployment，即持续部署。

持续集成，即实现构建和测试自动化的过程，最大限度地减少手工运行单元测试和集成测试，如图 18-3 所示。

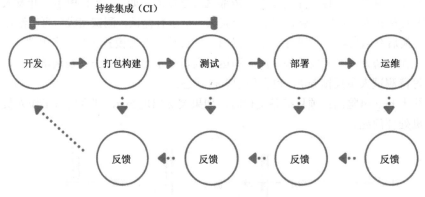

图 18-3　持续集成

持续交付/部署，即实现自动化部署的过程，如图 18-4 所示。

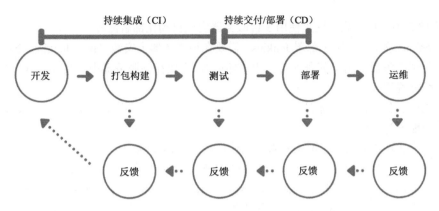

图 18-4 持续交付/部署

18.1.4 自动化部署流程

自动化部署项目有多种方案，比如 Jenkins、TravisCI、GitHub Actions 等。目前，Jenkins 是企业中最常用的方案，TravisCI 和 GitHub Actions 则更多地用于开源项目。本小节将主要讲解如何使用 Jenkins 实现自动化部署。

在实际工作中，通常需要购买多台服务器：一台用于部署 Jenkins、一台用于测试环境、一台用于生产环境。在学习阶段，我们可以只使用一台服务器（内存至少是 4GB）。

自动化部署流程如图 18-5 所示。

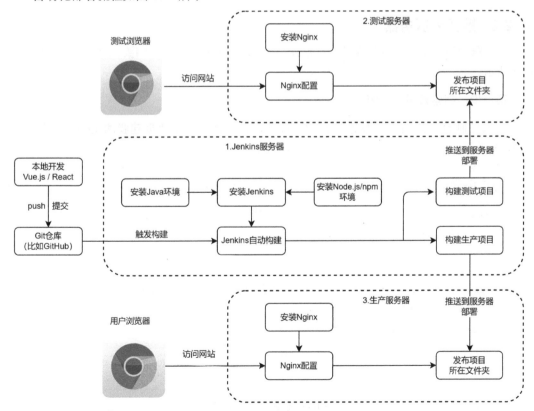

图 18-5 自动化部署流程

从图 18-5 中可以看到，这里使用 3 台服务器实现自动化部署流程。

（1）Jenkins 服务器：用于部署 Jenkins，需要在该服务器上安装 Java、Jenkins、Node.js 等。

（2）测试服务器：用于部署项目（测试环境），需要在该服务器中安装 Nginx、编写部署项目所需的配置等。

（3）生产服务器：用于部署项目（生产环境），需要在该服务器中安装 Nginx、编写部署项目所需的配置等。

搭建好上述环境之后，下面来看看自动化部署的具体步骤。

（1）提交代码到远程的 Git 仓库（比如 GitHub），该步骤会触发 Jenkins 自动构建。

（2）Jenkins 从 Git 仓库拉取代码后，会自动构建（比如构建测试或生产环境的项目等）。

（3）构建完成后，Jenkins 会将构建结果推送到相应的服务器（比如测试或生产服务器）中进行部署。

（4）部署完成后，我们就可以根据构建的类型，在浏览器中访问相应部署好的网站了。

18.2　购买云服务器

18.2.1　注册阿里云账号

云服务器可以有很多选择，比如阿里云、腾讯云、华为云等。下面以阿里云为例进行演示。首先，在阿里云（见链接 18-1）中注册一个账号。

18.2.2　购买云服务器

注册账号后，接下来需要购买云服务器。购买云服务器本质上是购买一个实例，具体步骤如下所示。

第一步：创建云服务实例。

进入控制台，找到"云服务器 ECS"选项，在页面中单击"创建我的 ECS"按钮，如图 18-6 所示。

图 18-6　创建云服务器实例

第二步：选择服务器的类型和配置。

付费方式可以选择"自定义购买"→"按量付费"，如图 18-7 所示。在学习阶段，选择按量付费比较划算。

提示：服务器规格选择 2vCPU、4GiB 以上，服务器镜像选择 CentOS 7.6.64 版本。

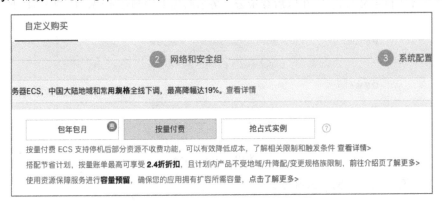

图 18-7　选择付费方式

第三步：配置网络和安全组。

在安全组面板右上角单击"新建安全组"选项，如图 18-8 所示。新建安全组的目的是配置云服务器需要开放哪些端口。

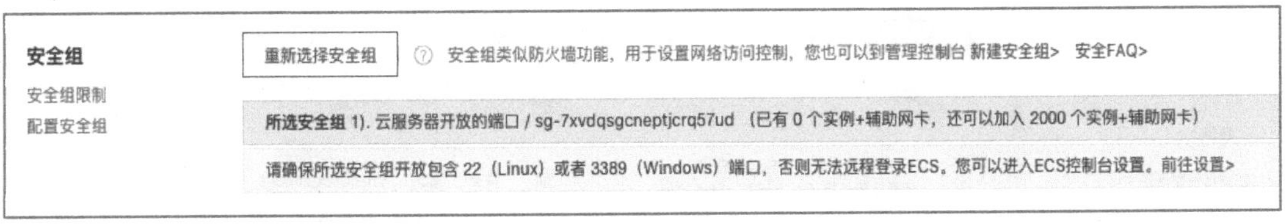

安全组	重新选择安全组	ⓘ 安全组类似防火墙功能，用于设置网络访问控制，您也可以到管理控制台 新建安全组> 安全FAQ>
安全组限制 配置安全组	**所选安全组** 1). 云服务器开放的端口 / sg-7xvdqsgcneptjcrq57ud　（已有 0 个实例+辅助网卡，还可以加入 2000 个实例+辅助网卡）	
	请确保所选安全组开放包含 22（Linux）或者 3389（Windows）端口，否则无法远程登录ECS。您可以进入ECS控制台设置。前往设置>	

图 18-8　新建安全组

当单击"新建安全组"后，将进入如图 18-9 所示的页面，在这里添加云服务器需开放的端口。

授权策略	优先级 ⓘ	协议类型	端口范围 ⓘ	授权对象 ⓘ	描述	操作
允许	1	自定义 TCP	目的：8080	源：0.0.0.0/0		复制 删除
允许	1	自定义 TCP	目的：HTTP (80)	源：0.0.0.0/0		复制 删除
允许	1	自定义 TCP	目的：HTTPS (443)	源：0.0.0.0/0		复制 删除
允许	1	自定义 TCP	目的：SSH (22)	源：0.0.0.0/0		复制 删除
允许	1	自定义 TCP	目的：RDP (3389)	源：0.0.0.0/0		复制 删除
允许	1	全部 ICMP(IPv4)	目的：-1/-1	源：0.0.0.0/0		复制 删除

创建安全组　规则预览　取消创建

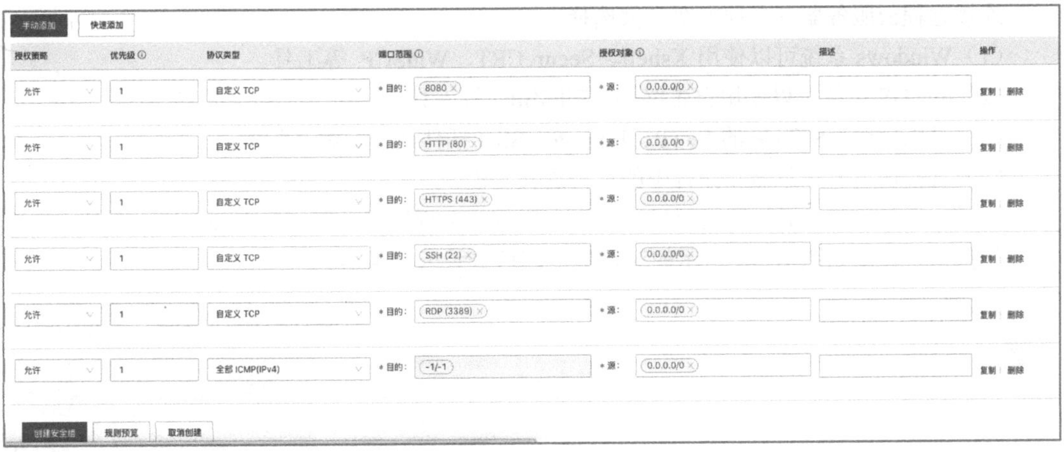

图 18-9　云服务器需开放的端口

添加完端口之后，单击"创建安全组"按钮。在弹出的对话框中，将该安全组命名为"云服务器开放的端口",随后返回前一个页面,并选择刚创建的安全组。

第四步:云服务器系统配置。

这里选择"自定义密码",在以后登录云服务器时需要用到该密码,如图 18-10 所示。

图 18-10 自定义密码

第五步:查看购买实例(云服务器)。

需要注意的是,每个人购买服务的 IP 地址都不一样,如图 18-11 所示,本书购买云服务器的 IP 地址是 8.134.98.182。

图 18-11 云服务器实例

18.3 连接远程云服务器

连接远程云服务器有多种方案可供选择。

(1)Windows 系统可以使用 Xshell、SecureCRT、WinSCP 等工具。

(2)macOS 系统可以使用自带终端、FileZilla 等工具。

(3)可以使用 VS Code 的 SFTP、Remote - SSH 插件或自行编写脚本。

(4)直接使用云服务器工作台中的远程连接功能。

为了方便学习,本书将使用阿里云工作台提供的远程连接功能。单击实例操作列的"远程连接"按钮,弹出如图 18-12 所示的对话框,即可登录云服务器。

图 18-12 登录云服务器

单击"立即登录"按钮后，在登录页面中输入用户名"root"和之前设置的密码，然后单击"确定"按钮，如图 18-13 所示。

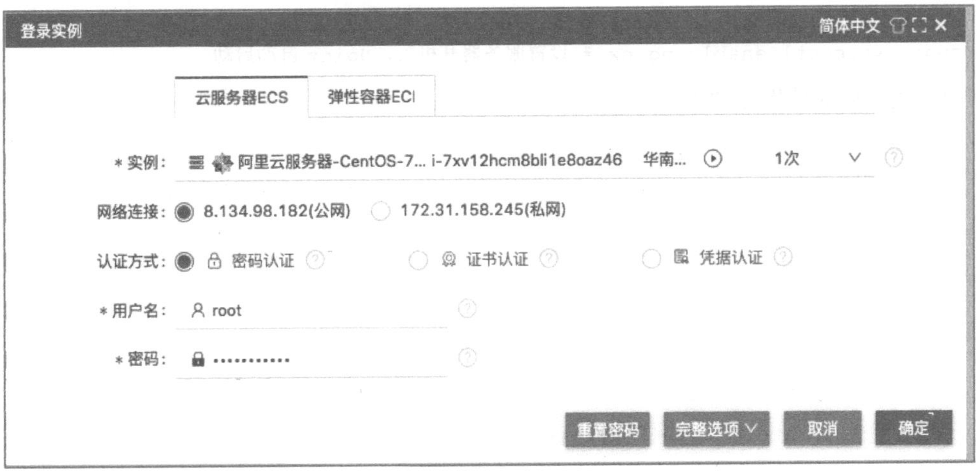

图 18-13　登录实例

登录云服务器成功后的页面如图 18-14 所示。单击左上角的"文件"选项，即可打开远程服务器的目录。

图 18-14　登录云服务器成功后的页面

18.4　Nginx 安装和配置

Nginx 是一款免费开源的 Web 服务器软件，可用作反向代理和负载均衡器。该软件创始人 Igor Sysoev 在设计 Nginx 时专注于其高性能和稳定性。Nginx 在软件开发领域广受欢迎，常被用作反向代理或负载均衡器，凭借其卓越的性能和高效的处理能力，被广泛应用于互联网、移动设备和 IoT 等领域。

1. Nginx 服务器的安装

使用云服务器的 yum 工具安装 Nginx 服务器，在连接到云服务器后，执行以下命令：

```
sudo yum -y install nginx # 安装 Nginx
sudo systemctl enable nginx # 设置服务器开机后，Nginx 自动启动
```

安装成功后的效果如图 18-15 所示。

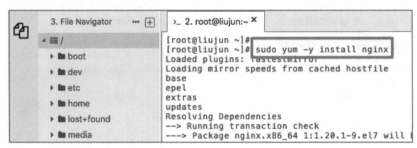

图 18-15　安装 Nginx 服务器

2. 启动 Nginx 服务器

安装好 Nginx 服务器后，执行以下命令启动 Nginx 服务器：

```
sudo service nginx start # 启动 nginx 服务
```

启动 Nginx 后，在浏览器中输入 http://8.134.98.182，显示"Welcome to CentOS"，表示 Nginx 服务器启动成功，如图 18-16 所示。

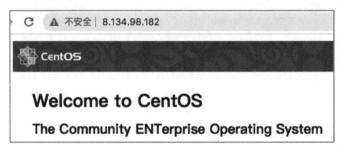

图 18-16　启动 Nginx 服务器

Nginx 服务器的其他常用命令如下：

```
sudo yum remove nginx  # 卸载 Nginx
sudo service nginx stop # 停止 Nginx 服务
sudo service nginx restart # 重启 Nginx 服务
```

18.5　Nginx 手动部署 Vue.js 3 项目

安装好 Nginx 服务器之后，接下来手动部署第 17 章开发的后台管理系统项目，具体步骤如下。

第一步：打包 Vue.js 3 项目。

用 VS Code 打开第 17 章开发的 vue3-ts-cms 项目，修改.env.production 的配置，代码如下所示：

```
VUE_APP_BASE_URL=http://codercba.com:5000/
VUE_APP_ENV=production
```

然后，在 **VS Code** 终端中执行命令"**npm run build**"，对项目进行打包。打包成功后，在项目的根目录中会生成一个名为 **build** 的文件夹（在 17.4.1 节已将打包输出目录设置为 build），该文件夹就是已打包好的 **Vue.js 3** 项目。

第二步：将打包好的项目上传到云服务器。

将打包好的 **build** 文件夹压缩为 **build.zip**，接着在云服务器的文件树中单击"usr"目录，选择"上传文件"选项，如图 18-17 所示。

图 18-17 将项目上传到远程服务器

上传 **build.zip** 文件后，在云服务器中解压该文件，因此需要为云服务器安装解压工具。连接云服务器的终端后，执行命令"**sudo yum install zip unzip**"，安装压缩和解压命令行工具。

安装完成后，进入 /usr 文件夹，并执行"**unzip build.zip**"命令，对该文件进行解压。如图 18-18 所示。

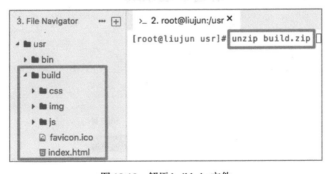

图 18-18 解压 build.zip 文件

第三步：修改 Nginx 服务器的配置。

经过前面的操作，我们已经将项目 **build** 上传到了云服务器的/usr/build 中，该路径将作为项目部署位置，自动化部署也会使用该路径。接着，再修改一下 Nginx 的配置（即修改/etc/nginx/nginx.conf 配置文件）。

首先把第一行的"user nginx;"改成"user root;"，因为 root 拥有更高的操作权限。接着，在 server 中编写一些安全、部署项目和静态资源缓存的配置信息，如图 18-19 所示。

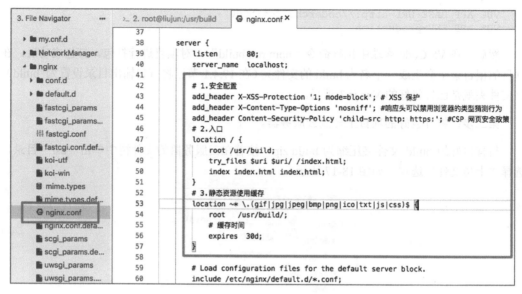

图 18-19　Nginx 配置文件

第四步：重启 Nginx 服务器。

执行"sudo service nginx restart"命令，重启 Nginx 服务器，接着在浏览器中再次访问 http://8.134.98.182（这个 IP 是前面购买的云服务器地址），即可看到项目已经部署成功，如图 18-20 所示。

图 18-20　Vue.js 3 项目部署成功

18.6　Jenkins 安装和配置

介绍完手动部署之后，下面介绍如何使用 Jenkins 实现自动化部署。

18.6.1　安装 Jenkins

在线安装 Jenkins 的命令如下所示：

```
# 1.下载 Jenkins 的 yum 源
sudo wget -O /etc/yum.repos.d/jenkins.repo
```

```
https://pkg.jenkins.io/redhat-stable/jenkins.repo --no-check-certificate
sudo rpm --import https://pkg.jenkins.io/redhat-stable/jenkins.io.key
sudo yum upgrade

# Add required dependencies for the jenkins package
sudo yum install java-11-openjdk  # 2.安装Java 环境
sudo yum install jenkins # 3.安装 Jenkins
sudo systemctl daemon-reload # 4.重新加载守护进程，生成新依赖树
```

18.6.2　Jenkins 设置向导

具体步骤如下。

第一步：启动 Jenkins。

```
sudo systemctl enable jenkins # 设置开机启动
sudo systemctl start jenkins # 启动 Jenkins
sudo systemctl status jenkins # 查看 Jenkins 启动状态
sudo systemctl restart jenkins # 重启 Jenkins
```

Jenkins 启动成功后的页面如图 18-21 所示。

```
>_ 2. root@liujun:/etc/yum.repos.d ×
[root@liujun yum.repos.d]# sudo systemctl enable jenkins
Created symlink from /etc/systemd/system/multi-user.target.wants/jenkins.service to /
[root@liujun yum.repos.d]# sudo systemctl start jenkins
[root@liujun yum.repos.d]# sudo systemctl status jenkins
● jenkins.service – Jenkins Continuous Integration Server
   Loaded: loaded (/usr/lib/systemd/system/jenkins.service; enabled; vendor preset: d
   Active: active (running) since Wed 2022-07-27 01:19:04 CST; 12s ago
 Main PID: 5834 (java)
   CGroup: /system.slice/jenkins.service
           └─5834 /usr/bin/java -Djava.awt.headless=true -jar /usr/share/java/jenkins
```

图 18-21　Jenkins 启动成功

第二步：解锁 Jenkins。

当第一次访问 Jenkins 时，系统会要求用户使用自动生成的密码对其进行解锁。在浏览器中访问 http://8.134.98.182:8080，解锁 Jenkins，如图 18-22 所示。

图 18-22　解锁 Jenkins

接着，在云服务器的终端中输入 "cat /var/lib/jenkins/secrets/initialAdminPassword"，查看初始密码，代码如下所示：

```
[root@liujun yum.repos.d]# cat /var/lib/jenkins/secrets/initialAdminPassword
e690acd7e3514e50bcf453deb5c52e00
```

然后，将密码 "e690acd7e3514e50bcf453deb5c52e00" 复制到 "管理员密码" 输入框中，并单击 "继续" 按钮。

第三步：安装推荐插件，如图 18-23 所示。

解锁 Jenkins 之后，在 Customize Jenkins 页面内可以安装一些插件作为初始步骤的一部分。这里有两个选项可以设置，本书选择了"安装推荐插件"。

（1）安装推荐插件：安装由系统推荐的一组插件，这些插件基于最常见的用例。

（2）自行选择要安装的插件：选择需要安装的插件集。当用户第一次访问插件选择页面时，默认选择推荐的插件。

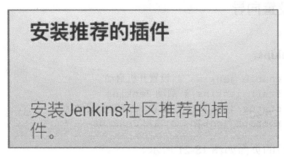

图 18-23　安装推荐插件

第四步：创建 Jenkins 管理员用户。

Jenkins 要求用户创建第一个管理员用户。当出现"创建第一个管理员用户"页面时，用户应在各个字段中指定管理员用户的详细信息（包括用户名和密码），然后单击"保存完成"按钮，完成创建之后，就可以单击"开始使用 Jenkins"按钮了。

18.6.3　Jenkins 插件安装

安装完 Jenkins 推荐安装的插件后，在构建 Vue.js 3 项目时还需要用到 Node.js 环境，因此还需手动安装一个 Node.js 插件。可以在 Jenkins 中的"Manage Jenkins"→"Manage Plugins"页面中安装其他 Jenkins 插件。

1. 安装 Node.js 插件

在 Jenkins 首页菜单栏单击"管理 Jenkins→Manage Plugins"管理插件，如图 18-24 所示。

图 18-24　管理插件

接着，在输入框中输入"NodeJS"并搜索，然后单击 "Download now and install after restart"按钮，下载 Node.js 插件，如图 18-25 所示。

下载 Node.js 插件后，勾选"安装完成后重启 Jenkins（空闲时）"选项，如图 18-26 所示。

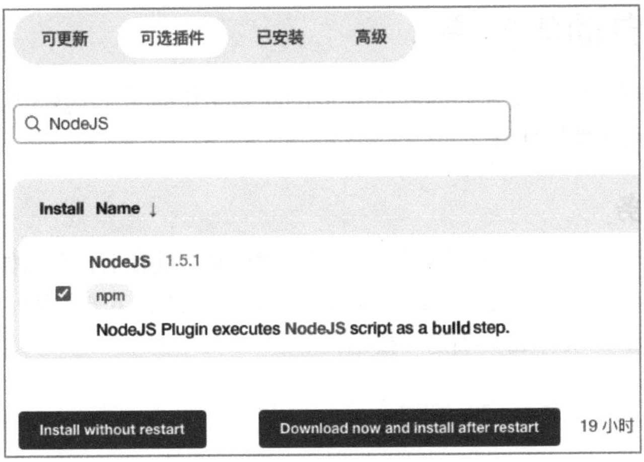

图 18-25　下载 Node.js 插件

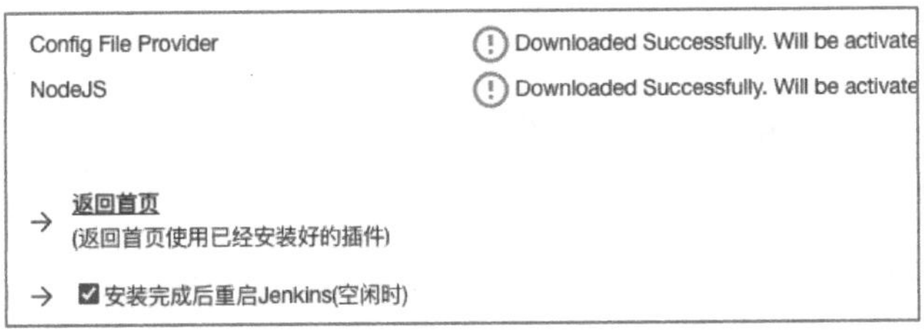

图 18-26　重启 Jenkins

2. 新增 Node.js 构建环境

安装好 Node.js 插件之后，还需要将 Node.js 安装到 Jenkins 构建环境中。进入"全局工具配置"页面，单击"新增 NodeJS"按钮，如图 18-27 所示。

图 18-27　新增 Node.js 构建环境

在"版本"处选择"NodeJS 16.16.0"，最后单击底部的"保存"和"应用"按钮，即可新增一个 Node.js 构建环境（Provide Node & npm bin/ folder to PATH），在后面构建 Vue.js 项目时会用到该构建环境。

18.7 项目自动化部署

当 Jenkins 安装并配置好之后，就可以用 Jenkins 自动化部署 Vue.js 3 项目了。首先需要新建一个任务，即自动化部署任务。

18.7.1 新建任务

进入 Jenkins 首页，单击左侧菜单栏中的"新建任务"选项后，页面如图 18-28 所示，在输入框中输入任务名称"auto-deploy-vue3-ts-cms"。然后，选择下方的第一个选项"构建一个自由风格的软件项目"，并单击"确定"按钮。

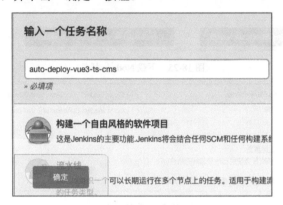

图 18-28　新建任务

接着会跳转到如图 18-29 所示的页面，我们可以在这里填写对任务的描述。

图 18-29　填写对任务的描述

18.7.2 源码管理

填写了任务描述后，下面开始编写源码管理。要实现自动化部署 Vue.js 3 项目，需要为该任务关联对应的 Vue.js 3 项目源码仓库，这里选择 GitHub 来管理项目源码。

注意：如果云服务器没有安装 Git 软件，那么可以执行 sudo yum install git 命令来安装。

在进行源码管理之前，需要在 GitHub 中创建一个账号，并在 GitHub 中创建一个 vue3-ts-cms 仓库，把本地的 vue3-ts-cms 项目代码提交到远程的 GitHub 仓库中。例如，本书创建的 GitHub 仓库地址见链接 18-2。

有了远程的 GitHub 仓库之后，下面开始填写源码管理面板的内容，如图 18-30 所示。

（1）Repsitory URL：远程 GitHub 仓库地址，这里填写了 GitHub 中 vue3-ts-cms 项目的仓库地址。

（2）Credentials：登录凭证，这里是 GitHub 登录凭据。首次登录时没有此凭证，可以单击"添加"按钮来添加。添加时需填写 Github 用户名、密码和 ID。其中，ID 是在 GitHub 中生成的 Personal access tokens。

（3）指定分支：指定打包构建时拉取代码的分支，这里填写为 main 分支。

图 18-30　源码管理

下面来看如何在 GitHub 中生成 Personal access tokens，即新建登录凭证。首先登录 GitHub 网站，在右上角依次单击"Setting"→"Developer settings"→"Personal access tokens"。

创建 Personal access tokens 的页面如图 18-31 所示，按图中提示创建完成之后就可以得到该 token。

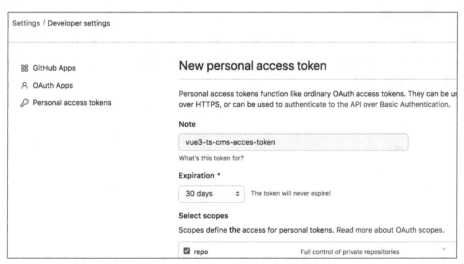

图 18-31　新建登录凭证

18.7.3　构建触发器

在实现自动化部署时，如果想定时触发构建或通过监听 GitHub 仓库代码的更新来触发构建，需要借助构建触发器。下面来编写一个定时构建触发器，如图 18-32 所示。

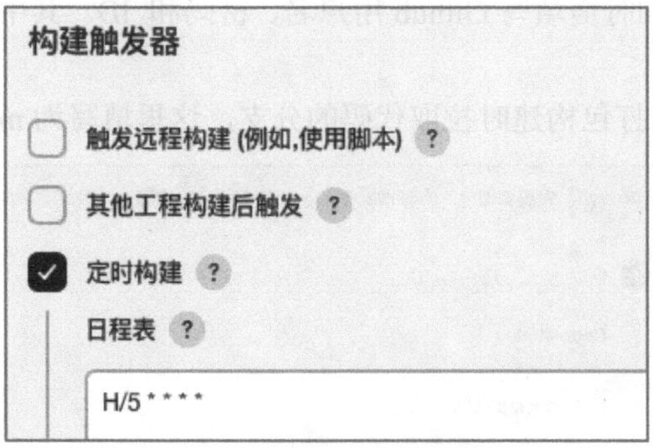

图 18-32　定时构建触发器

在日程表中填写触发器规则"H/5****"，代表每间隔 5 分钟会构建一次，我们也可以编写其他的触发规则。该语法中共有 5 个星号，从左往右分别代表：分　时　日　月　周。规则如下所示：

```
# 每半小时构建一次 OR 每半小时检查一次远程代码分支，有更新则构建
H/30 * * * *

#每两小时构建一次 OR 每两小时检查一次远程代码分支，有更新则构建
H H/2 * * *

#每天凌晨两点定时构建
H 2 * * *

#每月 15 号执行构建
H H 15 * *
```

18.7.4　构建环境

在打包 Vue.js 3 等项目时，通常需要依赖 Node.js 环境，因此需要选择构建环境。这里选择 Node.js 构建环境（Provide Node & npm bin/ folder to PATH），如图 18-33 所示。该 Node.js 环境在 18.6.3 节中已安装。

图 18-33　选择 Node.js 构建环境

18.7.5　构建脚本

选好构建环境后，就可以开始编写构建脚本（Shell 脚本）了，如图 18-34 所示，以下脚本用于构建和部署 Vue.js 项目。

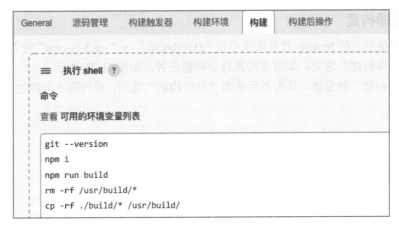

图 18-34　编写构建脚本

Shell 脚本中各个命令的作用如下所示：

```
pwd # 查看当前的路径
ls  # 查看当前的目录
node -v # 查看 node 版本
npm -v # 查看 npm 版本
git --version # 查看 Git 版本

npm install  # 安装 Vue.js 3 项目的依赖
npm run build  # 打包 Vue.js 3 项目
rm -rf /usr/build/*  # 移除原来 build 文件夹中所有的内容
cp -rf ./build/* /usr/build/  # 将打包的 build 文件夹内容移动到/usr/build 文件夹中
echo '构建成功' # 控制台输入：构建成功
```

可以看到，这里先执行"npm install"命令，安装项目依赖；然后执行"npm run build"命令打包项目；接着执行"rm"，删除/usr/build 文件夹中的内容，该文件夹用于存放打包后的项目。

另外，需要注意的是：

◎ 第一次构建时，/usr/build 文件夹可能不存在，需要在云服务器中执行"mkdir -p /usr/build"命令进行创建。

◎ 当构建提示没有权限（permission）操作文件夹时，可执行下面的命令为使用到的文件夹设置权限。

```
# 为以下使用到的文件夹设置权限
chown -R jenkins /usr/build
chown -R jenkins /var/lib/jenkins
chown -R jenkins /var/log/jenkins
chown -R jenkins /var/cache/jenkins
# 接着，将 Jenkins 添加到 root 组中
sudo usermod -a -G root jenkins
systemctl restart jenkins
```

最后，当编写完 Shell 脚本后，单击页面底部的"保存和应用"按钮，即可完成该任务的编写。

18.7.6　立即构建

编写好任务后，在 Jenkins 首页依次单击"Dashborad"→"vue3-ts-cms"进入该任务页面，接着单击"立即构建"选项，即可立即执行该构建任务，如图 18-35 所示。

由于我们构建了触发器，其实不用单击"立即构建"选项，每间隔 5 分钟也会自动触发该构建任务。

图 18-35　立即构建

GitHub 在国内访问不是很稳定，有时可以访问，有时不能访问。因此，在构建时经常会出现 GitHub 远程仓库的代码拉取不下来而导致构建失败的情况，只能多尝试几次。

18.7.7　构建结果

单击"立即构建"选项之后，可以在当前页面查看"构建历史"和"构建结果"，如图 18-36 所示。

图 18-36　查看构建历史和构建结果

如果构建失败，那么可以单击构建历史列表中的"记录"选项，查看控制台报错信息。如果构建成功，那么在浏览器中访问 http://8.134.98.182，即可看到部署好的 Vue.js 3 项目。

经过上述 7 个步骤，以后我们只需要向该 GitHub 仓库提交代码即可部署项目，Jenkins 每间隔 5 分钟就会定时从 GitHub 仓库中拉取代码自动进行构建和部署。

18.8　本章小结

本章内容如下。

◎　项目部署和 DevOps：包括传统开发模式、DevOps 开发模式、持续集成、持续交付、自动化部署等。

◎　云服务的购买和使用：包括云服务器的购买、连接云服务器、云服务器中安装软件等。

◎　Nginx 手动部署项目：包括 Nginx 的安装和配置、Vue.js 3 项目的打包、将项目上传到云服务器部署等。

◎　Jenkins 自动化部署：包括 Jenkins 的安装、Jenkins 插件的安装、编写自动化部署的任务等。

19

手写Mini-Vue.js 3框架

在使用 Vue.js 3 时，有的读者或许会好奇，Vue.js 3 究竟是如何实现响应式数据的更新、模板编译以及组件化的呢？其实，这些都离不开 Vue.js 3 的核心代码。如果我们能够自己动手实现一个 Mini-Vue.js 3 框架，那么不仅能够更深入地理解 Vue.js 3 的内部原理，还能够提升编程能力和理解能力。

在本章中，我们将一步一步地手写一个 Mini-Vue.js 3 框架，进而深入学习 Vue.js 3 的内部实现原理，并从中获取编程经验和知识。在学习之前，先看看本章源代码的管理方式，目录结构如下：

```
VueCode
├── ......
├── chapter19
│    └── learn_vuesource
```

19.1 Vue.js 3 源码概述

在手写一个 Mini-Vue.js 3 框架之前，先普及一些与 Vue.js 3 源码相关的知识，比如：

◎ 什么是真实的 DOM 渲染？

◎ 什么是 VNode（虚拟节点）？

◎ 什么是虚拟 DOM（Virtual DOM，VDOM）？

◎ 什么是 diff 算法？

◎ 虚拟 DOM 是如何转成真实 DOM 的？

◎ Vue.js 3 源码包含的三个核心模块：Compiler 模块、Runtime 模块、Reactivity 模块。

19.1.1   认识虚拟 DOM

在学习虚拟 DOM 之前，先来看看真实的 DOM 是怎么渲染的。

1. 真实的 DOM 渲染

在传统的前端开发中，我们编写的 HTML 最终会被渲染到浏览器上，这个过程可以称为"真实的 DOM 渲染"。下面通过一个例子来演示这个过程。

在 learn_vuesource 目录下新建"01_真实 DOM 渲染"文件夹，接着在该文件夹下新建

index.html 文件。然后在 index.html 文件中编写一个简单的网页，代码如下所示：

```html
<html>
  <head>
    <title>My Title</title>
  </head>
  <body>
    <h1>coderwhy</h1>
  </body>
</html>
```

上述代码会被浏览器解析成一个 DOM 树结构，DOM 树会被渲染到浏览器中，如图 19-1 所示，这就是真实的 DOM 渲染过程。

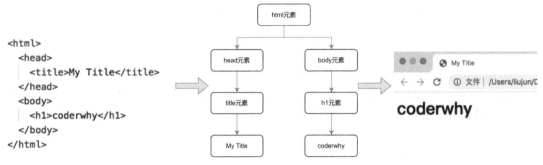

图 19-1 真实的 DOM 渲染过程

2. 虚拟 DOM 及其优势

现代前端框架通常采用虚拟 DOM 对真实 DOM 进行抽象，这种方式带来了许多好处。

首先，将真实的元素节点抽象成 VNode（虚拟节点），可以方便后续对其进行各种操作。因为直接操作 DOM 存在很多限制，比如 diff、clone 等。而使用 JavaScript 编程语言操作 VNode 非常简单，也可以表达更多的逻辑。

其次，VNode 可以方便地实现跨平台，将 VNode 节点渲染成任意想要的节点，比如渲染在 Canvas、WebGL、SSR、Native（iOS、Android）上，如图 19-2 所示。再比如，将<img>元素在 Web 端渲染成<img>元素（如 button、img）等，在 Android 端渲染成 ImageView 控件，在 iOS 端渲染成 UIImageView 控件。

Vue.js 3 还允许开发者开发自己的渲染器（renderer），在其他平台上进行渲染。

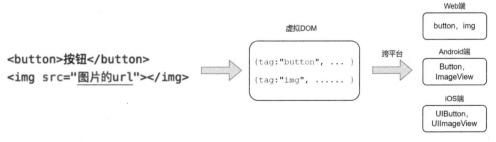

图 19-2 使用 VNode 实现跨平台

3. 虚拟 DOM 的渲染过程

虚拟 DOM 是指对真实的 DOM 进行抽象，把真实的元素节点抽象成 VNode，而多个 VNode 节点便组成了虚拟 DOM 树。虚拟 DOM 的渲染过程如图 19-3 所示。

（1）编译器将 template 模板编译成 render 函数。

（2）render 函数通过调用 h 函数生成 VNode。

（3）虚拟节点最终转换为真实的 DOM 元素，在浏览器中运行代码进行渲染。

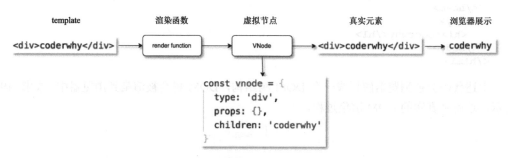

图 19-3　虚拟 DOM 的渲染过程

上面仅渲染了一个\<div\>元素。对于整个虚拟 DOM 树结构，渲染过程如图 19-4 所示。Template 被编译成 render 函数，而 render 函数最终会返回虚拟 DOM。虚拟 DOM 经过 mount 函数后被转换成真实的 DOM 并挂载到页面上。

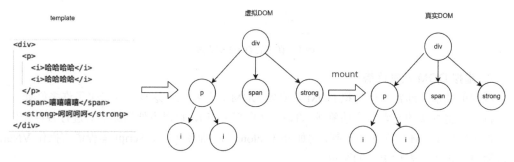

图 19-4　虚拟 DOM 树结构的渲染过程

19.1.2　Vue.js 3 源码的三大核心模块

事实上，Vue.js 3 源码包含三大核心模块，如图 19-5 所示。

（1）Compiler 模块：编译系统。

（2）Renderer 模块：真正渲染的模块，即渲染系统，也可以称之为 Runtime 模块。

（3）Reactivity 模块：响应式系统。

图 19-5　Vue.js 3 源码的三大核心模块

三大核心模块协同工作的过程如图 19-6 所示。

◎　编译系统：将 template 模板编译成 render 函数。

◎ 渲染系统：生成 VNode，同时将 VNode 转换为真实的 DOM 并挂载到页面上。如果某个 VNode 被修改了，则调用 diff 算法来比较新旧 VNode，然后将改变的部分转换为真实的 DOM 并挂载到页面上。

◎ 响应式系统：采用 Proxy 进行数据劫持，并收集依赖。

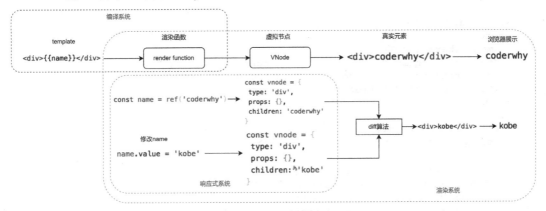

图 19-6　三大核心模块协同工作

19.2　Mini-Vue.js 3 框架的实现

下面实现一个精简版的 Mini-Vue.js 3 框架，其中包含以下三个模块。

◎ 渲染系统（Runtime 模块）：将 VNode 转换为真实的 DOM。

◎ 响应式系统（Reactivity 模块）：负责对数据进行劫持和收集依赖。

◎ 应用程序入口模块：创建 App 实例并挂载应用。

需要注意的是，该精简版的框架不包含编译系统模块。因为该模块需要编写大量的 AST 代码和正则表达式，实现起来较为复杂。在真实的开发中，单文件组件的模板编译是由 @vue/compiler-sfc 插件实现的。

19.2.1　渲染系统的实现

在 Vue.js 3 框架中，渲染系统主要包含以下三个函数。

（1）h 函数：用于返回一个 VNode 对象。

（2）mount 函数：用于将 VNode 挂载到 DOM 上。

（3）patch 函数：用于对两个 VNode 进行对比，决定如何处理新的 VNode。

下面将详细介绍这三个函数的实现。

1. h 函数的实现

在 learn_vuesource 项目的 src 目录下新建"02_渲染器实现"文件夹，然后在该文件夹下分别新建 renderer.js 和 index.html 文件。

在 renderer.js 文件中编写 h 函数，代码如下所示：

```
const h = (tag, props, children) => {
  // 返回 VNode 对象，即返回 javascript 对象
  return {
    tag,
    props,
    children
```

```
      }
    }
```

上述代码编写了一个 h 函数，该函数会直接返回一个 VNode 对象。

index.html 文件，代码如下所示：

```html
<!DOCTYPE html>
<html lang="en">
<head>
  <meta charset="UTF-8">
  <meta http-equiv="X-UA-Compatible" content="IE=edge">
  <meta name="viewport" content="width=device-width, initial-scale=1.0">
  <title>Document</title>
</head>
<body>
  <div id="app"></div>
  <script src="./renderer.js"></script>
  <script>
    // 1.通过 h 函数创建一个 VNode 对象
    const vnode = h('div', {class: "why", id: "aaa"}, [
      h("h2", null, "当前计数: 100"),
      h("button", {onClick: function() {}}, "+1")
    ]);
    console.log(vnode) // 2.打印 h 函数返回的 VNode(虚拟 DOM)
  </script>
</body>
</html>
```

可以看到，在 index.html 文件中导入 renderer.js，即渲染系统模块。接着，调用该系统中的 h 函数，编写计数器案例页面。该函数最终会生成并返回虚拟 DOM。（注意：这里直接使用 h 函数来编写页面，并没有使用 template 模板。）

然后，在 index.html 文件上右击，选择 "Open In Default Browser"，在浏览器中实现的 h 函数如图 19-7 所示。这时，控制台可以看到 h 函数返回的 VNode（也可称为虚拟 DOM）。

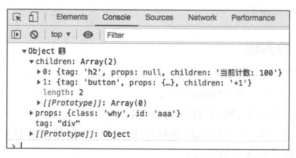

图 19-7 h 函数的实现

2. mount 函数的实现

mount 函数用于将 VNode 转换成真实的 DOM，并将其挂载到页面的 DOM 上。

继续在 renderer.js 文件中添加一个 mount 函数，代码如下所示：

```js
const h = (tag, props, children) => { ...... }

// 将 VNode 转成 Element，并挂载到页面上
const mount = (vnode, container) => {
  // 1.创建真实的原生 DOM 对象，并且在 vnode 对象上保存 el 对象
  const el = vnode.el = document.createElement(vnode.tag);
```

```
  // 2.处理 props
  if (vnode.props) {
    for (const key in vnode.props) {
      const value = vnode.props[key];

      if (key.startsWith("on")) { // 对事件监听的判断
        el.addEventListener(key.slice(2).toLowerCase(), value)
      } else {
        el.setAttribute(key, value);
      }
    }
  }

  // 3.处理 children
  if (vnode.children) {
    if (typeof vnode.children === "string") {
      el.textContent = vnode.children;
    } else {
      vnode.children.forEach(item => {
        mount(item, el);
      })
    }
  }

  // 4.将 el 挂载到 container 元素上
  container.appendChild(el);
}
```

可以看到，这里的 mount 函数需要接收两个参数：vnode 和 container（需要挂载到目标的 DOM 对象）。该函数负责将 vnode 挂载到 container 上，主要分为以下四个步骤。

（1）根据参数 vnode 的 tag 属性，创建真实的原生对象，并将该对象存在 vnode 的 el 属性中。

（2）处理 vnode 中的 props 属性，直接遍历 vnode 中的 props。

◎ 如果是以 on 开头的属性，那么调用原生对象的 addEventListener 函数添加对该属性的事件监听。

◎ 如果不是以 on 开头的属性，那么直接调用原生对象的 setAttribute 方法添加对该属性的事件监听。

（3）处理 vnode 中的 children 属性，先判断 children 的类型是否是一个字符串。

◎ 如果是字符串，则为原生对象的 textContent 属性重新赋值并更新。

◎ 如果 children 是一个数组，则遍历 children 数组，获取数组中的每个 item（vnode 对象）之后，递归调用 mount 函数，将数组中的每个子节点挂载到 el 原生对象上（el 是 children 的父节点）。

（4）将创建出来的 el 原生对象挂载到 container（例如<div id='app'></div>元素）上。

接着，在 index.html 文件中使用 mount 函数，代码如下所示：

```
<!DOCTYPE html>
<html lang="en">
<head>
  <meta charset="UTF-8">
  <meta http-equiv="X-UA-Compatible" content="IE=edge">
  <meta name="viewport" content="width=device-width, initial-scale=1.0">
  <title>Document</title>
```

```
  </head>
  <body>
    <div id="app"></div>
    <script src="./renderer.js"></script>
    <script>
      // 1.通过 h 函数创建一个 VNode 对象
      const vnode = h('div', {class: "why", id: "aaa"}, [
        h("h2", null, "当前计数: 100"),
        h("button", {onClick: function() {}}, "+1")
      ]); // 返回 VNode (虚拟 DOM)
      console.log(vnode)
      // 2.通过 mount 函数将 vnode 挂载到 <div id="app"> 元素上
      mount(vnode, document.querySelector("#app"))
    </script>
  </body>
</html>
```

可以看到，首先调用 h 函数创建 vnode，接着调用 mount 函数将 vnode 挂载到<div id='app'>元素上。

最后，在浏览器中实现的 mount 函数如图 19-8 所示。这时，在控制台中可以看到 h 函数返回的虚拟 DOM。

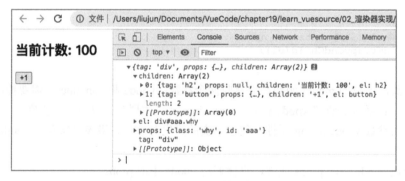

图 19-8　mount 函数的实现

3. patch 函数的实现

patch 函数用于对两个 VNode 进行对比，决定如何处理新旧 VNode。其实，patch 函数的实现就是 diff 算法的实现。

继续在 renderer.js 文件中添加 patch 函数，代码如下所示：

```
const h = (tag, props, children) => { ...... }
const mount = (vnode, container) => { ...... }

// patch 函数用于对两个 VNode 进行对比。n1 是旧节点，n2 是新节点
const patch = (n1, n2) => {
  // 如果 n1 和 n2 的类型不一样，则用 n2 直接替换 n1
  if (n1.tag !== n2.tag) {
    const n1ElParent = n1.el.parentElement;
    n1ElParent.removeChild(n1.el);
    mount(n2, n1ElParent);
  // 如果 n1 和 n2 的类型一样，那么先处理 props，再处理 children
  } else {
    // 1.取出 el 对象，并且在 n2 中进行保存
    const el = n2.el = n1.el;
```

```
// 2.处理 props 的情况
const oldProps = n1.props || {};
const newProps = n2.props || {};
// 2.1.获取所有的 newProps，添加到 el 上
for (const key in newProps) {
  const oldValue = oldProps[key];
  const newValue = newProps[key];
  if (newValue !== oldValue) {
    if (key.startsWith("on")) { // 对事件监听的判断
      el.addEventListener(key.slice(2).toLowerCase(), newValue)
    } else {
      el.setAttribute(key, newValue);
    }
  }
}

// 2.2.删除旧的 props
for (const key in oldProps) {
  if (key.startsWith("on")) { // 对事件监听的判断
    const value = oldProps[key];
    el.removeEventListener(key.slice(2).toLowerCase(), value)
  }
  if (!(key in newProps)) {
    el.removeAttribute(key);
  }
}

// 3.处理 children 的情况
const oldChildren = n1.children || [];
const newChidlren = n2.children || [];

if (typeof newChidlren === "string") { // 情况一：newChildren 本身是一个 string
  // 边界情况 (edge case)
  if (typeof oldChildren === "string") {
    if (newChidlren !== oldChildren) {
      el.textContent = newChidlren
    }
  } else {
    el.innerHTML = newChidlren;
  }
} else { // 情况二：newChildren 新节点是一个数组
  if (typeof oldChildren === "string") { // 旧节点是字符串类型
    el.innerHTML = "";
    // 遍历新节点，将每个新节点挂载到 el 上
    newChidlren.forEach(item => {
      mount(item, el);
    })
  } else {
    // 如 oldChildren 为 [v1, v2, v3, v8, v9]
    // 如 newChildren 为 [v1, v5, v6]
    // 3.1.取出 n1、n2 中 children 数组的最小长度
    const commonLength = Math.min(oldChildren.length, newChidlren.length);
    for (let i = 0; i < commonLength; i++) {
      // 前面相同索引的 VNode，进行 patch 操作。patch(v1,v1), patch(v2,v5),
patch(v3,v6)
      patch(oldChildren[i], newChidlren[i]);
    }

    // 如 oldChildren 为 [v1, v2, v3]
```

```
    // 如 newChildren 为 [v1, v5, v6, v8, v9]
    // 3.2.newChildren.length > oldChildren.length
    if (newChidlren.length > oldChildren.length) {
      // 新节点 children 多出的 v8 和 v9，将 mount 挂载到 el 上
      newChidlren.slice(oldChildren.length).forEach(item => {
        mount(item, el);
      })
    }

    // 如 oldChildren 为 [v1, v2, v3, v8, v9]
    // 如 newChildren 为 [v1, v5, v6]
    // 3.3.newChildren.length < oldChildren.length
    if (newChidlren.length < oldChildren.length) {
      // 旧节点 children 多出的 v8 和 v9，将从 el 中移除
      oldChildren.slice(newChidlren.length).forEach(item => {
        el.removeChild(item.el);
      })
    }
      }
    }
  }
}
```

可以看到，patch 函数需要接收 n1 和 n2 两个参数，其中 n1 是旧节点，n2 是新节点。patch 函数主要分为以下两种情况来实现。

第一种情况：如果 n1 和 n2 是不同类型的节点，如图 19-9 所示。

（1）找到 n1 的父节点，删除原来的 n1 节点。

（2）将 n2 节点挂载到 n1 的父节点上。

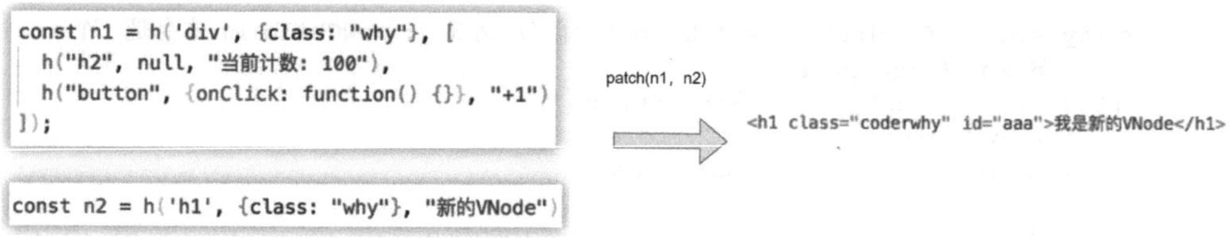

图 19-9　patch 函数处理不同类型的 n1 和 n2

第二种情况：如果 n1 和 n2 是相同类型的节点，需要处理以下情况。

（1）处理 props 的情况，如图 19-10 所示。

◎　首先，将新节点的 props 全部挂载到 el 上。

◎　然后，判断旧节点的 props 是否需要在新节点上，如果不需要，则删除对应的属性。

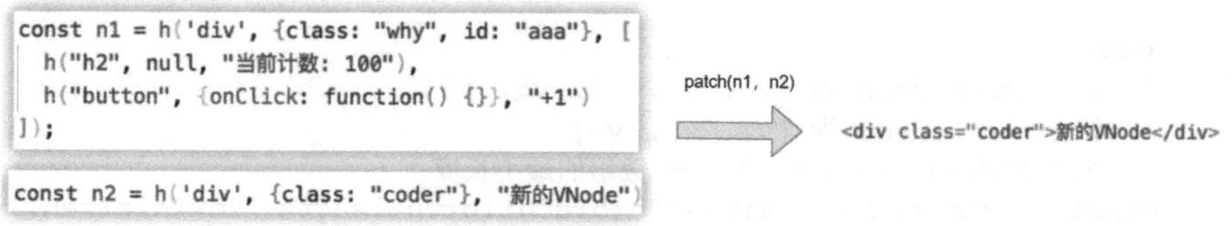

图 19-10　patch 函数处理相同类型的 n1 和 n2

（2）处理 children 的情况。

◎　如果新节点是字符串类型，那么直接调用 el.textContent=newChildren，如图 19-10 所示。

◎ 如果新节点是数组类型,则需要判断旧节点的类型,例如:旧节点是一个字符串类型,如图 19-11 所示。首先将 el 的 textContent 设置为空字符串,然后直接遍历新节点,将每个新节点挂载(mount)到 el 上。

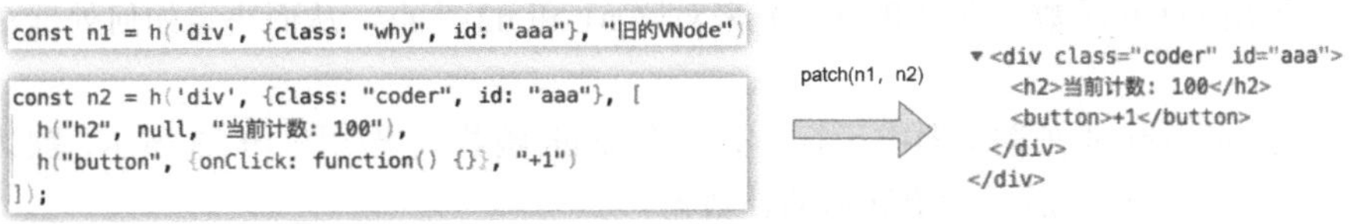

```
const n1 = h('div', {class: "why", id: "aaa"}, "旧的VNode")

const n2 = h('div', {class: "coder", id: "aaa"}, [
  h("h2", null, "当前计数: 100"),
  h("button", {onClick: function() {}}, "+1")
]);
```

patch(n1, n2)

```
▼<div class="coder" id="aaa">
    <h2>当前计数: 100</h2>
    <button>+1</button>
  </div>
</div>
```

图 19-11　n1 的 children 为字符串类型

◎ 旧节点也是一个数组类型(不考虑 key),如图 19-12 所示。首先取出 n1、n2 中 children 数组的最小长度。遍历数组在最小长度范围内的所有节点,对新节点和旧节点进行 patch 操作。如果新节点的 length 更长,则对剩余的新节点进行挂载操作;如果旧节点的 length 更长,则对剩余的旧节点进行卸载操作。

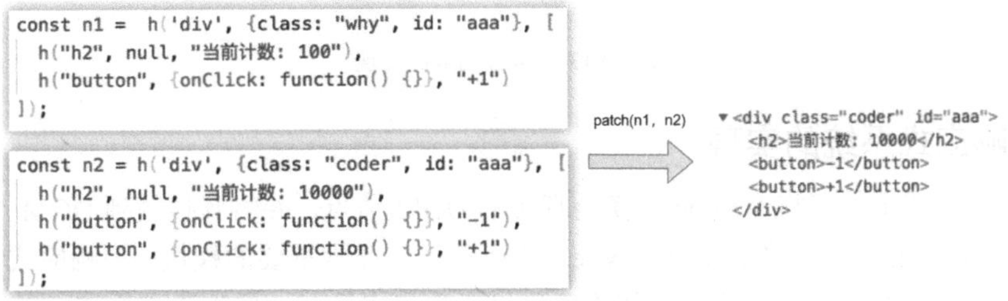

```
const n1 = h('div', {class: "why", id: "aaa"}, [
  h("h2", null, "当前计数: 100"),
  h("button", {onClick: function() {}}, "+1")
]);

const n2 = h('div', {class: "coder", id: "aaa"}, [
  h("h2", null, "当前计数: 10000"),
  h("button", {onClick: function() {}}, "-1"),
  h("button", {onClick: function() {}}, "+1")
]);
```

patch(n1, n2)

```
▼<div class="coder" id="aaa">
    <h2>当前计数: 10000</h2>
    <button>-1</button>
    <button>+1</button>
  </div>
```

图 19-12　n1 和 n2 的 children 都为数组类型

实现完 patch 函数后,下面在 index.html 文件中使用 patch 函数,代码如下所示:

```html
<!DOCTYPE html>
<html lang="en">
......
<body>
  <div id="app"></div>
  <script src="./renderer.js"></script>
  <script>
    const n1 = h('div', {class: "why", id: "aaa"}, [
      h("h2", null, "当前计数: 100"),
      h("button", {onClick: function() {}}, "+1")
    ]);
    mount(n1, document.querySelector("#app"))

    // 模拟 2 秒后更新布局
    setTimeout(() => {
      // 1.创建新的 n2
      const n2 = h('div', {class: "coder", id: "aaa"}, [
        h("h2", null, "当前计数: 10000"),
        h("button", {onClick: function() {}}, "-1"),
        h("button", {onClick: function() {}}, "+1")
      ]);
      // 2.新旧 VNode 对比,决定如何处理新的 VNode
      patch(n1, n2);
    }, 2000)
  </script>
</body>
</html>
```

可以看到，首先将 n1 节点挂载到<div id="app">的元素上，2 秒之后，创建 n2 新节点，该节点将旧节点的 class 属性的值更新为 coder，将<h2>元素的内容更新为当前计数 1000，将<button>的值更新为 "-1"。同时，新增加一个 "+1" 的<button>。

然后，调用 patch 函数（即 diff 算法）来对比 n1 和 n2 节点，从而决定如何处理对旧节点的更新。

最后，将 index.html 在浏览器中运行，实现的 patch 函数效果如图 19-13 所示，默认先显示 n1 节点的计数器，2 秒之后显示更新后的计数器。

图 19-13　patch 函数的实现

19.2.2　响应式系统的实现

前面已经介绍了如何将 VNode 转换为真实的 DOM 节点，并将其挂载到 DOM 上，这仅实现了 Vue.js 3 的渲染系统。除此之外，Vue.js 3 还有一个非常重要的模块——响应式系统。

下面详细介绍 Vue.js 的响应式系统原理，包括响应式思想、依赖收集系统，以及 Vue.js 2 和 Vue.js 3 响应式系统的实现。

1. 响应式思想

假设我们有一个 info 对象，并在 doubleCounter 函数中依赖于 info 的 counter 属性。

其中的响应式思想就是：当 info 中的 counter 属性发生改变时，自动触发 doubleCounter 函数的回调，因为该函数依赖于 info 中的 counter 属性。

要实现该功能，最简单的方式是在修改 info 中的 counter 属性时，手动调用一次 doubleCounter 函数，代码如下所示：

```
const info = {counter: 100};
function doubleCounter() {
  console.log(info.counter * 2);
}
doubleCounter();

// 1.修改 info
info.counter++;
// 2.手动调用 doubleCounter 函数
doubleCounter();
```

2. 依赖收集系统

前面只是响应式最简单的实现，Vue.js 3 中的响应式系统要复杂得多。下面来看 Vue.js 3 是如何实现响应式系统的。

在 learn_vuesource 项目的 src 目录下新建 "03_响应式系统" 文件夹，然后在该文件夹下分别新建 index.html 和 reactive.js 文件。

在 reactive.js 文件中编写响应式系统，代码如下所示：

```
class Dep {
  constructor() {
    this.subscribers = new Set(); // 存放收集的依赖，即副作用函数
  }
  // 添加订阅
  addEffect(effect) {
    this.subscribers.add(effect);
  }
  // 发布通知
  notify() {
    // 遍历所有收集的依赖，并执行
    this.subscribers.forEach(effect => {
      effect();
    })
  }
}


const info = {counter: 100};
const dep = new Dep(); // Dep 中会新建一个 Set 集合存依赖

function doubleCounter() {
  console.log(info.counter * 2); // 该函数持有 info 中 counter 的依赖
}

function powerCounter() {
  console.log(info.counter * info.counter); // 该函数持有 info 中 counter 的依赖
}
// 手动收集依赖，即收集 doubleCounter 和 powerCounter 副作用函数
dep.addEffect(doubleCounter);
dep.addEffect(powerCounter);

// 修改 counter
info.counter++;
// 手动通知更新
dep.notify();
```

可以看到，这里封装了一个可以手动收集依赖（函数）的系统。

（1）使用 Dep 类创建依赖收集的 dep 对象。

（2）调用 dep 对象的 addEffect 方法来收集依赖。

（3）当 info 中的 counter 属性被修改后，手动调用 dep 对象的 notify 方法实现响应式（即通知所有依赖执行更新）。

最后，在 index.html 文件上右击，选择"Open In Default Browser"，在浏览器中显示手动收集依赖和更新的效果如图 19-14 所示。

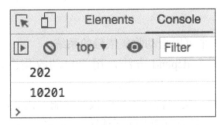

图 19-14　手动收集依赖和更新

可以发现，前面实现的响应式系统有一个明显的缺陷：需要手动收集依赖和手动触发更新。

为了解决这个问题，我们需要对代码进行优化，让程序可以自动收集依赖。继续优化 reactive.js 中的响应式系统，代码如下所示：

```
class Dep {
  constructor() {
    this.subscribers = new Set(); // 存放收集的依赖
  }
  // 自动收集依赖
  depend() {
    if (activeEffect) { // 被收集的全局依赖，即副作用函数
      this.subscribers.add(activeEffect);
    }
  }
  // 发布通知
  notify() {
    this.subscribers.forEach(effect => {
      effect();
    })
  }
}

const dep = new Dep(); // Dep 中会新建一个 Set 集合存依赖
let activeEffect = null;
function watchEffect(effect) {
  activeEffect = effect; // 将需收集的依赖赋给全局 activeEffect 变量
  dep.depend(); // 自动收集依赖
  effect(); // 收集完依赖后执行该依赖函数
  activeEffect = null;
}

const info = {counter: 100, name:'why'};
console.log('==自动收集依赖==')
// 自动收集依赖，该回调函数也称副作用函数
watchEffect(function () {
  console.log(info.counter * 2);
})
watchEffect(function () {
  console.log(info.counter * info.counter);
})
watchEffect(function () {
  console.log(info.name);
})
console.log('======更新======')

// 修改 counter
info.counter++;
// 通知更新
dep.notify();
```

可以看到，这里封装了一个可以自动收集依赖的系统。

（1）在 Dep 类中添加一个 depend 方法，用于自动收集全局的副作用函数（也称为 activeEffect）的依赖。

（2）编写 watchEffect 函数，实现自动收集依赖的功能，该函数需要接收一个副作用函数。

◎ 在该函数中，首先将 effect 函数赋给全局的 activeEffect 变量。

◎ 接着，调用 dep 对象的 depend 方法实现对 activeEffect 依赖的自动收集。

◎ 自动收集完成后，再执行一次 effect 函数（Vue.js 3 中的 watchEffect 函数默认会先执行一次）。

◎ 最后，将 activeEffect 函数赋值为 null。

（3）调用 watchEffect 函数实现自动收集依赖。

（4）当 info 中的 counter 修改时，手动调用 dep 的 notify 方法通知依赖执行更新。

保存代码，在浏览器中运行 index.html 文件，控制台的输出的自动收集依赖效果如图 19-15 所示。

图 19-15 自动收集依赖

3. Vue.js 2 响应式系统的实现

有些读者可能会注意到，在更新 counter 时，依赖于 name 的副作用函数也被执行了。

如果希望在修改 counter 时只执行与 counter 有关的副作用函数，在修改 name 时只执行与 name 有关的副作用函数，那么需要进一步优化 reactive.js 中的响应式系统，代码如下所示：

```javascript
class Dep {
  ......(和前面一样，故省略)
}

// const dep = new Dep(); // 已被 getDep 函数代替
let activeEffect = null;
function watchEffect(effect) {
  activeEffect = effect;
//   dep.depend(); // 自动收集依赖，已经移到 get 函数中实现
  effect();
  activeEffect = null;
}

// Map({key: value}): key 是一个字符串
// WeakMap({key(对象): value}): key 是一个对象，弱引用
// 1.创建一个 WeakMap 对象，用于存放所有的依赖
const targetMap = new WeakMap();
// 2.获取某一个属性对应的依赖 Set 集合
function getDep(target, key) {
  // 2.1 根据对象(target)取出对应的 Map 对象
  let depsMap = targetMap.get(target);
  if (!depsMap) {
    depsMap = new Map();
    targetMap.set(target, depsMap);
  }

  // 2.2 取出具体的 dep 对象
```

```
    let dep = depsMap.get(key);
    if (!dep) {
      dep = new Dep();
      depsMap.set(key, dep);
    }
    return dep;
  }

  // 3.Vue.js 2 对原生（raw）数据进行劫持
  function reactive(raw) {
    Object.keys(raw).forEach(key => {
      const dep = getDep(raw, key);
      let value = raw[key];
      Object.defineProperty(raw, key, {
        get() {
          dep.depend(); // 自动收集依赖
          return value;
        },
        set(newValue) {
          if (value !== newValue) {
            value = newValue;
            dep.notify(); // 通知更新
          }
        }
      })
    })
    return raw;
  }


  // 注意：以下属于测试响应式系统用的代码
  // 4.reactive 函数对数据劫持
  const info = reactive({counter: 100, name:'why'});
  console.log('==自动收集依赖==')
  // 自动收集依赖
  watchEffect(function () {
    console.log(info.counter * 2);
  })
  watchEffect(function () {
    console.log(info.counter * info.counter);
  })
  watchEffect(function () {
      console.log(info.name);
  })
  console.log('======更新======')
  // 修改 counter
  info.counter++;
  // dep.notify();  // 已经移到 set 函数中实现自动通知更新
```

可以看到，这里增加了 getDep 和 reactive 函数的实现。

getDep 函数的作用是获取某个属性指定的 dep 对象。这里将所有的依赖收集到一个 WeakMap 集合中，该集合的键是一个对象，value 又是一个 Map 集合。value 中 Map 集合的键是对象的某个属性，值是一个 dep 对象（dep 对象中用 Set 集合存放副作用函数）。因此，我们就可以实现将同一个属性的所有副作用函数存到单独的一个 dep 对象中，而不像前面的案例那样，将所有属性的副作用函数都存到同一个 dep 对象中。整个 Vue.js 3 的依赖收集过程如图 19-16 所示。

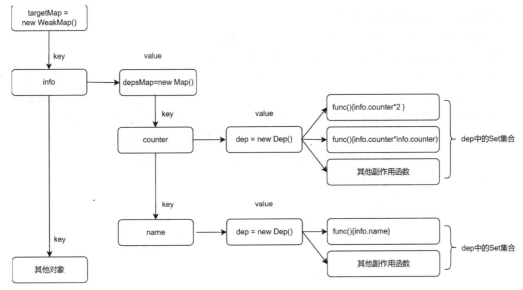

图 19-16 Vue.js 3 依赖收集过程

　　reactive 函数的作用是采用 Object.defineProperty（Vue.js 2 的实现）对数据进行劫持。在该函数中，首先遍历 raw 原始对象，接着对原始对象每个属性的 get 和 set 进行劫持。在 get 函数中，调用 dep 对象的 depend 自动进行依赖收集，在 set 函数中调用 dep 对象的 notify 函数通知收集的依赖函数再次执行，从而实现响应式更新。

　　完成了响应式系统开发后，在浏览器中运行 index.html 文件，控制台输出的自动收集依赖和更新效果如图 19-17 所示。

　　最后，总结一下以上代码的执行过程。

　　（1）使用 reactive 函数包裹原生的 info 对象。

　　（2）调用 watchEffect 函数自动进行依赖收集。该函数需要传递一个副作用函数，该副作用函数会被立即执行。但是，在执行前会把该副作用函数先赋给全局的 activeEffect 变量。

　　（3）在执行副作用函数时，发现它引用了 info 中的 counter 属性。这时会触发该属性的 get 函数，get 函数中会调用指定 dep 对象的 depend 函数，将全局的 activeEffect 函数收集到 dep 对象中。这样就实现自动收集依赖。同理，下面调用的 watchEffect 函数也会自动收集依赖。

　　（4）当修改 info 中的 counter 时，会触发该属性的 set 函数，该函数中会调用该属性对应 dep 对象的 notify 函数来通知更新，从而实现响应式更新。

图 19-17 自动收集依赖和更新

4. Vue.js 3 响应式系统的实现

在 Vue.js 3 中，响应式系统采用 Proxy 进行数据劫持。

Object.defineProperty 和 Proxy 实现响应式系统的区别如下。

（1）Object.defineProperty 在劫持对象的属性时，如果新增元素，需要再次调用 defineProperty，例如 Vue.js 2 提供的$set API。而 Proxy 劫持的是整个对象，不需要做特殊处理。

（2）Proxy 不会修改原始的对象。在使用 Proxy 时，必须修改代理对象，即修改 Proxy 的实例才会触发拦截。在使用 Object.defineProperty 时，只要修改原始对象就可以触发拦截。

（3）Proxy 观察的类型比 defineProperty 更丰富，例如，has 方法用于捕获 in 操作符，deleteProperty 方法用于捕获 delete 操作符，等等。

（4）作为新标准，Proxy 会受到浏览器厂商的重点性能优化。

（5）Proxy 的缺点是不兼容 IE，也没有 polyfill，而 Object.defineProperty 支持到 IE9。

下面修改 reactive.js 文件，使用 Proxy 实现响应式系统，代码如下所示：

```
......
// Vue.js 3 对原生（raw）数据进行劫持
function reactive(raw) {
  return new Proxy(raw, {
    get(target, key) { // 这里 target === raw
      const dep = getDep(target, key);
      dep.depend();
      return target[key];
    },
    set(target, key, newValue) {
      const dep = getDep(target, key);
      target[key] = newValue;
      dep.notify();
    }
  })
}
......
```

这里仅修改了 Vue.js 3 中 reactive 函数的实现，将对 raw 数据的劫持改成了 Proxy 实现，其他的代码保持不变。在 reactive 函数中，新建一个 Proxy 对象，该构造器函数的第一个参数是需要代理的原生对象，第二个参数是带有 get 和 set 函数的对象。

然后，在 get 函数中调用 dep 对象的 depend 函数自动收集依赖，在 set 函数中调用 dep 对象的 notify 函数通知依赖的执行，从而实现数据的响应式更新。

最后，在浏览器中运行 index.html 文件，实现效果和前面的案例一样。

19.2.3 应用程序入口模块

一个 Mini-Vue.js 3 框架需包含渲染系统、响应式系统和应用程序入口这三个模块。现在，渲染系统和响应式系统已经开发完了，接下来需要编写应用程序入口模块，该模块需包含以下功能。

（1）使用 createApp 方法创建一个 app 对象。

（2）app 对象具有一个 mount 方法，可以将根组件挂载到指定的 DOM 元素上。

在 learn_vuesource 项目的 src 目录下新建 "04_Mini-Vue3" 文件夹，然后在该文件夹下分别新建 index.js、reactive.js、renderer.js 和 index.html 文件。

在 index.js 文件中编写应用程序的入口模块，代码如下所示：

```
// 1.createApp 函数，需要接收一个根组件
function createApp(rootComponent) {
  return {
    // 2.mount 函数，用于将组件挂载到指定的 DOM 上
    mount(selector) {
      const container = document.querySelector(selector);
      let isMounted = false;
      let oldVNode = null;

      // 自动收集依赖。第一次挂载或页面数据发生改变，都会触发该副作用函数回调
      watchEffect(function() {
        if (!isMounted) {
          // 第一次挂载。例如，初始化计数器
          oldVNode = rootComponent.render(); // 获取 VNode，render 函数对 data 的响
应式数据有依赖
          mount(oldVNode, container);
          isMounted = true;
        } else {
          // 页面发生更新。例如，计数器加 1 操作
          const newVNode = rootComponent.render(); // 获取 VNode
          patch(oldVNode, newVNode);
          oldVNode = newVNode;
        }
      })
    }
  }
}
```

可以看到，这里定义了一个 createApp 函数，该函数需要接收一个根组件，用于创建一个 app 对象，该 app 对象有一个 mount 方法。mount 方法的具体实现步骤如下。

（1）在 mount 方法中通过 selector 参数获取将要挂载根组件的 container 元素。

（2）调用响应式系统的 watchEffect 函数自动收集依赖，并向该函数传递一个副作用函数。

（3）在副作用函数中，执行以下操作。

◎　如果根组件没有被挂载过，那么先调用 rootComponent 组件的 render 函数。由于 render 函数对 data 的 counter 有依赖，所以在调用 render 函数时，会将该副作用函数收集到 dep 中。当获取 vnode 之后，再调用渲染系统的 mount 函数将根组件挂载到 container 元素上。

◎　如果根组件已被挂载，那么在获取到新的 vnode 之后，调用渲染系统的 patch 函数对比新旧 vnode，从而决定如何处理旧节点的更新。

index.html 文件的实现代码如下所示：

```
<!DOCTYPE html>
<html lang="en">
......
<body>
  <div id="app"></div>
  <!-- 1.渲染系统。这里直接复制前面编写的代码 -->
  <script src="./renderer.js"></script>
  <!-- 2.响应式系统。这里直接复制前面编写的代码，但要删除其中的测试代码) -->
  <script src="./reactive.js"></script>
  <!-- 3.createApp 入口 -->
  <script src="./index.js"></script>
```

```
<script>
  // 1.创建根组件
  const App = {
    data: reactive({
      counter: 0
    }),
    render() {
      return h("div", null, [
        h("h2", null, `当前计数: ${this.data.counter}`),
        h("button", {
          onClick: () => {
            this.data.counter++
            console.log(this.data.counter);
          }
        }, "+1")
      ])
    }
  }
  // 2.挂载根组件
  const app = createApp(App);
  app.mount("#app");
</script>
</body>
</html>
```

可以看到，这里分别导入了渲染系统、响应式系统和 createApp 函数。接着，在<script>标签中创建一个带有 data 属性和 render 函数的 App 根组件。

其中，data 属性的值是一个 reactive 返回的响应式对象，render 函数中编写的是常用的计数器布局。在 render 函数中，<h2>引用 data 中的 counter 属性来显示当前计数，当单击"+1"按钮时，修改 data 中的 counter 可触发页面响应式刷新。

然后，调用 createApp 函数创建 app 对象，并调用 app 对象的 mount 方法将 App 组件挂载到 id 为 app 的元素上。需要注意的是，mount 方法中的 watchEffect 函数会自动收集依赖。

最后，我们再来看看渲染系统（renderer.js）和响应式系统（reactive.js）的完整代码。

renderer.js 文件中是直接复制前面编写好的代码，这里就不再阐述了，代码如下所示：

```
const h = (tag, props, children) => {
  // VNode -> Javascript 对象 -> {}
  return {
    tag,
    props,
    children
  }
}

const mount = (vnode, container) => {
  // VNode -> Element
  // 1.创建真实的原生对象，并且在 VNode 上保存 el
  const el = vnode.el = document.createElement(vnode.tag);

  // 2.处理 props
  if (vnode.props) {
    for (const key in vnode.props) {
      const value = vnode.props[key];

      if (key.startsWith("on")) { // 对事件监听的判断
        el.addEventListener(key.slice(2).toLowerCase(), value)
```

```
      } else {
        el.setAttribute(key, value);
      }
    }
  }

  // 3.处理 children
  if (vnode.children) {
    if (typeof vnode.children === "string") {
      el.textContent = vnode.children;
    } else {
      vnode.children.forEach(item => {
        mount(item, el);
      })
    }
  }

  // 4.将 el 挂载到 container 元素上
  container.appendChild(el);
}

const patch = (n1, n2) => {
  if (n1.tag !== n2.tag) {
    const n1ElParent = n1.el.parentElement;
    n1ElParent.removeChild(n1.el);
    mount(n2, n1ElParent);
  } else {
    // 1.取出 el 对象，并且在 n2 中进行保存
    const el = n2.el = n1.el;

    // 2.处理 props
    const oldProps = n1.props || {};
    const newProps = n2.props || {};
    // 2.1.获取所有的 newProps 添加到 el 中
    for (const key in newProps) {
      const oldValue = oldProps[key];
      const newValue = newProps[key];
      if (newValue !== oldValue) {
        if (key.startsWith("on")) { // 对事件监听的判断
          el.addEventListener(key.slice(2).toLowerCase(), newValue)
        } else {
          el.setAttribute(key, newValue);
        }
      }
    }

    // 2.2.删除旧的 props
    for (const key in oldProps) {
      if (key.startsWith("on")) { // 对事件监听的判断
        const value = oldProps[key];
        el.removeEventListener(key.slice(2).toLowerCase(), value)
      }
      if (!(key in newProps)) {
        el.removeAttribute(key);
      }
    }

    // 3.处理 children
    const oldChildren = n1.children || [];
```

```
      const newChidlren = n2.children || [];

      if (typeof newChidlren === "string") { // 情况一: newChildren 本身是一个 string
        // 边界情况 (edge case)
        if (typeof oldChildren === "string") {
          if (newChidlren !== oldChildren) {
            el.textContent = newChidlren
          }
        } else {
          el.innerHTML = newChidlren;
        }
      } else { // 情况二: newChildren 本身是一个数组
        if (typeof oldChildren === "string") {
          el.innerHTML = "";
          newChidlren.forEach(item => {
            mount(item, el);
          })
        } else {
          // 如 oldChildren 为 [v1, v2, v3, v8, v9]
          // 如 newChildren 为 [v1, v5, v6]
          // 3.1.对前面有相同节点的原生对象进行 patch 操作
          const commonLength = Math.min(oldChildren.length, newChidlren.length);
          for (let i = 0; i < commonLength; i++) {
            patch(oldChildren[i], newChidlren[i]);
          }

          // 3.2.newChildren.length > oldChildren.length
          if (newChidlren.length > oldChildren.length) {
            newChidlren.slice(oldChildren.length).forEach(item => {
              mount(item, el);
            })
          }

          // 3.3.newChildren.length < oldChildren.length
          if (newChidlren.length < oldChildren.length) {
            oldChildren.slice(newChidlren.length).forEach(item => {
              el.removeChild(item.el);
            })
          }
        }
      }
    }
  }
}
```

reactive.js 文件也是直接复制前面编写好的代码，但删除了其中的测试代码，因此这里也不再阐述，代码如下所示：

```
class Dep {
  constructor() {
    this.subscribers = new Set();
  }
  depend() {
    if (activeEffect) {
      this.subscribers.add(activeEffect);
    }
  }
  notify() {
    this.subscribers.forEach(effect => {
      effect();
```

```
      })
    }
  }

  // const dep = new Dep(); // 已被 getDep 函数代替
  let activeEffect = null;
  function watchEffect(effect) {
    activeEffect = effect;
  //    dep.depend(); // 自动收集依赖，已经移到 get 函数中实现
    effect();
    activeEffect = null;
  }

  // Map({key: value}): key 是一个字符串
  // WeakMap({key(对象): value}): key 是一个对象，弱引用
  // 1.创建一个 WeakMap 对象，用于存放所有的依赖
  const targetMap = new WeakMap();
  // 2.获取某一个属性对应的依赖 set 集合
  function getDep(target, key) {
    // 2.1 根据对象(target)取出对应的 Map 对象
    let depsMap = targetMap.get(target);
    if (!depsMap) {
      depsMap = new Map();
      targetMap.set(target, depsMap);
    }

    // 2.2 取出具体的 dep 对象
    let dep = depsMap.get(key);
    if (!dep) {
      dep = new Dep();
      depsMap.set(key, dep);
    }
    return dep;
  }

  // Vue.js 3 对原生（raw）数据进行劫持
  function reactive(raw) {
    return new Proxy(raw, {
      get(target, key) { // 这里 target === raw
        const dep = getDep(target, key);
        dep.depend();
        return target[key];
      },
      set(target, key, newValue) {
        const dep = getDep(target, key);
        target[key] = newValue;
        dep.notify();
      }
    })
  }
```

最后，在 index.html 文件上右击，选择"Open In Default Browser"，在浏览器中实现的 Mini-Vue.js 3 框架如图 19-18 所示。可以看到，App 组件正常挂载，当单击"+1"按钮时，页面会响应式刷新。

图 19-18　Mini-Vue.js 3 框架

19.3　本章小结

本章内容如下。

◎　VNode：Vue.js 3 框架会对真实的元素节点进行抽象，将其抽象成 VNode。

◎　虚拟 DOM：多个 VNode 节点组成一棵树的结构时，便形成了虚拟 DOM。

◎　Runtime 模块：渲染系统，负责将 VNode 转换成真实 DOM，并将其挂载到 DOM 上。

◎　Reactivity 模块：响应式系统，负责数据劫持和依赖收集。

◎　应用程序入口模块：负责创建 App 实例和挂载应用到页面的 DOM 上。

◎　Mini-Vue.js 3：实现了一个精简版的 Mini-Vue.js 3 框架，其中包含渲染系统、响应式系统和应用程序入口模块。

大前端领域
推荐书目

《狼书（卷1）：
更了不起的Node.js》
ISBN：978-7-121-35907-1

《狼书（卷2）：
Node.js Web应用开发》
ISBN：978-7-121-35906-4

《狼书（卷3）：
Node.js高级技术》
ISBN：978-7-121-35387-1

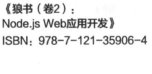

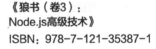

《ES6标准入门（第3版）》
ISBN：978-7-121-32475-8

《深入理解ES6》
ISBN：978-7-121-31798-9

《现代JavaScript库开发：原理、
技术与实战》
ISBN：978-7-121-44512-5

电子工业出版社
PUBLISHING HOUSE OF ELECTRONICS INDUSTRY
http://www.phei.com.cn

大前端领域
推荐书目

《Vue.js 3.0企业级管理后台
开发实战：基于Element Plus》
ISBN：978-7-121-44329-9

《React设计原理》
ISBN：978-7-121-44483-8

《坐标React星：React核心思维模型》
ISBN：978-7-121-42659-9

《JavaScript语言精粹》
（修订版）
ISBN：978-7-121-17740-8

《写给大忙人的现代JavaScript》
ISBN：978-7-121-41580-7

《JavaScript 二十年》
ISBN：978-7-121-40868-7

电子工业出版社.
PUBLISHING HOUSE OF ELECTRONICS INDUSTRY
http://www.phei.com.cn